세상을 바꾸는 공부법

KB162304

CROSS

크로스 수학

기출문제

유형탐구

:: 지은이 김의중

    1988년 서울대 경제학과 졸업
    재수학원, 강남에서의 과외 등 24년 강의
    현재는 각종 교재 집필중

:: 저서 세상을 바꾸는 공부법

눈으로 읽는
크로스 수학(A형) 기출문제

2014년 4월 1일 초판발행

지은이_ 김의중
펴낸이_ 배수현
디자인_ 정정임, 박수정
제 작_ 송재호
홍 보_ 전기복

펴낸곳_ 가나북스 www.gnbooks.co.kr
출판등록_ 제393-2009-000012호
전화_ 031-408-8811(代)
팩스_ 031-501-8811

ISBN 978-89-94664-23-1(53410)

세상을 바꾸는 공부법

CROSS
크로스 수학

기출문제
유형탐구

내려갈수록 우등생이 되는 '이해'하고 '암기'하는 수학

수학을 잘 하는 방법에는 두 가지 길이 있습니다.

하나는 가장 일반적인 방법인데 많은 문제를 꾸준히 열심히 푸는 방식입니다.
모르는 것은 한두 번 더 보는 것이 보통입니다. 대부분의 학생들이 이 방식을
사용해왔으며 아마 앞으로도 별일 없으면 이 방식을 선호할 것입니다.
여기서 시중에 나와 있는 그 수많은 문제집들을 그토록 열심히 푸는 학생들에
게 질문하겠습니다. 그래서 그토록 많은 시간과 노력을 들여 수학을 풀어서 여
러분은 최고가 될 수 있었나요? 혹은 그 가능성이라도 보이나요? 좀 더 게을러
도, 좀 더 시간을 덜 들여도 오히려 그 성과는 더욱 뛰어난 나머지 '완벽' 함에
도전할 수 있는 다른 방법은 없을 것 같나요?

그래서 두번째 방식이 필요한 것입니다. 두번째 방식은 기본이 되는 문제들
을 적당히 선별한 후 이 문제들을 마르고 닳도록 수도 없이 반복하여 완전히
암기하고 또 완전히 이해한 후 시험 직전에서야 다른 문제들을 쭉 푸는 것입
니다. 이 방식을 쓰는 학생들은 매우 희귀하며 어쩌다가 한 학교에 혹은 한
학년에 몇 명이 있을까 말까 할 정도입니다. 하지만 중요한 사실은 그런 학
생들이야말로 공부시간에 비하여 수학성적이 월등하게 높다는 것입니다. 남
들이 소위 '수학천재' 라고 부르는 아니 오해하는 경우입니다.

두 번째 방식의 출발점은 본인이 '머리가 나쁘기 때문에 적은 수의 문제들을
잘 골라서 수도 없이 반복해야만 그 문제들을 이해할 수 있다' 는 소박함에서
출발한다는 사실을 꼭 기억해주시길 바랍니다. '수도 없이 반복하는 수학방
식이라니 그건 그냥 암기가 아닌가요?' 라고 오해하지 않으시길 바랍니다. 암
기와 이해는 결코 대립관계가 아닙니다. 완벽한 이해는 완벽한 암기를 하고 나
서야 가능하거든요. 구구단을 생각해보세요.

보통 시중에 나와 있는 문제들은 당연히 전자의 방식을 위한 것입니다. 따라서 많이 풀지도 못할 문제들인지라 한 번에 최대한 고민하고 답을 확인할 수 있도록 답안지는 저 뒤에 따로 있게 마련이지요. 또 가능한 많은 문제들을 다뤄보도록 문제수를 최대한 늘리는 것에 치중한 나머지 여백은 거의 없고 빽빽한 문제들로 도배되어 있습니다.

그러나 두 번째 방식을 위한 문제집은 시중에 없습니다. 수백 번을 보는 동안 매번 답안지를 확인하러 뒷페이지를 넘겨야만 할까요? 중요한 깨달음을 적어 넣을 여백은 어디서 찾아야 하나요? 필자 또한 수도 없이 찾아보았지만 적당한 문제집을 발견하지 못해서 하는 수 없이 책들을 오려 붙여 써야만 했습니다. 그러다가 '세상을 바꾸는 공부법'을 출간하면서 아예 제가 원하는 형태의 문제집을 직접 내보는 것이 어떨까 하는데 생각이 미치게 되었습니다.

조건은 다음과 같았습니다. 문제수가 적당히 적을 것, 한눈에 들어오도록 답안이 문제와 같은 페이지에 있을 것, 여백이 적당히 있어서 중요사항이나 깨달음 등을 메모하기 좋을 것, 공식들을 찾아보는 수고를 줄일 수 있도록 관련 공식도 문제마다 써 넣을 것 등이었습니다. 문제를 새로 창조해낼 만한 실력도 없었지만 굳이 그럴 이유도 없더군요. 좋은 기출문제들만 해도 그 수가 헤아릴 수 없으니까요. 가장 믿을 만한 수능기출문제등을 위주로 편집해 넣었습니다.

이런 류의 문제집을 처음 내다보니 불가해한 실수와 기일이 지나가버리더군요. 덕택에 주변 분들에게 정말 많은 폐를 끼쳐야만 했습니다. 우선은 1년이 넘는 기간동안 참아주신 가나북스 배수현 사장님께 진심으로 죄송하고 감사하다는 말씀 드립니다. 그리고 마감일까지 초보작가의 수도 없는 오류와 싸워주신 정정임님께도 깊은 감사의 마음을 전합니다.

마지막으로 부탁드립니다. 비록 이 책이 보잘것 없고 심지어 많은 오류들이 아직 생생하게 숨쉬고 있음이 분명하지만 최초로 두번째 방식을 위한다는 이 책에 담긴 정신만은 가볍게 넘기지 말아주세요.

　또 약속드립니다. 그림이 많을 수록, 생략된 중간과정이 없을 수록 이해가 쉽다는 사실을 잘 알면서도 초판에서는 이를 실천할 만한 경력이 부족했으며, 꼭 필요한 문제들만을 선별해서 집어 넣을 시간적 여유가 없었습니다. 하지만 언젠가는, 반드시 가까운 시일내에 계속 가다듬어서 더욱 완벽한 재판을 내어놓도록 하겠습니다.

2014. 3
크로스수학 필자 **김 의 중**

Kim eui jung

세상을 바꾸는 공부법

크로스 수학

이 책을 '읽는' 방법

01 20개 내외의 **모르는** 문제를 한 단위로 묶는다.

02 깨달음이나 중요한 사항들을 **여백에 써 넣는다.**

03 문제풀이와 메모중 복습할 사항을 **최소한으로 골라서 줄친다.**

04 자신이 넘칠 때까지 복습하고 또 복습한다.

05 **틈틈이** 다음 단위를 준비한다.

06 제대로 공부하고 있다는 **신념을 끝까지 지킨다.**

CONTENTS

크로스 **수**학
기출문제 유형탐구

CHAPTER

01

2점완성 & 문제풀이

총 101문항

세상을 바꾸는 공부법

100선

001 눈을 사용하여 공부하는 것은 최고의 선택이다. 그러나 제대로 된 방법을 사용하지 않는다면 오히려 해가 될 뿐이다.

002 다독은 정독보다 훨씬 좋은 방법이다. 그러나 나누어 이해하고 나누어 암기하는 법을 배워야만 한다.

003 신체의 각종 이상상태는 음식과 약만으로 치료할 수 없다. 두뇌를 지배하도록 노력하라.

004 정독이 세상을 지배하는 시대는 이제 곧 끝난다. 다독이 새로운 지배자로 등극할 것이다.

005 중요한 사항을 줄치고 싶은가? 반드시 지울 수 있는 샤프를 사용하라. 중요한 사항은 끊임없이 변할 것이기 때문이다.

006 막연하게 수학에서의 한 문제를 못풀었다고 생각하지 말고 그 중에서 어느 부분을 못 풀었는지 분석하라.

007 나누어 이해한다는 의미를 깨닫는 것은 새로운 공부법을 익히는 첫걸음이다. 끊임없이 도전해서 반드시 익히도록 하라.

008 편두통이 있는가? 그것은 축복이다. 단지 통증을 나스리는 제대로된 방법을 익히도록 하라.

97.수능A

001

다음 벤 다이어그램에서 어두운 부분을 나타내는 집합은? (단, U는 전체집합, X^{c}는 X의 여집합을 나타낸다.)

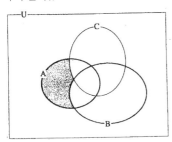

① $A \cap (B \cap C)^c$ ② $A \cap (B \cup C)^c$

③ $A \cap (B^c \cap C)^c$ ④ $A \cap (B^c \cap C^c)^c$

⑤ $A \cap (B^c \cup C^c)^c$

HINT ▶▶

차집합 $A - B = A \cap B^c$

정답 : ②

02.수능A

002

전체집합 U의 두 부분집합 A와 B에 대하여 $A \cap B^c = A$, $n(A) = 9$, $n(B) = 14$ 일 때, $n(A \cup B)$의 값을 구하시오.

(단, $n(X)$는 집합 X의 원소의 개수이다.)

HINT ▶▶

차집합 $A - B = A \cap B^c = A - (A \cap B)$
$n(A \cup B) = n(A) + n(B) - n(A \cap B)$

$A \cap B^c = A - B = A - (A \cap B) = A$ 이므로
$A \cap B = \phi$ 이다.

$\therefore \ n(A \cup B) = n(A) + n(B) - n(A \cap B)$
$= 9 + 14 + 0 = 23$

정답 : 23

003

다항식 $x^3 + 5x^2 + 10x + 6$이
$(x+a)(x^2+4x+b)$로 인수분해 될 때,
$a+b$의 값을 구하시오.

004

$\sqrt{4+2\sqrt{3}} - \sqrt{4-2\sqrt{3}}$ 의 값은?

① -2 　② $-\sqrt{3}$ 　③ 1

④ $\sqrt{3}$ 　⑤ 2

HINT▸▸

$f(\alpha) = 0$이면 $f(x)$는 $(x-\alpha)$로 인수분해된다.

나머지정리를 이용해서 인수분해를 한다.
$f(-1) = -1 + 5 - 10 + 6 = 0$
조립제법을 쓰면

$$
\begin{array}{r|rrrr}
-1 & 1 & 5 & 10 & 6 \\
   &   & -1 & -4 & -6 \\
\hline
   & 1 & 4 & 6 & 0 \\
\end{array}
$$

$x^3 + 5x^2 + 10x + 6 = (x+1)(x^2+4x+6)$이
므로
$a=1,\ b=6$　　∴ $a+b=7$

HINT▸▸

$\sqrt{a+b \pm 2\sqrt{ab}} = \sqrt{a} \pm \sqrt{b}$ (단, $a > b > 0$)

$\sqrt{4+2\sqrt{3}} - \sqrt{4-2\sqrt{3}}$
$= \sqrt{3+1+2\sqrt{3 \times 1}} - \sqrt{3+1-2\sqrt{3 \times 1}}$
$= (\sqrt{3}+1) - (\sqrt{3}-1) = 2$

정답 : 7

정답 : ⑤

03.수능B

00**5**

$x = \sqrt{2}$ 일 때, $\dfrac{3}{x - \dfrac{x-1}{x+1}}$ 의 값은?

① $\sqrt{2} + 1$ ② $2(\sqrt{2} + 1)$

③ $3(\sqrt{2} + 1)$ ④ $4(\sqrt{2} + 1)$

⑤ $5(\sqrt{2} + 1)$

HINT ▸▸

식을 단순하게 만든 후 x값을 대입하라.

$$\frac{3}{x - \dfrac{x-1}{x+1}} = \frac{3}{\dfrac{x^2+1}{x+1}} = \frac{3(x+1)}{x^2+1}$$ 이고

$x = \sqrt{2}$ 이므로

(준식) $= \dfrac{3(\sqrt{2}+1)}{(\sqrt{2})^2 + 1} = \sqrt{2} + 1$

정답 : ①

99.수능A

00**6**

$(4+3i)^2 - (4-3i)^2$의 값은?

(단, $i = \sqrt{-1}$)

① 0   ② 24   ③ 48   ④ 24   ⑤ 48i

HINT ▸▸

$(a+b)(a-b) = a^2 - b^2$

$i^2 = -1$

준식

$= \{(4+3i) + (4-3i)\}\{(4+3i) - (4-3i)\}$

$= 8 \cdot 6i = 48i$

정답 : ⑤

CROSS MATH

01.수능A

007

$(2-\sqrt{3}i)(2+\sqrt{3}i)$의 값은?
(단, $i=\sqrt{-1}$)

① 1 ② 3 ③ 5 ④ 7 ⑤ 9

HINT▸▸

$(a+b)(a-b)=a^2-b^2$

$i^2=-1$

$(2-\sqrt{3}i)(2+\sqrt{3}i)$

$=2^2-(\sqrt{3}i)^2$

$=4-3i^2=4+3=7$

정답 : ④

97.수능A

008

이차방정식 $x^2-mx+2m+1=0$의 한 근이 1일 때 다른 한 근은? (단, m은 상수)

① 3 ② 2 ③ 0 ④ -1 ⑤ -3

HINT▸▸

$ax^2+bx+c=0$에서 두 근을 α, β라 하면

$\alpha+\beta=-\dfrac{b}{a}$, $\alpha\beta=\dfrac{c}{a}$

$a(x-\alpha)(x-\beta)=0$

$x^2-mx+2m+1=0$에 $x=1$을 대입하면

$1-m+2m+1=0$

$\therefore\ m=-2$

$x^2+2x-3=0 \Rightarrow (x+3)(x-1)=0$

$\therefore\ x=-3,\ 1$

따라서, 다른 근은 -3

정답 : ⑤

99.수능A
009

이차방정식 $x^2 + ax + b = 0$의 두 근이 2, 3일 때, 이차방정식 $bx^2 + ax + 2 = 0$의 두 근의 합은?

① $\dfrac{1}{5}$ ② $\dfrac{2}{5}$ ③ $\dfrac{3}{5}$ ④ $\dfrac{4}{5}$ ⑤ $\dfrac{6}{5}$

02.수능A
010

이차방정식 $x^2 - 5x - 2 = 0$의 두 근을 α와 β라 할 때, $\dfrac{1}{\alpha + 1} + \dfrac{1}{\beta + 1}$의 값은?

① 2 ② 3 ③ $\dfrac{3}{2}$ ④ $\dfrac{7}{4}$ ⑤ $\dfrac{5}{2}$

HINT ▶▶

$ax^2 + bx + c = 0$에서 두 근을 α, β라 하면
$\alpha + \beta = -\dfrac{b}{a}, \ \alpha\beta = \dfrac{c}{a}$

근과 계수와의 관계에 의하여
두 근의 합 $= -a = 5$ $\therefore a = -5$
두 근의 곱 $= b = 6$이므로
구하는 이차방정식은 $-5x^2 + 6x + 2 = 0$
$\therefore$ 두 근의 합 $= \dfrac{6}{5}$

HINT ▶▶

$ax^2 + bx + c = 0$에서 두 근을 α, β라 하면
$\alpha + \beta = -\dfrac{b}{a}, \ \alpha\beta = \dfrac{c}{a}$

근과 계수와의 관계에서
$\alpha + \beta = 5, \ \alpha\beta = -2$이므로
$\dfrac{1}{\alpha + 1} + \dfrac{1}{\beta + 1} = \dfrac{\alpha + \beta + 2}{\alpha\beta + (\alpha + \beta) + 1} = \dfrac{7}{4}$

정답 : ⑤

정답 : ④

011

함수 $f(x) = \dfrac{x+1}{x-1}$ 에 대하여 $(f \circ f)(10)$의 값은?

① $\dfrac{1}{10}$ ② $\dfrac{9}{10}$ ③ $\dfrac{10}{9}$ ④ 9 ⑤ 10

012

$\sin x + \cos x = \sqrt{2}$ 일 때, $\sin x \cos x$ 의 값은?

① 1 ② $\sqrt{2}$ ③ $-\sqrt{2}$ ④ $\dfrac{1}{2}$ ⑤ $-\dfrac{1}{2}$

HINT ▶▶

합성함수 $f \circ g(x) = f(g(x))$

$f(10) = \dfrac{10+1}{10-1} = \dfrac{11}{9}$ 이므로

$(f \circ f)(10) = f(f(10))$

$\qquad = f\left(\dfrac{11}{9}\right) = \dfrac{\dfrac{11}{9}+1}{\dfrac{11}{9}-1} = \dfrac{\dfrac{20}{9}}{\dfrac{2}{9}} = 10$

정답 : ⑤

HINT ▶▶

$\sin^2\theta + \cos^2\theta = 1$

$\sin x + \cos x = \sqrt{2}$ 의 양변을 제곱하면

$\sin^2 x + \cos^2 x + 2\sin x \cos x = 2$

$1 + 2\sin x \cos x = 2$

$\therefore \sin x \cos x = \dfrac{1}{2}$

정답 : ④

99.수능A

013

$4\cos^2 x + 4\sin x = 5$일 때, $\sin x$의 값은?

① $\dfrac{1}{\sqrt{2}}$ ② $\dfrac{1}{2}$ ③ 1 ④ $\dfrac{1}{2}$ ⑤ $-\dfrac{1}{\sqrt{2}}$

01.수능A

014

$\sin\dfrac{\pi}{6} + \tan\dfrac{9\pi}{4}$의 값은?

① -2 ② $-\dfrac{1}{2}$ ③ 0 ④ 1 ⑤ $\dfrac{3}{2}$

HINT▶▶

$\sin^2\theta + \cos^2\theta = 1 \Leftrightarrow \cos^2\theta = 1 - \sin^2\theta$

$\cos^2 x = 1 - \sin^2 x$ 이므로

준식은 $4(1-\sin^2 x) + 4\sin x = 5$ 이고

$4\sin^2 x - 4\sin x + 1 = 0$

정리하여 고치면 $(2\sin x - 1)^2 = 0$ 이므로

$\sin x = \dfrac{1}{2}$

HINT▶▶

$\sin\theta,\ \cos\theta$의 주기는 2π

$\tan\theta$의 주기는 π

$\sin\dfrac{\pi}{6} = \dfrac{1}{2},\ \tan\dfrac{\pi}{4} = 1$

$$\sin\dfrac{\pi}{6} + \tan\dfrac{9}{4}\pi = \sin\dfrac{\pi}{6} + \tan\left(2\pi + \dfrac{\pi}{4}\right)$$
$$= \sin\dfrac{\pi}{6} + \tan\dfrac{\pi}{4}$$
$$= \dfrac{1}{2} + 1 = \dfrac{3}{2}$$

정답 : ②

정답 : ⑤

CROSS MATH

015

$\cos\theta = -\dfrac{1}{3}$ 일 때, $\sin\theta \cdot \tan\theta$ 의 값은?

① $-\dfrac{10}{3}$ ② $-\dfrac{8}{3}$ ③ $-\dfrac{5}{3}$

④ $\dfrac{5}{3}$ ⑤ $\dfrac{8}{3}$

HINT ▶▶

$\sin^2\theta + \cos^2\theta = 1 \Leftrightarrow \sin^2\theta = 1 - \cos^2\theta$

$\tan\theta = \dfrac{\sin\theta}{\cos\theta}$

$\sin^2\theta = 1 - \cos^2\theta = 1 - \left(-\dfrac{1}{3}\right)^2 = \dfrac{8}{9}$

준식 $= \sin\theta \cdot \tan\theta = \sin\theta \times \dfrac{\sin\theta}{\cos\theta}$

$= \dfrac{\sin^2\theta}{\cos\theta} = \dfrac{\dfrac{8}{9}}{-\dfrac{1}{3}} = -\dfrac{8}{3}$

정답 : ②

016

행렬 $A = \begin{pmatrix} 0 & 1 \\ 2 & 3 \end{pmatrix}$ 에 대하여 A^2 의 모든 성분의 합을 구하시오.

HINT ▶▶

$\begin{pmatrix} a & b \\ c & d \end{pmatrix}\begin{pmatrix} e & f \\ g & h \end{pmatrix} = \begin{pmatrix} ae+bg & af+bh \\ ce+dg & cf+dh \end{pmatrix}$

$A^2 = \begin{pmatrix} 0 & 1 \\ 2 & 3 \end{pmatrix}\begin{pmatrix} 0 & 1 \\ 2 & 3 \end{pmatrix} = \begin{pmatrix} 2 & 3 \\ 6 & 11 \end{pmatrix}$

$\therefore \ 2 + 3 + 6 + 11 = 22$

정답 : 22

99. 수능A

017

$A = \begin{pmatrix} 0 & 1 \\ 1 & 0 \end{pmatrix}$, $B = \begin{pmatrix} 1 & 1 \\ 0 & 1 \end{pmatrix}$일 때, $A^2B - A$는?

① $\begin{pmatrix} 1 & 0 \\ -1 & 1 \end{pmatrix}$　② $\begin{pmatrix} 0 & -1 \\ 1 & -1 \end{pmatrix}$　③ $\begin{pmatrix} 0 & 0 \\ 0 & 0 \end{pmatrix}$

④ $\begin{pmatrix} 1 & 0 \\ 0 & 1 \end{pmatrix}$　　⑤ $\begin{pmatrix} 0 & 1 \\ 1 & 1 \end{pmatrix}$

HINT ▶▶

$\begin{pmatrix} a & b \\ c & d \end{pmatrix}\begin{pmatrix} e & f \\ g & h \end{pmatrix} = \begin{pmatrix} ae+bg & af+bh \\ ce+dg & cf+dh \end{pmatrix}$

단위행렬 $E = \begin{pmatrix} 1 & 0 \\ 0 & 1 \end{pmatrix}$

$A^2B - A = A(AB - E)$ 이므로

$AB = \begin{pmatrix} 0 & 1 \\ 1 & 0 \end{pmatrix}\begin{pmatrix} 1 & 1 \\ 0 & 1 \end{pmatrix} = \begin{pmatrix} 0 & 1 \\ 1 & 1 \end{pmatrix}$

$AB - E = \begin{pmatrix} 0 & 1 \\ 1 & 1 \end{pmatrix} - \begin{pmatrix} 1 & 0 \\ 0 & 1 \end{pmatrix} = \begin{pmatrix} -1 & 1 \\ 1 & 0 \end{pmatrix}$

준식

$= A(AB - E) = \begin{pmatrix} 0 & 1 \\ 1 & 0 \end{pmatrix}\begin{pmatrix} -1 & 1 \\ 1 & 0 \end{pmatrix} = \begin{pmatrix} 1 & 0 \\ -1 & 1 \end{pmatrix}$

다른 풀이 ▶▶

$A^2 = E$가 되므로

$A^2B - A = B - A = \begin{pmatrix} 1 & 0 \\ -1 & 1 \end{pmatrix}$

정답 : ①

02. 수능A

018

두 행렬 $E = \begin{pmatrix} 1 & 0 \\ 0 & 1 \end{pmatrix}$과 $A = \begin{pmatrix} 0 & 1 \\ 1 & 0 \end{pmatrix}$이 있다.

두 상수 a와 b가 $(E+2A)^2 = aE + bA$를 만족시킬 때, $a + b$의 값은?

① 6　　② 7　　③ 8　　④ 9　　⑤ 10

HINT ▶▶

$\begin{pmatrix} a & b \\ c & d \end{pmatrix}\begin{pmatrix} e & f \\ g & h \end{pmatrix} = \begin{pmatrix} ae+bg & af+bh \\ ce+dg & cf+dh \end{pmatrix}$

단위행렬 $E = \begin{pmatrix} 1 & 0 \\ 0 & 1 \end{pmatrix}$

$A^2 = \begin{pmatrix} 0 & 1 \\ 1 & 0 \end{pmatrix}\begin{pmatrix} 0 & 1 \\ 1 & 0 \end{pmatrix} = \begin{pmatrix} 1 & 0 \\ 0 & 1 \end{pmatrix} = E$이므로

$(E+2A)^2 = E + 4A + 4A^2$

$\qquad\qquad = 5E + 4A \qquad (\because A^2 = E)$

$\qquad\qquad = aE + bA$

$a = 5$, $b = 4$　　$\therefore a + b = 9$

정답 : ④

019

역행렬이 존재하는 두 행렬 A와 B가

$A = \begin{pmatrix} 5 & 2 \\ 7 & 3 \end{pmatrix} B$를 만족시킬 때,

행렬 $AB^{-1} + BA^{-1}$의 모든 성분의 합을 구하시오.

HINT ▶▶

$A = \begin{pmatrix} a & b \\ c & d \end{pmatrix}$에서 $A^{-1} = \dfrac{1}{ad-bc}\begin{pmatrix} d & -b \\ -c & a \end{pmatrix}$

① $A = \begin{pmatrix} 5 & 2 \\ 7 & 3 \end{pmatrix} B$의 양변에 A^{-1}을 곱하면

$A A^{-1} = \begin{pmatrix} 5 & 2 \\ 7 & 3 \end{pmatrix} B A^{-1} = E$이므로

$B A^{-1} = \begin{pmatrix} 5 & 2 \\ 7 & 3 \end{pmatrix}^{-1} = \dfrac{1}{15-14}\begin{pmatrix} 3 & -2 \\ -7 & 5 \end{pmatrix}$

$\qquad = \begin{pmatrix} 3 & -2 \\ -7 & 5 \end{pmatrix}$

② $A = \begin{pmatrix} 5 & 2 \\ 7 & 3 \end{pmatrix} B$의 양변에 B^{-1}를 곱하면

$AB^{-1} = \begin{pmatrix} 5 & 2 \\ 7 & 3 \end{pmatrix} BB^{-1} = \begin{pmatrix} 5 & 2 \\ 7 & 3 \end{pmatrix}$

①, ②에 의하여

$AB^{-1} + BA^{-1} = \begin{pmatrix} 5 & 2 \\ 7 & 3 \end{pmatrix} + \begin{pmatrix} 3 & -2 \\ -7 & 5 \end{pmatrix} = \begin{pmatrix} 8 & 0 \\ 0 & 8 \end{pmatrix}$

정답 : 16

020

두 행렬 $A = \begin{pmatrix} 0 & 1 \\ -1 & 1 \end{pmatrix}$, $B = \begin{pmatrix} 1 & 1 \\ 1 & 2 \end{pmatrix}$에 대하여 행렬 $AB + B^{-1}$의 모든 성분의 합은?

① 8 ② 7 ③ 6 ④ 5 ⑤ 4

HINT ▶▶

$A = \begin{pmatrix} a & b \\ c & d \end{pmatrix}$에서 $A^{-1} = \dfrac{1}{ad-bc}\begin{pmatrix} d & -b \\ -c & a \end{pmatrix}$

$AB = \begin{pmatrix} 0 & 1 \\ -1 & 1 \end{pmatrix}\begin{pmatrix} 1 & 1 \\ 1 & 2 \end{pmatrix} = \begin{pmatrix} 1 & 2 \\ 0 & 1 \end{pmatrix}$

$B^{-1} = \begin{pmatrix} 1 & 1 \\ 1 & 2 \end{pmatrix}^{-1} = \dfrac{1}{2-1}\begin{pmatrix} 2 & -1 \\ -1 & 1 \end{pmatrix}$

$\qquad = \begin{pmatrix} 2 & -1 \\ -1 & 1 \end{pmatrix}$

$\therefore AB + B^{-1} = \begin{pmatrix} 1 & 2 \\ 0 & 1 \end{pmatrix} + \begin{pmatrix} 2 & -1 \\ -1 & 1 \end{pmatrix}$

$\qquad = \begin{pmatrix} 3 & 1 \\ -1 & 2 \end{pmatrix}$

따라서, 행렬 $AB + B^{-1}$의 모든 성분의 합은

$3 + 1 + (-1) + 2 = 5$

정답 : ④

04.9A

021

$3A + B = \begin{pmatrix} 2 & 1 \\ -2 & 5 \end{pmatrix}$, $2A - B = \begin{pmatrix} 3 & -1 \\ 2 & 5 \end{pmatrix}$ 를

만족하는 행렬 A , B 에 대하여

행렬 $A + B$ 의 각 성분의 합은?

① -1 ② 0 ③ 1 ④ 2 ⑤ 3

04.수능A

022

두 행렬 $A = \begin{pmatrix} 1 & 2 \\ 2 & 5 \end{pmatrix}$, $B = \begin{pmatrix} 2 & -3 \\ 1 & -2 \end{pmatrix}$ 에 대하여

$AX = B$ 를 만족시키는 행렬 X 의 모든 성분의 합은?

① 2 ② 1 ③ 0 ④ -1 ⑤ -2

HINT ▶▶

$\begin{pmatrix} a & b \\ c & d \end{pmatrix} \pm \begin{pmatrix} e & f \\ g & h \end{pmatrix} = \begin{pmatrix} a \pm e & b \pm f \\ c \pm g & d \pm h \end{pmatrix}$

$(3A + B) + (2A - B) = \begin{pmatrix} 5 & 0 \\ 0 & 10 \end{pmatrix} = 5A$

$A = \begin{pmatrix} 1 & 0 \\ 0 & 2 \end{pmatrix}$

$(3A + B) - (2A - B) = \begin{pmatrix} -1 & 2 \\ -4 & 0 \end{pmatrix} = A + 2B$

$A + 2B = \begin{pmatrix} 1 & 0 \\ 0 & 2 \end{pmatrix} + 2B = \begin{pmatrix} -1 & 2 \\ -4 & 0 \end{pmatrix}$

$2B = \begin{pmatrix} -2 & 2 \\ -4 & -2 \end{pmatrix}$, $B = \begin{pmatrix} -1 & 1 \\ -2 & -1 \end{pmatrix}$

$A + B = \begin{pmatrix} 0 & 1 \\ -2 & 1 \end{pmatrix}$

그러므로 행렬 $A + B$ 의 각 성분의 합은 0이다.

HINT ▶▶

$A = \begin{pmatrix} a & b \\ c & d \end{pmatrix}$ 에서 $A^{-1} = \dfrac{1}{ad - bc} \begin{pmatrix} d & -b \\ -c & a \end{pmatrix}$

A 의 판별식 $ab - bc = 5 - 4 = 1 \neq 0$ 이어서 A 가 역행렬을 가지므로 $AX = B$ 에서

$X = A^{-1}B = \begin{pmatrix} 5 & -2 \\ -2 & 1 \end{pmatrix} \begin{pmatrix} 2 & -3 \\ 1 & -2 \end{pmatrix}$

$= \begin{pmatrix} 8 & -11 \\ -3 & 4 \end{pmatrix}$

따라서, 모든 성분의 합은

$8 + (-11) + (-3) + 4 = -2$

정답 : ②

정답 : ⑤

023

두 행렬 X, Y 에 대하여

$$X + Y = \begin{pmatrix} -1 & -1 \\ 1 & 0 \end{pmatrix}, \quad X - Y = \begin{pmatrix} -1 & 1 \\ -1 & -2 \end{pmatrix}$$

일 때, $X^2 + XY$ 는?

① $\begin{pmatrix} -1 & 1 \\ -1 & -2 \end{pmatrix}$ ② $\begin{pmatrix} 1 & -1 \\ 1 & 2 \end{pmatrix}$ ③ $\begin{pmatrix} -1 & 0 \\ 0 & -1 \end{pmatrix}$

④ $\begin{pmatrix} -1 & -1 \\ 1 & 0 \end{pmatrix}$ ⑤ $\begin{pmatrix} 1 & 1 \\ -1 & 0 \end{pmatrix}$

HINT ▶▶

$$\begin{pmatrix} a & b \\ c & d \end{pmatrix} \pm \begin{pmatrix} e & f \\ g & h \end{pmatrix} = \begin{pmatrix} a \pm e & b \pm f \\ c \pm g & d \pm h \end{pmatrix}$$

$$X + Y = \begin{pmatrix} -1 & -1 \\ 1 & 0 \end{pmatrix} \quad \cdots\cdots \;\text{㉠}$$

$$X - Y = \begin{pmatrix} -1 & 1 \\ -1 & -2 \end{pmatrix} \quad \cdots\cdots \;\text{㉡}$$

㉠+㉡을 하면

$$2X = \begin{pmatrix} -2 & 0 \\ 0 & -2 \end{pmatrix}$$

$$\therefore X = \begin{pmatrix} -1 & 0 \\ 0 & -1 \end{pmatrix}$$

$$\therefore X^2 + XY = X(X + Y)$$

$$= \begin{pmatrix} -1 & 0 \\ 0 & -1 \end{pmatrix}\begin{pmatrix} -1 & -1 \\ 1 & 0 \end{pmatrix}$$

$$= \begin{pmatrix} 1 & 1 \\ -1 & 0 \end{pmatrix}$$

정답 : ⑤

024

행렬 $A = \begin{pmatrix} 3 & 1 \\ 5 & 2 \end{pmatrix}$ 에 대하여 행렬 $A - A^{-1}$ 의

모든 성분의 합은?

① 11 ② 12 ③ 13 ④ 14 ⑤ 15

HINT ▶▶

$A = \begin{pmatrix} a & b \\ c & d \end{pmatrix}$ 에서 $A^{-1} = \dfrac{1}{ad - bc}\begin{pmatrix} d & -b \\ -c & a \end{pmatrix}$

$$\begin{pmatrix} a & b \\ c & d \end{pmatrix} \pm \begin{pmatrix} e & f \\ g & h \end{pmatrix} = \begin{pmatrix} a \pm e & b \pm f \\ c \pm g & d \pm h \end{pmatrix}$$

$A = \begin{pmatrix} 3 & 1 \\ 5 & 2 \end{pmatrix}$ 에서 $A^{-1} = \begin{pmatrix} 2 & -1 \\ -5 & 3 \end{pmatrix}$ 이므로

$$A - A^{-1} = \begin{pmatrix} 1 & 2 \\ 10 & -1 \end{pmatrix}$$

따라서, 모든 성분의 합은 12이다.

정답 : ②

06.6A

025

행렬 $A = \begin{pmatrix} 1 & 1 \\ 2 & 4 \end{pmatrix}$에 대하여 행렬 $A + 2A^{-1}$은?

① $\begin{pmatrix} -2 & 0 \\ 0 & 2 \end{pmatrix}$　② $\begin{pmatrix} -2 & 2 \\ 0 & 2 \end{pmatrix}$　③ $\begin{pmatrix} 4 & -2 \\ 4 & 0 \end{pmatrix}$

④ $\begin{pmatrix} 5 & 0 \\ 0 & 2 \end{pmatrix}$　⑤ $\begin{pmatrix} 5 & 0 \\ 0 & 5 \end{pmatrix}$

HINT ▶▶

$A = \begin{pmatrix} a & b \\ c & d \end{pmatrix}$에서 $A^{-1} = \dfrac{1}{ad-bc}\begin{pmatrix} d & -b \\ -c & a \end{pmatrix}$

$A + 2A^{-1} = \begin{pmatrix} 1 & 1 \\ 2 & 4 \end{pmatrix} + 2 \cdot \dfrac{1}{2}\begin{pmatrix} 4 & -1 \\ -2 & 1 \end{pmatrix}$

$= \begin{pmatrix} 5 & 0 \\ 0 & 5 \end{pmatrix}$

정답 : ⑤

06.9A

026

두 행렬 A, B가 $A = \begin{pmatrix} 0 & 1 \\ 1 & 0 \end{pmatrix}$, $B = \begin{pmatrix} 1 & 0 \\ 0 & -1 \end{pmatrix}$

일 때, 행렬 $(A+B)^2$은?

① $\begin{pmatrix} -1 & 1 \\ 1 & -1 \end{pmatrix}$　② $\begin{pmatrix} 1 & 0 \\ 0 & 1 \end{pmatrix}$　③ $\begin{pmatrix} 2 & 0 \\ 0 & -2 \end{pmatrix}$

④ $\begin{pmatrix} 0 & 2 \\ 2 & 0 \end{pmatrix}$　⑤ $\begin{pmatrix} 2 & 0 \\ 0 & 2 \end{pmatrix}$

HINT ▶▶

$\begin{pmatrix} a & b \\ c & d \end{pmatrix}\begin{pmatrix} e & f \\ g & h \end{pmatrix} = \begin{pmatrix} ae+bg & af+bh \\ ce+dg & cf+dh \end{pmatrix}$

$(A+B)^2 = \left(\begin{pmatrix} 0 & 1 \\ 1 & 0 \end{pmatrix} + \begin{pmatrix} 1 & 0 \\ 0 & -1 \end{pmatrix} \right)^2$

$= \begin{pmatrix} 1 & 1 \\ 1 & -1 \end{pmatrix}^2$

$= \begin{pmatrix} 1 & 1 \\ 1 & -1 \end{pmatrix}\begin{pmatrix} 1 & 1 \\ 1 & -1 \end{pmatrix}$

$= \begin{pmatrix} 2 & 0 \\ 0 & 2 \end{pmatrix}$

정답 : ⑤

06.수능A

027

두 행렬 $A = \begin{pmatrix} 1 & 1 \\ 1 & 0 \end{pmatrix}$, $B = \begin{pmatrix} 1 & 2 \\ 3 & 4 \end{pmatrix}$에 대하여

$2A + X = AB$ 를 만족시키는 행렬 X는?

① $\begin{pmatrix} 1 & 5 \\ 3 & -1 \end{pmatrix}$ 　② $\begin{pmatrix} 2 & 4 \\ -1 & 2 \end{pmatrix}$ 　③ $\begin{pmatrix} 2 & 5 \\ 7 & 0 \end{pmatrix}$

④ $\begin{pmatrix} 2 & 7 \\ 4 & 5 \end{pmatrix}$ 　⑤ $\begin{pmatrix} 4 & 6 \\ 1 & 2 \end{pmatrix}$

HINT ▶▶

$\begin{pmatrix} a & b \\ c & d \end{pmatrix}\begin{pmatrix} e & f \\ g & h \end{pmatrix} = \begin{pmatrix} ae+bg & af+bh \\ ce+dg & cf+dh \end{pmatrix}$

$2A + X = AB$에서

$X = AB - 2A = AB - 2AE = A(B - 2E)$

$= \begin{pmatrix} 1 & 1 \\ 1 & 0 \end{pmatrix}\left\{\begin{pmatrix} 1 & 2 \\ 3 & 4 \end{pmatrix} - 2\begin{pmatrix} 1 & 0 \\ 0 & 1 \end{pmatrix}\right\}$

$= \begin{pmatrix} 1 & 1 \\ 1 & 0 \end{pmatrix}\begin{pmatrix} -1 & 2 \\ 3 & 2 \end{pmatrix} = \begin{pmatrix} 2 & 4 \\ -1 & 2 \end{pmatrix}$

정답 : ②

06.수능A

028

두 행렬 $A = \begin{pmatrix} -1 & 0 \\ 0 & 1 \end{pmatrix}$, $B = \begin{pmatrix} 2 & 1 \\ 3 & 3 \end{pmatrix}$에 대하여

행렬 $(A+B)^{-1}$의 모든 성분의 합은?

① 1   ② 2   ③ 3   ④ 4   ⑤ 5

HINT ▶▶

$A = \begin{pmatrix} a & b \\ c & d \end{pmatrix}$에서 $A^{-1} = \dfrac{1}{ad-bc}\begin{pmatrix} d & -b \\ -c & a \end{pmatrix}$

$A + B = \begin{pmatrix} -1 & 0 \\ 0 & 1 \end{pmatrix} + \begin{pmatrix} 2 & 1 \\ 3 & 3 \end{pmatrix} = \begin{pmatrix} 1 & 1 \\ 3 & 4 \end{pmatrix}$

$\therefore (A+B)^{-1} = \dfrac{1}{4-3}\begin{pmatrix} 4 & -1 \\ -3 & 1 \end{pmatrix} = \begin{pmatrix} 4 & -1 \\ -3 & 1 \end{pmatrix}$

따라서, 모든 성분의 합은

$4 + (-1) + (-3) + 1 = 1$

정답 : ①

07.6A

029

두 행렬 X, Y에 대하여 $X+Y = \begin{pmatrix} 2 & 1 \\ -1 & 0 \end{pmatrix}$,

$Y = \begin{pmatrix} 1 & -1 \\ -1 & 2 \end{pmatrix}$ 일 때, $2X$는?

① $\begin{pmatrix} 2 & -4 \\ 4 & 2 \end{pmatrix}$ ② $\begin{pmatrix} 2 & -2 \\ 0 & 6 \end{pmatrix}$ ③ $\begin{pmatrix} 2 & 0 \\ -2 & 2 \end{pmatrix}$

④ $\begin{pmatrix} 2 & 4 \\ -6 & 0 \end{pmatrix}$ ⑤ $\begin{pmatrix} 2 & 4 \\ 0 & -4 \end{pmatrix}$

HINT ▶▶

$\begin{pmatrix} a & b \\ c & d \end{pmatrix} \pm \begin{pmatrix} e & f \\ g & h \end{pmatrix} = \begin{pmatrix} a \pm e & b \pm f \\ c \pm g & d \pm h \end{pmatrix}$

$X + Y = \begin{pmatrix} 2 & 1 \\ -1 & 0 \end{pmatrix}$ ········ ㉠

$Y = \begin{pmatrix} 1 & -1 \\ -1 & 2 \end{pmatrix}$ ········ ㉡

㉠-㉡에서 $X = \begin{pmatrix} 1 & 2 \\ 0 & -2 \end{pmatrix}$

$\therefore 2X = \begin{pmatrix} 2 & 4 \\ 0 & -4 \end{pmatrix}$

정답 : ⑤

07.9A

030

이차정사각행렬 X에 대하여 $\begin{pmatrix} 2 & 1 \\ 5 & 3 \end{pmatrix} X = \begin{pmatrix} 2 & 1 \\ 0 & 1 \end{pmatrix}$

일 때, X의 모든 성분의 합은?

① 5 ② 3 ③ 0 ④ -3 ⑤ -5

HINT ▶▶

$A = \begin{pmatrix} a & b \\ c & d \end{pmatrix}$에서 $A^{-1} = \dfrac{1}{ad-bc} \begin{pmatrix} d & -b \\ -c & a \end{pmatrix}$

$\begin{pmatrix} 2 & 1 \\ 5 & 3 \end{pmatrix} X = \begin{pmatrix} 2 & 1 \\ 0 & 1 \end{pmatrix}$에서

$X = \begin{pmatrix} 2 & 1 \\ 5 & 3 \end{pmatrix}^{-1} \begin{pmatrix} 2 & 1 \\ 0 & 1 \end{pmatrix}$

$= \begin{pmatrix} 3 & -1 \\ -5 & 2 \end{pmatrix} \begin{pmatrix} 2 & 1 \\ 0 & 1 \end{pmatrix}$

$= \begin{pmatrix} 6 & 2 \\ -10 & -3 \end{pmatrix}$

따라서, X의 모든 성분의 합은 -5이다.

정답 : ⑤

07.수능A

031

두 행렬 $A = \begin{pmatrix} 1 & -2 \\ 3 & 0 \end{pmatrix}$, $B = \begin{pmatrix} 2 & 0 \\ 1 & -1 \end{pmatrix}$에 대하여

$A = 2B - X$를 만족시키는 행렬 X는?

① $\begin{pmatrix} 3 & 2 \\ -1 & -2 \end{pmatrix}$ ② $\begin{pmatrix} 3 & -2 \\ 1 & 2 \end{pmatrix}$ ③ $\begin{pmatrix} -1 & -2 \\ 3 & 2 \end{pmatrix}$

④ $\begin{pmatrix} -2 & -1 \\ 2 & 3 \end{pmatrix}$ ⑤ $\begin{pmatrix} -3 & 1 \\ -2 & 2 \end{pmatrix}$

HINT ▶▶

$\begin{pmatrix} a & b \\ c & d \end{pmatrix} \pm \begin{pmatrix} e & f \\ g & h \end{pmatrix} = \begin{pmatrix} a \pm e & b \pm f \\ c \pm g & d \pm h \end{pmatrix}$

$X = 2B - A$

$\quad = \begin{pmatrix} 4 & 0 \\ 2 & -2 \end{pmatrix} - \begin{pmatrix} 1 & -2 \\ 3 & 0 \end{pmatrix}$

$\quad = \begin{pmatrix} 3 & 2 \\ -1 & -2 \end{pmatrix}$

정답 : ①

08.6A

032

이차정사각행렬 A와 두 행렬

$B = \begin{pmatrix} 3 & 1 \\ 2 & 1 \end{pmatrix}$, $E = \begin{pmatrix} 1 & 0 \\ 0 & 1 \end{pmatrix}$에 대하여

$BA = B + E$일 때, 행렬 A의 모든 성분의 합은?

① -3 ② -1 ③ 0 ④ 1 ⑤ 3

HINT ▶▶

$A = \begin{pmatrix} a & b \\ c & d \end{pmatrix}$에서 $A^{-1} = \dfrac{1}{ad - bc} \begin{pmatrix} d & -b \\ -c & a \end{pmatrix}$

$AA^{-1} = A^{-1}A = E$, $AE = EA = A$

$BA = B + E$에서

$\quad A = B^{-1}(B + E)$

$\quad\quad = E + B^{-1}$

$\quad\quad = \begin{pmatrix} 1 & 0 \\ 0 & 1 \end{pmatrix} + \begin{pmatrix} 1 & -1 \\ -2 & 3 \end{pmatrix}$

$\quad\quad = \begin{pmatrix} 2 & -1 \\ -2 & 4 \end{pmatrix}$

따라서, 행렬 A의 모든 성분의 합은 3이다.

정답 : ⑤

033

행렬 $A = \begin{pmatrix} 3 & 2 \\ 5 & -4 \end{pmatrix}$에 대하여

행렬 $A(2A^{-1}+3E)$의 모든 성분의 합은?
(단, E는 단위행렬이다.)

① 22 ② 24 ③ 25 ④ 27 ⑤ 28

034

두 행렬 $A = \begin{pmatrix} 2 & 1 \\ 1 & 1 \end{pmatrix}$, $B = \begin{pmatrix} -1 & -2 \\ 1 & 0 \end{pmatrix}$에 대하여

행렬 $(A+B)A$의 모든 성분의 합은?

① 9 ② 10 ③ 11 ④ 12 ⑤ 13

HINT ▶▶

$\begin{pmatrix} a & b \\ c & d \end{pmatrix} \pm \begin{pmatrix} e & f \\ g & h \end{pmatrix} = \begin{pmatrix} a\pm e & b\pm f \\ c\pm g & d\pm h \end{pmatrix}$

$A = \begin{pmatrix} a & b \\ c & d \end{pmatrix}$에서 $A^{-1} = \dfrac{1}{ad-bc}\begin{pmatrix} d & -b \\ -c & a \end{pmatrix}$

$AA^{-1} = A^{-1}A = E$

$A(2A^{-1}+3E) = 2AA^{-1}+3A$
$= 2E+3A$
$= \begin{pmatrix} 2 & 0 \\ 0 & 2 \end{pmatrix} + \begin{pmatrix} 9 & 6 \\ 15 & -12 \end{pmatrix}$
$= \begin{pmatrix} 11 & 6 \\ 15 & -10 \end{pmatrix}$

따라서, 모든 성분의 합은
$11+6+15+(-10) = 22$

HINT ▶▶

$\begin{pmatrix} a & b \\ c & d \end{pmatrix} \pm \begin{pmatrix} e & f \\ g & h \end{pmatrix} = \begin{pmatrix} a\pm e & b\pm f \\ c\pm g & d\pm h \end{pmatrix}$

$\begin{pmatrix} a & b \\ c & d \end{pmatrix}\begin{pmatrix} e & f \\ g & h \end{pmatrix} = \begin{pmatrix} ae+bg & af+bh \\ ce+dg & cf+dh \end{pmatrix}$

$A+B = \begin{pmatrix} 1 & -1 \\ 2 & 1 \end{pmatrix}$이므로,

$(A+B)A = \begin{pmatrix} 1 & -1 \\ 2 & 1 \end{pmatrix}\begin{pmatrix} 2 & 1 \\ 1 & 1 \end{pmatrix} = \begin{pmatrix} 1 & 0 \\ 5 & 3 \end{pmatrix}$이다.

그러므로 $(A+B)A$의 모든 성분의 합은 9이다.

정답 : ①

정답 : ①

CROSS MATH

09.6A

035

두 행렬 A, B에 대하여

$A - 2B = \begin{pmatrix} -7 & -2 \\ 6 & 0 \end{pmatrix}$, $B = \begin{pmatrix} 2 & -1 \\ -3 & 1 \end{pmatrix}$

일 때, 행렬 A의 모든 성분의 합은?

① -1 ② -2 ③ -3

④ -4 ⑤ -5

HINT▸▸

$\begin{pmatrix} a & b \\ c & d \end{pmatrix} \pm \begin{pmatrix} e & f \\ g & h \end{pmatrix} = \begin{pmatrix} a \pm e & b \pm f \\ c \pm g & d \pm h \end{pmatrix}$

$A - 2B = \begin{pmatrix} -7 & -2 \\ 6 & 0 \end{pmatrix}$ 에서

$A = 2B + \begin{pmatrix} -7 & -2 \\ 6 & 0 \end{pmatrix}$

$= 2\begin{pmatrix} 2 & -1 \\ -3 & 1 \end{pmatrix} + \begin{pmatrix} -7 & -2 \\ 6 & 0 \end{pmatrix} = \begin{pmatrix} -3 & -4 \\ 0 & 2 \end{pmatrix}$

성분의 합 $= -5$

정답 : ⑤

09.9A

036

두 행렬 $A = \begin{pmatrix} 1 & 2 \\ 0 & 4 \end{pmatrix}$, $B = \begin{pmatrix} 3 & 0 \\ 1 & -2 \end{pmatrix}$에 대하여

$X + B = AB$를 만족시키는 행렬 X는?

① $\begin{pmatrix} 1 & 2 \\ 0 & 4 \end{pmatrix}$ ② $\begin{pmatrix} 1 & 0 \\ 0 & -1 \end{pmatrix}$ ③ $\begin{pmatrix} 2 & -4 \\ 3 & -6 \end{pmatrix}$

④ $\begin{pmatrix} 3 & 0 \\ 1 & -2 \end{pmatrix}$ ⑤ $\begin{pmatrix} 2 & 1 \\ 3 & -1 \end{pmatrix}$

HINT▸▸

$\begin{pmatrix} a & b \\ c & d \end{pmatrix} \pm \begin{pmatrix} e & f \\ g & h \end{pmatrix} = \begin{pmatrix} a \pm e & b \pm f \\ c \pm g & d \pm h \end{pmatrix}$

$\begin{pmatrix} a & b \\ c & d \end{pmatrix}\begin{pmatrix} e & f \\ g & h \end{pmatrix} = \begin{pmatrix} ae + bg & af + bh \\ ce + dg & cf + dh \end{pmatrix}$

$X + B = AB$에서

$X = AB - B = \begin{pmatrix} 1 & 2 \\ 0 & 4 \end{pmatrix}\begin{pmatrix} 3 & 0 \\ 1 & -2 \end{pmatrix} - \begin{pmatrix} 3 & 0 \\ 1 & -2 \end{pmatrix}$

$= \begin{pmatrix} 5 & -4 \\ 4 & -8 \end{pmatrix} - \begin{pmatrix} 3 & 0 \\ 1 & -2 \end{pmatrix}$

$= \begin{pmatrix} 2 & -4 \\ 3 & -6 \end{pmatrix}$

정답 : ③

09.수능A

037

두 행렬 $A = \begin{pmatrix} 3 & 0 \\ 0 & 3 \end{pmatrix}$, $B = \begin{pmatrix} -1 & 1 \\ 1 & 1 \end{pmatrix}$에 대하여

행렬 $AB + 2B$의 모든 성분의 합은?

① 10   ② 8   ③ 6   ④ 4   ⑤ 2

HINT ▶▶

$$k\begin{pmatrix} a & b \\ c & d \end{pmatrix} = \begin{pmatrix} ka & kb \\ kc & kd \end{pmatrix}$$

$$\begin{pmatrix} a & b \\ c & d \end{pmatrix}\begin{pmatrix} e & f \\ g & h \end{pmatrix} = \begin{pmatrix} ae+bg & af+bh \\ ce+dg & cf+dh \end{pmatrix}$$

$A = 3E$ (E는 단위행렬)이므로

$$AB + 2B = 3B + 2B = 5B = \begin{pmatrix} -5 & 5 \\ 5 & 5 \end{pmatrix}$$

따라서, 구하는 모든 성분의 합은 10이다.

정답 : ①

10.6A

038

행렬 $A = \begin{pmatrix} 1 & 2 \\ -2 & 3 \end{pmatrix}$에 대하여

행렬 B가 $A + B = 2E$를 만족시킬 때,

행렬 $A - B$의 모든 성분의 합은?

(단, E는 단위행렬이다.)

① 1   ② 2   ③ 3   ④ 4   ⑤ 5

HINT ▶▶

$$\begin{pmatrix} a & b \\ c & d \end{pmatrix} \pm \begin{pmatrix} e & f \\ g & h \end{pmatrix} = \begin{pmatrix} a \pm e & b \pm f \\ c \pm g & d \pm h \end{pmatrix}$$

$A + B = 2E$에서 $B = 2E - A$이므로

$$\begin{aligned} A - B &= A - (2E - A) \\ &= 2A - 2E \\ &= 2\left\{ \begin{pmatrix} 1 & 2 \\ -2 & 3 \end{pmatrix} - \begin{pmatrix} 1 & 0 \\ 0 & 1 \end{pmatrix} \right\} \\ &= 2\begin{pmatrix} 0 & 2 \\ -2 & 2 \end{pmatrix} \\ &= \begin{pmatrix} 0 & 4 \\ -4 & 4 \end{pmatrix} \end{aligned}$$

따라서, 모든 성분의 합은 4이다.

정답 : ④

039

두 행렬 A, B에 대하여 $A-B=\begin{pmatrix} 3 & 1 \\ 5 & 2 \end{pmatrix}$일 때,

$AX=\begin{pmatrix} 3 & 1 \\ 1 & 0 \end{pmatrix}$, $BX=\begin{pmatrix} 2 & 1 \\ 1 & -1 \end{pmatrix}$을 만족시키는 행렬

X는?

① $\begin{pmatrix} 2 & -1 \\ -5 & 3 \end{pmatrix}$ ② $\begin{pmatrix} 1 & 3 \\ -1 & 2 \end{pmatrix}$ ③ $\begin{pmatrix} -2 & 1 \\ 5 & -3 \end{pmatrix}$

④ $\begin{pmatrix} 5 & 1 \\ 1 & -2 \end{pmatrix}$ ⑤ $\begin{pmatrix} 3 & -1 \\ 0 & 1 \end{pmatrix}$

HINT ▶▶

$A=\begin{pmatrix} a & b \\ c & d \end{pmatrix}$에서 $A^{-1}=\dfrac{1}{ad-bc}\begin{pmatrix} d & -b \\ -c & a \end{pmatrix}$

$AX-BX=(A-B)X=\begin{pmatrix} 1 & 0 \\ 0 & 1 \end{pmatrix}$이고

$A-B=\begin{pmatrix} 3 & 1 \\ 5 & 2 \end{pmatrix}$이므로

$\begin{pmatrix} 3 & 1 \\ 5 & 2 \end{pmatrix}X=\begin{pmatrix} 1 & 0 \\ 0 & 1 \end{pmatrix}$에서

$\therefore \ X=\begin{pmatrix} 3 & 1 \\ 5 & 2 \end{pmatrix}^{-1}=\begin{pmatrix} 2 & -1 \\ -5 & 3 \end{pmatrix}$

정답 : ①

040

$A=\begin{pmatrix} 1 & -1 \\ 1 & 1 \end{pmatrix}$, $B=\begin{pmatrix} 1 & 1 \\ -1 & 1 \end{pmatrix}$에 대하여
행렬 $A(A+B)$의 모든 성분의 합은?

① 1 ② 2 ③ 3 ④ 4 ⑤ 5

HINT ▶▶

$A=\begin{pmatrix} a & b \\ c & d \end{pmatrix}$에서 $A^{-1}=\dfrac{1}{ad-bc}\begin{pmatrix} d & -b \\ -c & a \end{pmatrix}$

$\begin{pmatrix} a & b \\ c & d \end{pmatrix}\pm\begin{pmatrix} e & f \\ g & h \end{pmatrix}=\begin{pmatrix} a\pm e & b\pm f \\ c\pm g & d\pm h \end{pmatrix}$

$E=\begin{pmatrix} 1 & 0 \\ 0 & 1 \end{pmatrix}$은 행렬의 핵심개념이다.

$A+B=\begin{pmatrix} 1 & -1 \\ 1 & 1 \end{pmatrix}+\begin{pmatrix} 1 & 1 \\ -1 & 1 \end{pmatrix}=\begin{pmatrix} 2 & 0 \\ 0 & 2 \end{pmatrix}$
$\qquad =2E$

$A(A+B)=A\cdot 2E=2A=\begin{pmatrix} 2 & -2 \\ 2 & 2 \end{pmatrix}$

따라서, 구하는 모든 성분의 합은
$2-2+2+2=4$

정답 : ④

041

두 행렬 $A = \begin{pmatrix} 1 & 2 \\ 1 & 0 \end{pmatrix}$, $B = \begin{pmatrix} 2 & 0 \\ 1 & -1 \end{pmatrix}$ 에 대하여

행렬 $2A + B$의 모든 성분의 합은?

① 2 ② 4 ③ 6 ④ 8 ⑤ 10

HINT ▶▶

$\begin{pmatrix} a & b \\ c & d \end{pmatrix} \pm \begin{pmatrix} e & f \\ g & h \end{pmatrix} = \begin{pmatrix} a \pm e & b \pm f \\ c \pm g & d \pm h \end{pmatrix}$

$2A + B = 2\begin{pmatrix} 1 & 2 \\ 1 & 0 \end{pmatrix} + \begin{pmatrix} 2 & 0 \\ 1 & -1 \end{pmatrix}$
$= \begin{pmatrix} 2 & 4 \\ 2 & 0 \end{pmatrix} + \begin{pmatrix} 2 & 0 \\ 1 & -1 \end{pmatrix}$
$= \begin{pmatrix} 4 & 4 \\ 3 & -1 \end{pmatrix}$

따라서, 행렬 $2A + B$의 모든 성분의 합은 10

정답 : ⑤

042

행렬 $A = \begin{pmatrix} 3 & 1 \\ 3 & 2 \end{pmatrix}$ 에 대하여 행렬 $3A^{-1}$의 모

든 성분의 합은?

① -2 ② -1 ③ 0 ④ 1 ⑤ 2

HINT ▶▶

$A = \begin{pmatrix} a & b \\ c & d \end{pmatrix}$ 에서 $A^{-1} = \dfrac{1}{ad-bc}\begin{pmatrix} d & -b \\ -c & a \end{pmatrix}$

$A^{-1} = \dfrac{1}{3 \cdot 2 - 3 \cdot 1} = \dfrac{1}{3}\begin{pmatrix} 2 & -1 \\ -3 & 3 \end{pmatrix}$ 이므로

$3A^{-1} = \begin{pmatrix} 2 & -1 \\ -3 & 3 \end{pmatrix}$ 이다.

따라서, $3A^{-1}$의 모든 성분의 합은
$2 + (-1) + (-3) + 3 = 1$

정답 : ④

043

행렬 $A = \begin{pmatrix} 1 & -2 \\ 0 & 1 \end{pmatrix}$ 의 역행렬 A^{-1} 의 모든 성분의 합은?

① 5   ② 4   ③ 3   ④ 2   ⑤ 1

044

$\left\{ \left(\dfrac{4}{9} \right)^{-\frac{2}{3}} \right\}^{\frac{9}{4}}$ 의 값은?

① $\dfrac{8}{27}$ ② $\dfrac{16}{61}$ ③ $\dfrac{81}{16}$ ④ $\dfrac{27}{8}$ ⑤ $\dfrac{64}{81}$

HINT ▶▶

$A = \begin{pmatrix} a & b \\ c & d \end{pmatrix}$ 에서 $A^{-1} = \dfrac{1}{ad-bc} \begin{pmatrix} d & -b \\ -c & a \end{pmatrix}$

$A^{-1} = \dfrac{1}{1-0} \begin{pmatrix} 1 & 2 \\ 0 & 1 \end{pmatrix} = \begin{pmatrix} 1 & 2 \\ 0 & 1 \end{pmatrix}$

따라서, 모든 성분의 합은 $1+2+1 = 4$ 이다.

정답 : ②

HINT ▶▶

$(a^m)^n = a^{mn}, \quad a^{-m} = \dfrac{1}{a^m}$

$\left\{ \left(\dfrac{4}{9} \right)^{-\frac{2}{3}} \right\}^{\frac{9}{4}} = \left\{ \left(\dfrac{2}{3} \right)^{-\frac{4}{3}} \right\}^{\frac{9}{4}} = \left(\dfrac{2}{3} \right)^{-\frac{4}{3} \cdot \frac{9}{4}}$

$= \left(\dfrac{2}{3} \right)^{-3} = \left(\dfrac{3}{2} \right)^3$

$= \dfrac{27}{8}$

정답 : ④

98.수능A

045

$\log_2 6 - \log_2 \dfrac{3}{2}$ 의 값은?

① 0 　② -1 　③ 1 　④ -2 　⑤ 2

99.수능A

046

$\log_7 \dfrac{1}{\sqrt{7}}$ 의 값은?

① $\dfrac{1}{4}$ 　② $\dfrac{1}{2}$ 　③ 0 　④ $-\dfrac{1}{2}$ 　⑤ $-\dfrac{1}{4}$

HINT ▶▶

$\log_a a = 1$

$\log_c a - \log_c b = \log_c \dfrac{a}{b}$

$n\log_a b = \log_a b^n$

$\log_2 6 - \log_2 \dfrac{3}{2} = \log_2 \left(6 \div \dfrac{3}{2}\right) = \log_2 \left(6 \times \dfrac{2}{3}\right)$

$\qquad\qquad = \log_2 4 = \log_2 2^2 = 2$

정답 : ⑤

HINT ▶▶

$a^{-m} = \dfrac{1}{a^m}$

$\log_a a = 1$

$n\log_a b = \log_a b^n$

$(준식) = \log_7 7^{-\frac{1}{2}} = -\dfrac{1}{2}\log_7 7 = -\dfrac{1}{2}$

정답 : ④

CROSS MATH

047

$(\sqrt{2})^5$의 값은?

① $\sqrt{2}$ ② 2 ③ $2\sqrt{2}$ ④ 4 ⑤ $4\sqrt{2}$

HINT ▶▶

$a^{\frac{n}{m}} = \sqrt[m]{a^n}$

$(a^m)^n = a^{mn}$

$(\sqrt{2})^5 = (\sqrt{2})^4\sqrt{2} = 4\sqrt{2}$

정답 : ⑤

048

$\log_2(4^{\frac{3}{4}} \cdot \sqrt{2^5})^{\frac{1}{2}}$의 값은?

① 2 ② 1 ③ 0 ④ -1 ⑤ -2

HINT ▶▶

$(a^m)^n = a^{mn}$

$a^m \times a^n = a^{m+n}$

$n\log_a b = \log_a b^n$

$\log_a a = 1$

$(4^{\frac{3}{4}} \cdot \sqrt{2^5})^{\frac{1}{2}} = (2^{\frac{3}{2}} \cdot 2^{\frac{5}{2}})^{\frac{1}{2}} = (2^{\frac{3}{2}+\frac{5}{2}})^{\frac{1}{2}}$

$\qquad = (2^4)^{\frac{1}{2}} = 2^2$

$\therefore \log_2(4^{\frac{3}{4}} \cdot \sqrt{2^5})^{\frac{1}{2}} = \log_2 2^2 = 2$

정답 : ①

049

$\sqrt[3]{2} \times \sqrt[6]{16}$ 을 간단히 하면?

① 2　② 4　③ $\sqrt{2}$　④ $2\sqrt{2}$　⑤ $2\sqrt{2}$

HINT▸▸

$(a^m)^n = a^{m \cdot n}$

$a^m \times a^n = a^{m+n}$

$a^{\frac{n}{m}} = \sqrt[m]{a^n}$

$$\sqrt[3]{2} \times \sqrt[6]{16} = 2^{\frac{1}{3}} \times (2^4)^{\frac{1}{6}}$$
$$= 2^{\frac{1}{3}} \times 2^{\frac{2}{3}} = 2^{\frac{1}{3}+\frac{2}{3}} = 2$$

정답 : ①

050

$\log_3 12 + \log_3 9 - \log_3 4$ 의 값은?

① 1　② 2　③ 3　④ 4　⑤ 5

HINT▸▸

$n\log_a b = \log_a b^n$

$\log_c a + \log_c b = \log_c ab$

$\log_c a - \log_c b = \log_c \dfrac{a}{b}$

$\log_a a = 1$

$$\log_3 12 + \log_3 9 - \log_3 4 = \log_3 \frac{12 \cdot 9}{4}$$
$$= \log_3 3^3 = 3$$

정답 : ③

051

$25^{-\frac{3}{2}} \times 100^{\frac{3}{2}}$ 의 값은?

① 2　　② 4　　③ 6　　④ 8　　⑤ 10

052

$\log_5 \dfrac{9}{25} - \log_5 9$ 의 값은?

① -2　② -1　③ 1　④ 2　⑤ 3

HINT ▶▶

$a^m \times b^m = (ab)^m$

$a^{-m} = \dfrac{1}{a^m}$

지수의 절대값이 $\dfrac{3}{2}$ 으로 동일하므로

지수를 통일해서 묶어주면

(주어진 식)$= \left(\dfrac{1}{25}\right)^{\frac{3}{2}} \times 100^{\frac{3}{2}} = \left(\dfrac{100}{25}\right)^{\frac{3}{2}}$

$\qquad\qquad = 4^{\frac{3}{2}} = 2^3$

$\qquad\qquad = 8$

정답 : ④

HINT ▶▶

$a^{-m} = \dfrac{1}{a^m}$

$\log_c a - \log_c b = \log_c \dfrac{a}{b}$

$\log_a a = 1$

$n\log_a b = \log_a b^n$

(준식)$= \log_5 \dfrac{\frac{9}{25}}{9} = \log_5 \dfrac{1}{25}$

$\qquad\qquad = \log_5 5^{-2} = -2$

정답 : ①

053

$3^{\frac{2}{3}} \times 9^{\frac{3}{2}} \div 27^{\frac{8}{9}}$ 의 값은?

① 1   ② $\sqrt{3}$ ③ 3   ④ $3\sqrt{3}$ ⑤ 9

054

$\log_4 64$의 값은?

① 1   ② 2   ③ 3   ④ 4   ⑤ 5

HINT ▶▶

$a^m \times a^n = a^{m+n}$

$a^m \div a^n = a^{m-n}$

$3^{\frac{2}{3}} \times 9^{\frac{3}{2}} \div 27^{\frac{8}{9}} = 3^{\frac{2}{3}} \times 3^3 \div 3^{\frac{8}{3}}$

$\qquad\qquad = 3^{\frac{2}{3}+3-\frac{8}{3}} = 3$

정답 : ③

HINT ▶▶

$n\log_a b = \log_a b^n$

$\log_a a = 1$

$\log_4 64 = \log_4 4^3 = 3\log_4 4 = 3$

정답 : ③

055

$4^{-\frac{1}{2}} \times 8^{\frac{5}{3}}$ 의 값은?

① 2　　② 4　　③ 8　　④ 16　　⑤ 32

056

지수부등식 $2^{x^2} < 4 \cdot 2^x$의 해가 $\alpha < x < \beta$ 일 때, $\alpha + \beta$의 값은?

① 1　　② 2　　③ 3　　④ 4　　⑤ 5

HINT ▶▶

$a^m \times a^n = a^{m+n}$

$(a^m)^n = a^{mn}$

준식 $= \left(2^2\right)^{-\frac{1}{2}} \times \left(2^3\right)^{\frac{5}{3}}$

　　$= 2^{-1} \times 2^5$

　　$= 2^{-1+5}$

　　$= 2^4 = 16$

HINT ▶▶

$a^m \times a^n = a^{m+n}$

$a > 1, \; m > n$일 때 $a^m > a^n$

$2^{x^2} < 4 \cdot 2^x$ 에서 $2^{x^2} < 2^{x+2}$

(밑)$= 2 > 1$ 이므로

$x^2 < x + 2, \quad x^2 - x - 2 < 0$

$(x+1)(x-2) < 0$

$\therefore -1 < x < 2$

$\therefore \alpha + \beta = -1 + 2 = 1$

정답 : ④

정답 : ①

06.6A

057

$(3 \cdot 9^{\frac{1}{3}})^{\frac{3}{5}}$ 의 값은?

① $\sqrt[3]{3}$ ② $\sqrt[3]{3^2}$ ③ 3

④ $\sqrt[3]{3^4}$ ⑤ $\sqrt[3]{3^5}$

06.9A

058

$\log_2 16 + \log_2 \frac{1}{8}$ 의 값은?

① 1 ② 2 ③ 3 ④ 4 ⑤ 5

HINT ▶▶

$a^m \times a^n = a^{m+n}$

$(a^m)^n = a^{mn}$

$\left(3 \cdot 3^{\frac{2}{3}}\right)^{\frac{3}{5}} = \left(3^{\frac{5}{3}}\right)^{\frac{3}{5}} = 3^{\frac{5}{3} \cdot \frac{3}{5}} = 3$

HINT ▶▶

$\log_c a + \log_c b = \log_c ab$

$\log_a a = 1$

$a^{-m} = \frac{1}{a^m}$

$\log_2 16 + \log_2 \frac{1}{8} = \log_2 2^4 + \log_2 2^{-3}$

$= 4 - 3 = 1$

정답 : ③

정답 : ①

059

$5^{\frac{2}{3}} \times 25^{-\frac{5}{6}}$ 의 값은?

① $\dfrac{1}{25}$　② $\dfrac{1}{5}$　③ 1　④ 5　⑤ 25

060

$(\log_3 27) \times 8^{\frac{1}{3}}$ 의 값은?

① 12　② 10　③ 8　④ 6　⑤ 4

HINT ▶▶

$a^{-m} = \dfrac{1}{a^m}$

$a^m \times a^n = a^{m+n}$

$(a^m)^n = a^{mn}$

준식 $= 5^{\frac{2}{3}} \times 5^{2 \cdot \left(-\frac{5}{6}\right)}$

$= 5^{\frac{2}{3}} \times 5^{-\frac{5}{3}}$

$= 5^{\frac{2}{3} + \left(-\frac{5}{3}\right)}$

$= 5^{-1} = \dfrac{1}{5}$

HINT ▶▶

$n\log_a b = \log_a b^n$

$\log_a a = 1$

$\log_3 27 \cdot 8^{\frac{1}{3}} = \log_3 3^3 \cdot (2^3)^{\frac{1}{3}}$

$= 3 \cdot 2 = 6$

정답 : ②

정답 : ④

08.수능A

061

$9^{\frac{3}{2}} \times 27^{-\frac{2}{3}}$ 의 값은?

① $\dfrac{1}{3}$ ② 1 ③ $\sqrt{3}$

④ 3 ⑤ $3\sqrt{3}$

HINT ▶▶

$a^m \times a^n = a^{m+n}$

$(a^m)^n = a^{mn}$

$9 = 3^2$, $27 = 3^3$이므로 준 식에 대입하면

$(3^2)^{\frac{3}{2}} \cdot (3^3)^{-\frac{2}{3}} = 3^3 \times 3^{-2} = 3$ 이다.

정답 : ④

07.6A

062

$\log_8 2\sqrt{2}$ 의 값은?

① $\dfrac{1}{16}$ ② $\dfrac{1}{8}$ ③ $\dfrac{1}{4}$ ④ $\dfrac{1}{2}$ ⑤ 1

HINT ▶▶

$\log_{a^m} b^n = \dfrac{n}{m} \log_a b$

$n \log_a b = \log_a b^n$

$\log_a a = 1$

$\log_8 2\sqrt{2} = \log_{2^3} 2^{\frac{3}{2}}$ ($\log_{a^b} a^c = \dfrac{c}{b}$ 이므로)

$\qquad = \dfrac{\frac{3}{2}}{3} = \dfrac{1}{2}$

정답 : ④

07.9A
063

$\log_{\frac{1}{2}} 2 + \log_7 \frac{1}{7}$ 의 값은?

① -2 ② -1 ③ 0 ④ 1 ⑤ 2

07.수능A
064

$8^{\frac{2}{3}} + \log_2 8$ 의 값은?

① 5 ② 6 ③ 7 ④ 8 ⑤ 9

HINT ▶▶

$\log_c a + \log_c b = \log_c ab$

$\log_{a^m} b^n = \frac{n}{m} \log_a b$

$\log_a a = 1$

$$\log_{\frac{1}{2}} 2 + \log_7 \frac{1}{7} = -\log_{2^{-1}} 2 + \log_7 7^{-1}$$
$$= -\log_2 2 - \log_7 7$$
$$= -1 - 1 = -2$$

HINT ▶▶

$(a^m)^n = a^{mn}$

$\log_a a = 1$

$n \log_a b = \log_a b^n$

$$8^{\frac{2}{3}} + \log_2 8 = (2^3)^{\frac{2}{3}} + \log_2 2^3$$
$$= 2^2 + 3$$
$$= 7$$

정답 : ①

정답 : ③

08.6A

065

$\left(\sqrt{2\sqrt{6}}\right)^4$ 의 값은?

① 16   ② 18   ③ 20   ④ 22   ⑤ 24

08.9A

066

$2^{2\log_3 9}$ 의 값은?

① 8   ② 16   ③ 24   ④ 32   ⑤ 40

HINT ▸▸

$a^{\frac{n}{m}} = \sqrt[m]{a^n}$

$(a^m)^n = a^{mn}$

$\left(\sqrt{2\sqrt{6}}\right)^4 = \left\{(2\sqrt{6})^{\frac{1}{2}}\right\}^4 = (2\sqrt{6})^2 = 24$

정답 : ⑤

HINT ▸▸

$\log_a a = 1$

$n\log_a b = \log_a b^n$

$2^{2\log_3 9} = 2^{4\log_3 3} = 2^4 = 16$

정답 : ②

CROSS
MATH

067

$2^{\log_2 4} \times 8^{\frac{2}{3}}$ 의 값은?

① 2　　② 4　　③ 8　　④ 16　　⑤ 32

068

$\log_2 9 \cdot \log_3 \sqrt{2}$ 의 값은?

① 1　　② 2　　③ 3　　④ 4　　⑤ 5

HINT ▶▶

$n\log_a b = \log_a b^n$, $\log_a a = 1$

$a^{\log_b c} = c^{\log_b a}$

$(a^m)^n = a^{mn}$

$a^m \times a^n = a^{m+n}$

$n\log_a b = \log_a b^n$, $\log_a a = 1$ 이므로

$2^{\log_2 4} = 2^2 = 4$

(준식) $= 4 \times (2^3)^{\frac{2}{3}} = 4 \times 4 = 16$

정답 : ④

HINT ▶▶

$\log_a b = \dfrac{\log_c b}{\log_c a}$

$n\log_a b = \log_a b^n$

$\log_2 9 \cdot \log_3 \sqrt{2} = \dfrac{2\log 3}{\log 2} \times \dfrac{\frac{1}{2}\log 2}{\log 3} = 1$

정답 : ①

09.수능A
069

$27^{\frac{1}{3}} + \log_2 4$의 값은?

① 1   ② 2   ③ 3   ④ 4   ⑤ 5

HINT ▶▶

$(a^m)^n = a^{mn}$

$n\log_a b = \log_a b^n$

$\log_a a = 1$

$27^{\frac{1}{3}} + \log_2 4 = (3^3)^{\frac{1}{3}} + \log_2 2^2 = 3 + 2 = 5$

정답 : ⑤

10.6A
070

$\dfrac{1}{\sqrt[3]{8}} \times \log_3 81$의 값은?

① 1   ② 2   ③ 3   ④ 4   ⑤ 5

HINT ▶▶

$a^{-m} = \dfrac{1}{a^m}$

$n\log_a b = \log_a b^n$

$\log_a a = 1$

$\sqrt[3]{8} = \sqrt[3]{2^3} = 2$

$\log_3 81 = \log_3 3^4 = 4$

$\therefore \ \dfrac{1}{\sqrt[3]{8}} \times \log_3 81 = \dfrac{1}{\sqrt[3]{2^3}} \times \log_3 3^4$

$\qquad\qquad = \dfrac{1}{2} \times 4$

$\qquad\qquad = 2$

정답 : ②

10.9A

071

$\log_3 6 + \log_3 2 - \log_3 4$ 의 값은?

① 1　　② 2　　③ 3　　④ 4　　⑤ 5

HINT ▶▶

$\log_c a + \log_c b = \log_c ab$

$\log_c a - \log_c b = \log_c \dfrac{a}{b}$

$\log_a a = 1$

$$\begin{aligned} \log_3 6 + \log_3 2 - \log_3 4 &= \log_3 \frac{6 \times 2}{4} \\ &= \log_3 3 \\ &= 1 \end{aligned}$$

정답 : ①

10.수능A

072

$4^{\frac{3}{2}} \times \log_3 \sqrt{3}$ 의 값은?

① 5　　② 4　　③ 3　　④ 2　　⑤ 1

HINT ▶▶

$(a^m)^n = a^{mn}$

$n \log_a b = \log_a b^n$

$\log_a a = 1$

$$\begin{aligned} 4^{\frac{3}{2}} \times \log_3 \sqrt{3} &= (2^2)^{\frac{3}{2}} \times \log_3 3^{\frac{1}{2}} \\ &= 2^3 \times \frac{1}{2} = 4 \end{aligned}$$

정답 : ②

11.6A

073

$4 \times 8^{\frac{1}{3}}$ 의 값은?

① 4   ② 6   ③ 8   ④ 10   ⑤ 12

HINT ▶▶

$(a^m)^n = a^{mn}$

$a^m \times a^n = a^{m+n}$

$4 \times 8^{\frac{1}{3}} = 2^2 \times (2^3)^{\frac{1}{3}} = 2^3 = 8$

정답 : ③

11.9A

074

$\log_2 12 + \log_2 \frac{4}{3}$ 의 값은?

① 1   ② 2   ③ 3   ④ 4   ⑤ 5

HINT ▶▶

$\log_c a + \log_c b = \log_c ab$

$n \log_a b = \log_a b^n$

$\log_a a = 1$

$\log_2 12 + \log_2 \frac{4}{3} = \log_2 \left(12 \times \frac{4}{3}\right) = \log_2 16$

$= \log_2 2^4 = 4$

정답 : ④

075

$\displaystyle\sum_{k=1}^{10}(k-1)(k+2)$ 의 값을 구하시오.

076

등차수열 a_n 에 대하여

$a_1+a_2=10,\ a_3+a_4+a_5=45$

가 성립할 때, a_{10} 의 값은?

① 39 ② 41 ③ 43 ④ 45 ⑤ 47

HINT ▶▶

$\displaystyle\sum_{k=1}^{n}k=\frac{1}{2}n(n+1)$

$\displaystyle\sum_{k=1}^{n}k^2=\frac{1}{6}n(n+1)(2n+1)$

$\displaystyle\sum_{k=1}^{n}c=cn$

준식 $=\displaystyle\sum_{k=1}^{10}\left(k^2+k-2\right)$

$=\displaystyle\sum_{k=1}^{10}k^2+\sum_{k=1}^{10}k-\sum_{k=1}^{10}2$

$=\dfrac{10\cdot11\cdot21}{6}+\dfrac{10\cdot11}{2}-20$

$=385+55-20\ =420$

정답 : 420

HINT ▶▶

등차수열에서

$a_n=a_1+(n-1)d$

$Sn=\dfrac{n\{2a_1+(n-1)d\}}{2}$

$S_5=\dfrac{5(2a_1+4d)}{2}=55$

$\therefore a_1+2d=11$ ········ ㉠

$a_1+a_2=10$ 에서 $2a_1+d=10$ ········ ㉡

㉠, ㉡을 연립하여 풀면

$a_1=3,\ d=4$

$\therefore a_{10}=a_1+(10-1)d$

$=3+9\times4=39$

정답 : ①

06.수능A

077

등차수열 $\{a_n\}$에 대하여

$a_5 = 4a_3$, $a_2 + a_4 = 4$가 성립할 때,

a_6의 값은?

① 5   ② 8   ③ 11   ④ 13   ⑤ 16

HINT ▶▶

등차수열에서

$a_n = a_1 + (n-1)d$

등차수열에서 $a_n = \dfrac{a_{n-1} + a_{n+1}}{2}$ 이고

a_2, a_3, a_4는 이 순서로 등차수열을 이루므로

$a_3 = \dfrac{a_2 + a_4}{2} = 2$

$\therefore\ a_5 = 4a_3 = 8$

이 때, 공차를 d라 하면 $a_5 = a_3 + 2d$이므로

$8 = 2 + 2d$ $\therefore\ d = 3$

$\therefore\ a_6 = a_5 + d = 8 + 3 = 11$

정답 : ③

01.수능A

078

함수 $f(x) = \lim\limits_{n \to \infty} \dfrac{x^{2n+4} + 2x}{x^{2n} + 1}$ 일 때,

$f\left(\dfrac{1}{2}\right) + f(2)$ 의 값을 구하시오.

HINT ▶▶

$\lim\limits_{n \to \infty} r^n$ 에서

① $|r| < 1$ $\lim\limits_{n \to \infty} r^n = 0$

② $|r| > 1$ $\lim\limits_{n \to \infty} r^n = \pm \infty$ (발산)

③ $r = 1$ $\lim\limits_{n \to \infty} r^n = 1$

(i) $|x| < 1$일 때, $\lim\limits_{n \to \infty} x^n = 0$ 이므로

$f(x) = \lim\limits_{n \to \infty} \dfrac{x^{2n+4} + 2x}{x^{2n} + 1} = 2x$

(ii) $|x| > 1$일 때, 분자·분모를 x^{2n}으로 나누면

$f(x) = \lim\limits_{n \to \infty} \dfrac{x^4 + \dfrac{2}{x^{2n-1}}}{1 + \dfrac{1}{x^{2n}}} = \dfrac{x^4 + 0}{1 + 0} = x^4$

따라서, $f\left(\dfrac{1}{2}\right) + f(2) = 1 + 16 = 17$

정답 : 17

04.6A

079

$\lim\limits_{n \to \infty} \dfrac{n}{\sqrt{2n^2 - n} + \sqrt{n^2 - 1}}$ 의 값은?

① $\sqrt{2} - 1$　　② 1　　　③ $\sqrt{2}$

④ 2　　　　⑤ $\sqrt{2} + 1$

HINT▶▶

$\dfrac{\infty}{\infty}$ 의 꼴에서는 분자·분모를 제일 큰 숫자 혹은 가장 큰 차수로 나눈다.

분자·분모를 n으로 나눈다.

$$(\text{주어진 식}) = \lim_{n \to \infty} \dfrac{1}{\sqrt{2 - \dfrac{1}{n}} + \sqrt{1 - \dfrac{1}{n^2}}}$$

$$= \dfrac{1}{\sqrt{2} + 1}$$

$$= \dfrac{\sqrt{2} - 1}{(\sqrt{2} + 1)(\sqrt{2} - 1)}$$

$$= \sqrt{2} - 1$$

정답 : ①

05.6A

080

$\lim\limits_{n \to \infty} \dfrac{2}{\sqrt{n^2 + 2n} - \sqrt{n^2 - 2n}}$ 의 값은?

① 1　② $\sqrt{2}$　③ $\dfrac{3}{2}$　④ 2　⑤ $2\sqrt{2}$

HINT▶▶

유리화를 한 후 분자·분모를 가장 큰 수 혹은 문자로 나누어 보자.

$$\lim_{n \to \infty} \dfrac{2}{\sqrt{n^2 + 2n} - \sqrt{n^2 - 2n}}$$

(분자·분모에 $\sqrt{n^2 + 2n} + \sqrt{n^2 - 2n}$ 을 곱한다.)

$$= \lim_{n \to \infty} \dfrac{2(\sqrt{n^2 + 2n} + \sqrt{n^2 - 2n})}{4n}$$

$$= \lim_{n \to \infty} \dfrac{2\left(\sqrt{\dfrac{n^2}{n^2} + \dfrac{2n}{n^2}} + \sqrt{\dfrac{n^2}{n^2} - \dfrac{2n}{n^2}}\right)}{\dfrac{4n}{n}}$$

$$= \dfrac{2(1 + 1)}{4}$$

$$= \dfrac{4}{4} = 1$$

정답 : ①

06.6A

081

$\lim\limits_{n \to \infty} \dfrac{4^{n-1}}{4^n + 3^n}$ 의 값은?

① $\dfrac{1}{4}$ ② $\dfrac{1}{2}$ ③ 1   ④ 2   ⑤ 4

HINT ▶▶

분자·분모를 제일 큰 수 혹은 문자로 나누어 보자.

분자·분모를 4^n 으로 나눈다.

$\lim\limits_{n \to \infty} \dfrac{4^{n-1}}{4^n + 3^n} = \lim\limits_{n \to \infty} \dfrac{4^{-1}}{1 + \left(\dfrac{3}{4}\right)^n} = 4^{-1} = \dfrac{1}{4}$

정답 : ①

06.9A

082

$\lim\limits_{n \to \infty} \left\{ 2 + \left(-\dfrac{1}{5} \right)^n \right\}$ 의 값은?

① 1   ② 2   ③ 3   ④ 4   ⑤ 5

HINT ▶▶

$|r| < 1$ 일 경우 $\lim\limits_{n \to \infty} r^n = 0$

$\lim\limits_{n \to \infty} \left\{ 2 + \left(-\dfrac{1}{5} \right)^n \right\} = 2 + 0 = 2$

정답 : ②

06.수능A

083

$$\lim_{n \to \infty} \frac{3 + \left(\frac{1}{3}\right)^n}{2 + \left(\frac{1}{2}\right)^n}$$ 의 값은?

① 1　② $\frac{3}{2}$　③ 2　④ $\frac{5}{2}$　⑤ 3

07.6A

084

$$\lim_{n \to \infty} \frac{2 \cdot 3^{n+1} + 5}{3^n - 1}$$ 의 값은?

① 2　　② 3　　③ 5　　④ 6　　⑤ 10

HINT ▶▶

$|r| < 1$ 일 경우 $\lim_{n \to \infty} r^n = 0$

$\lim_{n \to \infty} \left(\frac{1}{3}\right)^n = 0,\ \lim_{n \to \infty} \left(\frac{1}{2}\right)^n = 0$ 이므로

(준식) $= \lim_{n \to \infty} \frac{3 + 0}{2 + 0} = \frac{3}{2}$

정답 : ②

HINT ▶▶

$\frac{\infty}{\infty}$ 의 꼴일 때에는 분자·분모를 제일 큰수로 나눈다.

$|r| > 1$ 일 경우 $\lim_{n \to \infty} r^n = \pm \infty$

분자·분모를 3^n 으로 나눈다.

$$\lim_{n \to \infty} \frac{2 \cdot 3^{n+1} + 5}{3^n - 1} = \lim_{n \to \infty} \frac{2 \cdot 3 + \frac{5}{3^n}}{1 - \frac{1}{3^n}}$$
$$= 6$$

정답 : ④

07.9A

085

$\displaystyle\lim_{n \to \infty} \dfrac{6n^2 + n + 1}{n^2 + 1}$ 의 값은?

① 0   ② 2   ③ 4   ④ 6   ⑤ 8

HINT ▶▶

$\dfrac{\infty}{\infty}$ 의 꼴일 때에는 분자·분모를 제일 큰수로 나눈다.

분자·분모를 n^2 으로 나눈다.

$\displaystyle\lim_{n \to \infty} \dfrac{6n^2 + n + 1}{n^2 + 1}$

$= \displaystyle\lim_{n \to \infty} \dfrac{6 + \dfrac{1}{n} + \dfrac{1}{n^2}}{1 + \dfrac{1}{n^2}}$

$= \dfrac{6 + 0 + 0}{1 + 0}$

$= 6$

정답 : ④

07.수능A

086

$\displaystyle\lim_{n \to \infty} \dfrac{n}{\sqrt{4n^2 + 1} + \sqrt{n^2 + 2}}$ 의 값은?

① 1   ② $\dfrac{1}{2}$ ③ $\dfrac{1}{3}$ ④ $\dfrac{1}{4}$ ⑤ $\dfrac{1}{5}$

HINT ▶▶

$\dfrac{\infty}{\infty}$ 의 꼴일 때에는 분자·분모를 제일 큰수로 나눈다.

분자·분모를 n 으로 나눈다.

$\displaystyle\lim_{n \to \infty} \dfrac{n}{\sqrt{4n^2 + 1} + \sqrt{n^2 + 2}}$

$= \displaystyle\lim_{n \to \infty} \dfrac{1}{\sqrt{4 + \dfrac{1}{n^2}} + \sqrt{1 + \dfrac{2}{n^2}}}$

$= \dfrac{1}{2 + 1}$

$= \dfrac{1}{3}$

정답 : ③

CROSS MATH

087

$\lim\limits_{n \to \infty} \dfrac{2n^2 - 7n}{n^2 + 5}$ 의 값은?

① 1 ② 2 ③ 3 ④ 4 ⑤ 5

HINT ▶▶

$\dfrac{\infty}{\infty}$의 꼴일 때에는 분자·분모를 제일 큰수로 나눈다.

분자·분모를 n^2으로 나눈다.

$$\lim\limits_{n \to \infty} \dfrac{2n^2 - 7n}{n^2 + 5} = \lim\limits_{n \to \infty} \dfrac{2 - \dfrac{7}{n}}{1 + \dfrac{5}{n^2}}$$

$$= \dfrac{2 - 0}{1 + 0}$$

$$= 2$$

정답 : ②

088

$\lim\limits_{n \to \infty} \dfrac{5^n - 2^n}{5^{n+1} + 3^{n+1}}$ 의 값은?

① $\dfrac{1}{8}$ ② $\dfrac{1}{5}$ ③ $\dfrac{1}{3}$ ④ $\dfrac{3}{8}$ ⑤ 1

HINT ▶▶

$\dfrac{\infty}{\infty}$의 꼴일 때에는 분자·분모를 제일 큰수로 나눈다.

$|r| > 1$일 경우, $\lim\limits_{n \to \infty} r^n = \pm \infty$ (발산)

5^n으로 분자·분모를 나눈다.

$$\lim\limits_{n \to \infty} \dfrac{5^n - 2^n}{5^{n+1} + 3^{n+1}} = \lim\limits_{n \to \infty} \dfrac{1 - \left(\dfrac{2}{5}\right)^n}{5 + 3\left(\dfrac{3}{5}\right)^n}$$

$$= \dfrac{1}{5}$$

정답 : ②

08.수능A

089

$$\lim_{n \to \infty} \frac{2}{\sqrt{n^2+2n} - \sqrt{n^2+1}}$$ 의 값은?

① 1　　② 2　　③ 3　　④ 4　　⑤ 5

HINT▸▸

분자·분모 중 $\sqrt{}$ 가 있는 부분을 유리화 해본다.

$\dfrac{\infty}{\infty}$ 의 꼴일 때에는 분자·분모를 제일 큰수로 나눈다.

분자·분모에 $\sqrt{n^2+2n} + \sqrt{n^2+1}$ 을 곱한다.

$$준식 = \lim_{n \to \infty} \frac{2(\sqrt{n^2+2n} + \sqrt{n^2+1})}{n^2+2n-n^2+1}$$

$$= \frac{2(\sqrt{n^2+2n} + \sqrt{n^2+1})}{2n+1}$$

분자·분모를 n으로 나눈다.

$$= \frac{2\left(\sqrt{1+\dfrac{2}{n}} + \sqrt{1+\dfrac{1}{n}}\right)}{2+\dfrac{1}{n}}$$

$$= \frac{2(1+1)}{2} = 2$$

09.6A

090

$$\lim_{n \to \infty} \frac{2n+1}{\sqrt{9n^2+1} - n}$$ 의 값은?

① 1　　② 2　　③ 3　　④ 4　　⑤ 5

HINT▸▸

분자·분모 중 $\sqrt{}$ 가 있는 부분을 유리화 해본다.

$\dfrac{\infty}{\infty}$ 의 꼴일 때에는 분자·분모를 제일 큰수로 나눈다.

분자·분모에 $\sqrt{9n^2+1} + n$을 곱한다.

$$\lim_{n \to \infty} \frac{2n+1}{\sqrt{9n^2+1} - n}$$

$$= \lim_{n \to \infty} \frac{(2n+1)(\sqrt{9n^2+1} + n)}{(\sqrt{9n^2+1} - n)(\sqrt{9n^2+1} + n)}$$

$$= \lim_{n \to \infty} \frac{\sqrt{(2n+1)^2(9n^2+1)} + 2n^2+n}{8n^2+1}$$

분자·분모를 n^2 으로 나누면

$$(준식) = \frac{\sqrt{36}+2}{8} = 1$$

091

$$\lim_{n\to\infty}\frac{7^{n+1}}{2\cdot 7^n+3}$$ 의 값은?

① $\dfrac{1}{2}$ ② $\dfrac{3}{2}$ ③ $\dfrac{5}{2}$ ④ $\dfrac{7}{2}$ ⑤ $\dfrac{9}{2}$

092

$$\lim_{n\to\infty}\frac{(n+1)(3n-1)}{2n^2+1}$$ 의 값은?

① $\dfrac{3}{2}$ ② 2 ③ $\dfrac{5}{2}$ ④ 3 ⑤ $\dfrac{7}{2}$

HINT ▶▶

$\dfrac{\infty}{\infty}$ 의 꼴일 때에는 분자·분모를 제일 큰수로 나눈다.

$\lim\limits_{n\to\infty}\dfrac{7^{n+1}}{2\cdot 7^n+3}$ 에서 분자·분모를 7^n으로 나누면

준식 $=\lim\limits_{n\to\infty}\dfrac{7}{2+\dfrac{3}{7^n}}=\dfrac{7}{2}$

정답 : ④

HINT ▶▶

$\dfrac{\infty}{\infty}$ 의 꼴일 때에는 분자·분모를 제일 큰수로 나눈다.

$$\lim_{n\to\infty}\frac{(n+1)(3n-1)}{2n^2+1}=\lim_{n\to\infty}\frac{3n^2+2n-1}{2n^2+1}$$

분자·분모를 n^2으로 나누면

$$=\lim_{n\to\infty}\frac{3+\dfrac{2}{n}-\dfrac{1}{n^2}}{2+\dfrac{1}{n^2}}=\frac{3}{2}$$

정답 : ①

10.6A

093

$\lim\limits_{n\to\infty} \dfrac{3\cdot 4^n - 3^n}{4^n + 3^n + 2}$ 의 값은?

① 1 　　② 2 　　③ 3 　　④ 4 　　⑤ 5

HINT▶▶

$\dfrac{\infty}{\infty}$의 꼴일 때에는 분자·분모를 제일 큰수로 나눈다.

$\lim\limits_{n\to\infty} \dfrac{3\cdot 4^n - 3^n}{4^n + 3^n + 2}$

분자·분모를 4^n으로 나눈다.

$= \lim\limits_{n\to\infty} \dfrac{3 - \left(\dfrac{3}{4}\right)^n}{1 + \left(\dfrac{3}{4}\right)^n + 2\left(\dfrac{1}{4}\right)^n}$

$= 3$

정답 : ③

10.9A

094

$\lim\limits_{n\to\infty} \left(\sqrt{n^2 + 4n + 11} - n\right)$의 값은?

① 1 　　② 2 　　③ 3 　　④ 4 　　⑤ 5

HINT▶▶

$\dfrac{\infty}{\infty}$의 꼴일 때에는 분자·분모를 제일 큰수로 나눈다.

$\infty - \infty$의 꼴에서 $\sqrt{}$ 가 잇을 경우 분자·분모를 유리화한다.

$\lim\limits_{n\to\infty} \left(\sqrt{n^2 + 4n + 11} - n\right)$

분자·분모에 $\sqrt{n^2 + 4n + 11} + n$을 곱한다.

$= \lim\limits_{n\to\infty} \dfrac{4n + 11}{\sqrt{n^2 + 4n + 11} + n}$

분자·분모를 n으로 나눈다.

$= \lim\limits_{n\to\infty} \dfrac{4 + \dfrac{11}{n}}{\sqrt{1 + \dfrac{4}{n} + \dfrac{11}{n^2}} + 1}$

$= \dfrac{4}{1 + 1}$

$= 2$

정답 : ②

10.수능A

095

$$\lim_{n \to \infty} \frac{a \times 6^{n+1} - 5^n}{6^n + 5^n} = 4$$ 일 때, 상수 a의 값은?

11.6A

096

$$\lim_{n \to \infty} \frac{3n}{2n+1}$$ 의 값은?

① $\dfrac{1}{2}$ ② 1 ③ $\dfrac{3}{2}$ ④ 2 ⑤ $\dfrac{5}{2}$

HINT ▶▶

$\dfrac{\infty}{\infty}$의 꼴일 때에는 분자·분모를 제일 큰수로 나눈다.

$$\lim_{n \to \infty} \frac{a \times 6^{n+1} - 5^n}{6^n + 5^n}$$

분자·분모를 6^n으로 나눈다.

$$= \lim_{n \to \infty} \frac{a \times 6 - \left(\dfrac{5}{6}\right)^n}{1 + \left(\dfrac{5}{6}\right)^n}$$

$$= 6a$$

따라서, $6a = 4$이므로 $a = \dfrac{2}{3}$

정답 : $\dfrac{2}{3}$

HINT ▶▶

$\dfrac{\infty}{\infty}$의 꼴일 때에는 분자·분모를 제일 큰수로 나눈다.

분자·분모를 n으로 나눈다.

$$\lim_{n \to \infty} \frac{3n}{2n+1} = \lim_{n \to \infty} \frac{3}{2 + \dfrac{1}{n}} = \frac{3}{2}$$

정답 : ③

11.9A

097

$\lim\limits_{n \to \infty} \dfrac{3n^2 + 5}{2n^2 + n}$ 의 값은?

① $\dfrac{1}{2}$ ② $\dfrac{5}{4}$ ③ $\dfrac{3}{2}$ ④ $\dfrac{7}{4}$ ⑤ $\dfrac{5}{2}$

HINT ▶▶

$\dfrac{\infty}{\infty}$ 의 꼴일 때에는 분자·분모를 제일 큰수로 나눈다.

분자·분모를 n^2 으로 나눈다.

$\lim\limits_{n \to \infty} \dfrac{3n^2 + 5}{2n^2 + n} = \lim\limits_{n \to \infty} \dfrac{3 + \dfrac{5}{n^2}}{2 + \dfrac{1}{n}} = \dfrac{3}{2}$

정답 : ③

98.수능A

098

$\lim\limits_{x \to 0} \dfrac{\sqrt{1+x} - 1}{x}$ 의 값은?

① -1 ② $-\dfrac{1}{2}$ ③ 0 ④ $\dfrac{1}{2}$ ⑤ 1

HINT ▶▶

$\dfrac{0}{0}$ 의 꼴에서는 인수분해를 하거나 유리화를 해보자.

분자·분모에 $\sqrt{1+x} + 1$을 곱한다.

$\lim\limits_{x \to 0} \dfrac{\sqrt{1+x} - 1}{x}$

$= \lim\limits_{x \to 0} \dfrac{(\sqrt{1+x} - 1)(\sqrt{1+x} + 1)}{x(\sqrt{1+x} + 1)}$

$= \lim\limits_{x \to 0} \dfrac{1 + x - 1}{x(\sqrt{1+x} + 1)} = \lim\limits_{x \to 0} \dfrac{1}{\sqrt{1+x} + 1}$

$= \dfrac{1}{2}$

정답 : ④

099

다항함수 $f(x)$ 에 대하여

$\lim\limits_{x \to 1} \dfrac{8(x^4-1)}{(x^2-1)f(x)} = 1$ 일 때, $f(1)$의 값을 구하시오.

100

함수 $f(x) = x^2 + 5$ 에 대하여

$\lim\limits_{h \to 0} \dfrac{f(1+h)-f(1)}{h}$ 의 값은?

① 2   ② 3   ③ 4   ④ 5   ⑤ 6

HINT ▶▶

$\dfrac{0}{0}$ 꼴이 될 경우는 인수분해를 해보자.

$\lim\limits_{x \to 1} \dfrac{8(x^4-1)}{(x^2-1)f(x)} = 1$을 풀면

$\lim\limits_{x \to 1} \dfrac{8(x^2-1)(x^2+1)}{(x^2-1)f(x)} = 1$에서

$\lim\limits_{x \to 1} \dfrac{8(x^2+1)}{f(x)} = 1$

따라서, $\dfrac{8(1^2+1)}{f(1)} = 1$

$\therefore f(1) = 16$

정답 : 16

HINT ▶▶

미분계수 $x = a$에서의 미분계수 $f'(a)$

$\lim\limits_{h \to 0} \dfrac{f(a+h)-f(a)}{h} = f'(a)$

$\lim\limits_{h \to 0} \dfrac{f(1+h)-f(1)}{h} = f'(1)$

$f(x) = x^2 + 5$에서

$f'(x) = 2x \quad (\because (x^n)' = nx^{n-1})$

$\therefore f'(1) = 2 \times 1 = 2$

정답 : ①

101

함수 $f(x) = (x-1)(x^3 + 2x^2 + 8)$에 대하여 미분계수 $f'(1)$을 구하시오.

HINT▶▶

$(x^n)' = nx^{n-1}$

$\{f(x) \cdot g(x)\}' = f'(x)g(x) + f(x)g'(x)$

$f(x) = (x-1)(x^3 + 2x^2 + 8)$

$f'(x) = x^3 + 2x^2 + 8 + (x-1)(3x^2 + 4x)$

$f'(1) = 1^3 + 2 \cdot 1^2 + 8 + (1-1)(3 \times 1^2 + 4 \times 1)$

$\qquad = 11$

[참고]

$\{f(x) \cdot g(x)\}' = f'(x) \cdot g(x) + f(x) \cdot g(x)'$의 공식을 이용하면

$f(x)' = (x-1)'(x^3 + 2x^2 + 8)$
$\qquad\qquad + (x-1)(x^3 + 2x^2 + 8)'$

$\quad = 1 \cdot (x^3 + 2x^2 + 8) + (x-1)(3x^2 + 4x)$

$\therefore f'(1) = 1 + 2 + 8 + 0 = 11$

정답 : 11

크로스 **수학**
기출문제 유형탐구

CHAPTER

02.

3점완성 & 문제풀이

세상을 바꾸는 공부법

100선

009
글씨가 오른쪽으로 누우면 급한 마음을 표현하게 된다. 마음을 차분히 할 수 있도록 복습활동을 하도록 하라.

010
밤늦게까지 학교에 남아 야자를 하고, 각종 사교육을 받아야만 했던 학생들이 **부모님들에 의해 수면과 운동을 권장 받는** 그런 꿈같은 세상을 만들어보자.

011
다독, 나눠이해하기, 눈으로 읽기의 원리 등으로 무장한 학생들은 예전에 불가능했던 **독자적** 학습력을 갖추게 될 것이고 사교육은 정말 이해력이 현저하게 떨어지는 일부 학생에 한정될 것이다.

012
공부를 엄청나게 잘 하고 싶다면 그 최후의 목표는 올바른 다독을 하는 것이다. 다시 그 올바르게 다독하는 법은 필수적으로 눈으로 공부하기를 제대로 사용하는 것을 조건으로 한다.

013
눈으로 공부하려면 확실한 두뇌의 청명함과 균형이 필요하니 그 다음으로 중요한 것은 예복습의 균형 즉 좌우의 균형이고 또 오래 제대로 버티기 위해서는 충분한 수면과 운동이 절실하게 필요해진다.

014
"기억하라. 훌륭한 공부법은 하나의 거대한 구조물인 것이다."

1. 행렬

총 23문항

001

이차정사각행렬 A 의 (i, j) 성분 a_{ij} 와 이차정사각행렬 B 의 (i, j) 성분 b_{ij} 를 각각

$a_{ij} = i - j + 1$, $b_{ij} = i + j + 1$

$(i = 1,\ 2,\ j = 1,\ 2)$라 할 때, 행렬 AB 의 $(2, 2)$ 성분을 구하시오.

002

두 상수 a, b 에 대하여 행렬 $A = \begin{pmatrix} -1 & a \\ b & 2 \end{pmatrix}$가

$A^2 = A$ 이고 $a^2 + b^2 = 10$ 일 때,

$(a+b)^2$ 의 값은?

① 6 ② 7 ③ 8 ④ 9 ⑤ 10

HINT ▶▶

행렬은 $\begin{pmatrix} a_{11} & a_{12} \\ a_{21} & a_{22} \end{pmatrix}$의 형태가 기본이다.

$\begin{pmatrix} a & b \\ c & d \end{pmatrix}\begin{pmatrix} e & f \\ g & h \end{pmatrix} = \begin{pmatrix} ae + bg & af + bh \\ ce + dg & cf + dh \end{pmatrix}$

$A = \begin{pmatrix} a_{11} & a_{12} \\ a_{21} & a_{22} \end{pmatrix}$이므로

$A = \begin{pmatrix} 1 & 0 \\ 2 & 1 \end{pmatrix}$, $B = \begin{pmatrix} 3 & 4 \\ 4 & 5 \end{pmatrix}$이므로

$AB = \begin{pmatrix} 1 & 0 \\ 2 & 1 \end{pmatrix}\begin{pmatrix} 3 & 4 \\ 4 & 5 \end{pmatrix} = \begin{pmatrix} 3 & 4 \\ 10 & 13 \end{pmatrix}$

따라서, 행렬 AB의 $(2,2)$성분은 13이다.

정답 : 13

HINT ▶▶

$\begin{pmatrix} a & b \\ c & d \end{pmatrix}\begin{pmatrix} e & f \\ g & h \end{pmatrix} = \begin{pmatrix} ae + bg & af + bh \\ ce + dg & cf + dh \end{pmatrix}$

$A^2 = \begin{pmatrix} 1 + ab & a \\ b & ab + 4 \end{pmatrix}$이므로 $A^2 = A$에서

$1 + ab = -1$ $\therefore\ ab = -2$

$\therefore\ (a+b)^2 = a^2 + b^2 + 2ab$

$\qquad\qquad = 10 + 2(-2) = 6$

정답 : ①

003

행렬 $A = \begin{pmatrix} 0 & 2 \\ 3 & 0 \end{pmatrix}$에 대하여 $A^{11} = \begin{pmatrix} a & b \\ c & d \end{pmatrix}$일 때, c의 값은?

① 0 ② $2^5 \cdot 3^5$ ③ $2^5 \cdot 3^6$

④ $2^6 \cdot 3^5$ ⑤ $2^6 \cdot 3^6$

◆ HINT ▶▶

$\begin{pmatrix} a & b \\ c & d \end{pmatrix}\begin{pmatrix} e & f \\ g & h \end{pmatrix} = \begin{pmatrix} ae+bg & af+bh \\ ce+dg & cf+dh \end{pmatrix}$

$E = \begin{pmatrix} 1 & 0 \\ 0 & 1 \end{pmatrix}$은 행렬문제의 핵심개념이다.

$A^2 = \begin{pmatrix} 0 & 2 \\ 3 & 0 \end{pmatrix}\begin{pmatrix} 0 & 2 \\ 3 & 0 \end{pmatrix} = \begin{pmatrix} 6 & 0 \\ 0 & 6 \end{pmatrix}$

$\quad = 6E$ (E는 단위행렬)

이므로

$A^3 = A^2 A = 6E \cdot A = 6A$

$A^4 = (6E)^2 = 6^2 E$

$A^5 = A^4 A = 6^2 A$

$A^6 = (6E)^3 = 6^3 E$

……

$A^{10} = 6^5 E$

$A^{11} = 6^5 A = \begin{pmatrix} 0 & 2 \cdot 6^5 \\ 3 \cdot 6^5 & 0 \end{pmatrix}$

$\therefore c = 3 \cdot 6^5 = 2^5 \cdot 3^6$

004

행렬 $A = \begin{pmatrix} 1 & 0 \\ 3 & 1 \end{pmatrix}$에 대하여 $A^8 = \begin{pmatrix} 1 & 0 \\ a & 1 \end{pmatrix}$일 때, a의 값을 구하시오.

◆ HINT ▶▶

$\begin{pmatrix} a & b \\ c & d \end{pmatrix}\begin{pmatrix} e & f \\ g & h \end{pmatrix} = \begin{pmatrix} ae+bg & af+bh \\ ce+dg & cf+dh \end{pmatrix}$

$A = \begin{pmatrix} 1 & 0 \\ 3 & 1 \end{pmatrix}$에서

$A^2 = \begin{pmatrix} 1 & 0 \\ 3 & 1 \end{pmatrix}\begin{pmatrix} 1 & 0 \\ 3 & 1 \end{pmatrix} = \begin{pmatrix} 1 & 0 \\ 6 & 1 \end{pmatrix}$

$A^3 = A^2 A$

$\quad = \begin{pmatrix} 1 & 0 \\ 6 & 1 \end{pmatrix}\begin{pmatrix} 1 & 0 \\ 3 & 1 \end{pmatrix} = \begin{pmatrix} 1 & 0 \\ 9 & 1 \end{pmatrix}$

$\vdots$

따라서, $A^n = \begin{pmatrix} 1 & 0 \\ 3n & 1 \end{pmatrix}$ ($n \geq 2$의 자연수)을 추론할 수 있다.

$\therefore A^8 = \begin{pmatrix} 1 & 0 \\ 24 & 1 \end{pmatrix}$

$\therefore a = 24$

08.6A

005

행렬 $A = \begin{pmatrix} 1 & 0 \\ 1 & 1 \end{pmatrix}$에 대하여 연립방정식

$A^n \begin{pmatrix} x \\ y \end{pmatrix} = \begin{pmatrix} 3 \\ 8 \end{pmatrix}$의 해가

$x = \alpha$, $y = \beta$일 때, $\alpha + \beta = 2$가 되게 하는
자연수 n의 값은?

① 1 ② 2 ③ 3 ④ 4 ⑤ 5

HINT ▶▶

$\begin{pmatrix} a & b \\ c & d \end{pmatrix}\begin{pmatrix} e & f \\ g & h \end{pmatrix} = \begin{pmatrix} ae+bg & af+bh \\ ce+dg & cf+dh \end{pmatrix}$

$(A^n)^{-1} = (A^{-1})^n$

$A = \begin{pmatrix} a & b \\ c & d \end{pmatrix} \Rightarrow A^{-1} = \dfrac{1}{ad-bc}\begin{pmatrix} d & -b \\ -c & a \end{pmatrix}$

$A^2 = \begin{pmatrix} 1 & 0 \\ 1 & 1 \end{pmatrix}\begin{pmatrix} 1 & 0 \\ 1 & 1 \end{pmatrix} = \begin{pmatrix} 1 & 0 \\ 2 & 1 \end{pmatrix}$

$A^3 = A^2 \cdot A = \begin{pmatrix} 1 & 0 \\ 2 & 1 \end{pmatrix}\begin{pmatrix} 1 & 0 \\ 1 & 1 \end{pmatrix} = \begin{pmatrix} 1 & 0 \\ 3 & 1 \end{pmatrix}$

$\therefore A^n = \begin{pmatrix} 1 & 0 \\ n & 1 \end{pmatrix}$이므로

양변에 $(A^n)^{-1}$을 양쪽에 곱하면

$(A^n)^{-1} \cdot A^n \begin{pmatrix} x \\ y \end{pmatrix} = (A^n)^{-1}\begin{pmatrix} 3 \\ 8 \end{pmatrix}$

$\begin{pmatrix} x \\ y \end{pmatrix} = (A^n)^{-1}\begin{pmatrix} 3 \\ 8 \end{pmatrix} \Leftarrow (A^n)^{-1} = \begin{pmatrix} 1 & 0 \\ n & 1 \end{pmatrix}^{-1}$

$\qquad\qquad\qquad\qquad = \begin{pmatrix} 1 & 0 \\ -n & 1 \end{pmatrix}$

$\qquad = \begin{pmatrix} 1 & 0 \\ -n & 1 \end{pmatrix}\begin{pmatrix} 3 \\ 8 \end{pmatrix} = \begin{pmatrix} 3 \\ -3n+8 \end{pmatrix}$

이 때 $\alpha + \beta = 3 - 3n + 8 = 2$에서

$n = 3$

08.수능A

006

단위행렬이 아닌 두 이차정사각행렬 A, B가
다음 조건을 만족시킨다.

> (가) A, B는 모두 역행렬을 가진다.
> (나) $BAB = E$, $ABA = A^{-1}$

$A^n = E$가 성립하는 자연수 n의 최솟값은?
(단, E는 단위행렬이다.)

① 3 ② 4 ③ 5 ④ 6 ⑤ 7

HINT ▶▶

$AA^{-1} = A^{-1}A = E$

$BAB = E$의 양변에 B^{-1}을 곱하면
$AB = B^{-1}$ 혹은 $BA = B^{-1}$이다.
즉, $B^{-1} = AB = BA$이므로 행렬 AB에 대하여 교환법칙이 성립한다.
그러므로 $AB^2 = AB \cdot B = B^{-1} \cdot B = E$,
$A^3B = ABA \cdot A = A^{-1} \cdot A = E$ 이다.
$A^3B = E$의 양변을 제곱하면
$A^6B^2 = A^5 \cdot BAB = A^5 = E$ 이다.

007

이차정사각행렬 A에 대하여 〈보기〉에서 옳은 것만을 있는 대로 고른 것은?

───── 〈보 기〉 ─────

ㄱ. 임의의 실수 x, y에 대하여
$A\begin{pmatrix} x \\ y \end{pmatrix} = \begin{pmatrix} x \\ 0 \end{pmatrix}$이면 $A^2 = A$이다.

ㄴ. 임의의 실수 x, y에 대하여
$A\begin{pmatrix} x \\ y \end{pmatrix} = \begin{pmatrix} -y \\ x \end{pmatrix}$이면 $A^3 = A$이다.

ㄷ. 임의의 실수 x, y에 대하여
$A\begin{pmatrix} x \\ y \end{pmatrix} = \begin{pmatrix} -x \\ -y \end{pmatrix}$이면 $A = A^{-1}$이다.

① ㄱ   ② ㄴ   ③ ㄱ, ㄷ

④ ㄴ, ㄷ   ⑤ ㄱ, ㄴ, ㄷ

HINT ▶▶

$\begin{pmatrix} a\ b \\ c\ d \end{pmatrix}\begin{pmatrix} e\ f \\ g\ h \end{pmatrix} = \begin{pmatrix} ae+bg\ \ af+bh \\ ce+dg\ \ cf+dh \end{pmatrix}$

$A = \begin{pmatrix} a\ b \\ c\ d \end{pmatrix} \Rightarrow A^{-1} = \dfrac{1}{ad-bc}\begin{pmatrix} d\ \ -b \\ -c\ \ a \end{pmatrix}$

행렬 $A = \begin{pmatrix} a\ b \\ c\ d \end{pmatrix}$라 하면

$A\begin{pmatrix} x \\ y \end{pmatrix} = \begin{pmatrix} a\ b \\ c\ d \end{pmatrix}\begin{pmatrix} x \\ y \end{pmatrix} = \begin{pmatrix} ax+by \\ cx+dy \end{pmatrix}$

ㄱ. 〈참〉

$\begin{pmatrix} ax+by \\ cx+dy \end{pmatrix} = \begin{pmatrix} x \\ 0 \end{pmatrix}$에서

$ax+by = x$, $cx+dy = 0$

$\Downarrow$

$(a-1)x+by = 0$, $cx+dy = 0$가

임의의 실수 x, y에 대하여 성립하므로

$a=1$, $b=0$, $c=0$, $d=0$

따라서, $A = \begin{pmatrix} 1\ 0 \\ 0\ 0 \end{pmatrix}$이므로

$A^2 = \begin{pmatrix} 1\ 0 \\ 0\ 0 \end{pmatrix}\begin{pmatrix} 1\ 0 \\ 0\ 0 \end{pmatrix} = \begin{pmatrix} 1\ 0 \\ 0\ 0 \end{pmatrix} = A$

ㄴ. 〈거짓〉

$\begin{pmatrix} ax+by \\ cx+dy \end{pmatrix} = \begin{pmatrix} -y \\ x \end{pmatrix}$에서

$ax+by = -y$, $cx+dy = x$

$\Downarrow$

$ax+(b+1)y = 0$, $(c-1)x+dy = 0$가

임의의 실수 x, y에 대하여 성립하므로

$a=0$, $b=-1$, $c=1$, $d=0$

따라서, $A = \begin{pmatrix} 0\ \ -1 \\ 1\ \ 0 \end{pmatrix}$이므로

$A^3 = \begin{pmatrix} 0\ \ -1 \\ 1\ \ 0 \end{pmatrix}\begin{pmatrix} 0\ \ -1 \\ 1\ \ 0 \end{pmatrix}\begin{pmatrix} 0\ \ -1 \\ 1\ \ 0 \end{pmatrix}$

$= \begin{pmatrix} 0\ \ -1 \\ 1\ \ 0 \end{pmatrix}\begin{pmatrix} -1\ \ 0 \\ 0\ \ -1 \end{pmatrix} = \begin{pmatrix} 0\ \ 1 \\ -1\ \ 0 \end{pmatrix} \neq A$

ㄷ. 〈참〉

$\begin{pmatrix} ax+by \\ cx+dy \end{pmatrix} = \begin{pmatrix} -x \\ -y \end{pmatrix}$에서

$ax+by = -x$, $cx+dy = -y$

$\Downarrow$

$(a+1)x+by = 0$, $cx+(d+1)y = 0$가

임의의 실수 x, y에 대하여 성립하므로

$a=-1$, $b=0$, $c=0$, $d=-1$

따라서, $A = \begin{pmatrix} -1\ \ 0 \\ 0\ \ -1 \end{pmatrix}$이므로

$A^{-1} = \dfrac{1}{1-0}\begin{pmatrix} -1\ 0 \\ 0\ -1 \end{pmatrix} = \begin{pmatrix} -1\ 0 \\ 0\ -1 \end{pmatrix} = A$

정답 : ③

10.6A
008

두 행렬 $A = \begin{pmatrix} -2 \\ 4 \end{pmatrix}, B = \begin{pmatrix} 1 & \dfrac{3}{2} & 5 \end{pmatrix}$에 대하여 행렬 AB의 모든 성분의 합은?

① 5   ② 10   ③ 15   ④ 20   ⑤ 25

HINT▶▶

A 행렬은 2×1 행렬이고
B 행렬은 1×3 행렬이다
$\therefore A \times B$ 행렬은 2×3 행렬이 된다.

$AB = \begin{pmatrix} -2 \\ 4 \end{pmatrix}\begin{pmatrix} 1 & \dfrac{3}{2} & 5 \end{pmatrix} = \begin{pmatrix} -2 & -3 & -10 \\ 4 & 6 & 20 \end{pmatrix}$

이므로 행렬 AB의 모든 성분의 합은 15이다.

정답 : ③

07.6A
009

두 행렬 $A = \begin{pmatrix} 0 & a \\ 3 & 3 \end{pmatrix}, B = \begin{pmatrix} 3 & -5 \\ -1 & 2 \end{pmatrix}$가

$AB^{-1} = B^{-1}A$를 만족시킬 때, a의 값을 구하시오.

HINT▶▶

$A = \begin{pmatrix} a & b \\ c & d \end{pmatrix}$에서 $A^{-1} = \dfrac{1}{ad-bc}\begin{pmatrix} d & -b \\ -c & a \end{pmatrix}$

$\begin{pmatrix} a & b \\ c & d \end{pmatrix}\begin{pmatrix} e & f \\ g & h \end{pmatrix} = \begin{pmatrix} ae+bg & af+bh \\ ce+dg & cf+dh \end{pmatrix}$

$A = \begin{pmatrix} 0 & a \\ 3 & 3 \end{pmatrix}, B = \begin{pmatrix} 3 & -5 \\ -1 & 2 \end{pmatrix}$에서

$B^{-1} = \begin{pmatrix} 2 & 5 \\ 1 & 3 \end{pmatrix}$ 이므로

$AB^{-1} = \begin{pmatrix} 0 & a \\ 3 & 3 \end{pmatrix}\begin{pmatrix} 2 & 5 \\ 1 & 3 \end{pmatrix} = \begin{pmatrix} a & 3a \\ 9 & 24 \end{pmatrix}$

$B^{-1}A = \begin{pmatrix} 2 & 5 \\ 1 & 3 \end{pmatrix}\begin{pmatrix} 0 & a \\ 3 & 3 \end{pmatrix} = \begin{pmatrix} 15 & 2a+15 \\ 9 & a+9 \end{pmatrix}$

$\begin{pmatrix} a & 3a \\ 9 & 24 \end{pmatrix} = \begin{pmatrix} 15 & 2a+15 \\ 9 & a+9 \end{pmatrix}$

$\therefore a = 15$

정답 : 15

07.수능A
010

행렬 $A = \begin{pmatrix} 2n & -7 \\ -1 & n \end{pmatrix}$의 역행렬 A^{-1}의 성분이 모두 자연수가 되는 자연수 n의 값은?

① 1   ② 2   ③ 3   ④ 4   ⑤ 5

HINT▶▶

$A = \begin{pmatrix} a & b \\ c & d \end{pmatrix}$ 라 하면 그 역행렬은

$A^{-1} = \begin{pmatrix} a & b \\ c & d \end{pmatrix}^{-1} = \dfrac{1}{ad-bc}\begin{pmatrix} d & -b \\ -c & a \end{pmatrix}$

$A = \begin{pmatrix} 2n & -7 \\ -1 & n \end{pmatrix}$ 에서

$A^{-1} = \dfrac{1}{2n^2-7}\begin{pmatrix} n & 7 \\ 1 & 2n \end{pmatrix}$

이 때, A^{-1}의 $(2,1)$의 성분이 $\dfrac{1}{2n^2-7}$ 이므로 A^{-1}의 모든 성분이 자연수가 되려면

$2n^2 - 7 = 1$

$2n^2 = 8, \ n^2 = 4$

$\therefore n = 2 \ (\because \ n$ 은 자연수$)$

정답 : ②

08.6A
011

두 행렬 $A = \begin{pmatrix} 1 & 0 \\ 0 & 2 \end{pmatrix}$, $B = \begin{pmatrix} 1 & a \\ b & 1 \end{pmatrix}$에 대하여 이차 정사각행렬 C가 $AB = CA$를 만족시킨다. $ab = 4$일 때, 행렬 C의 모든 성분의 합의 최솟값은? (단, a, b는 양수이다.)

① 4   ② 5   ③ 6   ④ 7   ⑤ 8

HINT▶▶

$A = \begin{pmatrix} a & b \\ c & d \end{pmatrix}$에서 $A^{-1} = \dfrac{1}{ad-bc}\begin{pmatrix} d & -b \\ -c & a \end{pmatrix}$

$\dfrac{a+b}{2} \geqq \sqrt{ab}$ (단, $a > 0, \ b > 0$)

$A^{-1} = \dfrac{1}{2}\begin{pmatrix} 2 & 0 \\ 0 & 1 \end{pmatrix}$ 이고

$AB = CA$ 에서 $C = ABA^{-1}$ 이므로

$C = \begin{pmatrix} 1 & 0 \\ 0 & 2 \end{pmatrix}\begin{pmatrix} 1 & a \\ b & 1 \end{pmatrix}\dfrac{1}{2}\begin{pmatrix} 2 & 0 \\ 0 & 1 \end{pmatrix}$

$\quad = \dfrac{1}{2}\begin{pmatrix} 1 & a \\ 2b & 2 \end{pmatrix}\begin{pmatrix} 2 & 0 \\ 0 & 1 \end{pmatrix} = \dfrac{1}{2}\begin{pmatrix} 2 & a \\ 4b & 2 \end{pmatrix}$

따라서, 행렬 C의 모든 성분의 합의 최솟값은

$\dfrac{1}{2}(2 + a + 4b + 2) = 2 + \dfrac{1}{2}a + 2b$

a, b가 양수일때 $a + b \geqq 2\sqrt{ab}$ 이므로

$\qquad \geqq 2 + 2\sqrt{\dfrac{1}{2}a \times 2b}$

$\qquad = 2 + 2\sqrt{ab}$

$\qquad = 2 + 2\sqrt{4} = 6$

(단, 등호는 $\dfrac{1}{2}a = 2b$ 일 때 성립한다.)

정답 : ③

08.6A

012

자연수 n 과 8이하의 자연수 a 에 대하여

$\begin{pmatrix} a & 3 \\ 0 & a \end{pmatrix}^n$ 의 $(1, 1)$성분과 $(1, 2)$성분이 같을

때, 가능한 모든 a 의 곱을 구하시오.

HINT▶▶

$\begin{pmatrix} a & b \\ c & d \end{pmatrix}\begin{pmatrix} e & f \\ g & h \end{pmatrix} = \begin{pmatrix} ae+bg & af+bh \\ ce+dg & cf+dh \end{pmatrix}$

$\begin{pmatrix} a & 3 \\ 0 & a \end{pmatrix}^2 = \begin{pmatrix} a & 3 \\ 0 & a \end{pmatrix}\begin{pmatrix} a & 3 \\ 0 & a \end{pmatrix} = \begin{pmatrix} a^2 & 6a \\ 0 & a^2 \end{pmatrix}$

$\begin{pmatrix} a & 3 \\ 0 & a \end{pmatrix}^3 = \begin{pmatrix} a & 3 \\ 0 & a \end{pmatrix}^2\begin{pmatrix} a & 3 \\ 0 & a \end{pmatrix} = \begin{pmatrix} a^3 & 9a^2 \\ 0 & a^3 \end{pmatrix}$

$\begin{pmatrix} a & 3 \\ 0 & a \end{pmatrix}^4 = \begin{pmatrix} a^3 & 9a^2 \\ 0 & a^3 \end{pmatrix}\begin{pmatrix} a & 3 \\ 0 & a \end{pmatrix} = \begin{pmatrix} a^4 & 12a^3 \\ 0 & a^4 \end{pmatrix}$

...

$\begin{pmatrix} a & 3 \\ 0 & a \end{pmatrix}^n = \begin{pmatrix} a^n & 3n \times a^{n-1} \\ 0 & a^n \end{pmatrix}$

따라서, $(1, 1)$성분과 $(1, 2)$성분이 같으므로

$a^n = 3n \times a^{n-1}$, $a = 3n$

$n = 1$ 일 때 $a = 3$

$n = 2$ 일 때 $a = 6$

$n = 3$ 일 때 $a = 9$

...

이므로 8이하의 모든 자연수 a 의 값들의 곱은

$3 \times 6 = 18$

정답 : 18

09.6A

013

두 행렬 $A = \begin{pmatrix} 1 & 2 \\ 1 & 1 \end{pmatrix}$, $B = \begin{pmatrix} 2 & -3 \\ a & -1 \end{pmatrix}$ 에 대하여

$A^{-1}B^{-1} = \begin{pmatrix} -1 & b \\ 0 & 1 \end{pmatrix}$ 일 때, $a+b$ 의 값은?

① $\dfrac{1}{2}$　② 1　③ $\dfrac{3}{2}$　④ 2　⑤ $\dfrac{5}{2}$

HINT▶▶

$(AB)^{-1} = B^{-1}A^{-1}$

$A = \begin{pmatrix} a & b \\ c & d \end{pmatrix}$ 에서 $A^{-1} = \dfrac{1}{ad-bc}\begin{pmatrix} d & -b \\ -c & a \end{pmatrix}$

$A^{-1}B^{-1} = \begin{pmatrix} -1 & b \\ 0 & 1 \end{pmatrix}$ 에서

$A^{-1}B^{-1} = (BA)^{-1} = \begin{pmatrix} -1 & b \\ 0 & 1 \end{pmatrix}$

$\therefore BA = \begin{pmatrix} -1 & b \\ 0 & 1 \end{pmatrix}^{-1} = \begin{pmatrix} -1 & b \\ 0 & 1 \end{pmatrix}$

이 때,

$BA = \begin{pmatrix} 2 & -3 \\ a & -1 \end{pmatrix}\begin{pmatrix} 1 & 2 \\ 1 & 1 \end{pmatrix} = \begin{pmatrix} -1 & 1 \\ a-1 & 2a-1 \end{pmatrix}$ 이므로

$\begin{pmatrix} -1 & 1 \\ a-1 & 2a-1 \end{pmatrix} = \begin{pmatrix} -1 & b \\ 0 & 1 \end{pmatrix}$

$\therefore a = 1,\ b = 1$

$\therefore a+b = 2$

정답 : ④

3점 완성 유형탐구 **| 73**

CROSS MATH

014

행렬 $A = \begin{pmatrix} 5 & 1 \\ 7 & 2 \end{pmatrix}$에 대하여 행렬 $A + 3A^{-1}$의 모든 성분의 합을 구하시오.

HINT ▶▶

$A = \begin{pmatrix} a & b \\ c & d \end{pmatrix}$에서 $A^{-1} = \dfrac{1}{ad - bc} \begin{pmatrix} d & -b \\ -c & a \end{pmatrix}$

$A^{-1} = \dfrac{1}{5 \times 2 - 1 \times 7} \begin{pmatrix} 2 & -1 \\ -7 & 5 \end{pmatrix}$이므로

$A + 3A^{-1} = \begin{pmatrix} 5 & 1 \\ 7 & 2 \end{pmatrix} + \begin{pmatrix} 2 & -1 \\ -7 & 5 \end{pmatrix}$이다.

$\qquad\quad = \begin{pmatrix} 7 & 0 \\ 0 & 7 \end{pmatrix}$

따라서, 성분의 합은 14이다.

정답 : 14

015

모든 성분의 합이 24인 이차정사각행렬 A가 $2A^2 - A = 2E$를 만족시킬 때, 행렬 $2A - E$의 역행렬의 모든 성분의 합을 구하시오. (단, E는 단위행렬이다.)

HINT ▶▶

$AA^{-1} = A^{-1}A = E$

$2A^2 - A = 2E$ 에서
$(2A - E)A = 2E$

$(2A - E)(\dfrac{1}{2}A) = E$

$\therefore \ (2A - E)^{-1} = \dfrac{1}{2}A$

따라서, 행렬 A의 모든 성분의 합이 24이므로 행렬 $2A - E$의 역행렬의 모든 성분의 합은

$24 \times \dfrac{1}{2} = 12$

정답 : 12

10.6A

016

행렬 $\begin{pmatrix} t & t+1 \\ 2t & t^2+t \end{pmatrix}$가 역행렬을 갖지 않도록 하는

모든 t의 값의 합은?

① 1   ② 2   ③ 3   ④ 4   ⑤ 5

HINT▶▶

$A = \begin{pmatrix} a & b \\ c & d \end{pmatrix}$가 역행렬을 갖지 않으려면

$ad - bc = 0$

$A = \begin{pmatrix} a & b \\ c & d \end{pmatrix}$에서 $ad - bc = 0$이면 역행렬이 없다.

$\therefore \ t \times (t^2 + t) - (t+1) \times 2t = 0$

$t^3 - t^2 - 2t = 0$

$t(t^2 - t - 2) = 0$

$t(t+1)(t-2) = 0$

$\therefore \ t = 0$ 또는 $t = -1$ 또는 $t = 2$

따라서, 모든 t의 값의 합은

$0 + (-1) + 2 = 1$

정답 : ①

07.6A

017

두 상수 a, b에 대하여

방정식 $\begin{pmatrix} a & -1 \\ b-1 & 1 \end{pmatrix}\begin{pmatrix} x \\ y \end{pmatrix} = \begin{pmatrix} 1 \\ 2 \end{pmatrix}$가 해를 갖지 않

을 때, $a+b$의 값은?

① 1   ② 2   ③ 3   ④ 4   ⑤ 5

HINT▶▶

$A\begin{pmatrix} x \\ y \end{pmatrix} = \begin{pmatrix} \alpha \\ \beta \end{pmatrix}$에서 x, y값이 부수히 많거나 해

가 없으려면 $A = \begin{pmatrix} a & b \\ c & d \end{pmatrix}$의 역행렬이 존재하지

않아야 한다. 즉, $ad - bc = 0$

방정식 $\begin{pmatrix} a & -1 \\ b-1 & 1 \end{pmatrix}\begin{pmatrix} x \\ y \end{pmatrix} = \begin{pmatrix} 1 \\ 2 \end{pmatrix}$가 해를 갖지

않으려면 행렬 $\begin{pmatrix} a & -1 \\ b-1 & 1 \end{pmatrix}$의 역행렬이 존재

하지 않아야 하므로

$a \times 1 - (-1) \times (b-1) = 0$

$a + b - 1 = 0$

$\therefore \ a + b = 1$

정답 : ①

018

0이 아닌 두 실수 a, b에 대하여 두 행렬 A, B를 $A = \begin{pmatrix} 1 & a \\ 0 & 1 \end{pmatrix}$, $B = \begin{pmatrix} 1 & 0 \\ b & 1 \end{pmatrix}$ 이라 할 때, 옳은 것만을 < 보기 >에서 있는 대로 고른 것은?

───── 〈보 기〉 ─────

ㄱ. $(A - B)^2 = abE$

ㄴ. $A^{-1} = 2E - A$

ㄷ. $A + A^{-1} = B + B^{-1}$

① ㄱ ② ㄴ ③ ㄷ ④ ㄱ,ㄴ ⑤ ㄴ,ㄷ

HINT ▶▶

$\begin{pmatrix} a & b \\ c & d \end{pmatrix}\begin{pmatrix} e & f \\ g & h \end{pmatrix} = \begin{pmatrix} ae+bg & af+bh \\ ce+dg & cf+dh \end{pmatrix}$

$A = \begin{pmatrix} a & b \\ c & d \end{pmatrix}$ 에서 $A^{-1} = \dfrac{1}{ad-bc}\begin{pmatrix} d & -b \\ -c & a \end{pmatrix}$

$\begin{pmatrix} a & b \\ c & d \end{pmatrix} \pm \begin{pmatrix} e & f \\ g & h \end{pmatrix} = \begin{pmatrix} a \pm e & b \pm f \\ c \pm g & d \pm h \end{pmatrix}$

ㄱ. 〈거짓〉

$A = \begin{pmatrix} 1 & a \\ 0 & 1 \end{pmatrix}$, $B = \begin{pmatrix} 1 & 0 \\ b & 1 \end{pmatrix}$ 이므로

$A - B = \begin{pmatrix} 0 & a \\ -b & 0 \end{pmatrix}$,

$(A-B)^2 = \begin{pmatrix} 0 & a \\ -b & 0 \end{pmatrix}\begin{pmatrix} 0 & a \\ -b & 0 \end{pmatrix} = \begin{pmatrix} -ab & 0 \\ 0 & -ab \end{pmatrix} = -abE$

ㄴ. 〈참〉

$A^{-1} = \begin{pmatrix} 1 & -a \\ 0 & 1 \end{pmatrix}$

$2E - A = \begin{pmatrix} 2 & 0 \\ 0 & 2 \end{pmatrix} - \begin{pmatrix} 1 & a \\ 0 & 1 \end{pmatrix} = \begin{pmatrix} 1 & -a \\ 0 & 1 \end{pmatrix}$

$\therefore A^{-1} = 2E - A$

ㄷ. 〈참〉

ㄴ에서 $A^{-1} = 2E - A$ 이므로

$A + A^{-1} = 2E$

또 $B^{-1} = \begin{pmatrix} 1 & 0 \\ -b & 1 \end{pmatrix}$ 이므로

$B + B^{-1} = \begin{pmatrix} 1 & 0 \\ b & 1 \end{pmatrix} + \begin{pmatrix} 1 & 0 \\ -b & 1 \end{pmatrix} = \begin{pmatrix} 2 & 0 \\ 0 & 2 \end{pmatrix} = 2E$

$\therefore A + A^{-1} = B + B^{-1}$

따라서, 보기 중 옳은 것은 ㄴ, ㄷ이다.

정답 : ⑤

07.9A

019

행렬로 나타낸 x, y에 관한 연립일차방정식
$$\begin{pmatrix} k-6 & -2 \\ 2 & k-1 \end{pmatrix}\begin{pmatrix} x \\ y \end{pmatrix}=\begin{pmatrix} 3 \\ -6 \end{pmatrix}$$
의 해가 무수히 많을 때, 상수 k의 값은?
① 1　　② 2　　③ 3　　④ 4　　⑤ 5

HINT ▶▶

$A\begin{pmatrix} x \\ y \end{pmatrix}=\begin{pmatrix} \alpha \\ \beta \end{pmatrix}$에서 x, y값이 무수히 많거나 해가 없으려면 $A=\begin{pmatrix} a & b \\ c & d \end{pmatrix}$의 역행렬이 존재하지 않아야 한다. 즉, $ad-bc=0$

행렬 $\begin{pmatrix} k-6 & -2 \\ 2 & k-1 \end{pmatrix}$의 역행렬이 존재하지 않으므로
$(k-6)(k-1)-(-2)\cdot 2=0$,
$k^2-7k+10=0$
$(k-2)(k-5)=0$
$\therefore$ $k=2$ 또는 $k=5$
이 때, $k=2$ 이면 $\dfrac{-4}{2}=\dfrac{-2}{1}\neq\dfrac{3}{-6}$ 이므로 해가 존재하지 않고
$k=5$ 이면 $\dfrac{-1}{2}=-\dfrac{2}{4}=\dfrac{3}{-6}$ 이므로 해가 무수히 많다.

(즉, 역행렬이 없을 때는 해가 무수히 많거나 아예 없게 되므로 끝까지 계산한다.)

정답 : ⑤

09.수능A

020

x, y에 대한 연립방정식
$$\begin{pmatrix} 5-\log_2 a & 2 \\ 3 & \log_2 a \end{pmatrix}\begin{pmatrix} x \\ y \end{pmatrix}=\begin{pmatrix} 0 \\ 0 \end{pmatrix}$$
이 $x=0$, $y=0$ 이외의 해를 갖도록 하는 모든 a 값의 합은?
① 8　　② 10　　③ 12　　④ 16　　⑤ 20

HINT ▶▶

$A\begin{pmatrix} x \\ y \end{pmatrix}=\begin{pmatrix} 0 \\ 0 \end{pmatrix}$이 0이외의 해를 가질 때 행렬 $A=\begin{pmatrix} a & b \\ c & d \end{pmatrix}$는 $ad-bc=0$이 되어 역행렬을 갖지 않는다.

주어진 연립방정식이 $x=0$, $y=0$ 이외의 해를 갖기 위해서는 행렬 $\begin{pmatrix} 5-\log_2 a & 2 \\ 3 & \log_2 a \end{pmatrix}$가 역행렬을 가져서는 안 된다.
$\therefore$ $(5-\log_2 a)\log_2 a-6=0$
$\log_2 a=t$ 라 하면
$(5-t)t-6=0$, $t^2-5t+6=0$
$(t-2)(t-3)=0$
$\therefore$ $t=2$ 또는 $t=3$
$\therefore$ $a=4$ 또는 $a=8$
따라서, 구하는 모든 a의 값의 합은 $4+8=12$

정답 : ③

021

두 상수 a, b에 대하여

방정식 $\begin{pmatrix} 1 & a-2 \\ 2a & -2 \end{pmatrix}\begin{pmatrix} x \\ y \end{pmatrix} = \begin{pmatrix} 10 \\ b \end{pmatrix}$의 해가

무수히 많을 때, $a+b$의 값을 구하시오.

HINT ▸▸

$A\begin{pmatrix} x \\ y \end{pmatrix} = \begin{pmatrix} \alpha \\ \beta \end{pmatrix}$에서 x, y값이 무수히 많거나 해

가 없으려면 $A = \begin{pmatrix} a & b \\ c & d \end{pmatrix}$의 역행렬이 존재하지

않아야 한다. 즉, $ad - bc = 0$

[풀이 1]

$\begin{pmatrix} 1 & a-2 \\ 2a & -2 \end{pmatrix}$의 역행렬이 존재하지 않아야 하므로

$$-2 - (2a^2 - 4a) = -2a^2 + 4a - 2$$
$$= -2(a-1)^2 = 0$$

$\therefore a = 1$

따라서,

$\begin{pmatrix} 1 & -1 \\ 2 & -2 \end{pmatrix}\begin{pmatrix} x \\ y \end{pmatrix} = \begin{pmatrix} x-y \\ 2x-2y \end{pmatrix} = \begin{pmatrix} 10 \\ b \end{pmatrix}$

$b = 2(x-y) = 20$

$\therefore a = 1,\ b = 20$

$\therefore a + b = 21$

[풀이 2]

$\begin{pmatrix} 1 & a-2 \\ 2a & -2 \end{pmatrix}\begin{pmatrix} x \\ y \end{pmatrix} = \begin{pmatrix} 10 \\ b \end{pmatrix}$에서

$\begin{cases} x + (a-2)y = 10 & \cdots ① \\ 2ax - 2y = b & \cdots ② \end{cases}$

해가 무수히 많으려면 두 식은 일치해야 하므로

$\dfrac{1}{2a} = \dfrac{a-2}{-2} = \dfrac{10}{b}$ 이다.

$\therefore a = 1,\ b = 20$

$\therefore a + b = 21$

정답 : 21

10.9A

O22

x, y에 대한 연립방정식 $\begin{pmatrix} 1 & -2 \\ a & 2 \end{pmatrix}\begin{pmatrix} x \\ y \end{pmatrix} = \begin{pmatrix} 0 \\ 0 \end{pmatrix}$

에 대하여 $x = b, y = 9$가 이 연립방정식을 만족시킬 때, 두 상수 a, b의 합 $a + b$의 값을 구하시오.

HINT▶▶

$A\begin{pmatrix} x \\ y \end{pmatrix} = \begin{pmatrix} 0 \\ 0 \end{pmatrix}$이 0이외의 해를 가질 때 행렬

$A = \begin{pmatrix} a & b \\ c & d \end{pmatrix}$는 $ad - bc = 0$이 되어 역행렬을 갖지 않는다.

[풀이 1]

$y = 0$ 이외의 해를 가지고 있으므로

$\begin{pmatrix} 1 & -2 \\ a & 2 \end{pmatrix}$의 역행렬이 존재하지 않는다.

$\therefore a = -1$ $(\because 1 \times 2 - (-2) \times a = 0$이므로$)$

그리고 $x - 2y = 0, ax + 2y = 0$이므로

$y = 9$일때 $x = 18 = b$

$\therefore a + b = -1 + 18 = 17$

[풀이 2]

$x = b,\ y = 9$가 연립방정식

$\begin{pmatrix} 1 & -2 \\ a & 2 \end{pmatrix}\begin{pmatrix} x \\ y \end{pmatrix} = \begin{pmatrix} 0 \\ 0 \end{pmatrix}$

의 근이므로 $b - 18 = 0$에서 $b = 18$이다.

$\begin{pmatrix} 1 & -2 \\ a & 2 \end{pmatrix}\begin{pmatrix} 18 \\ 9 \end{pmatrix} = \begin{pmatrix} 0 \\ 0 \end{pmatrix}$이므로

$18a + 18 = 0$에서 $a = -1$이다.

$\therefore a + b = 17$

정답 : 17

11.6A

O23

다음 그래프의 각 꼭짓점 사이의 연결 관계를 나타내는 행렬의 성분 중 1의 개수는?

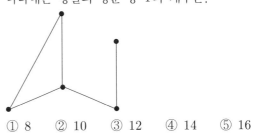

① 8   ② 10   ③ 12   ④ 14   ⑤ 16

HINT▶▶

연결관계라 함은 꼭지점 사이의 선분을 말한다.

점들을 $ABCDE$ 하면

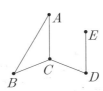

예를 들어 AB사이 연결은 $\overline{AB} = \overline{BA} = 1$로 두개가 가능하다. 같은 요령으로

$\overline{BC} = \overline{CB} = 1, \cdots, \cdots$

주어진 그래프의 각 꼭짓점 사이의 연결 관계를 나타내는 행렬의 성분 중 1의 개수는 행렬의 모든 성분의 합과 같다.

이때 행렬의 모든 성분의 합은 그래프의 변의 개수의 2배이므로 $5 \times 2 = 10$ 이다.

정답 : ②

크로스 수학
기출문제 유형탐구

2. 지수와
로그

총 65문항

세상을 바꾸는 공부법

100선

020 '모르는 게 많다' 는 사실은 오히려 다독을 계속하게 만드는 욕심 즉 에너지원을 의미한다는 것을 아는가? 이러한 '궁금증의 에너지원' 이 다독이 정독을 앞서는 두 번째 요소인 것이다.

021 다 이해하면 이제 호기심이 사라지는 것을. 따라서 당장 내일이 시험날짜가 아니라면 학원선생님에게 일일이 물어보러 뛰어다니지 말지어다. **호기심을 남겨 두고 자신의 힘으로 해결할 때까지 복습하라.**

022 정독파들이 2번에서 3번 정도 보고 나서 다시 보기 지루하다는 말을 늘어놓는 것을 들을 때 아마도 헛웃음이 나올지도 모른다. 10번을 넘게 읽어도 궁금한 게 이리 많은데 참 웃긴 일이라 느끼면서 말이다.

023 인간은 습관의 동물이고 콩 심은데 콩 나고 팥 심은데 팥 나는 것처럼 **지식의 읽는 속도는 이용 속도에도 그대로 적용되는 법**이다. 즉 응용속도가 현저하게 증가한다는 것이다.

024 다독을 고수하라. 그러면 당신은 **엄청난 순발력을** 자랑하게 될 것이다. **다독이 레이싱 카라면 정독은 경운기다.**

025 다독하라. 대신 아주 정교하게 필요한 요소들을 알고 덤벼라. **눈을 사용하는 법**을 능숙하게 익히고 **나눠서 읽기**를 깨달았다면 이제 당신은 어떤 정독하는 사람들도 이루지 못하는 신기원에 들어서게 될 것이다.

09.9A

001

양의 실수 전체의 집합에서 연산 ＊ 을

$a * b = a^b b^{-\frac{a}{2}}$ 으로 정의하자.

$(2 * 4) * x = 8x^{-2}$일 때, x의 값은 ?

① $\dfrac{1}{2}$　　② $\dfrac{3}{4}$　　③ 1　　④ $\dfrac{5}{4}$　　⑤ $\dfrac{3}{2}$

HINT▶▶

$a^m \times a^n = a^{m+n}$

$\left(a^m\right)^n = a^{mn}$

$(a * b) = a^b \times b^{-\frac{a}{2}}$ 에서

$(2 * 4) * x = \left(2^4 \times 4^{-\frac{2}{2}}\right) * x$

$\qquad\qquad = 4 * x = 4^x \times x^{-\frac{4}{2}} = 8x^{-2}$

$\therefore 4^x = 8$이므로 $2^{2x} = 2^3$이므로 $x = \dfrac{3}{2}$이다.

정답 : ⑤

07.9A

002

다음 식을 간단히 한 것은?

$\left(2^{x+y} + 2^{x-y}\right)^2 - \left(2^{x+y} - 2^{x-y}\right)^2$

① 2^{2x}　　　② 2^{2x+2}　　　③ 2^{2x+2y}

④ 2^{-2y}　　　⑤ 2^{-2y+2}

HINT▶▶

$a^m \times a^n = a^{m+n}$

$\left(a^m\right)^n = a^{mn}$

[풀이 1]

$A^2 - B^2 = (A-B)(A+B)$ 이용

$\left(2^{x+y} + 2^{x-y} - 2^{x+y} + 2^{x-y}\right)$

$\cdot \left(2^{x+y} + 2^{x-y} + 2^{x+y} - 2^{x-y}\right)$

$= 2 \cdot 2^{x-y} \cdot 2 \cdot 2^{x+y} = 4 \cdot 2^{2x} = 2^{2x+2}$

[풀이 2]

$\left(2^{x+y} + 2^{x-y}\right)^2 - \left(2^{x+y} - 2^{x-y}\right)^2$

$= 2^{2(x+y)} + 2 \cdot 2^{x+y} \cdot 2^{x-y} + 2^{2(x-y)}$

$\quad - 2^{2(x+y)} + 2 \cdot 2^{x+y} \cdot 2^{x-y} - 2^{2(x-y)}$

$= 2 \cdot 2^{2x} + 2 \cdot 2^{2x}$

$= 4 \cdot 2^{2x}$

$= 2^{2x+2}$

정답 : ②

00**3**

두 함수 $y = 2^x$, $y = -\left(\dfrac{1}{2}\right)^x + k$의 그래프가

서로 다른 두 점 A, B에서 만난다. 선분 AB의

중점의 좌표가 $\left(0, \dfrac{5}{4}\right)$일 때, 상수 k의 값은?

① $\dfrac{1}{2}$ ② 1 ③ $\dfrac{3}{2}$ ④ 2 ⑤ $\dfrac{5}{2}$

HINT ▶▶

이차방정식 $ax^2 + bx + c = 0$에서 두근을 α, β

라 하면 $\alpha + \beta = -\dfrac{b}{a}$, $\alpha \times \beta = \dfrac{c}{a}$

$f(x)$와 $g(x)$의 교점에서 $f(x) = g(x)$가 된다.

$(x_1, \ y_1)(x_2, \ y_2)$점의 중점은

$\left(\dfrac{x_1 + x_2}{2}, \ \dfrac{y_1 + y_2}{2}\right)$이다.

$2^x = -\left(\dfrac{1}{2}\right)^x + k$에서 양변에 2^x을 곱하여 정리

하면 $(2^x)^2 - k \cdot 2^x + 1 = 0$

두 점 A, B의 x좌표를 각각 α, β라 하면 위

의 방정식의 근이므로

$2^\alpha + 2^\beta = k$ ······㉠ $\left(\because \text{두근의 합} = -\dfrac{b}{a} \right)$

한편, 두 점 A, B는 함수 $y = 2^x$ 위의 점이므

로 $A(\alpha, 2^\alpha)$, $B(\beta, 2^\beta)$로 놓으면 중점의 좌표

가 $\left(0, \dfrac{5}{4}\right)$이므로

$\dfrac{2^\alpha + 2^\beta}{2} = \dfrac{5}{4}$ ······㉡

따라서, ㉠과 ㉡에서 $k = \dfrac{5}{2}$

정답 : ⑤

07.6A

004

그림과 같이 함수 $y = 8^x$의 그래프가 두 직선 $y = a$, $y = b$와 만나는 점을 각각 A, B라 하고, 함수 $y = 4^x$의 그래프가 두 직선 $y = a$, $y = b$와 만나는 점을 각각 C, D라 하자.
점 B에서 직선 $y = a$에 내린 수선의 발을 E, 점 C에서 직선 $y = b$에 내린 수선의 발을 F라 하자. 삼각형 AEB의 넓이가 20일 때, 삼각형 CDF의 넓이는? (단, $a > b > 1$이다.)

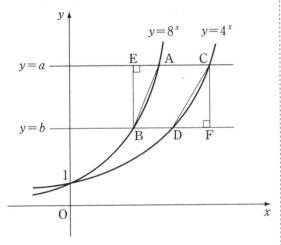

① 26 ② 28 ③ 30 ④ 32 ⑤ 34

$f(x) = \log_a x$와 $g(x) = a^x$은 서로 역함수이다.

$\therefore f(x)^{-1} = g(x)$

$\log_{a^m} b^n = \dfrac{n}{m} \log_a b$

점 A, B는 $y = 8^x$위의 점이고 y좌표가 각각 a, b이므로

$A(\log_8 a, a)$, $B(\log_8 b, b)$

따라서, $\triangle AEB$의 넓이는

$\dfrac{1}{2} \times \overline{AE} \times \overline{BE}$

$= \dfrac{1}{2} \times (a - b) \times (\log_8 a - \log_8 b) = 20$

즉, $\dfrac{1}{3} \times \dfrac{1}{2} \times (a - b) \times (\log_2 a - \log_2 b) = 20$

$(\because \log_8 a - \log_8 b = \dfrac{1}{3} \log_2 a - \dfrac{1}{3} log_2 b)$

$\dfrac{1}{2} \times (a - b) \times (\log_2 a - \log_2 b) = 60 \cdots\cdots$ ㉠

한편 점 C, D는 $y = 4^x$위의 점이고 y좌표가 각각 a, b이므로

$C(\log_4 a, a)$, $D(\log_4 b, b)$

따라서, $\triangle CDF$의 넓이는

$\dfrac{1}{2} \times \overline{DF} \times \overline{FC}$

$= \dfrac{1}{2} \times (a - b) \times (\log_4 a - \log_4 b)$

$= \dfrac{1}{2} \times \dfrac{1}{2} \times (a - b) \times (\log_2 a - \log_2 b)$

$(\because \log_4 a = \dfrac{1}{2} log_2 a)$

$= \dfrac{1}{2} \times 60 (\because$ ㉠ $)$

$= 30$

정답 : ③

07.9A

005

x 에 관한 방정식 $a^{2x} - a^x = 2 \, (a > 0, \ a \neq 1)$ 의 해가 $\dfrac{1}{7}$ 이 되도록 하는 상수 a 의 값을 구하시오.

HINT ▶▶

$a^x = b \Leftrightarrow \log_a b = x$

$(a^m)^n = a^{mn}$

$a^{2x} - a^x = 2 \, (a > 0, \, a \neq 1)$ 에서

$a^x = t \, (> 0)$ 이라 하면

$t^2 - t - 2 = 0$

$(t-2)(t+1) = 0$

$t > 0$ 이므로 $t = 2$

즉, $a^x = 2$

$\therefore \ x = \log_a 2 = \dfrac{1}{7}$

$\therefore \ 2 = a^{\frac{1}{7}}$

$\therefore \ a = 2^7 = 128$

정답 : 128

07.수능A

006

$a = \sqrt{2}$, $b^3 = \sqrt{3}$ 일 때, $(ab)^2$ 의 값은? (단, b 는 실수이다.)

HINT ▶▶

$(a^m)^n = a^{mn}$

$a^{\frac{n}{m}} = \sqrt[m]{n}$

$a = \sqrt{2}$ 에서 $a^2 = 2$

$b^3 = \sqrt{3}$ 에서

$b^2 = (b^3)^{\frac{2}{3}}$

$\quad = (\sqrt{3})^{\frac{2}{3}}$

$\quad = \left(3^{\frac{1}{2}}\right)^{\frac{2}{3}}$

$\quad = 3^{\frac{1}{3}}$

$\therefore \ (ab)^2 = a^2 b^2$

$\qquad = 2 \cdot 3^{\frac{1}{3}}$

정답 : $2 \cdot 3^{\frac{1}{3}}$

07.수능A

00**7**

지수함수 $f(x) = a^{x-m}$ 의 그래프와 그 역함수의 그래프가 두 점에서 만나고, 두 교점의 x 좌표가 1과 3일 때, $a+m$ 의 값은?

① $2-\sqrt{3}$ ② 2 ③ $1+\sqrt{3}$

④ 3 ⑤ $2+\sqrt{3}$

HINT ▶▶

$f(x)$ 의 그래프와 그 역함수의 그래프의 교점은 $f(x)$ 의 그래프와 직선 $y=x$ 의 교점과 같다.

두 교점의 x 좌표가 1, 3이므로 교점의 좌표는 $(1,1)$, $(3,3)$ 이다.

$f(1) = 1$ 에서 $a^{1-m} = 1$ 이므로
$1-m=0$

$\quad \therefore \ m=1$

$f(3) = 3$ 에서 $a^{3-m} = 3$ 이므로
$a^2 = 3$

지수함수에서의 밑은 항상 0보다 크다.

따라서, $a>0$ 이므로 $a = \sqrt{3}$

$\therefore \ a+m = 1+\sqrt{3}$

정답 : ③

08.6A

00**8**

두 곡선 $y = 3^{x+m}$, $y = 3^{-x}$ 이 y 축과 만나는 점을 각각 A, B 라고 하자. $\overline{AB} = 8$ 일 때, m 의 값은?

① 2 ② 4 ③ 6 ④ 8 ⑤ 10

HINT ▶▶

y 절편은 $x=0$ 일 때의 y 값이다.

두 곡선 $y = 3^{x+m}$, $y = 3^{-x}$ 이 각각 y 축과 만나는 점은 $A(0, 3^m)$, $B(0, 1)$ 이고

$\overline{AB} = 3^m - 1 = 8 \ (\because 3^m > 0)$

$\therefore \ 3^m = 9$

$\therefore \ m = 2$

정답 : ①

009

함수 $f(x) = 2^x$ 의 그래프를 x 축 방향으로 m 만큼, y 축 방향으로 n 만큼 평행이동 시키면 함수 $y = g(x)$의 그래프가 되고, 이 평행이동에 의하여 점 $A(1, f(1))$이 점 $A'(3, g(3))$으로 이동된다. 함수 $y = g(x)$의 그래프가 점 $(0, 1)$을 지날 때, $m + n$ 의 값은?

① $\dfrac{11}{4}$ ② 3 ③ $\dfrac{13}{4}$ ④ $\dfrac{7}{2}$ ⑤ $\dfrac{15}{4}$

HINT▶▶

점 (a, b)가 x축 방향으로 m만큼 y축 방향으로 n만큼 평행이동하면 점 $(a+m, b+n)$이 된다. 이와 달리 함수일 경우에는 $(a-m, a-n)$이 된다.

점 $A(1, f(1))$을 x축 방향으로 m만큼, y축 방향으로 n만큼 평행이동한 점 A의 좌표는 $(1+m, f(1)+n)$ 이므로
$1 + m = 3$ 에서 $m = 2$

따라서, $f(x) = 2^x$ 의 그래프를 x축 방향으로 2만큼, y축 방향으로 n만큼 평행이동한 함수 $g(x)$는 $g(x) = 2^{x-2} + n$ 이고,
$y = g(x)$의 그래프가 점 $(0, 1)$을 지나므로
$g(0) = 2^{-2} + n = 1$ 에서
$n = \dfrac{3}{4}$

$\therefore\ m + n = 2 + \dfrac{3}{4} = \dfrac{11}{4}$

정답 : ①

08.6A

010

함수 $f(x) = 2^{-x}$에 대하여
$$f(2a)f(b) = 4, \quad f(a-b) = 2$$

일 때, $2^{3a} + 2^{3b}$의 값은 $\dfrac{q}{p}$이다. $p+q$의 값을 구하시오.
(단, p, q는 서로소인 자연수이다.)

HINT ▶▶

$a^m \times a^n = a^{m+n}$

$\left(a^m\right)^n = a^{mn}$

$a^0 = 1$

$f(2a)f(b) = 2^{-2a} \times 2^{-b} = 2^{-2a-b} = 4$이므로
$$-2a - b = 2 \cdots\cdots ㉠$$
$f(a-b) = 2^{-a+b} = 2$이므로
$$-a + b = 1 \cdots\cdots ㉡$$
㉠, ㉡식을 연립하여 풀면

$\therefore a = -1, \ b = 0$

$\therefore 2^{3a} + 2^{3b} = 2^{-3} + 2^0 = \dfrac{1}{8} + 1 = \dfrac{9}{8}$

$\therefore p + q = 8 + 9 = 17$

정답 : 17

08.9A

011

연립방정식
$$\begin{cases} 3 \cdot 2^x - 2 \cdot 3^y = 6 \\ 2^{x-2} - 3^{y-1} = -1 \end{cases}$$

의 해를 $x = \alpha$, $y = \beta$라 할 때, $\alpha^2 + \beta^2$의 값을 구하시오.

HINT ▶▶

2^x, 3^y를 X, Y로 치환해서 풀어보자.

$2^x = X$, $3^y = Y$라고 하면

주어진 식은 $\begin{cases} 3X - 2Y = 6 \\ \dfrac{1}{4}X - \dfrac{1}{3}Y = -1 \end{cases}$ 이므로

두 식을 연립하여 X, Y를 구하면
$X = 8, \ Y = 9$
즉 $2^x = 8$, $3^y = 9$이므로
$\alpha = 3, \ \beta = 2$
$\therefore \alpha^2 + \beta^2 = 3^2 + 2^2 = 13$

정답 : 13

012

일차함수 $f(x) = x + 1$ 일 때,
함수 $y = 2^{2-f(x)}$ 의 그래프의 개형으로 알맞은 것은?

①   ②   ③

④   ⑤

HINT ▶▶

$y = a^x$ 에서 $a > 1$ 이면 우상향, $0 < a < 1$ 이면 $(0,\ 1)$ 점을 지나는 우하향 하는 곡선이 된다.

$f(x) = x + 1$ 이므로
$y = 2^{2-f(x)} = 2^{2-(x+1)}$
$\quad = 2^{-x+1} = 2^{-(x-1)} = (\frac{1}{2})^{x-1}$

따라서,
$y = 2^{2-f(x)}$ 의 그래프의 개형은 다음과 같다.

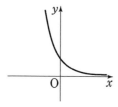

정답 : ④

013

지수함수 $y = 5^{x-1}$ 의 그래프가 두 점 $(a, 5)$, $(3, b)$ 를 지날 때, $a + b$ 의 값을 구하시오.

HINT ▶▶

지수함수의 일반형 $y = a^{m(x-p)} + q$ 는 점 $(p,\ q)$ 를 지난다.

$(a, 5)$ 와 $(3, b)$ 는 그래프 위의 점이므로
$y = 5^{x-1}$ 을 만족한다.
$5 = 5^{a-1}$ 이므로 $a = 2$ 이고 $b = 5^{3-1} = 25$ 이다. 그러므로 $a + b = 27$ 이다.

정답 : 27

09.6A

014

지수방정식 $9^x - 3^{x+2} + 8 = 0$ 의 두 근을 α, β 라 할 때, $3^{2\alpha} + 3^{2\beta}$ 의 값을 구하시오.

HINT▶▶

3^x 을 t 라고 치환해보자.

$\left(a^m\right)^n = a^{mn}$

$9^x - 3^{x+2} + 8 = 0$ 에서 $3^x = t \ (t > 0)$ 이라 놓으면

$t^2 - 9t + 8 = 0$

$(t-1)(t-8) = 0$

$\therefore \ t = 1, 8$ 이므로

$3^x = 1, \ 8 = 3^\alpha, \ 3^\beta$

따라서, $3^{2\alpha} + 3^{2\beta} = 1^2 + 8^2 = 65$

정답 : 65

09.6A

015

실수 a 가 $\dfrac{2^a + 2^{-a}}{2^a - 2^{-a}} = -2$ 를 만족시킬 때,

$4^a + 4^{-a}$ 의 값은?

① $\dfrac{5}{2}$　② $\dfrac{10}{3}$　③ $\dfrac{17}{4}$　④ $\dfrac{26}{5}$　⑤ $\dfrac{37}{6}$

HINT▶▶

분자·분모에 적절한 수식을 곱해보자.

$\left(a^m\right)^n = a^{mn}$

$\dfrac{2^a + 2^{-a}}{2^a - 2^{-a}} = -2$ 에서 분모, 분자에 2^a 를 곱하면

$\dfrac{2^{2a} + 1}{2^{2a} - 1} = -2$ 정리하면 $2^{2a} = \dfrac{1}{3}$

$4^a = \dfrac{1}{3} \quad 4^{-a} = 3$

$\therefore \ 4^a + 4^{-a} = \dfrac{1}{3} + 3 = \dfrac{10}{3}$

정답 : ②

016

지수함수 $f(x) = 3^{-x}$ 에 대하여
$a_1 = f(2)$, $a_{n+1} = f(a_n)$ $(n = 1, 2, 3)$일
때, a_2, a_3, a_4 의 대소관계를 옳게 나타낸 것은?

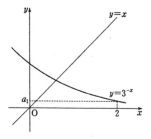

① $a_2 < a_3 < a_4$ ② $a_4 < a_3 < a_2$

③ $a_2 < a_4 < a_3$ ④ $a_3 < a_2 < a_4$

⑤ $a_3 < a_4 < a_2$

HINT ▸▸

그림으로 풀어보자.

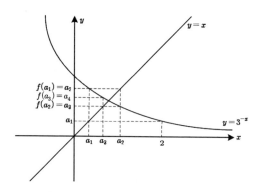

위의 그림에서 $a_{n+1} = f(a_n)$이다.
$a_2 = f(a_1)$
$a_3 = f(a_2) = f(f(a_1))$
$a_4 = f(a_3) = f(f(a_2)) = f(f(f(a_1)))$이므로
위의 그림에서 y축상의 a_2, a_3, a_4사이의 대소
관계는 $a_2 > a_4 > a_3$이다.

정답 : ⑤

09.9A

017

지수방정식 $6 - 2^x = 2^{3-x}$ 의 모든 실근의 합을 구하시오.

HINT▶▶

a^x 의 꼴이 있는 방정식에서는 $a^x = t$ 로 치환해 보자.

$2^x = t$ 라 가정하고 주어진 식의 양변에 t 를 곱하면 $(6 - t = \dfrac{8}{t}) \times t$

$$6t - t^2 = 8$$

$\therefore\ t^2 - 6t + 8 = (t-2)(t-4) = 0$ 이므로

$t = 2$ 또는 4 이다.

$\therefore\ 2^x = 2,\quad 2^x = 4$ 이어야 한다.

따라서, $x = 1$ 또는 $x = 2$ 이므로 모든 실근의 합은 3 이다.

정답 : 3

09.수능A

018

조개류는 현탁물을 여과한다. 수온이 $t\,(℃)$ 이고 개체중량이 $w\,(\mathrm{g})$ 일 때, A조개와 B조개가 1시간 동안 여과하는 양 (L) 을 각각 Q_A, Q_B 라고 하면 다음과 같은 관계식이 성립한다고 한다.

$$Q_\mathrm{A} = 0.01t^{1.25}w^{0.25},\quad Q_\mathrm{B} = 0.05t^{0.75}w^{0.30}$$

수온이 $20℃$ 이고 A조개와 B조개의 개체중량이 각각 $8\mathrm{g}$ 일 때, $\dfrac{Q_\mathrm{A}}{Q_\mathrm{B}}$ 의 값은 $2^a \times 5^b$ 이다. $a + b$ 의 값은? (단, a, b 는 유리수이다.)

① 0.15 ② 0.35 ③ 0.55 ④ 0.75 ⑤ 0.95

HINT▶▶

$a^m \div a^n = a^{m-n}$

$a^m \times a^n = a^{m+n}$

$\left(a^m\right)^n = a^{mn}$

$$\dfrac{Q_\mathrm{A}}{Q_\mathrm{B}} = \dfrac{0.01t^{1.25}w^{0.25}}{0.05t^{0.75}w^{0.30}} = \dfrac{1}{5}t^{0.5}w^{-0.05}$$

이때, $t = 20$, $w = 8$ 이므로

$$\dfrac{Q_\mathrm{A}}{Q_\mathrm{B}} = \dfrac{1}{5}20^{0.5}8^{-0.05}$$

$$= \dfrac{1}{5} \times (2^2 \times 5)^{0.5} \times (2^3)^{-0.05}$$

$$= 5^{-1}(5^{0.5} \cdot 2^1)2^{-0.15} = 5^{-0.5} \times 2^{0.85}$$

$\therefore\ a + b = 0.85 - 0.5 = 0.35$

정답 : ②

09.수능A

019

지수방정식 $2^x + 2^{2-x} = 5$ 의 모든 실근의 합은?

① -2 ② -1 ③ 0 ④ 1 ⑤ 2

HINT▶▶

a^x의 꼴이 있는 방정식에서는 $a^x = t$로 치환해 보자.

$2^x + 2^{2-x} = 5$에서 $2^x = t\,(t > 0)$라 하면

$t + \dfrac{4}{t} = 5$

$t^2 - 5t + 4 = 0, \ (t-1)(t-4) = 0$

$\therefore \ t = 1$ 또는 $t = 4$

$\therefore \ x = 0$ 또는 $x = 2$

따라서, 모든 실근의 합은 $0 + 2 = 2$

정답 : ⑤

10.6A

020

지수방정식 $\dfrac{16^x}{2} = 2^{x+3}$을 만족시키는 x의 값은?

① $\dfrac{1}{3}$ ② $\dfrac{2}{3}$ ③ 1 ④ $\dfrac{4}{3}$ ⑤ $\dfrac{5}{3}$

HINT▶▶

$\left(a^m\right)^n = a^{mn}$

$a^m \times a^n = a^{m+n}$

$\dfrac{16^x}{2} = 2^{x+3}$에서

$(2^4)^x = 2 \cdot 2^{x+3}$

$2^{4x} = 2^{x+4}$

$4x = x + 4$

$\therefore \ x = \dfrac{4}{3}$

정답 : ④

10.9A

021

$1 \leqq m \leqq 3, 1 \leqq n \leqq 8$인 두 자연수 m, m 에 대하여 $\sqrt[3]{n^m}$ 이 자연수가 되도록 하는 순서쌍 (m, n)의 개수는?

① 6　　② 8　　③ 10　　④ 12　　⑤ 14

HINT ▶▶

$a^{\frac{n}{m}} = \sqrt[m]{a^n}$

$1 \leqq m \leqq 3$, $1 \leqq n \leqq 8$인 자연수이므로

$\sqrt[3]{n^m} = n^{\frac{m}{3}}$ 이 자연수가 되려면

(i) $m = 1$일 때 $n = 1,\ 8\ (2개)$

(ii) $m = 2$일 때 $n = 1,\ 8\ (2개)$

(iii) $m = 3$일 때 $n = 1,\ 2,\ 3,\ \cdots,\ 8\ (8개)$

따라서, 구하는 순서쌍 $(m,\ n)$의 개수는 12 (개)이다.

정답 : ④

022

지수방정식 $(2^x - 8)(3^{2x} - 9) = 0$의 두 실근을 α, β라 할 때, $\alpha^2 + \beta^2$의 값을 구하시오.

HINT ▶▶

$f(x) \cdot g(x) = 0$이면 $f(x) = 0$ 혹은 $g(x) = 0$

$(2^x - 8)(3^{2x} - 9) = 0$에서

$2^x = 8$ 또는 $3^{2x} = 9$

$\therefore\ x = 3$ 또는 $x = 1$

$\therefore\ \alpha^2 + \beta^2 = 3^2 + 1^2 = 10$

정답 : 10

023

양수기로 물을 끌어올릴 때, 펌프의 1분당 회전수 N, 양수량 Q, 양수할 높이 H 와 양수기의 비교회전도 S 사이에는 다음과 같은 관계가 있다고 한다.

$$S = N Q^{\frac{1}{2}} H^{-\frac{3}{4}}$$

(단, N, Q, H의 단위는 각각 $rpm, m^3/분, m$ 이다.)
펌프의 1분당 회전수가 일정한 양수기에 대하여 양수량이 24, 양수할 높이가 5일 때의 비교회전도를 S_1, 양수량이 12, 양수할 높이가 10일 때의 비교회전도를 S_2라 하자. $\dfrac{S_1}{S_2}$의 값은?

① $2^{\frac{3}{4}}$　② $2^{\frac{7}{8}}$　③ 2　④ $2^{\frac{9}{8}}$　⑤ $2^{\frac{5}{4}}$

HINT▶▶

$$\left(a^m\right)^n = a^{mn}$$

$$a^m \times a^n = a^{m+n}$$

$$a^m \div a^n = a^{m-n}$$

양수량이 24, 양수할 높이가 5일 때의 비교회전도가 S_1이므로

$$S_1 = N \cdot (24)^{\frac{1}{2}} \cdot 5^{-\frac{3}{4}}$$

$$= N \cdot \left(2^3 \cdot 3\right)^{\frac{1}{2}} \cdot 5^{-\frac{3}{4}}$$

양수량이 12, 양수할 높이가 10일 때의 비교회전도가 S_2이므로

$$S_2 = N \cdot (12)^{\frac{1}{2}} \cdot 10^{-\frac{3}{4}}$$

$$= N \cdot \left(2^2 \cdot 3\right)^{\frac{1}{2}} \cdot (2 \cdot 5)^{-\frac{3}{4}}$$

$$\therefore \frac{S_1}{S_2} = \frac{N \cdot \left(2^3 \cdot 3\right)^{\frac{1}{2}} \cdot 5^{-\frac{3}{4}}}{N \cdot \left(2^2 \cdot 3\right)^{\frac{1}{2}} \cdot (2 \cdot 5)^{-\frac{3}{4}}}$$

$$= 2^{\frac{3}{2} - 1 - \left(-\frac{3}{4}\right)} = 2^{\frac{1}{4}(6 - 4 + 3)}$$

$$= 2^{\frac{5}{4}}$$

정답 : ⑤

024

좌표평면에서 지수함수 $y = a^x$의 그래프를 y축에 대하여 대칭이동시킨 후, x축의 방향으로 3만큼, y축의 방향으로 2만큼 평행이동시킨 그래프가 점 $(1, 4)$를 지난다. 양수 a의 값은?

① $\sqrt{2}$ ② 2 ③ $2\sqrt{2}$
④ 4 ⑤ $4\sqrt{2}$

HINT ▶▶

y축 대칭이동이면 $x = -x$를 대입한다.
그래프를 x축 방향으로 m, y축 방향으로 n만큼 평행이동시키려면 $x = x - m$, $y = y - n$을 대입한다.

지수함수 $y = a^x$의 그래프를 y축에 대하여 대칭이동시킨 그래프의 방정식은
$y = a^{-x}$
또, 이 그래프를 x축의 방향으로 3만큼, y축의 방향으로 2만큼 평행이동시킨 그래프의 방정식은
$y - 2 = a^{-(x-3)}$
$\therefore y = a^{3-x} + 2$
이 그래프가 점 $(1, 4)$를 지나므로
$4 = a^2 + 2$, $a^2 = 2$
$\therefore a = \sqrt{2}$ ($\because a > 0$)

정답 : ①

025

지수부등식 $(3^x - 5)(3^x - 100) < 0$을 만족시키는 모든 자연수 x의 값의 합은?

① 5 ② 7 ③ 9 ④ 11 ⑤ 13

HINT ▶▶

$(x - \alpha)(x - \beta) < 0$ $(\alpha < \beta)$이면
$\alpha < x < \beta$가 된다.

$(3^x - 5)(3^x - 100) < 0$에서
$5 < 3^x < 100$
이때, $3^1 < 5 < 3^2$이고 $3^4 < 100 < 3^5$이므로 자연수 x의 값은 2, 3, 4이다.
따라서, 구하는 x의 값의 합은
$2 + 3 + 4 = 9$

정답 : ③

11.9A

026

방정식 $2^x + 2^{5-x} = 33$ 의 모든 실근의 합은?

① 4　　② 5　　③ 6　　④ 7　　⑤ 8

07.6A

027

부등식 $\log_{\frac{1}{2}}(x-5) + \log_{\frac{1}{2}}(x-6) > -1$ 의

해가 $\alpha < x < \beta$ 일 때, $\alpha + \beta$ 의 값은?

① 7　　② 10　　③ 13　　④ 16　　⑤ 19

HINT▶▶

$\log_a b$ 에서 「$b > 0, a > 0, a \neq 1$」의 조건을 기억하자.

(i) 진수조건에 의하여

$x - 5 > 0, \; x - 6 > 0$

$\therefore \; x > 6 \cdots \text{㉠}$

(ii) $\log_{\frac{1}{2}}(x-5) + \log_{\frac{1}{2}}(x-6) > \log_{\frac{1}{2}} 2$ 에서

$\log_{\frac{1}{2}}(x-5)(x-6) > \log_{\frac{1}{2}} 2$ 이므로

$(x-5)(x-6) < 2, \; (\because \text{밑} \frac{1}{2} < 1)$

$x^2 - 11x + 28 < 0, \; (x-4)(x-7) < 0$

$\therefore \; 4 < x < 7 \cdots \text{㉡}$

㉠, ㉡에 의하여 $6 < x < 7$

$\therefore \; \alpha + \beta = 6 + 7 = 13$

HINT▶▶

a^x 와 a^{-x} 이 있는 식에서는 a^x 를 곱해서 계산한다.

$2^x + 2^{5-x} = 33$ 에서 양변에 2^x 을 곱하고 식을 정리하면

$(2^x)^2 - 33 \cdot 2^x + 32 = 0$

$(2^x - 1)(2^x - 32) = 0$

따라서, $2^x = 1$ 또는 $2^x = 32$ 이므로

$x = 0$ 또는 $x = 5$ 이다.

따라서, 모든 실근의 합은 5이다.

정답 : ②

정답 : ③

07.6A

028

$1 \leqq \log n < 3$ 인 자연수 n 에 대하여 $\log_2 n$ 이 정수가 되도록 하는 n 의 개수는?

① 3　　② 4　　③ 5　　④ 6　　⑤ 7

HINT ▶▶

참고로 $2^{10} = 1024$ 이며 컴퓨터 용량을 나타내는 단위로서도 자주 쓰인다는 사실을 알아두자 즉, 예를 들어 $1Mb = 1024kb$ 이다.

$1 \leqq \log n < 3$ 에서 $10 \leqq n < 1000$

$\log_2 n$ 이 정수이려면

$n = 2^k$ (k 는 정수)의 꼴이어야 한다.

$10 \leqq n < 1000$ 이므로

$10 \leqq 2^k < 1000$ 에서

$k = 4, 5, 6, 7, 8, 9$

따라서, 자연수 n 은 $2^4, 2^5, 2^6, 2^7, 2^8, 2^9$ 의 6개이다.

정답 : ④

07.6A

029

두 양수 a, b 에 대하여

$5^{\log b} = a^{2\log 5}$ 이고 행렬 $\begin{pmatrix} a & -1 \\ -b & 2 \end{pmatrix}$ 가 역행렬을 갖지 않을 때, ab 의 값은?

① 8　　② 12　　③ 16　　④ 25　　⑤ 27

HINT ▶▶

$a^{\log_b c} = c^{\log_b a}$

$A = \begin{pmatrix} a & b \\ c & d \end{pmatrix}$ 가 역행렬을 갖지 않으려면

$ad - bc = 0$

$n \log_a b = \log_a b^n$

$5^{\log b} = a^{2\log 5} = 5^{2\log a}$ 에서

$\log b = 2\log a$　∴　$b = a^2$ ··· ㉠

행렬 $\begin{pmatrix} a & -1 \\ -b & 2 \end{pmatrix}$ 가 역행렬을 갖지 않으므로

$2a - b = 0$ 즉, $b = 2a$ ··· ㉡

㉠, ㉡에서 $a^2 = 2a$

$a > 0$ 이므로 $a = 2$

㉠에서 $b = 4$

∴ $ab = 2 \cdot 4 = 8$

정답 : ①

07.9A

030

부등식

$\log_3 (x-3) + \log_3 (x+1) < 1 + \log_3 4$ 의

해가 $a < x < b$ 일 때, ab 의 값을 구하시오.

HINT ▶▶

$\log_a b$ 에서 $b > 0, a > 0, a \ne 1$

$\log_c a + \log_c b = \log_c ab$

진수 조건에서

$x - 3 > 0, \ x + 1 > 0$ 이어야 하므로

$\qquad x > 3 \ \cdots \ \bigcirc$

주어진 부등식을 변형하면

$\log_3 (x-3)(x+1) < \log_3 12$

$3 > 1$ 이므로 부등식의 방향이 바뀌지 않는다.

$(x-3)(x+1) < 12,$

$x^2 - 2x - 15 = (x-5)(x+3) < 0$

$\qquad \therefore \ -3 < x < 5 \ \cdots \ \bigcirc$

따라서, $\bigcirc$, $\bigcirc$의 공통범위는

$\qquad 3 < x < 5$

$\qquad \therefore \ ab = 3 \times 5 = 15$

정답 : 15

07.수능A

031

부등식 $(\log_3 x)(\log_3 3x) \le 20$을 만족시키는

자연수 x 의 최대값을 구하시오.

HINT ▶▶

$\log_c a + \log_c b = \log_c ab$

$\log_a a = 1$

$(\log_3 x)(\log_3 3x) \le 20$ 에서

$(\log_3 x)(\log_3 3 + \log_3 x) \le 20$

$(\log_3 x)(1 + \log_3 x) \le 20$

$\log_3 x = t$ 로 놓으면

$t(1+t) \le 20$

$t^2 + t - 20 \le 0$

$(t+5)(t-4) \le 0$

$\therefore \ -5 \le t \le 4$

$-5 \le \log_3 x \le 4, \quad 3^{-5} \le x \le 3^4$

$\therefore \ \dfrac{1}{243} \le x \le 81$

따라서, 자연수 x 의 최대값은 81 이다.

정답 : 81

032

다음은 1이 아닌 세 양수 a, b, c 에 대하여 세 함수

$y = \log_a x$, $y = \log_b x$, $y = c^x$

의 그래프를 나타낸 것이다. 세 양수 a, b, c 의 대소 관계를 옳게 나타낸 것은?

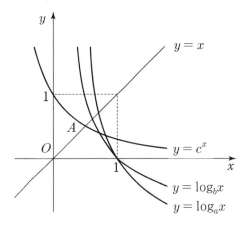

① $a > b > c$　　② $a > c > b$

③ $b > a > c$　　④ $b > c > a$

⑤ $c > b > a$

$y = a^x$, $y = \log_a x$ 에서 $0 < a < 1$ 이면 우하향 하는 곡선이 된다.

$$\log_a b = \frac{1}{\log_b a}$$

역함수는 $y = x$ 그래프에 대칭이다.

(i) $x = 2$일 때 $\log_a 2 < \log_b 2 < 0$ 이므로

$$\frac{1}{\log_2 a} < \frac{1}{\log_2 b} < 0$$

$\therefore \log_2 a > \log_2 b$

$\therefore a > b$

(ii) 역함수는 $y = x$ 의 그래프에 대칭이다.

함수 $y = c^x$ 의 역함수 $y = \log_c x$ 의 그래프는 다음과 같이 곡선 $y = c^x$ 와 직선 $y = x$ 위의 점 A에서 만난다.

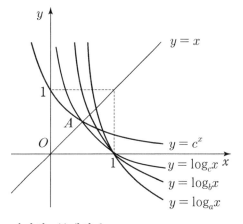

따라서, (i)에서 $b > c$

(i), (ii)에서 $a > b > c$

033

로그방정식 $\left(\log_3 \dfrac{x}{3}\right)^2 - 20\log_9 x + 26 = 0$ 의

두 근을 α, β 라 할 때, $\alpha\beta$의 값은?

① 3^8 ② 3^9 ③ 3^{10} ④ 3^{11} ⑤ 3^{12}

HINT ▶▶

$\log_a b = x \Leftrightarrow a^x = b$

$\log_c a - \log_c b = \log_c \dfrac{a}{b}$

$\log_{a^m} b^n = \dfrac{n}{m} \log_a b$

$(\log_3 x - 1)^2 - 10\log_3 x + 26 = 0$ 이므로

$\left(\because \log_9 x = \dfrac{1}{2}\log_3 x\right)$

$\log_3 x = t$ 라 하면

$(t-1)^2 - 10t + 26 = 0$, $t^2 - 12t + 27 = 0$

$(t-3)(t-9) = 0$

$\therefore t = 3$ 또는 $t = 9$

$t = 3$ 일 때 $\log_3 x = 3$ 에서 $x = 3^3$

$t = 9$ 일 때 $\log_3 x = 9$ 에서 $x = 3^9$

$\therefore \alpha\beta = 3^3 \times 3^9 = 3^{12}$

정답 : ⑤

034

부등식 $|a - \log_2 x| \leqq 1$ 을 만족시키는 x 의 최

댓값과 최솟값의 차가 18일 때, 2^a 의 값은?

① 10   ② 12   ③ 14   ④ 16   ⑤ 18

HINT ▶▶

$|f(x)| \leqq a \Leftrightarrow -a \leqq f(x) \leqq a$

$\log_a b = x \Leftrightarrow a^x = b$

$|a - \log_2 x| \leqq 1 \Leftrightarrow |\log_2 x - a| \leqq 1$

이므로 $-1 \leqq \log_2 x - a \leqq 1$

$a - 1 \leqq \log_2 x \leqq a + 1$

$\log_a b = x \Leftrightarrow a^x = b$ 를 이용한다.

$2^{a-1} \leqq x \leqq 2^{a+1}$

따라서,

x 의 최댓값은 2^{a+1}, 최소값은 2^{a-1} 이다.

$2^{a+1} - 2^{a-1} = 18$ 에서

$2 \cdot 2^a - \dfrac{1}{2} \cdot 2^a = 18$

$\dfrac{3}{2} \cdot 2^a = 18$

$\therefore 2^a = \dfrac{2}{3} \cdot 18 = 12$

정답 : ②

08.9A

035

두 실수 a, b 가 $3^{a+b} = 4$, $2^{a-b} = 5$ 를 만족할 때, $3^{a^2-b^2}$ 의 값을 구하시오.

HINT▶▶

$\log_a b = x \Leftrightarrow a^x = b$

$\log_a b = \dfrac{\log_c b}{\log_c a}$

$n \log_a b = \log_a b^n$

$a^{\log_b c} = c^{\log_b a}$

$3^{a+b} = 4$ 에서 $a + b = \log_3 4$ … ㉠

$2^{a-b} = 5$ 에서 $a - b = \log_2 5$ … ㉡

㉠, ㉡의 각 변끼리 각각 곱하면

$(a+b)(a-b) = \log_3 4 \times \log_2 5$

$\qquad = \dfrac{\log 4}{\log 3} \times \dfrac{\log 5}{\log 2}$

$\qquad = 2 \times \dfrac{\log 5}{\log 3} = 2 \log_3 5$

$\qquad = \log_3 5^2 = \log_3 25$

$\therefore a^2 - b^2 = \log_3 25$

따라서, 로그의 정의에 의해

$3^{a^2-b^2} = 3^{\log_3 25} = 25 \quad (\because a^{\log_b c} = c^{\log_b a})$

정답 : 25

08.9A

036

지진의 규모 R 와 지진이 일어났을 때 방출되는 에너지 E 사이에는 다음과 같은 관계가 있다고 한다.

$$R = 0.67 \log(0.37 E) + 1.46$$

지진의 규모가 6.15일 때 방출되는 에너지를 E_1, 지진의 규모가 5.48일 때 방출되는 에너지를 E_2 라 할 때, $\dfrac{E_1}{E_2}$ 의 값을 구하시오.

HINT▶▶

이런 종류의 복잡한 수식에 몇가지 값이 주어지는 형태의 문제는 단순히 주어진 값을 대입해서 나열하기만 하면 쉽게 풀리기 마련이다.

$\log_b a - \log_b c = \log_b \dfrac{a}{c}$

$6.15 = 0.67 \log(0.37 E_1) + 1.46$ …㉠

$5.48 = 0.67 \log(0.37 E_2) + 1.46$ …㉡

㉠-㉡에서

$0.67 = 0.67 \{ \log(0.37 E_1) - \log(0.37 E_2) \}$

$0.67 = 0.67 \log \dfrac{E_1}{E_2}$, $\quad 1 = \log \dfrac{E_1}{E_2}$

$\therefore \dfrac{E_1}{E_2} = 10$

정답 : 10

08.9A

037

어느 제과점에서는 다음과 같은 방법으로 빵의 가격을 실질적으로 인상한다.

> 빵의 개당 가격은 그대로 유지하고, 무게를 그 당시 무게에서 10% 줄인다.

이 방법을 n번 시행하면 빵의 단위 무게당 가격이 처음의 1.5배 이상이 된다. n의 최솟값은? (단, $\log 2 = 0.3010$, $\log 3 = 0.4771$로 계산한다.)

① 3　　② 4　　③ 5　　④ 6　　⑤ 7

HINT ▶▶

$$\log_c a - \log_c b = \log_c \frac{a}{b}$$

$$n\log_a b = \log_a b^n$$

빵의 개당 무게와 가격을 각각 $A\,\mathrm{g}$, B원 이라 하자.

1번 시행 후 개당 무게는 $0.9A\,\mathrm{g}$이므로

n번 시행 수 개당 무게는 $(0.9)^n A\,\mathrm{g}$

처음 빵의 1g당 가격은 $\dfrac{B}{A}$원

n번 시행 후 1g당 가격은 $\dfrac{B}{(0.9)^n A}$원

$\dfrac{B}{(0.9)^n A} \geqq \dfrac{3}{2} \times \dfrac{B}{A}$ 에서

$(0.9)^{-n} \geqq \dfrac{3}{2}$　　(양변에 $\log$를 취한다.)

$-n \log \dfrac{9}{10} \geqq \log 3 - \log 2$

$n(1 - 2\log 3) \geqq \log 3 - \log 2$

$n \geqq \dfrac{0.4771 - 0.3010}{1 - 2 \times 0.4771} = \dfrac{0.1761}{0.0458} = 3.8 \times \times \times$

따라서, 구하는 정수 n의 최솟값은 4이다.

[쉽게 풀기]

가격이 1.5배가 된다는 이야기는

무게가 $\dfrac{1}{1.5} = \dfrac{2}{3}$가 되면 된다.

$\therefore (0.9)^n \leqq \dfrac{2}{3}$의 식이 바로 나온다.

08.9A
038

수열 $\{a_n\}$의 첫째항부터 제 n항까지의 합 S_n이 $S_n = 2^n - 1$일 때, a_9의 값을 구하시오.

08.수능A
039

$a = \log_2 10$, $b = 2\sqrt{2}$ 일 때, $a\log b$ 의 값은?

① 1 ② $\dfrac{3}{2}$ ③ 2 ④ $\dfrac{5}{2}$ ⑤ 3

HINT▶▶

$\log_a b = \dfrac{\log_c b}{\log_c a}$ 의 공식을 이용한다.

$\log_a a = 1$

$a = \log_2 10$, $b = 2\sqrt{2}$ 이므로

$a\log b = \log_2 10 \times \log 2\sqrt{2}$

$\qquad = \dfrac{\log 10}{\log 2} \times \dfrac{\log 2\sqrt{2}}{\log 10}$

$\qquad = \dfrac{\log 2\sqrt{2}}{\log 2}$

$\qquad = \log_2 2\sqrt{2} = \log_2 2^{\frac{3}{2}} = \dfrac{3}{2}$ 이다.

HINT▶▶

$a_n = S_n - S_{n-1}$의 공식을 이용한다.

$a_9 = S_9 - S_8$

$\quad = (2^9 - 1) - (2^8 - 1) = 256$

정답 : 256

정답 : ②

08.9A

040

두 함수

$f(x) = 2^{x-2} + 1, \quad g(x) = \log_2(x-1) + 2$ 에

대하여 〈보기〉에서 옳은 것만을 있는 대로 고른

것은?

〈보 기〉

ㄱ. $f^{-1}(5) \cdot \{g(5)+1\} = 20$ 이다.

ㄴ. $y = f(x)$의 그래프와 $y = g(x)$의 그래프
는 직선 $y = x$에 대하여 대칭이다.

ㄷ. $y = f(x)$의 그래프와 $y = g(x)$의 그래프
는 만나지 않는다.

---

① ㄴ   ② ㄷ   ③ ㄱ, ㄴ

④ ㄴ, ㄷ   ⑤ ㄱ, ㄴ, ㄷ

HINT▶▶

$y = \log_a x$ 와 $y = a^x$ 은 서로 역함수가 된다.

$f(x)$의 역함수를 구하면 $x = 2^{y-2} + 1$ 에서

$\quad 2^{y-2} = x - 1$

$\quad y - 2 = \log_2(x-1)$

$\quad \therefore \ y = \log_2(x-1) + 2$

따라서, $f^{-1}(x) = \log_2(x-1) + 2$ 이고

$g(x) = f^{-1}(x)$

ㄱ. 〈참〉

$f^{-1}(5) = \log_2(5-1) + 2 = 4$ 이므로

$f^{-1}(5)\{g(5)+1\}$

$= f^{-1}(5)\{f^{-1}(5)+1\}$

$= 4(4+1) = 20$

ㄴ. 〈참〉

$f(x)$의 역함수가 $g(x)$이므로 $y = f(x)$의 그
래프와 $y = g(x)$의 그래프는 직선 $y = x$에 대
하여 대칭이다.

ㄷ. 〈거짓〉

$y = f(x)$의 그래프는 $y = 2^x$의 그래프를 x축
의 방향으로 2만큼, y축의 방향으로 1만큼 평
행이동한 것이다.

그러므로 $y = 2^x$의 그래프 위의 점 $(0, 1)$은
$y = f(x)$의 그래프위의 점 $(2, 2)$로 평행이동한다.
이 때, 점 $(2, 2)$는 직선 $y = x$위의 점이므로
$y = f(x)$의 그래프와 $y = x$의 그래프는 만난다.

그러므로 $y = f(x)$의 그래프와

역함수 $y = g(x)$의 그래프는 만난다.

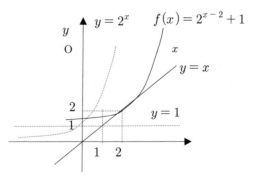

정답 : ③

041

$1<a<b$ 인 두 실수 a, b 에 대하여

$$\frac{3a}{\log_a b}=\frac{b}{2\log_b a}=\frac{3a+b}{3}$$

가 성립할 때, $10\log_a b$ 의 값을 구하시오.

042

함수 $y=3+\log_3(x^2-4x+31)$ 의 최솟값은?

① 4　　② 5　　③ 6　　④ 7　　⑤ 8

HINT ▶▶

$$\log_a b=\frac{1}{\log_b a}$$

비례식에서 $\frac{b}{a}=\frac{d}{c}=k$ 일 때,

$\frac{b+d}{a+c}=k$ 의 식이 성립한다.

위 성질은 이용하면 준식에서
$3a+b=3a+b$, $\log_a b+2\log_b a=3$ 이므로

$\log_a b=t$ 로 치환하면 $t+\frac{2}{t}=3$ 이며

고치면 $t^2-3t+2=0$ 이고 $t>1(b>a)$ 이므로
계산하면 $t=2$ 이다. 구하려는 값은 $10t=20$ 이다.

HINT ▶▶

밑이 $3>1$ 이므로 그 진수인 $(x^2-4x+31)$ 의 값이 최소일 때 y값도 최소가 된다.

$x^2-4x+31=(x-2)^2+27\geq 27$ 이며
$x=2$ 일 때 27을 최솟값으로 가진다.
그러므로
$y=3+\log_3(x^2-4x+31)\geq 3+\log_3 27=6$
이 최솟값이다.

정답 : 20

정답 : ③

08.수능A

043

자연수 n에 대하여 $\log n$의 가수를 $f(n)$이라 할 때, 집합

$A = \{f(n) \mid 1 \leq n \leq 150,\ n$은 자연수$\}$

의 원소의 개수는?

① 131 ② 133 ③ 135 ④ 137 ⑤ 139

HINT▶▶

$\log 1$의 가수 $= \log 10$의 가수 $= \log 100$의 가수

$\log 2$의 가수 $= \log 20$의 가수

$\log 3$의 가수 $= \log 30$의 가수

$\vdots$

즉, 가수는 자릿수과 관계없이 숫자의 배열이 같으면 동일하다.

$1 \sim 9 : 9$개

$11 \sim 19 : 9$개(10의 가수는 1의 가수와 같으므로 제외한다.)

$21 \sim 29 : 9$개 $\cdots 141 \sim 149 : 9$개

150의 가수는 15의 가수와 같으므로 제외하면 $15 \times 9 = 135$이다.

즉, 총 숫자갯수 150에서 $10, 20, 30, ..., 150$ 등 15를 빼면 된다.

정답 : ③

09.6A

044

부등식 $1 + \log_{\frac{1}{2}} x^2 > \log_{\frac{1}{2}} (5x - 8)$의

해가 $\alpha < x < \beta$일 때, $\alpha\beta$의 값을 구하시오.

HINT▶▶

① 밑의 값인 $\frac{1}{2} < 1$이므로 $\log$를 지울때는 부등호의 방향이 바뀐다.

② $\log$의 밑, 진수조건을 잊지말고 꼭 사용하자 $\log_a b$에서 $b > 0, a > 0, a \neq 1$

$1 + \log_{\frac{1}{2}} x^2 > \log_{\frac{1}{2}} (5x - 8)$에서

(1) 진수조건에 의해 $x^2 > 0,\ 5x - 8 > 0$

$\therefore\ x > \dfrac{8}{5}$ $\cdots$ ①

(2) 준식을 정리하면

$\log_{\frac{1}{2}} \dfrac{1}{2} x^2 > \log_{\frac{1}{2}} (5x - 8)$

따라서, $\dfrac{1}{2} x^2 < 5x - 8$

$x^2 - 10x + 16 < 0$

$(x - 2)(x - 8) < 0$

$\therefore\ 2 < x < 8$ $\cdots$ ②

①, ②에 의하여 $2 < x < 8$

따라서, $\alpha\beta = 2 \times 8 = 16$

정답 : 16

08.수능A

045

두 지수함수 $f(x) = a^{bx-1}$, $g(x) = a^{1-bx}$ 이
다음 조건을 만족시킨다.

> (가) 함수 $y = f(x)$의 그래프와
>   함수 $y = g(x)$의 그래프는
>   직선 $x = 2$에 대하여 대칭이다.
>
> (나) $f(4) + g(4) = \dfrac{5}{2}$

두 상수 a, b의 합 $a + b$의 값은?
(단, $0 < a < 1$)

① 1 ② $\dfrac{9}{8}$ ③ $\dfrac{5}{4}$ ④ $\dfrac{11}{8}$ ⑤ $\dfrac{3}{2}$

HINT ▶▶

$f(x)$, $g(x)$가 $x = a$에 대칭 $\Leftrightarrow f(2) = g(2)$
(즉, y값은 같다.)
주어진 조건
즉, $0 < a < 1$을 잊지말고 꼭 사용하자.

(가)의 조건에서 두 함수의 그래프가 $x = 2$에
대하여 대칭이므로 $f(2) = g(2)$가 성립한다.
대입해보면, $a^{2b-1} = a^{1-2b}$이고
$2b - 1 = 1 - 2b$ 이므로 $b = \dfrac{1}{2}$이다.

$b = \dfrac{1}{2}$을 대입하여 계산하면

$f(x) = a^{\frac{1}{2}x-1}$, $g(x) = a^{1-\frac{1}{2}x}$
$f(4) = a^1$, $g(4) = a^{-1}$이고 (나)의 조건에서
$f(4) + g(4) = \dfrac{5}{2}$이므로

$a + \dfrac{1}{a} = \dfrac{5}{2} = 2 + \dfrac{1}{2}$이다. 즉 $a = 2$또는 $\dfrac{1}{2}$인

데, $0 < a < 1$이므로 $a = \dfrac{1}{2}$이다.

그러므로 $a + b = \dfrac{1}{2} + \dfrac{1}{2} = 1$이다.

정답 : ①

046

로그부등식 $\log_3 x + \log_3 (12 - x) \leqq 3$을 만족시키는 모든 정수 x의 합을 구하시오.

HINT ▶▶

$\log_a b$에서 $b > 0, a > 0, a \neq 1$을 기억하자.

$\log_3 (12x - x^2) \leqq \log_3 27$

$\begin{cases} 12x - x^2 \leqq 27 \cdots ① \\ 12x - x^2 > 0 \quad \cdots ② \text{ (진수조건)} \end{cases}$

①에 의해서 $x^2 - 12x + 27 \geqq 0$이므로

$x \leqq 3$ 또는 $x \geqq 9$

②에 의해서 $x^2 - 12x < 0 \Rightarrow 0 < x < 12$

∴ ①, ②를 동시에 만족하는 정수는

$1, 2, 3, 9, 10, 11$이므로 모든 정수의 합은 36이다.

정답 : 36

047

어느 도시의 중심온도 $u\,(°\text{C})$, 근교의 농촌온도 $r\,(°\text{C})$, 도시화된 지역의 넓이 $a\,(\text{km}^2)$ 사이에는 다음과 같은 관계가 있다고 한다.

$$u = r + 0.05 + 1.6 \log a$$

10년 전에 비하여 이 도시의 도시화된 지역의 넓이가 25% 확장되었고 근교의 농촌온도는 변하지 않았을 때, 도시의 중심온도는 10년 전에 비하여 $x\,°\text{C}$ 높아졌다. x의 값은? (단, 도시 중심의 위치는 10년 전과 같고, $\log 2 = 0.30$으로 계산한다.)

① 0.12　　② 0.13　　③ 0.14　　④ 0.15

⑤ 0.16

HINT ▶▶

$\log_c a - \log_c b = \log_c \dfrac{a}{b}$

$n \log_a b = \log_a b^n$

10년전의 중심온도를 u_A, 현재의 중심온도를 u_B, 농촌온도를 r, 도시화된 지역의 넓이를 a라 하면

$u_A = r + 0.65 + 1.6 \log a \quad \text{--------①}$

$u_B = r + 0.65 + 1.6 \log 1.25 a \quad \text{------②}$

로 나타낼 수 있다.

이 때, $x = u_B - u_A$이므로

②-①에 의해

$x = 1.6 \log \dfrac{5}{4} = 1.6 \log \dfrac{10}{8} = 1.6 (1 - 3 \log 2)$

$\qquad\qquad = 1.6 (1 - 3 \times 0.30)$

$\qquad\qquad = 1.6 \times 0.1 = 0.16$

정답 : ⑤

09.6A

048

어느 무선 시스템에서 송신기와 수신기 사이의 거리 R와 수신기의 수신 전력 S 사이에는 다음과 같은 관계식이 성립한다고 한다.

$$S = P - 20\log\left(\frac{4\pi fR}{c}\right)$$

(단, P는 송신기의 송신 전력, f와 c는 각각 주파수와 빛의 속도를 나타내는 상수이고, 거리의 단위는 m, 송·수신 전력의 단위는 dBm 이다.)

어느 실험실에서 송신기의 위치를 고정하고 송신기와 수신기 사이의 거리에 따른 수신 전력의 변화를 측정하였다. 그 결과 두 지점 A, B에서 측정한 수신 전력이 각각 -25, -5로 나타났다. 두 지점 A, B에서 송신기까지의 거리를 각각 R_A, R_B라 할 때, $\dfrac{R_A}{R_B}$의 값은?

① $\dfrac{1}{100}$　　② $\dfrac{1}{10}$　　③ $\sqrt{10}$

④ 10　　⑤ 100

HINT ▶▶

$\log$끼리의 덧셈, 뺄셈은 진수간의 곱셈과 나눗셈이 된다는 사실을 이용하자.

즉, $\begin{vmatrix} \log a + \log b = \log a \times b \\ \log a - \log b = \log \dfrac{a}{b} \end{vmatrix}$ 가 된다.

A지점에서의 수신 전력을 S_A, B지점에서의 수신 전력을 S_B라고 하면

$$S_A = p - 20\log\left(\frac{4\pi fR_A}{c}\right) = -25$$

$$S_B = p - 20\log\left(\frac{4\pi fR_B}{c}\right) = -5$$

$$S_B - S_A = 20\left\{\log\frac{4\pi fR_A}{c} - \log\frac{4\pi fR_B}{c}\right\}$$

$$= 20\log\frac{\dfrac{4\pi fR_A}{c}}{\dfrac{4\pi fR_B}{c}}$$

$$= 20\log\frac{R_A}{R_B} = 20$$

$$\therefore \frac{R_A}{R_B} = 10 \quad \left(\because \log_{10}\frac{R_A}{R_B} = 1\right)$$

정답 : ④

049

그림과 같이 함수 $y = \log_2 x$의 그래프 위의 한 점 A_1에서 y축에 평행한 직선을 그어 직선 $y = x$와 만나는 점을 B_1이라 하고, 점 B_1에서 x축에 평행한 직선을 그어 이 그래프와 만나는 점을 A_2라 하자. 이와 같은 과정을 반복하여 점 A_2로부터 점 B_2와 점 A_3을, 점 A_3으로부터 점 B_3와 점 A_4를 얻는다. 네 점 A_1, A_2, A_3, A_4의 x좌표를 차례로 a, b, c, d라 하자.

네 점$(c,\ 0)$, $(d,\ 0)$, $(d,\ \log_2 d)$, $(c,\ \log_2 c)$를 꼭짓점으로 하는 사각형의 넓이를 함수 $f(x) = 2^x$을 이용하여 a, b로 나타낸 것과 같은 것은?

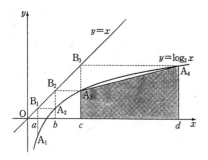

① $\dfrac{1}{2}\{f(b)+f(a)\}\{(f \circ f)(b)-(f \circ f)(a)\}$

② $\dfrac{1}{2}\{f(b)-f(a)\}\{(f \circ f)(b)+(f \circ f)(a)\}$

③ $\{f(b)+f(a)\}\{(f \circ f)(b)+(f \circ f)(a)\}$

④ $\{f(b)+f(a)\}\{(f \circ f)(b)-(f \circ f)(a)\}$

⑤ $\{f(b)-f(a)\}\{(f \circ f)(b)+(f \circ f)(a)\}$

HINT ▶▶

$y = \log_a x$와 $y = a^x$는 서로 역함수이며 $y = x$가 대칭축이다.

사다리꼴의 넓이 $= \dfrac{1}{2} \times (밑변 + 윗변) \times 높이$

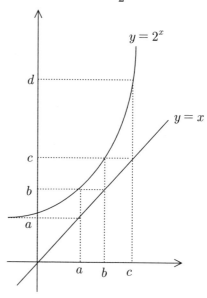

$y = \log_2 x$의 역함수는 $y = 2^x$이므로 위 그림에서

$f(a) = 2^a = b$

$f(b) = 2^b = c = f(f(a)) = (f \circ f)(a)$

$f(c) = 2^c = d = f(f(b)) = (f \circ f)(b)$

위 그림의 사다리꼴의 넓이는

$\dfrac{1}{2}(b+c)(d-c) =$

$\dfrac{1}{2}\{f(b)+f(a)\}\{(f \circ f)(b)-(f \circ f)(a)\}$

정답 : ①

09.수능A

050

로그부등식 $\log_2 x \leq \log_4 (12x + 28)$을 만족시키는 자연수 x의 개수를 구하시오.

10.6A

051

로그부등식

$$\log_2(x^2 + x - 2) < \log_2(-2x + 2)$$

의 해가 $\alpha < x < \beta$일 때, $\alpha\beta$의 값은?

① 2   ② 4   ③ 6   ④ 8   ⑤ 10

HINT▶▶

$$\log_{a^m} b^n = \frac{n}{m} \log_a b$$

$$n \log_a b = \log_a b^n$$

밑을 통일하자.

4와 2중에서 더 작은 수인 2로 통일하는 것이 좋다. 그리고 밑·진수의 범위조건도 꼭 기억하자.

즉, $\log_a b$에서 $a > 0$, $a \neq 1$, $b > 0$

$\log_2 x \leq \log_4 (12x + 28)$에서

$\log_2 x \leq \dfrac{1}{2} \log_2 (12x + 28)$

$2\log_2 x \leq \log_2 (12x + 28)$

$\log_2 x^2 \leq \log_2 (12x + 28)$

$x^2 \leq 12x + 28$

$x^2 - 12x - 28 \leq 0$

$(x - 14)(x + 2) \leq 0$

$\therefore -2 \leq x \leq 14$

그런데, 로그의 진수의 조건에 의해 $x > 0$이므로

$0 < x \leq 14$

따라서, 구하는 자연수 x의 개수는 14이다.

HINT▶▶

진수조건을 잊지 말자.

밑이 $2 > 1$이므로 부등호의 방향은 그대로다.

$\log_2 (x^2 + x - 2) < \log_2 (-2x + 2)$에서

진수조건에서

$x^2 + x - 2 > 0$

$(x + 2)(x - 1) > 0$

$\therefore x < -2$ 또는 $x > 1$ ⋯ ㉠

$-2x + 2 > 0$

$\therefore x < 1$ ⋯ ㉡

㉠, ㉡에서 $x < -2$ ⋯ ㉢

주어진 로그부등식의 밑이 2 이므로

$x^2 + x - 2 < -2x + 2$

$x^2 + 3x - 4 < 0$

$(x + 4)(x - 1) < 0$

$\therefore -4 < x < 1$ ⋯ ㉣

㉢, ㉣에서

$-4 < x < -2$

$\therefore \alpha = -4, \beta = -2$

$\therefore \alpha\beta = 8$

정답 : 14

정답 : ④

052

곡선 $y = 2^x - 1$ 위의 점 $A(2, 3)$을 지나고 기울기가 -1인 직선이 곡선 $y = \log_2(x + 1)$과 만나는 점을 B라 하자. 두 점 A, B에서 x축에 내린 수선의 발을 각각 C, D라 할 때, 사각형 $ACDB$의 넓이는?

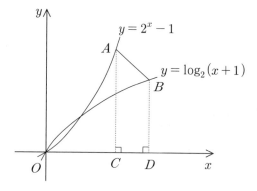

① $\dfrac{5}{2}$ ② $\dfrac{11}{4}$ ③ 3 ④ $\dfrac{13}{4}$ ⑤ $\dfrac{7}{2}$

점 (m, n)을 지나고 기울기가 a인 직선의 식은 $y - n = a(x - m)$이다.

사다리꼴의 넓이 : $\dfrac{1}{2} \times$ (밑변+윗변) $\times$ 높이

직선 AB의 방정식은
$y - 3 = -(x - 2)$
즉, $y = -x + 5$
한편, 두 함수 $y = 2^x - 1$, $y = \log_2(x + 1)$은 서로 역함수이므로 두 함수의 그래프는 직선 $y = x$에 대하여 대칭이다.
직선 AB가 직선 $y = x$와 수직으로 만나므로 점 B의 좌표는 점 A를 직선 $y = x$에 대하여 대칭이동한 것과 같다.
$\therefore B(3, 2)$
사각형 $ACDB$에서
$\overline{AC} = 3$, $\overline{BD} = 2$, $\overline{CD} = 1$ 이므로
사각형 $ACDB$의 넓이는
$\dfrac{1}{2} \times (3 + 2) \times 1 = \dfrac{5}{2}$

정답 : ①

10.6A

053

어느 세라믹 재료의 열전도 계수( )는 적절한 실험 조건에서 일정하고, 다음과 같이 계산된다고 한다.

$$\kappa = C\frac{\log t_2 - \log t_1}{T_2 - T_1}$$

(단, C는 0보다 큰 상수, $T_1(℃)$, $T_2(℃)$는 실험을 시작한 후 각각 $t_1(초)$, $t_2(초)$일 때 세라믹 재료의 측정 온도이다.)

이 세라믹 재료의 열전도 계수를 측정하는 실험에서 실험을 시작한 후 10초일 때와 20초일 때의 측정 온도가 각각 200℃, 202℃ 이었다. 실험을 시작한 후 x초일 때 측정 온다가 206℃가 되었다. x의 값은?

① 70 ② 80 ③ 90 ④ 100 ⑤ 110

HINT▶▶

$n\log_a b = \log_a b^n$

$\log_c a - \log_c b = \log_c \dfrac{a}{b}$

$\log_c a + \log_c b = \log_c ab$

$t_1 = 10$ 일 때, $T_1 = 200$

$t_2 = 20$ 일 때, $T_2 = 202$ 이므로

$\kappa = C \times \dfrac{\log 20 - \log 10}{202 - 200} = C \times \dfrac{\log 2}{2}$ ··· ㉠

$t_3 = x$ 일 때, $T_3 = 206$ 이므로

$\kappa = C \times \dfrac{\log x - \log 20}{206 - 202}$

$\quad = C \times \dfrac{\log x - \log 20}{4}$ ··· ㉡

㉠ = ㉡ 이므로

$\dfrac{\log x - \log 20}{4} = \dfrac{\log 2}{2}$

$\log x - \log 20 = 2\log 2$

$\log x = \log 20 + 2\log 2 = \log 80$

$\therefore x = 80$

정답 : ②

054

$a = \log_2(2+\sqrt{3})$일 때, $4^a + \dfrac{4}{2^a}$의 값을 구하시오.

055

1보다 큰 양수 a에 대하여 두 곡선 $y = a^{-x-2}$과 $y = \log_a(x-2)$가 직선 $y=1$과 만나는 두 점을 각각 A, B라 하자. $\overline{AB} = 8$일 때, a의 값은?

① 2 　　② 4 　　③ 6 　　④ 8 　　⑤ 10

HINT▶▶

$(a^m)^n = a^{mn}$

$\log_a b = x \Leftrightarrow a^x = b$

$a = \log_2(2+\sqrt{3})$에서

$2^a = 2 + \sqrt{3}$

$4^a = (2^a)^2 = (2+\sqrt{3})^2$

$\quad = 7 + 4\sqrt{3}$

$\therefore \ 4^a + \dfrac{4}{2^a} = 7 + 4\sqrt{3} + \dfrac{4}{2+\sqrt{3}}$

$\qquad = 7 + 4\sqrt{3} + 4(2-\sqrt{3})$

$\qquad = 15$

HINT▶▶

두점사이의 거리 $(x_1, y_1)(x_2, y_2)$일 경우

$d = \sqrt{(x_2-x_1)^2 + (y_2-y_1)^2}$

곡선 $y = a^{-x-2}$가 직선 $y=1$과 만나는 점 A의 좌표를 $A(t, 1)$이라 하면

$1 = a^{-t-2}$ 에서 $a > 1$ 이므로 $-t-2 = 0$이다.

$\quad \therefore \ t = -2$

또 곡선 $y = \log_a(x-2)$가 직선 $y=1$과 만나는 점 B의 좌표를 $B(k, 1)$이라 하면

$\quad 1 = \log_a(k-2), \ k-2 = a$

$\quad \therefore \ k = a+2$

따라서,

$\overline{AB} = \sqrt{\{a+2-(-2)\}^2 + (1-1)^2}$

$\qquad = (a+4) = 8$

이므로 $a = 4$ 이다.

정답 : 15

정답 : ②

10.6A

056

세 함수 $f(x)=2^x, g(x)=x^2, h(x)=\log_2 x$에 대하여 $(f \circ g)(2)+(g \circ h)(2)$의 값은?

① 17　　② 19　　③ 21　　④ 23　　⑤ 25

HINT ▶▶

$\log_a a = 1$

$(f \circ g)(x) = f(g(x))$

$(f \circ g)(2) + (g \circ h)(2)$

$= f(g(2)) + g(h(2)) = f(2^2) + g(\log_2 2)$

$= f(4) + g(1)$

$= 2^4 + 1 = 17$

정답 : ①

10.9A

057

로그부등식 $(1+\log_3 x)(a-\log_3 x) > 0$의 해가 $\dfrac{1}{3} < x < 9$일 때, 상수 a의 값은?

① 1　　② 2　　③ 3　　④ 4　　⑤ 5

HINT ▶▶

$n \log_a b = \log_a b^n$

$a^{-m} = \dfrac{1}{a^m}$

$\alpha < x < \beta$의 2차식일 경우

$a(x-\alpha)(x-\beta) < 0$으로 고칠 수 있다.

주어진 부등식의 해가 $\dfrac{1}{3} < x < 9$이므로

$-1 < \log_3 x < 2$가 성립한다. 즉

$(\log_3 x + 1)(\log_3 x - 2) < 0$

$(1 + \log_3 x)(2 - \log_3 x) > 0$

$\therefore \ a = 2$

정답 : ②

10.수능A

058

로그방정식 $\log_3(x-4)=\log_9(5x+4)$의 근을 α라 할 때, α의 값을 구하시오.

HINT▶▶

$n\log_a b=\log_a b^n$

$\log_{a^m}b^n=\dfrac{n}{m}\log_a b$

밑을 더 작은 수인 3으로 통일한다.
진수조건을 잊지 말자.
$\log_a b$에서 $a>0$, $a\neq 1$, $b>0$

$\log_3(x-4)=\log_9(5x+4)$에서

$\log_3(x-4)=\log_3(5x+4)^{\frac{1}{2}}$

$(x-4)^2=5x+4$

$x^2-13x+12=0$

$(x-12)(x-1)=0$

$\therefore\ x=1$ 또는 $x=12$

그런데 로그의 진수의 조건에 의하여 $x>4$이므로

$x=12$　　$\therefore\ \alpha=12$

정답 : 12

11.6A

059

곡선 $y=\log_2(ax+b)$가 점 $(-1,0)$과 점 $(0,2)$를 지날 때, 두 상수 a,b의 합 $a+b$의 값은?
① 5　　② 7　　③ 9　　④ 11　　⑤ 13

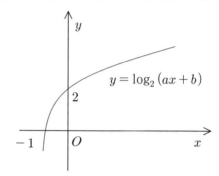

HINT▶▶

$\log_a x=b\Leftrightarrow a^b=x$
단순한 대입문제다.
주어진 조건대로 침착하게 풀자.

$y=\log_2(ax+b)$의 그래프가 점 $(-1,0)$을 지나므로 $0=\log_2(-a+b)$

$\therefore\ -a+b=1$　　……　㉠

또, $y=\log_2(ax+b)$의 그래프가 점 $(0,2)$를 지나므로

$2=\log_2 b$　　$\therefore\ b=2^2=4$

$b=4$를 ㉠에 대입하면 $-a+4=1$

$\therefore\ a=3$

$\therefore\ a+b=7$

정답 : ②

10.수능A

060

지반의 상대 밀도를 구하기 위하여 지반에 시험기를 넣어 조사하는 방법이 있다. 지반의 유효수직응력을 S, 시험기가 지반에 들어가면서 받는 저항력을 R라 할 때, 지반의 상대밀도 D (%)는 다음과 같이 구할 수 있다고 한다.

$$D = -98 + 66\log\frac{R_A}{\sqrt{S_A}}$$

(단, S와 R의 단위는 metric ton/m^2이다.)

지반 A의 유효수직응력은 지반 B의 유효수직응력의 1.44배이고, 시험기가 지반 A에 들어가면서 받는 저항력은 시험기가 지반 B에 들어가면서 받는 저항력의 1.5배이다.

지반 B의 상대밀도가 65(%)일 때, 지반 A의 상대밀도(%)는?

(단, $\log 2 = 0.3$으로 계산한다.)

① 81.5   ② 78.5   ③ 74.9

④ 71.6   ⑤ 68.3

HINT ▶▶

$$\log_c a - \log_c b = \log_c \frac{a}{b}$$

$$\log_c a + \log_c b = \log_c ab$$

지반 A, B의 유효수직응력을 각각 S_A, S_B, 시험기가 받는 저항력을 각각 R_A, R_B라 하면

$$S_A = S_B \times 1.44 \quad | \quad R_A = R_B \times 1.5$$

지반 B의 상대밀도가 65%이므로

$$65 = -98 + 66\log\frac{R_B}{\sqrt{S_B}}$$

따라서, 구하는 지반 A의 상대밀도 D는

$$D = -98 + 66\log\frac{R_A}{\sqrt{S_A}}$$

$$= -98 + 66\log\frac{1.5R_B}{\sqrt{1.44S_B}}$$

$$= -98 + 66\log\frac{1.5R_B}{1.2\sqrt{S_B}}$$

$$= -98 + 66\log\frac{R_B}{\sqrt{S_B}} + 66\log\frac{5}{4}$$

$$= 65 + 66(1 - 3\log 2)$$

$$\left(\because -98 + 66\log\frac{R_B}{\sqrt{S_B}} \text{ 은 지반} B \text{의 상대밀도}\right)$$

$$= 65 + 66(1 - 0.9)$$

$$= 71.6$$

061

두 원소 A, B가 들어있는 기체 K가 기체확산 장치를 통과하면 A, B의 농도가 변한다. 기체 확산장치를 통과하기 전 기체 K에 들어있는 A, B의 농도를 각각 a_0, b_0이라 하고, 기체확산 장치를 n번 통과한 기체에 들어있는 A, B의 농도를 각각 a_n, b_n이라 하자.

$c_0 = \dfrac{a_0}{b_0}$, $c_n = \dfrac{a_n}{b_n}$이라 하면 다음 관계식이 성립한다고 한다.

$c_n = 1.004 \times c_{n-1}$

$c_0 = \dfrac{1}{99}$일 때, 기체 K가 기체확산장치를 n번 통과하면 $c_n \geqq \dfrac{1}{9}$이 된다. 자연수 n의 최솟값은?

(단, $\log 1.1 = 0.0414, \log 1.004 = 0.0017$로 계산한다.)

① 593 ② 613 ③ 633 ④ 653 ⑤ 673

HINT ▶▶

등비수열의 일반항 $a_n = a_1 \times r^{n-1}$

$c_n = 1.004 \times c_{n-1}$, $c_0 = \dfrac{1}{99}$에서

$\{c_n\}$은 첫째항이 $a_1 = \dfrac{1}{99} \times 1.004$이고 공비가

$r = 1.004$인 등비수열이므로

$c_n = \dfrac{1}{99} \times (1.004)^n \, (n = 0, 1, 2, \cdots)$이다.

$\therefore c_n \geqq \dfrac{1}{9}$에서 $\dfrac{1}{99} \times (1.004)^n \geqq \dfrac{1}{9}$

$\therefore (1.004)^n \geqq 11$

양변에 상용로그를 취하면

$n \log 1.004 \geqq \log 11$

$\therefore n \geqq \dfrac{\log 11}{\log 1.004} = \dfrac{1.0414}{0.0017} = 612.\cdots$

따라서, 자연수 n의 최솟값은 613이다.

정답 : ②

11.9A

062

특정 환경의 어느 웹사이트에서 한 메뉴 안에 선택할 수 있는 항목이 n 개 있는 경우, 항목을 1 개 선택하는 데 걸리는 시간 T (초)가 다음 식을 만족시킨다.

$$T = 2 + \frac{1}{3} \log_2 (n+1)$$

메뉴가 여러 개인 경우, 모든 메뉴에서 항목을 1 개씩 선택하는 데 걸리는 전체 시간은 각 메뉴에서 항목을 1 개씩 선택하는 데 걸리는 시간을 모두 더하여 구한다. 예를 들어, 메뉴가 3 개이고 각 메뉴 안에 항목이 4 개씩 있는 경우, 모든 메뉴에서 항목을 1 개씩 선택하는 데 걸리는 전체 시간은 $3\left(2 + \frac{1}{3} \log_2 5\right)$ 초이다.

메뉴가 10 개이고 각 메뉴 안에 항목이 n 개씩 있을 때, 모든 메뉴에서 항목을 1 개씩 선택하는 데 걸리는 전체 시간이 30 초 이하가 되도록 하는 n 의 최댓값은?

① 7 ② 8 ③ 9 ④ 10 ⑤ 11

HINT ▶▶

$$\log_a x = b \iff a^b = x$$

이런 복잡한 설명이 있는 문제는 조건식과 그 속에 들어가는 변수만 주의하면 된다. 굳이 긴 설명을 다 이해할 필요가 없다.

메뉴가 10이고 항목이 n개씩이므로 걸리는 전체시간은

$$10\left\{2 + \frac{1}{3} \log_2 (n+1)\right\}$$

이 때 $10\left\{2 + \frac{1}{3} \log_2 (n+1)\right\} \leq 30$ 에서

$$2 + \frac{1}{3} \log_2 (n+1) \leq 3, \quad \log_2 (n+1) \leq 3$$

$$n + 1 \leq 2^3, \ n \leq 7$$

따라서, n의 최댓값은 7이다.

정답 : ①

063

어느 학교 학생회가 축제 기간에 운영하는 먹거리 장터에서 수학 동아리가 다음과 같은 차림표를 마련하였다.

차 림 표

품명	단위	가격(원)
유클리드 생수	병	$500 \times \sqrt[3]{8}$
피타고라스 김밥	줄	$500 \times \log_3 27$
가우스 떡볶이	접시	$500 \times \sum_{k=1}^{3} k$
⋮	⋮	⋮

유클리드 생수 1 병과 피타고라스 김밥 1 줄을 살 때, 지불해야 할 금액은?

① 1500원   ② 2000원   ③ 2500원

④ 3000원   ⑤ 3500원

HINT ▶▶

지수·로그의 기본 성질을 되새겨 보자.

$a^{\frac{n}{m}} = \sqrt[m]{a^n}$

$\log_a b^n = n \log_a b$

$\log_a a = 1$

$(지불 금액) = 500 \times \sqrt[3]{8} + 500 \times \log_3 27$
$= 500 \times 2 + 500 \times 3$
$= 500 \times 5 = 2500$

정답 : ③

064

방정식 $\log_3 (x - 11) = 3 \log_3 2$ 를 만족시키는 x 의 값을 구하시오.

HINT ▶▶

$n \log_a b = \log_a b^n$

$\log_3 (x - 11) = 3 \log_3 2$
$= \log_3 2^3$
$= \log_3 8$

$\therefore x - 11 = 8$

$\therefore x = 19$

정답 : 19

065

누에나방 암컷은 페로몬을 분비하여 수컷을 유인한다. 누에나방 암컷이 페로몬을 분비한 후 t 초가 지났을 때 분비한 곳으로부터 거리가 x 인 곳에서 측정한 페로몬의 농도 y 는 다음 식을 만족시킨다고 한다.

$$\log y = A - \frac{1}{2}\log t - \frac{Kx^2}{t}$$ (단, A 와 K 는 양의 상수이다.)

누에나방 암컷이 페로몬을 분비한 후 1 초가 지났을 때 분비한 곳으로부터 거리가 2 인 곳에서 측정한 페로몬의 농도는 a 이고, 분비한 후 4 초가 지났을 때 분비한 곳으로부터 거리가 d 인 곳에서 측정한 페로몬의 농도는 $\frac{a}{2}$ 이다. d 의 값은?

① 7   ② 6   ③ 5   ④ 4   ⑤ 3

HINT ▶▶

$$\log_c a - \log_c b = \log_c \frac{a}{b}$$

$$\log_a 1 = 0, \quad n\log_a b = \log_a b^n$$

조건식과 해당 변수만 주의하면 된다.
A, K 가 양의 상수라는 조건을 기억하자.

주어진 조건에 따라 다음 식을 만족한다.

$$\log a = A - \frac{1}{2}\log 1 - \frac{4K}{1} \cdots \text{㉠} \Leftarrow 1초, 거리2$$

$$\log \frac{a}{2} = A - \frac{1}{2}\log 4 - \frac{d^2 K}{4} \cdots \text{㉡} \Leftarrow 4초, 거리d$$

식 ㉠, ㉡을 정리하면

$$\log a = A - 4K \cdots \text{㉢}$$

$$\log a - \log 2 = A - \log 2 - \frac{d^2 k}{4}$$

$$\log a = A - \frac{d^2 K}{4} \cdots \text{㉣}$$

㉢ - ㉣ 하면 $\left(\frac{d^2}{4} - 4\right)K = 0$

$$\therefore d = 4 \; (\because \; d > 0, \; K > 0)$$

정답 : ④

크로스 **수**학
기출문제 유형탐구

3. 수열

총 57문항

세상을 공부법
바꾸는

100선

026 수험공부나 자격시험처럼 정말 **여러 번 보더라도** 100프로 이해해야만 할 책이 있다면 그 책은 반드시 다독하라. 도대체 내가 몇 번을 보았는지 기억도 나지 않을 만큼.

027 복습단위의 크기도 잊지 말아야 한다. 복습단위가 너무 크면 막막해지기 쉽고 너무 작으면 지루해지고 호기심의 에너지원이 사라지리라.

028 눈을 사용해서 읽는 속도가 어느 정도가 적당한지 모른다면 왼손을 사용해보라.

029 주의해야 할 사실은 상식과는 다르게 왼쪽 두뇌를 활성화시키는 것이 오른손이 아니라 왼손이라는 것이다.

030 잘 쓰지 않는 손으로 책을 가리키면서 공부한다면 이해만 되고 정리가 되지 않는다는 단점이 없어짐은 물론이거니와 모든 읽은 지식들이 좀 더 **장기저장** 목적으로 잘 정리될 것이다.

031 **얇은 포스트잇으로 순간순간 진도를 붙여 놓도록 하라.** 그러면 짬짬이 손까지 다 쉬었다가 복귀할 때 매우 유용하다.

032 최소줄치기, 왼손사용, 포스트잇사용, 자모힌트법, 1:3비율조정, 나눠이해하기 등을 통해서 효율성으로 무장한 '눈으로 보기'는 당신의 공부방법을 완성할 것이다.

001

수열 $\{a_n\}$이 $a_1 = 3$이고 $a_{n+1} - a_n = 4n - 3$일 때, a_{10}의 값을 구하시오.

HINT▶▶

$$\sum_{k=1}^{n} c = cn$$

$$\sum_{k=1}^{n} k = \frac{1}{2}n(n+1)$$

등차수열에서 공차 $d = a_{n+1} - a_n$이다.

이 공차 d가 다시 n의 식일 경우 이를 계차수열이라 한다.

계차수열을 이용해서 원수열을 구하려면

$a_n = a_1 + \sum_{k=1}^{n-1} b_k$의 식을 사용한다.

$a_{n+1} - a_n = 4n - 3$에서 수열 $\{a_n\}$의 계차수열은 $\{4n-3\}$이므로

$$a_{10} = a_1 + \sum_{k=1}^{9}(4k - 3)$$

$$= 3 + 4 \cdot \frac{9 \cdot 10}{2} - 3 \cdot 9$$

$$= 156$$

정답 : 156

002

수열 $\{a_n\}$에 대하여 $\sum_{k=1}^{n} a_k = n^2 + n$일 때, a_{47}의 값을 구하시오.

HINT▶▶

$$S_n = \sum_{k=1}^{n} a_k$$

$$a_n = S_n - S_{n-1}$$

$$a_1 = S_1$$

의 식을 이용한다.

$$a_{47} = \sum_{k=1}^{47} a_k - \sum_{k=1}^{46} a_k$$

$$= (47^2 + 47) - (46^2 + 46)$$

$$= (47^2 - 46^2) + (47 - 46)$$

$$= (47 - 46)(47 + 46) + 1$$

$$= 94$$

정답 : 94

003

$\sum_{k=1}^{10} (k+2)(k-2)$의 값을 구하시오.

004

첫째항이 12, 공비가 $\frac{1}{3}$인 등비수열 $\{a_n\}$에 대하여 $\sum_{n=1}^{\infty} a_n$의 값을 구하시오.

HINT ▶▶

$\sum_{k=1}^{n} c = cn$(단, c는 상수)

$\sum_{k=1}^{n} k = \frac{1}{2}n(n+1)$

$\sum_{k=1}^{n} k^2 = \frac{1}{6}n(n+1)(2n+1)$

의 식을 이용한다.

$\sum_{k=1}^{10} (k+2)(k-2)$

$= \sum_{k=1}^{10} (k^2 - 4)$

$= \frac{10 \times 11 \times 21}{6} - 4 \times 10$

$= 385 - 40 = 345$

HINT ▶▶

등비수열의 식

$a_n = a \cdot r^{n-1}$

$S_n = \frac{a(1-r^n)}{1-r} = \frac{a(r^n-1)}{r-1}$

무한등비급수의 합 $\lim_{n \to \infty} S_n = \frac{a}{1-r}$

의 식을 이용한다.

$\sum_{n=1}^{\infty} a_n = \sum_{n=1}^{\infty} 12\left(\frac{1}{3}\right)^{n-1}$

$= \frac{12}{1-\frac{1}{3}} = 18$

정답 : 345

정답 : 18

005

등차수열 $\{a_n\}$이 $a_2 = 3$, $a_5 = 24$일 때, a_7의 값을 구하시오.

006

네 수 1, a, b, c는 이 순서대로 공비가 r인 등비수열을 이루고 $\log_8 c = \log_a b$를 만족시킨다. 공비 r의 값은? (단, $r > 1$)

① 2 ② $\dfrac{5}{2}$ ③ 3 ④ $\dfrac{7}{2}$ ⑤ 4

HINT▶▶

등차수열에서
$a_n = a_1 + (n-1)d$의 식을 이용하자.

등차수열 $\{a_n\}$의 첫째항을 a, 공차를 d라 하면
$a_2 = a + d = 3$ ··· ㉠
$a_5 = a + 4d = 24$ ··· ㉡
㉠, ㉡을 연립하여 풀면
$a = -4$, $d = 7$
$\therefore a_7 = a + 6d$
$\qquad = -4 + 6 \cdot 7$
$\qquad = 38$

정답 : 38

HINT▶▶

$a^x = b \Leftrightarrow \log_a b = x$

등비수열 일반항 $a_n = a_1 r^{n-1}$을 이용한다.

$1, a, b, c$ 순으로 공비가 r이므로
$a = r, b = r^2, c = r^3$이라 둘 수 있다.
이를 각 식에 대입하면 $\log_8 c = \log_8 r^3$이고,
$\log_a b = \log_r r^2 = 2$ 이다.
그런데 $\log_8 c = \log_a b$이므로
$\log_8 c = \log_8 r^3 = 2$이며 $r^3 = 8^2 = (2^3)^2 = 4^3$
계산하면 $r = 4$이다.

정답 : ⑤

08.6A

007

자연수 n과

$0 \leq p < r \leq n+1$, $0 \leq q < s \leq n$을 만족시키는 네 정수 p, q, r, s에 대하여 좌표평면에서 네 점 $A(p, q)$, $B(r, q)$, $C(r, s)$, $D(p, s)$를 꼭짓점으로 하고 넓이가 k^2인 정사각형의 개수를 a_k라고 하자.

다음은 $\displaystyle\sum_{k=1}^{n} a_k$의 값을 구하는 과정이다.

(단, k는 n 이하의 자연수이다.)

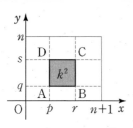

그림과 같이 넓이가 k^2인 정사각형 $ABCD$를 만들 때, 두 점 A, B의 y좌표가 주어지면 x좌표의 차가 $r - p = k$인 변 AB를 택하는 경우의 수는 [(가)]이다. 또 두 점 A, D의 x좌표가 주어지면 y좌표의 차가 $s - q = k$인 변 AD를 택하는 경우의 수는 [(나)]이다. 따라서,

$$a_k = (n+1)(n+2) - (2n+3)k + k^2$$

이다. 그러므로

$$\sum_{k=1}^{n} a_k = \sum_{k=1}^{n} \left\{ (n+1)(n+2) - (2n+3)k + k^2 \right\}$$
$$= \boxed{\text{(다)}}$$

(가), (나), (다)에 들어갈 식으로 알맞은 것은?

	(가)	(나)	(다)
①	$n-k+1$	$n-k+2$	$\dfrac{n(n+1)(n+2)}{6}$
②	$n-k+2$	$n-k+1$	$\dfrac{n(n+1)(n+2)}{6}$
③	$n-k+1$	$n-k+2$	$\dfrac{n(n+1)(n+2)}{3}$
④	$n-k+2$	$n-k+1$	$\dfrac{n(n+1)(n+2)}{3}$
⑤	$n-k+1$	$n-k+2$	$\dfrac{n(n+1)(n+2)}{2}$

00**8**

공차가 2인 등차수열 $\{a_n\}$에 대하여 $a_1 + a_5 + a_9 = 45$ 일 때, $a_1 + a_{10}$의 값을 구하시오.

HINT ▸▸

$\sum_{k=1}^{n} k = \frac{1}{2}n(n+1)$

$\sum_{k=1}^{n} k^2 = \frac{1}{6}n(n+1)(2n+1)$

$r - p = k,\ 1 \leq r \leq n+1$ 이므로 $p = r - k$이고

$\therefore\ 0 \leq p \leq n+1-k$

따라서, 변 AB는 p에 의하여 결정되므로

변 AB를 택하는 경우의 수는

정수 p의 개수와 같다.

이 때 정수 p의 개수는 $0, 1, 2, 3, \ldots, n+1-k$

이므로 $(n+1-k) - 0 + 1 = n - k + 2$

$\therefore$ (가) $\boxed{n-k+2}$

같은 방법으로 변 AD를 택하는 경우의 수는

정수 q의 개수와 같으므로

$(n-k) - 0 + 1 = n - k + 1$

$0, 1, 2, 3, \ldots, n-k$이므로

$\therefore$ (나) $\boxed{n-k+1}$

$\therefore a_k = $ (가) $\times$ (나)

$\quad = (n-k+2)(n-k+1)$이므로

$\sum_{k=1}^{n} a_k = \sum_{k=1}^{n} \left\{ (n+1)(n+2) - (2n+3)k + k^2 \right\}$

$\quad = n(n+1)(n+2) - (2n+3) \times \frac{n(n+1)}{2}$

$\quad + \frac{n(n+1)(2n+1)}{6} = \frac{n(n+1)(n+2)}{3}$

$\therefore$ (다) $\boxed{\dfrac{n(n+1)(n+2)}{3}}$

정답 : ④

HINT ▸▸

등차수열의 일반항 $a_n = a + (n-1)d$

공차가 2이므로

$a_5 = a + 4 \times 2 = a + 8$

$a_9 = a + 8 \times 2 = a + 16$이다.

$a_1 = a$이므로

$a_1 + a_5 + a_9 = a + (a+8) + (a+16)$

$\qquad\qquad = 3a + 24 = 45$이고

$\therefore a = 7$이다.

$a_{10} = a + 9d = 7 + 2 \times 9 = 25$이므로

$a_1 + a_{10} = 7 + 25$ 답은 32이다.

정답 : 32

08.6A
009

그림과 같이 나무에 55개의 전구가 맨 위 첫 번째 줄에는 1개, 두 번째 줄에는 2개, 세 번째 줄에는 3개, …, 열 번째 줄에는 10개가 설치되어 있

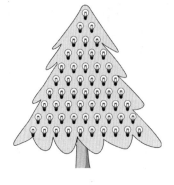

다. 전원을 넣으면 이 전구들은 다음 규칙에 따라 작동한다.

> (가) n이 10 이하의 자연수일 때, n번째 줄에 있는 전구는 n초가 되는 순간 처음 켜진다.
> (나) 모든 전구는 처음 켜진 후 1초 간격으로 꺼짐과 켜짐을 반복한다.

전원을 넣고 n초가 되는 순간 켜지는 모든 전구의 개수를 a_n이라고 하자.

예를 들어 $a_1 = 1$, $a_2 = 2$, $a_4 = 6$, $a_{11} = 25$이다.

$\displaystyle\sum_{n=1}^{14} a_n$의 값은?

① 215 ② 220 ③ 225 ④ 230 ⑤ 235

HINT ▶▶

홀수항
$$a_1 = 1, a_3 = 1 + 3, a_5 = 1 + 3 + 5$$
$$\cdots\ a_9 = 1 + 3 + 5 + 7 + 9 = a_{11} = a_{13}$$

짝수항
$$a_2 = 2, a_4 = 2 + 4, a_6 = 2 + 4 + 6$$
$$\cdots\ a_{10} = 2 + 4 + 6 + 8 + 10 = a_{12} = a_{14}$$

이므로 이의 총합을 구한다.

$n \leq 10$일 때,
$$a_1 = 1,$$
$$a_2 = 2$$
$$a_3 = 1 + 3 = 4$$
$$a_4 = 2 + 4 = 6$$
$$a_5 = 1 + 3 + 5 = 9$$
$$a_6 = 2 + 4 + 6 = 12$$
$$a_7 = 1 + 3 + 5 + 7 = 16$$
$$a_8 = 2 + 4 + 6 + 8 = 20$$
$$a_9 = 1 + 3 + 5 + 7 + 9 = 25$$
$$a_{10} = 2 + 4 + 6 + 8 + 10 = 30$$
$n > 10$일 때,
$$a_{11} = a_{13} = \cdots = 1 + 3 + 5 + 7 + 9 = 25$$
$$a_{12} = a_{14} = \cdots = 2 + 4 + 6 + 8 + 10 = 30$$
따라서,
$$\sum_{n=1}^{14} a_n = 235$$

정답 : ⑤

08.9A

0 10

수열 $\{a_n\}$에서 $a_n = 3 + (-1)^n$일 때, 좌표평면 위의 점 P_n을

$$P_n\left(a_n\cos\frac{2n\pi}{3},\ a_n\sin\frac{2n\pi}{3}\right)$$

라 하자. 점 P_{2009}와 같은 점은?

① P_1 ② P_2 ③ P_3 ④ P_4 ⑤ P_5

HINT▶▶

$\sin, \cos$은 주기함수라는 사실을 이용하자.
즉, 일정한 순서로 순환하게 된다.

$a_n = 3 + (-1)^n$에서

$a_1 = 2,\ a_2 = 4,\ a_3 = 2,\ a_4 = 4,\ \cdots$

$P_1\left(2\cos\dfrac{2\pi}{3},\ 2\sin\dfrac{2\pi}{3}\right)$ 즉, $(-1, \sqrt{3})$

$P_2\left(4\cos\dfrac{4\pi}{3},\ 4\sin\dfrac{4\pi}{3}\right)$ 즉, $(-2, -2\sqrt{3})$

$P_3\left(2\cos\dfrac{6\pi}{3},\ 2\sin\dfrac{6\pi}{3}\right)$ 즉, $(2, 0)$

$P_4\left(4\cos\dfrac{8\pi}{3},\ 4\sin\dfrac{8\pi}{3}\right)$ 즉, $(-2, 2\sqrt{3})$

$P_5\left(2\cos\dfrac{10\pi}{3},\ 2\sin\dfrac{10\pi}{3}\right)$ 즉, $(-1, -\sqrt{3})$

$P_6\left(4\cos\dfrac{12\pi}{3},\ 4\sin\dfrac{12\pi}{3}\right)$ 즉, $(4, 0)$

$P_7\left(2\cos\dfrac{14\pi}{3},\ 2\sin\dfrac{14\pi}{3}\right)$ 즉, $(-1, \sqrt{3})$

…… $P_7 = P_1$이므로 주기가 6이라는 것을 알 수 있다.

$2009 = 6 \times 334 + 5$이므로

점 P_{2009}와 같은 점은 P_5이다.

정답 : ⑤

011

네 수 1, x, y, z 가 이 순서대로 등차수열을 이루고 $6x + z = 5y$ 를 만족시킨다.
$x + y + z$ 의 값을 구하시오.

HINT▶▶

등차중항을 이용한다.

$$a_n = \frac{a_{n-1} + a_{n+1}}{2} \Leftrightarrow 2a_n = a_{n-1} + a_{n+1}$$

1, x, y, z 가 등차수열이므로
1, x, y 에서 $2x = 1 + y$ … ① ($\because$ 등차중항)
x, y, z 에서 $2y = x + z$ … ② ($\because$ 등차중항)
$\qquad\qquad 6x + z = 5y$ … ③
①, ②, ③을 연립하면 $x = 3$, $y = 5$, $z = 7$
$\quad \therefore \ x + y + z = 15$

정답 : 15

012

등비수열 $\{a_n\}$ 에 대하여 $a_2 = 6$, $a_5 = 162$ 일 때, $\displaystyle\sum_{k=1}^{n} a_k \geq 1000$ 을 만족시키는 n 의 최솟값은?

① 6　　② 7　　③ 8　　④ 9　　⑤ 10

HINT▶▶

등비수열 일반항 $a_n = a_1 r^{n-1}$ 　　…

등비수역의 합 $S_n = \dfrac{a(1 - r^n)}{1 - r} = \dfrac{a(r^n - 1)}{r - 1}$

$a_2 = 6$, $a_5 = 162$ 에서
$a_2 = ar = 6$ 　… ①
$a_5 = ar^4 = 162$ … ②
②÷① : $r^3 = 27$ 이므로 $r = 3$, $a = 2$
$\therefore \displaystyle\sum_{k=1}^{n} a_k = \sum_{k=1}^{n} 2 \cdot 3^{k-1} = \frac{2(3^n - 1)}{3 - 1} = 3^n - 1$
$\therefore \ 3^n - 1 \geq 1000$ 이므로 $n = 7$ 이다.

정답 : ②

09.9A

013

수열 $\{a_n\}$의 첫째항부터 제 n항까지의 합 S_n이 $S_n = n^2 + 2^n$일 때, $a_1 + a_5$의 값은?

① 26 ② 28 ③ 30 ④ 32 ⑤ 34

09.수능A

014

수열 $\{a_n\}$이 $a_{n+1} - a_n = 2n$을 만족시킨다. $a_{10} = 94$일 때, a_1의 값은?

① 5 ② 4 ③ 3 ④ 2 ⑤ 1

HINT▶▶

$$\sum_{k=1}^{n} k = \frac{n(n+1)}{2}$$

등차수열의 공차 $d = a_{n+1} - a_n$

공차가 n의 식이면 계차수열이다.

계차수열이 b_n일 경우

원수열은 $a_n = a_1 + \sum_{k=1}^{n-1} b_k$

$a_{n+1} - a_n = 2n$이므로

$$a_n = a_1 + \sum_{k=1}^{n-1} 2k = a_1 + 2 \times \frac{(n-1)n}{2}$$
$$= a_1 + n^2 - n$$

이때, $a_{10} = 94$이므로 $a_1 + 10^2 - 10 = 94$

$\therefore\ a_1 = 94 - 90 = 4$

HINT▶▶

$a_1 = S_1,\quad a_n = S_n - S_{n-1}$을 이용한다.

$a_1 = S_1 = 1^2 + 2^1 = 3$

$a_5 = S_5 - S_4 = (5^2 + 2^5) - (4^2 + 2^4)$
$\qquad\quad = (25 + 32) - (16 + 16) = 25$

$\therefore a_1 + a_5 = 28$

정답 : ②

정답 : ②

09.9A

015

다음 그림은 좌표평면에서 원점을 중심으로 하고 반지름의 길이가 1부터 1씩 증가하는 원들이 두 직선 $y = \frac{3}{4}x,\ y = 0$과 각각 만나는 점들의 일부를 P_1부터 시작하여 화살표 방향을 따라 $P_1,\ P_2,\ P_3,\ \cdots$ 으로 나타낸 것이다.

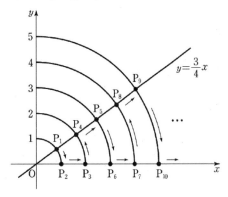

점 P_{25}의 x좌표는 ?

① $\dfrac{52}{5}$　② 11　③ $\dfrac{56}{5}$　④ 12　⑤ $\dfrac{64}{5}$

09.수능A

016

등차수열 $\{a_n\}$이 $a_2 + a_4 = 8$, $a_7 = 52$를 만족시킬 때, 공차를 구하시오.

HINT▶▶

등차수열 $a_n = a + (n-1)d$

등차수열 $\{a_n\}$의 첫째항을 a, 공차를 d라 하면
$a_2 + a_4 = (a+d) + (a+3d) = 8$
$\therefore a + 2d = 4$ ······ ㉠
$a_7 = a + 6d = 52$ ······ ㉡
㉠과 ㉡을 연립하면 $4d = 48$
$\therefore a = -20,\ d = 12$
따라서, 수열 $\{a_n\}$의 공차는 12이다.

정답 : 12

10.6A

017

1과 2사이에 n개의 수를 넣어 만든 등차수열
$1, a_1, a_2, \cdots, a_n, 2$ 의 합이 24일 때, n의 값은?

① 11 ② 12 ③ 13 ④ 14 ⑤ 15

HINT▶▶

등차수열의 합의 공식은 두가지로
$$S_n = \frac{n(2a + (n-1)d)}{2} = \frac{n(a+l)}{2}$$
그 중에서 두 번째 공식을 쓰자.
(단, a는 초항, l은 마지막 항)

첫째항이 1, 끝항이 2, 항의 개수가 $n+2$이므로
$$\frac{(n+2)(1+2)}{2} = 24$$
$n + 2 = 16$
$\therefore\ n = 14$

정답 : ④

018

자연수 n에 대하여 점 A_n이 x축 위의 점일 때, 점 A_{n+1}을 다음 규칙에 따라 정한다.

(가) 점 A_1의 좌표는 $(2, 0)$이다.

(나)

(1) 점 A_n을 지나고 y축에 평행한 직선이 곡선 $y = \dfrac{1}{x}$ $(x > 0)$과 만나는 점을 P_n이라 한다.

(2) 점 P_n을 직선 $y = x$에 대하여 대칭이동한 점을 Q_n이라 한다.

(3) 점 Q_n을 지나고 y축에 평행한 직선이 x축과 만나는 점을 R_n이라 한다.

(4) 점 R_n을 x축의 방향으로 1만큼 평행이동한 점을 A_{n+1}이라 한다.

점 A_n의 x 좌표를 x_n이라 하자. $x_5 = \dfrac{q}{p}$일 때, $p + q$의 값을 구하시오.
(단, p, q는 서로소인 자연수이다.)

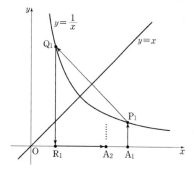

HINT ▸▸

$y = x$ 대칭일 때 $(x, y) \rightarrow (y, x)$ 침착하게 그림으로 푼다.

그림에서

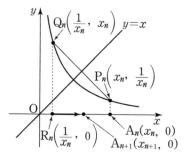

$x_{n+1} = \dfrac{1}{x_n} + 1$이므로

$$x_2 = \frac{1}{x_1} + 1 = \frac{1}{2} + 1 = \frac{3}{2}$$

$$x_3 = \frac{1}{x_2} + 1 = \frac{2}{3} + 1 = \frac{5}{3}$$

$$x_4 = \frac{1}{x_3} + 1 = \frac{3}{5} + 1 = \frac{8}{5}$$

$$x_5 = \frac{1}{x_4} + 1 = \frac{13}{8}$$

$$\therefore p + q = 8 + 13 = 21$$

정답 : 21

10.6A
019

모든 항이 양수인 등비수열 $\{a_n\}$에 대하여
$a_2a_4 = 16$ $a_3a_5 = 64$일 때,
a_7의 값을 구하시오.

10.9A
020

등차수열 $\{a_n\}$에 대하여 $a_3 = 5$, $a_6 - a_4 = 4$일
때, a_{10}의 값을 구하시오.

HINT▶▶

등비수열 일반항 $a_n = a_1 r^{n-1}$

등비중항 $a_n^2 = a_{n-1} \cdot a_{n+1}$

$a_2a_4 = (a \cdot r) \cdot (a \cdot r^3) = a^2 r^4 = 16$

$a_3{}^2 = 16$

$\therefore a_3 = 4 \; (\because a_n > 0)$

$a_3a_5 = 4a_5 = 64$

$\therefore a_5 = 16$

따라서, 공비를 $r(r > 0)$라 하면

$a_5 = a_3 r^2 = 4r^2 = 16$

$r^2 = 4$

$\therefore r = 2 \; (\because a_n > 0)$

$\therefore a_7 = a_5 r^2 = 16 \times 2^2 = 64$

HINT▶▶

등차수열의 일반항 $a_n = a + (n-1)d$

등차수열 $\{a_n\}$의 첫째항을 a, 공차를 d라 하면
$a_n = a + (n-1)d$이므로

$a_3 = a + 2d = 5$

$a_6 - a_4 = a + 5d - (a + 3d) = 2d = 4$

$\therefore d = 2, \; a = 1$

$\therefore a_{10} = a + 9d = 19$

정답 : 64

정답 : 19

10.수능A

021

수열 $\{a_n\}$이 모든 자연수 n에 대하여
$2a_{n+1} = a_n + a_{n+2}$ 를 만족시킨다.
$a_2 = -1$, $a_3 = 2$일 때, 수열$\{a_n\}$의 첫째항부터 제 10항 까지의 합은?

① 95   ② 90   ③ 85   ④ 80   ⑤ 75

HINT ▶▶

등차수열

$$a_n = \frac{a_{n-1} + a_{n+1}}{2} \Leftrightarrow 2a_n = a_{n-1} + a_{n+1}$$

등차수열의 합 $S_n = \frac{n\{2a + (n-1)d\}}{2}$

수열 $\{a_n\}$은 $2a_{n+1} = a_n + a_{n+2}$를 만족하므로 등차수열임을 알 수 있다.
이때, 수열 $\{a_n\}$의 첫째항을 a, 공차를 d라 하면
$a_2 = a + d = -1$, $a_3 = a + 2d = 2$
$\therefore a = -4$, $d = 3$
따라서, 수열 $\{a_n\}$의 첫째항부터 제10항까지의
합은
$$\frac{10\{2 \cdot (-4) + 9 \cdot 3\}}{2} = 95$$

정답 : ①

11.6A

022

첫째항이 2인 등차수열 $\{a_n\}$에 대하여
$a_4 - a_2 = 4$일 때, $\displaystyle\sum_{k=11}^{20} a_k$의 값을 구하시오.

HINT ▶▶

$$\sum_{k=a}^{n} f(k) = \sum_{k=1}^{n} f(k) - \sum_{k=1}^{a-1} f(k)$$

등차수열의 일반항 $a_n = a + (n-1)d$

$$\sum_{k=1}^{n} k = \frac{1}{2}n(n+1)$$

주어진 등차수열의 공차를 d라 하면
$a_4 - a_2 = 2d = 4$에서 $d = 2$이다.
$\therefore a_n = 2 + (n-1)2 = 2n$
$$\therefore \sum_{k=11}^{20} a_k = \sum_{k=1}^{20} 2k - \sum_{k=1}^{10} 2k$$
$$= 2 \times \frac{1}{2} \times (20 \times 21 - 10 \times 11)$$
$$= 20 \times 21 - 10 \times 11$$
$$= 310$$

정답 : 310

11.6A

023

$\displaystyle\sum_{k=1}^{14} \frac{1}{k(k+1)} = \frac{q}{p}$ 일 때, $p+q$의 값을 구하시오.

(단, p와 q는 서로소인 자연수이다.)

HINT ▶▶

부분분수의 공식

$$\frac{1}{AB} = \frac{1}{B-A}\left(\frac{1}{A} - \frac{1}{B}\right) = \frac{1}{A-B}\left(\frac{1}{B} - \frac{1}{A}\right)$$

$\displaystyle\sum_{k=1}^{14} \frac{1}{k(k+1)}$

$= \displaystyle\sum_{k=1}^{14}\left(\frac{1}{k} - \frac{1}{k+1}\right)$

$= \left\{\left(1 - \frac{1}{2}\right) + \left(\frac{1}{2} - \frac{1}{3}\right) + \left(\frac{1}{3} - \frac{1}{4}\right) + \right.$

$\left. \cdots + \left(\frac{1}{14} - \frac{1}{15}\right)\right\}$

$= 1 - \frac{1}{15} = \frac{14}{15}$

따라서, $p = 15$, $q = 14$이므로 $p+q = 29$

정답 : 29

11.6A

024

등비수열 $\{a_n\}$에 대하여 $a_3 = \sqrt{5}$ 일 때, $a_1 \times a_2 \times a_4 \times a_5$의 값은?

① $\sqrt{5}$　② 5　③ $5\sqrt{5}$　④ 25　⑤ $25\sqrt{5}$

HINT ▶▶

등비수열 일반항 $a_n = a_1 r^{n-1}$

등비중항 $a_n^2 = a_{n-1} \times a_{n+1}$

등비수열 $\{a_n\}$의 첫째항을 a, 공비를 r하면
$a_3 = ar^2 = \sqrt{5}$

$\therefore a_1 \times a_2 \times a_4 \times a_5$

$= a \times ar \times ar^3 \times ar^4$

$= a^4 r^8 = (ar^2)^4 = (\sqrt{5})^4 = 25$

정답 : ④

3점 완성 유형탐구 | **141**

025

공차가 6인 등차수열 $\{a_n\}$에 대하여
$|a_2 - 3| = |a_3 - 3|$ 일 때, a_5의 값은?

① 15 ② 18 ③ 21 ④ 24 ⑤ 27

026

등차수열 $\{a_n\}$ 이 $a_2 = 1$ 이고, $a_1 + a_6 = 8$ 일 때, a_{21} 의 값을 구하시오.

HINT ▶▶

등차수열의 일반항 $a_n = a + (n-1)d$

등차수열 $\{a_n\}$의 첫째항을 a라 하면
 $a_2 = a + 6, \ a_3 = a + 12$이므로
$|a_2 - 3| = |a_3 - 3|$ 에서
$|a + 6 - 3| = |a + 12 - 3|$, $|a + 3| = |a + 9|$
이때, $a + 9 > a + 3$ 이므로 $a + 9 = -(a + 3)$
$2a = -12$ ∴ $a = -6$
∴ $a_5 = a + 4 \times 6 = -6 + 24 = 18$

HINT ▶▶

등차수열의 일반항 $a_n = a + (n-1)d$

주어진 등차수열의 공차를 d 라 하면
$a_2 = a_1 + d = 1$
$a_1 + a_6 = 2a_1 + 5d = 8$
따라서, 위의 두 식을 연립하면
$a_1 = -1, \ d = 2$
∴ $a_{21} = a_1 + 20d = -1 + 40 = 39$

정답 : ②

정답 : 39

11.6A
027

수열 $\{a_n\}$이 $a_1 = 1$이고

$$a_{n+1} = \sum_{k=1}^{n} 2^{n-k} a_k \ (n \geq 1)$$

을 만족시킨다. 다음은 일반항 a_n을 구하는 과정이다.

주어진 식으로부터 $a_2 = \boxed{\text{(가)}}$ 이다.

자연수 n에 대하여

$$a_{n+2} = \sum_{k=1}^{n+1} 2^{n+1-k} a_k$$

$$= \sum_{k=1}^{n} 2^{n+1-k} a_k + a_{n+1}$$

$$= \boxed{\text{(나)}} \sum_{k=1}^{n} 2^{n-k} a_k + a_{n+1}$$

$$= \boxed{\text{(다)}} \ a_{n+1} \ \text{이다.}$$

따라서, $a_1 = 1$ 이고, $n \geq 2$ 일 때

$$a_n = \left(\boxed{\text{(다)}} \right)^{n-2} \text{이다.}$$

위의 (가), (나), (다)에 알맞은 수를 각각 p, q, r라 할 때, $p + q + r$의 값은?

① 3 ② 4 ③ 5 ④ 6 ⑤ 7

HINT ▶▶

등비수열에서는

$$a_{n+1} = r \cdot a_n \Leftrightarrow r = \frac{a_{n+1}}{a_n}$$

주어진 식에 $n = 1$을 대입한다.

$$a_2 = \sum_{k=1}^{1} 2^{1-k} \cdot a_1 = 1 \cdot 1 = \boxed{1}$$

$$\therefore \ (가) = \boxed{1}$$

자연수 n에 대하여

$$a_{n+2} = \sum_{k=1}^{n+1} 2^{n+1-k} a_k$$

$$= \sum_{k=1}^{n} 2^{n+1-k} a_k + a_{n+1}$$

$$= \boxed{2} \sum_{k=1}^{n} 2^{n-k} a_k + a_{n+1} \quad \therefore \ (나) = \boxed{2}$$

$$= 3a_{n+1} \quad \therefore \ (다) = \boxed{3} \ \text{이다.}$$

$\therefore a_n$은 공비가 3인 등비수열이 된다.

단, a_1이 아니라 a_2항부터 이다.

따라서, $a_1 = 1$이고, $n \geq 2$일 때

$$a_n = \boxed{3}^{n-2} \text{이다.}$$

$$\therefore \ p = 1, q = 2, r = 3$$

$$\therefore \ p + q + r = 6$$

정답 : ④

028

등비수열 $\{a_n\}$ 의 첫째항부터 제 n 항까지의 합 S_n 에 대하여 $\dfrac{S_4}{S_2} = 9$ 일 때, $\dfrac{a_4}{a_2}$ 의 값은?

① 3   ② 4   ③ 6   ④ 8   ⑤ 9

029

세 수 a, $a+b$, $2a-b$ 는 이 순서대로 등차수열을 이루고, 세 수 1, $a-1$, $3b+1$ 은 이 순서대로 공비가 양수인 등비수열을 이룬다. $a^2 + b^2$ 의 값을 구하시오.

HINT ▶▶

등비수열의 합의 공식

$$s_n = \frac{a(1-r^n)}{1-r} = \frac{a(r^n - 1)}{r-1}$$

등비수열 $\{a_n\}$ 의 첫째항을 a, 공비를 r 라고 하면

$S_2 = a_1 + a_2 = a(1+r)$

$S_4 = \dfrac{a(r^4 - 1)}{r-1} = \dfrac{a(r-1)(r+1)(r^2+1)}{r-1}$

$= a(r+1)(r^2+1)$

이므로

$\dfrac{S_4}{S_2} = \dfrac{a(r+1)(r^2+1)}{a(r+1)} = r^2 + 1 = 9$

$\therefore r^2 = 8$

따라서, $\dfrac{a_4}{a_2} = \dfrac{ar^3}{ar} = r^2 = 8$ 이다.

HINT ▶▶

등차중앙 : a, b, c의 순서대로 등차수열을 이루면 $2b = a+c$
등비중앙 : a, b, c의 순서대로 등비수열을 이루면 $b^2 = ac$

a, $a+b$, $2a-b$가 등차수열이므로
$2(a+b) = 3a - b$ $\therefore a = 3b$
1, $a-1$, $3b-1$이 등비수열이므로
$(a-1)^2 = 3b+1$, $(a-1)^2 = a+1$,
$a^2 - 3a = 0$
$\therefore a = 0$ 또는 $a = 3$
공비가 양수이므로 $a = 3$, $b = 1$
$\therefore a^2 + b^2 = 3^2 + 1^2 = 10$

정답 : ④

정답 : 10

11.수능A

030

첫째항이 -5 이고 공차가 2 인 등차수열 $\{a_n\}$ 에 대하여 $\displaystyle\sum_{k=11}^{20} a_k$ 의 값은?

① 260 ② 255 ③ 250
④ 245 ⑤ 240

HINT▶▶

등차수열의 일반항 $a_n = a + (n-1)d$
등차수열의 합의 공식

$$S_n = \frac{n(2a + (n-1)d)}{2} = \frac{n(a+l)}{2}$$

중 두 번째 식을 사용한다.

$a_{11} = -5 + 2 \cdot 10 = 15$
$a_{20} = -5 + 2 \cdot 19 = 33$

$$\therefore \sum_{k=11}^{20} = \frac{10(a_{11} + a_{20})}{2}$$
$$= \frac{10(15 + 33)}{2}$$
$$= 240$$

정답 : ⑤

11.수능A

031

수열 $\{a_n\}$ 이 $a_1 = 1$ 이고, 모든 자연수 n 에 대하여 $a_{n+1} = \dfrac{2n}{n+1} a_n$ 을 만족시킬 때, a_4 의 값은?

① $\dfrac{3}{2}$ ② 2 ③ $\dfrac{5}{2}$ ④ 3 ⑤ $\dfrac{7}{2}$

HINT▶▶

이런 류의 문제는 변변 곱해주는 식이 제일 편하다. 즉,

$$a_2 = \frac{2 \cdot 1}{2} \times a_1$$
$$a_3 = \frac{2 \cdot 2}{3} \times a_2$$
$$a_4 = \frac{2 \cdot 3}{4} \times a_3$$
$$\vdots$$
$$\times) \quad a_n = \frac{2 \cdot (n-1)}{n} \times a_{n-1}$$

$$\overline{\qquad\qquad\qquad\qquad}$$

$$a_n = 2^{n-1} \times \frac{1}{n} \times a_1$$

$$\therefore a_4 = 2^3 \times \frac{1}{4} \times 1 = 2$$

[다른 풀이]

$a_{n+1} = \dfrac{2n}{n+1} a_n$ 에서

$(n+1) \cdot a_{n+1} = 2 \cdot na_n$ 이므로

수열 $\{n \cdot a_n\}$ 은 공비가 2 인 등비수열이다.

$\therefore n \cdot a_n = 1 \cdot a_1 \cdot 2^{n-1}$

$\quad 4 \cdot a_4 = 1 \cdot 1 \cdot 2^{4-1}$

$\therefore a_4 = 2$

정답 : ②

032

다음은 모든 자연수 n에 대하여 부등식

$$\frac{1!+2!+3!+\cdots+n!}{(n+1)!} < \frac{2}{n+1}$$

가 성립함을 수학적귀납법으로 증명한 것이다.

〈증명〉

자연수 n에 대하여

$$a_n = \frac{1!+2!+3!+\cdots+n!}{(n+1)!}$$

이라 할 때, $a_n < \dfrac{2}{n+1}$ 임을 보이면 된다.

(1) $n=1$일 때, $a_1 = \dfrac{1!}{2!} = \dfrac{1}{2} < 1$이므로

　주어진 부등식은 성립한다.

(2) $n=k$일 때, $a_k < \dfrac{2}{k+1}$ 라고 가정하면

　$n=k+1$일 때,

$$a_{k+1} = \frac{1!+2!+3!+\cdots+(k+1)!}{(k+2)!}$$

$$= \boxed{(가)}\,(1+a_k) < \boxed{(가)}\left(1+\frac{2}{k+1}\right)$$

$$= \frac{1}{k+2} + \boxed{(나)}\ \text{이다.}$$

자연수 k에 대하여 $\dfrac{2}{k+1} \leqq 1$이므로

$\boxed{(나)} \leqq \dfrac{1}{k+2}$ 이고 $a_{k+1} < \dfrac{2}{k+2}$ 이다.

따라서, $n=k+1$일 때도 주어진 부등식은 성립한다.

그러므로 모든 자연수 n에 대하여 주어진 부등식은 성립한다.

위 증명에서 (가), (나)에 들어갈 식으로 알맞은 것은?

	(가)	(나)
①	$\dfrac{1}{k+2}$	$\dfrac{1}{(k+1)(k+2)}$
②	$\dfrac{1}{k+2}$	$\dfrac{2}{(k+1)(k+2)}$
③	$\dfrac{1}{k+1}$	$\dfrac{1}{(k+1)(k+2)}$
④	$\dfrac{1}{k+1}$	$\dfrac{2}{(k+1)(k+2)}$
⑤	$\dfrac{1}{k+1}$	$\dfrac{2}{(k+1)^2}$

033

다음 순서도에서 인쇄되는 a의 값을 구하시오.

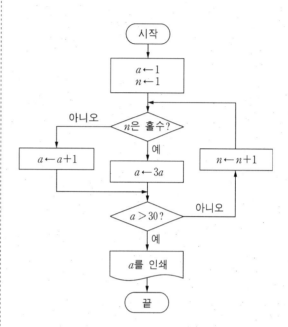

HINT▶▶

수학적 귀납법은

① $n=1$일 때 조건이 성립하고,

② $n=k$일 때 성립한다면

　　$n=k+1$일때도 성립가능함을 보이면 된다.

$n=k$일 때, $a_k < \dfrac{2}{k+1}$ 이라고 가정하면

$n=k+1$일 때,

$a_{k+1} = \dfrac{1!+2!+3!+\cdots+(k+1)!}{(k+2)!}$

$= \dfrac{1}{k+2} \cdot \dfrac{1!+2!+3!+\cdots+(k+1)!}{(k+1)!}$

$= \dfrac{1}{k+2}\left\{1 + \dfrac{1!+2!+3!+\cdots+k!}{(k+1)!}\right\}$

$= \boxed{\dfrac{1}{k+2}}(1+a_k) < \boxed{\dfrac{1}{k+2}}\left(1+\dfrac{2}{k+1}\right)$

$= \dfrac{1}{k+2} + \boxed{\dfrac{2}{(k+1)(k+2)}}$ 이다.

자연수 k에 대하여 $\dfrac{2}{k+1} \leq 1$ 이므로

$\dfrac{2}{(k+1)(k+2)} = \boxed{\dfrac{2}{k+1} \cdot \dfrac{1}{k+2}} \leq \dfrac{1}{k+2}$

이고, $a_{k+1} < \dfrac{1}{k+2} + \dfrac{1}{k+2} = \dfrac{2}{k+2}$ 이다.

정답 : ②

HINT▶▶

n이 홀수일때는 $a \times 3$, 짝수일때는 $a+1$을 해 주면 된다.

n의 값에 따른 a의 값의 변화를 살펴보면

n	a	
1	$3 \times 1 = 3$	$(a < 30)$
2	$3 + 1 = 4$	$(a < 30)$
3	$3 \times 4 = 12$	$(a < 30)$
4	$12 + 1 = 13$	$(a < 30)$
5	$3 \times 13 = 39$	$(a > 30)$

따라서, 인쇄되는 a의 값은 39이다.

정답 : 39

034

수열 $\{a_n\}$이

$$\begin{cases} a_1 = \dfrac{1}{2} \\ (n+1)(n+2)\,a_{n+1} = n^2 a_n \quad (n = 1, 2, 3, \ldots) \end{cases}$$

일 때, 다음은 모든 자연수 n 에 대하여

$$\sum_{k=1}^{n} a_k = \sum_{k=1}^{n} \frac{1}{k^2} - \frac{n}{n+1} \quad \cdots\cdots (*)$$

이 성립함을 수학적귀납법으로 증명한 것이다.

〈증명〉

(1) $n = 1$ 일 때,

(좌변) $= \dfrac{1}{2}$, (우변) $= 1 - \dfrac{1}{2} = \dfrac{1}{2}$ 이므로

    $(*)$이 성립한다.

(2) $n = m$ 일 때,

$(*)$이 성립한다고 가정하면

$$\sum_{k=1}^{m} a_k = \sum_{k=1}^{m} \frac{1}{k^2} - \frac{m}{m+1} \quad 이다.$$

$n = m + 1$ 일 때, $(*)$이 성립함을 보이자.

$$\sum_{k=1}^{m+1} a_k = \sum_{k=1}^{m} \frac{1}{k^2} - \frac{m}{m+1} + a_{m+1}$$

$$= \sum_{k=1}^{m} \frac{1}{k^2} - \frac{m}{m+1} + \boxed{\text{(가)}} \cdot a_m$$

$$= \sum_{k=1}^{m} \frac{1}{k^2} - \frac{m}{m+1} + \frac{m^2}{(m+1)(m+2)} \cdot$$

$$\frac{(m-1)^2}{m(m+1)} \cdot \cdots \cdot \frac{1^2}{2 \cdot 3} a_1$$

$$= \sum_{k=1}^{m} \frac{1}{k^2} - \frac{m}{m+1} + \boxed{\text{(나)}}$$

$$= \sum_{k=1}^{m} \frac{1}{k^2} - \frac{m}{m+1} + \frac{1}{(m+1)^2} - \boxed{\text{(다)}}$$

$$= \sum_{k=1}^{m+1} \frac{1}{k^2} - \frac{m+1}{m+2}$$

그러므로 $n = m + 1$ 일 때도 $(*)$이 성립한다.

따라서, 모든 자연수 n 에 대하여 $(*)$이 성립한다.

위 증명에서 (가), (나), (다)에 들어갈 식으로 알맞은 것은?

    (가)   –   (나)   –   (다)

① $\dfrac{m}{(m+1)(m+2)}$ $\dfrac{1}{(m+1)^2(m+2)}$

   $\dfrac{1}{(m+1)(m+2)^2}$

② $\dfrac{m}{(m+1)(m+2)}$ $\dfrac{m}{(m+1)^2(m+2)}$

   $\dfrac{1}{(m+1)(m+2)}$

③ $\dfrac{m^2}{(m+1)(m+2)}$ $\dfrac{1}{(m+1)^2(m+2)}$

   $\dfrac{1}{(m+1)(m+2)^2}$

④ $\dfrac{m^2}{(m+1)(m+2)}$ $\dfrac{1}{(m+1)^2(m+2)}$

   $\dfrac{1}{(m+1)(m+2)}$

⑤ $\dfrac{m^2}{(m+1)(m+2)}$ $\dfrac{m}{(m+1)^2(m+2)}$

   $\dfrac{1}{(m+1)(m+2)^2}$

035

수렴하는 수열 $\{a_n\}$에 대하여

$\lim\limits_{n\to\infty}\dfrac{2a_n-3}{a_n+1}=\dfrac{3}{4}$일 때, $\lim\limits_{n\to\infty}a_n$의 값은?

① 1 　② 2 　③ 3 　④ 4 　⑤ 5

HINT▶▶

수학적 귀납법은

① $n=1$일 때 조건이 성립하고,

② $n=k$일 때 성립한다면 $n=k+1$일때도 성립가능함을 보이면 된다.

조건식에서

$(n+1)(n+2)a_{n+1}=n^2a_n$이므로

$a_{n+1}=\dfrac{n^2}{(n+1)(n+2)}a_n$이다.

n에 m을 대입하면

$a_{m+1}=\boxed{\dfrac{m^2}{(m+1)(m+2)}}a_m$이므로 (가)에 알맞은 답은 $\dfrac{m^2}{(m+1)(m+2)}$이다.

또한 $a_m=\dfrac{(m-1)^2}{m(m+1)}a_{m-1}$,

$a_{m-1}=\dfrac{(m-2)^2}{(m-1)m}a_{m-2},\cdots$ 이므로

이를 변변 곱하면

$a_{m+1}=\boxed{\dfrac{1}{(m+1)^2(m+2)}}=$(나)이다.

(나)와 (다)가 포함된 식을 비교해 보면

(나)$=\dfrac{1}{(m+1)^2}-$(다)이므로

(다)$=\dfrac{1}{(m+1)^2}-$(나)

$=\dfrac{1}{(m+1)^2}-\dfrac{1}{(m+1)^2(m+2)}$

$=\dfrac{m+2-1}{(m+1)^2(m+2)}$

$=\boxed{\dfrac{1}{(m+1)(m+2)}}$이다.

정답 : ④

HINT▶▶

$\lim\limits_{n\to\infty}a_n=\alpha$이면

$\lim\limits_{n\to\infty}f(a_n)=f(\lim\limits_{n\to\infty}a_n)$이 된다.

$\lim\limits_{n\to\infty}\dfrac{2a_n-3}{a_n+1}=\dfrac{3}{4}$ 에서

$\dfrac{2a_n-3}{a_n+1}=b_n$ 이라 하면 $\lim\limits_{n\to\infty}b_n=\dfrac{3}{4}$

또한 $a_n=\dfrac{3+b_n}{2-b_n}$ 이므로

$\lim\limits_{n\to\infty}a_n=\lim\limits_{n\to\infty}\dfrac{3+b_n}{2-b_n}$

$=\dfrac{3+\dfrac{3}{4}}{2-\dfrac{3}{4}}=3$

정답 : ③

036

다음은 모든 자연수 n에 대하여 등식

$$\sum_{k=0}^{n} \frac{{}_n C_k}{{}_{n+4} C_k} = \frac{n+5}{5}$$

가 성립함을 수학적 귀납법으로 증명한 것이다.

〈 보 기 〉

(1) $n=1$일 때,

(좌변)$= \dfrac{{}_1 C_0}{{}_5 C_0} + \dfrac{{}_1 C_1}{{}_5 C_1} = \dfrac{6}{5}$,

(우변)$= \dfrac{1+5}{5} = \dfrac{6}{5}$

이므로 주어진 등식은 성립한다.

(2) $n=m$일 때,

등식 $\displaystyle\sum_{k=0}^{m} \frac{{}_m C_k}{{}_{m+4} C_k} = \frac{m+5}{5}$ 가 성립한

다고 가정하자.

$n=m+1$일 때,

$$\sum_{k=0}^{m+1} \frac{{}_{m+1} C_k}{{}_{m+5} C_k} =$$

$$\boxed{(\text{가})} + \sum_{k=0}^{m} \frac{{}_{m+1} C_{k+1}}{{}_{m+5} C_{k+1}} \text{ 이다.}$$

자연수 l에 대하여

$${}_{l+1} C_{k+1} =$$

$$\boxed{(\text{나})} \cdot {}_l C_k \quad (0 \le k \le l) \text{ 이므로}$$

$$\sum_{k=0}^{m} \frac{{}_{m+1} C_{k+1}}{{}_{m+5} C_{k+1}} =$$

$$\boxed{(\text{다})} \cdot \sum_{k=0}^{m} \frac{{}_m C_k}{{}_{m+4} C_k} \text{ 이다.}$$

따라서,

$$\sum_{k=0}^{m+1} \frac{{}_{m+1} C_k}{{}_{m+5} C_k} = \boxed{(\text{가})} + \boxed{(\text{다})}$$

$$\cdot \sum_{k=0}^{m} \frac{{}_m C_k}{{}_{m+4} C_k} = \frac{m+6}{5} \text{ 이다.}$$

그러므로 모든 자연수 n에 대하여 주어진 등식이 성립한다.

위의 과정에서 (가), (나), (다)에 알맞은 것은?

	(가)	(나)	(다)
①	1	$\dfrac{l+2}{k+2}$	$\dfrac{m+1}{m+4}$
②	1	$\dfrac{l+1}{k+1}$	$\dfrac{m+1}{m+5}$
③	1	$\dfrac{l+1}{k+1}$	$\dfrac{m+1}{m+4}$
④	$m+1$	$\dfrac{l+1}{k+1}$	$\dfrac{m+1}{m+5}$
⑤	$m+1$	$\dfrac{l+2}{k+2}$	$\dfrac{m+1}{m+4}$

HINT ▶▶

수학적 귀납법은

① $n = 1$ 일 때 조건이 성립하고,

② $n = k$ 일 때 성립한다면 $n = k+1$ 일때도 성립가능함을 보이면 된다.

$$\sum_{k=0}^{m+1} \frac{{}_{m+1}C_k}{{}_{m+5}C_k} = \frac{{}_{m+1}C_0}{{}_{m+5}C_0} + \sum_{k=1}^{m+1} \frac{{}_{m+1}C_k}{{}_{m+5}C_k}$$

$$= \boxed{1} + \sum_{k=0}^{m} \frac{{}_{m+1}C_{k+1}}{{}_{m+5}C_{k+1}}$$

따라서, (가)에 들어갈 수는 1이다.

$${}_{l+1}C_{k+1} = \frac{(l+1)!}{(k+1)! \times (l-k)!}$$

$$\left(\because \ {}_nC_r = \frac{n!}{r!(n-r)!} \right)$$

$$= \frac{l+1}{k+1} \times \frac{l!}{k! \times (l-k)!}$$

$$= \boxed{\frac{l+1}{k+1}} \times {}_lC_k$$

따라서, (나)에 들어갈 식은 $\frac{l+1}{k+1}$ 이다.

$$\sum_{k=0}^{m+1} \frac{{}_{m+1}C_k}{{}_{m+5}C_k} = 1 + \sum_{k=0}^{m} \frac{{}_{m+1}C_{k+1}}{{}_{m+5}C_{k+1}}$$

$$= 1 + \sum_{k=0}^{m} \frac{\dfrac{m+1}{k+1} \times {}_mC_k}{\dfrac{m+5}{k+1} \times {}_{m+4}C_k}$$

$$= 1 + \boxed{\frac{m+1}{m+5}} \times \sum_{k=0}^{m} \frac{{}_mC_k}{{}_{m+4}C_k}$$

$$= 1 + \frac{m+1}{m+5} \times \frac{m+5}{5} = \frac{m+6}{5}$$

따라서, (다)에 들어갈 식은 $\frac{m+1}{m+5}$ 이다.

정답 : ②

07.9A

037

수열 $\{a_n\}$ 의 첫째항부터 제n항까지의 합 S_n 이 $S_n = 2^n + 3^n$ 일 때, $\lim\limits_{n \to \infty} \dfrac{a_n}{S_n}$ 의 값은?

① $\dfrac{1}{6}$ ② $\dfrac{1}{3}$ ③ $\dfrac{1}{2}$ ④ $\dfrac{2}{3}$ ⑤ $\dfrac{5}{6}$

HINT ▶▶

$a_n = S_n$, $a_n = S_n - S_{n-1}$

$\dfrac{\infty}{\infty}$ 의 꼴은 제일 큰수로 분자·분모를 나눈다.

$$a_n = S_n - S_{n-1}$$

$$= (2^n + 3^n) - (2^{n-1} + 3^{n-1})$$

$$= 2^{n-1} + 2 \cdot 3^{n-1} \ (n \geq 2)$$

$$\therefore \lim_{n \to \infty} \frac{a_n}{S_n} = \lim_{n \to \infty} \frac{2^{n-1} + 2 \cdot 3^{n-1}}{2^n + 3^n}$$

(분자 분모를 3^n 으로 나눈다.)

$$= \lim_{n \to \infty} \frac{\left(\dfrac{2}{3}\right)^{n-1} + 2}{2 \cdot \left(\dfrac{2}{3}\right)^{n-1} + 3}$$

$$= \frac{2}{3}$$

정답 : ④

038

다음은 모든 자연수 n에 대하여

$(1^2+1)\cdot 1!+(2^2+1)\cdot 2!+\cdots+(n^2+1)\cdot n!$
$=n\cdot(n+1)!$

이 성립함을 수학적귀납법으로 증명한 것이다.

〈증명〉

(1) $n=1$일 때, (좌변)$=2$, (우변)$=2$이므로 주어진 등식은 성립한다.

(2) $n=k$일 때 성립한다고 가정하면

$(1^2+1)\cdot 1!+(2^2+1)\cdot 2!+\cdots$
$\qquad +(k^2+1)\cdot k!=k\cdot(k+1)!$ 이다.

$n=k+1$일 때 성립함을 보이자.

$(1^2+1)\cdot 1!+(2^2+1)\cdot 2!+\cdots$
$+(k^2+1)\cdot k!+\{(k+1)^2+1\}\cdot(k+1)!$

$=\boxed{\text{(가)}}+\{(k+1)^2+1\}\cdot(k+1)!$

$=\left(\boxed{\text{(나)}}\right)\cdot(k+1)!$

$=(k+1)\cdot\boxed{\text{(다)}}$

그러므로 $n=k+1$일 때도 성립한다.

따라서, 모든 자연수 n에 대하여 주어진 등식은 성립한다.

위 증명에서 (가), (나), (다)에 들어갈 식으로 알맞은 것은?

	(가)	(나)	(다)
①	$k\cdot(k+1)!$	k^2+2k+1	$(k+1)!$
②	$k\cdot(k+1)!$	k^2+3k+2	$(k+2)!$
③	$k\cdot(k+1)!$	k^2+3k+2	$(k+1)!$
④	$(k+1)\cdot(k+1)!$	k^2+3k+2	$(k+2)!$
⑤	$(k+1)\cdot(k+1)!$	k^2+2k+1	$(k+1)!$

HINT▶▶

수학적 귀납법은

① $n=1$일 때 조건이 성립하고,

② $n=k$일 때 성립한다면 $n=k+1$일때도 성립가능함을 보이면 된다.

$(1^2+1)\cdot 1!+(2^2+1)\cdot 2!+\cdots$
$+(k^2+1)\cdot k!+\{(k+1)^2+1\}\cdot(k+1)!$
$=\boxed{[k\cdot(k+1)!]}+\{(k+1)^2+1\}\cdot(k+1)!$
$=\{k+(k+1)^2+1\}\cdot(k+1)!$
$=\boxed{(k^2+3k^2+2)}\cdot(k+1)!$
$=(k+1)(k+2)(k+1)!$
$=(k+1)\cdot\boxed{(k+2)!}$

정답 : ②

07.수능A

039

수열 $\{a_n\}$에 대하여 $\displaystyle\sum_{n=1}^{\infty} \frac{a_n}{4^n} = 2$일 때,

$\displaystyle\lim_{n\to\infty} \frac{a_n + 4^{n+1} - 3^{n-1}}{4^{n-1} + 3^{n+1}}$ 의 값을 구하시오.

HINT ▶▶

무한급수가 수렴한다는 이야기는
마지막항이 0으로 수렴한다는 말과 같다.

$\dfrac{\infty}{\infty}$의 꼴은 제일 큰수로 분자·분모를 나눈다.

$\displaystyle\sum_{n=1}^{\infty} \frac{a_n}{4^n} = 2$ 이므로 $\displaystyle\lim_{n\to\infty} \frac{a_n}{4^n} = 0$

$\therefore \displaystyle\lim_{n\to\infty} \frac{a_n + 4^{n+1} - 3^{n-1}}{4^{n-1} + 3^{n+1}}$

(분자 분모를 4^n으로 나눈다.)

$= \displaystyle\lim_{n\to\infty} \frac{\dfrac{a_n}{4^n} + 4 - \dfrac{1}{4}\left(\dfrac{3}{4}\right)^{n-1}}{\dfrac{1}{4} + 3\left(\dfrac{3}{4}\right)^{n}}$

$= \dfrac{0 + 4 - 0}{\dfrac{1}{4} + 0}$

$= 16$

정답 : 16

08.6A

040

공비가 $\dfrac{1}{5}$인 등비수열 $\{a_n\}$에 대하여

$\displaystyle\sum_{n=1}^{\infty} a_n = 15$일 때, 첫째항 a_1의 값을 구하시오.

HINT ▶▶

무한등비급수의 합의 공식 $S_n = \dfrac{a}{1-r}$는 원래

등비수열의 합의 공식 $S_n = \dfrac{a(1-r^n)}{1-r}$에서 r^n

부분이 $\displaystyle\lim_{n\to\infty} r^n = 0$으로 없어지면서 나온것이다.

$\displaystyle\sum_{n=1}^{\infty} a_n = \dfrac{a_1}{1 - \dfrac{1}{5}} = \dfrac{5a_1}{4} = 15$

$\therefore a_1 = 12$

정답 : 12

041

자연수 n에 대하여 x에 관한 이차방정식
$(4n^2 - 1)x^2 - 4nx + 1 = 0$의 두 근이 α_n, β_n
$(\alpha_n > \beta_n)$일 때,

$$\sum_{n=1}^{\infty} (\alpha_n - \beta_n) \text{ 의 값은?}$$

① 1　　② 2　　③ 3　　④ 4　　⑤ 5

HINT ▶▶

$$\sum_{k=1}^{n} \left(\frac{1}{2k-1} - \frac{1}{2k+1} \right)$$

$$= \left(\frac{1}{1} - \frac{1}{3} \right) + \left(\frac{1}{3} - \frac{1}{5} \right) \cdots + \left(\frac{1}{2n-1} - \frac{1}{2n+1} \right)$$

$$= 1 - \frac{1}{2n+1} \, (\because \text{가운데 부분이 다 지워진다.})$$

이런 식은 제일 앞부분과 제일 뒷부분만 대칭적으로 남는다.

$$(4n^2 - 1)x^2 - 4nx + 1 = 0$$
$$\{(2n-1)x - 1\}\{(2n+1)x - 1\} = 0$$
$$\therefore \ x = \frac{1}{2n-1} \ \text{또는} \ x = \frac{1}{2n+1}$$
$$\therefore \ \alpha_n = \frac{1}{2n-1}, \ \beta_n = \frac{1}{2n+1} \ (\because \alpha_n > \beta_n)$$
$$\therefore \ \sum_{n=1}^{\infty} (\alpha_n - \beta_n) = \lim_{n \to \infty} \sum_{k=1}^{n} (\alpha_k - \beta_k)$$
$$= \lim_{n \to \infty} \sum_{k=1}^{n} \left(\frac{1}{2k-1} - \frac{1}{2k+1} \right)$$
$$= \lim_{n \to \infty} \left(\frac{1}{1} - \frac{1}{3} \right) + \left(\frac{1}{3} - \frac{1}{5} \right) \cdots$$
$$\qquad\qquad + \left(\frac{1}{2n-1} - \frac{1}{2n+1} \right)$$
$$= \lim_{n \to \infty} \left(1 - \frac{1}{2n+1} \right) = 1$$

정답 : ①

08.6A
042

자연수 n에 대하여

좌표평면 위의 점 $P_n(n,\ 2^n)$에서 x축, y축에 내린 수선의 발을 각각 Q_n, R_n이라 하자. 원점 O와 점 $A(0,\ 1)$에 대하여 사각형 AOQ_nP_n의 넓이를 S_n, 삼각형 AP_nR_n의 넓이를 T_n이라 할 때, $\displaystyle\lim_{n \to \infty}\frac{T_n}{S_n}$의 값은?

① 1 ② $\dfrac{3}{4}$ ③ $\dfrac{1}{2}$ ④ $\dfrac{1}{4}$ ⑤ 0

HINT▶▶

$\dfrac{\infty}{\infty}$의 꼴은 제일 큰 수로 분자·분모를 나눈다.

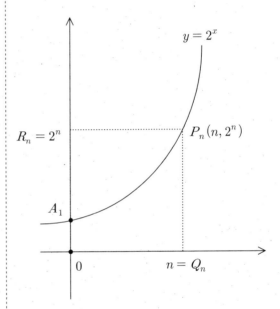

$S_n = \dfrac{1}{2} \times n \times (2^n + 1)$,

$T_n = \dfrac{1}{2} \times n \times (2^n - 1)$ 이므로

$\displaystyle\lim_{n \to \infty}\frac{T_n}{S_n} = \lim_{n \to \infty}\frac{2^n - 1}{2^n + 1}$

(분자분모를 2^n으로 나눈다.)

$= \displaystyle\lim_{n \to \infty}\frac{1 - \dfrac{1}{2^n}}{1 + \dfrac{1}{2^n}}$

$= 1$

정답 : ①

043

그림과 같이 길이가 8인 선분 AB가 있다. 선분 AB의 삼등분점 A_1, B_1을 중심으로 하고 선분 A_1B_1을 반지름으로 하는 두 원이 서로 만나는 두 점을 각각 P_1, Q_1 이라고 하자. 선분 A_1B_1의 삼등분점 A_2, B_2를 중심으로 하고 선분 A_2B_2를 반지름으로 하는 두 원이 서로 만나는 두 점을 각각 P_2, Q_2라고 하자. 선분 A_2B_2의 삼등분점 A_3, B_3을 중심으로 하고 선분 A_3B_3을 반지름으로 하는 두 원이 서로 만나는 두 점을 각각 P_3, Q_3 이라고 하자. 이와 같은 과정을 계속하여 n 번째 얻은 두 호 $P_nA_nQ_n$, $P_nB_nQ_n$의 길이의 합을 l_n 이라 할 때, $\sum_{n=1}^{\infty} l_n$의 값은?

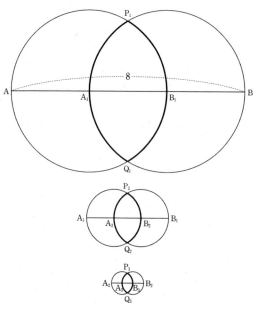

① $\dfrac{10}{3}\pi$ ② 4π ③ $\dfrac{14}{3}\pi$ ④ $\dfrac{16}{3}\pi$ ⑤ 6π

HINT ▶▶

첫째, 둘째항까지 구해서 무한등비급수의 합의 공식 $S_n = \dfrac{a}{1-r}$ 에 대입한다.

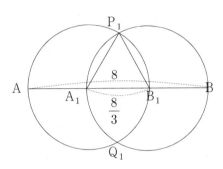

세 선분 $\overline{A_1B_1}$, $\overline{A_1P_1}$, $\overline{B_1P_1}$ 의 길이는 모두 원의

반지름의 길이인 $\dfrac{8}{3}$ 이므로 $\triangle A_1B_1P_1$ 은 정삼

각형이다. $\therefore$ $\angle P_1A_1B_1 = \dfrac{\pi}{3}$

따라서, 호 $P_1A_1Q_1$ 의 길이는

$$\dfrac{8}{3} \times \dfrac{2}{3}\pi = \dfrac{16}{9}\pi$$

이므로 두 호 $P_1A_1Q_1$, $P_1B_1Q_1$ 의 길이의 합은

$$l_1 = 2 \times \dfrac{16}{9}\pi = \dfrac{32}{9}\pi$$

한편, ⬭ 모양의 도형을 크기 순으로 나

열하면 이들은 모두 닮은꼴이고,

$$\overline{AB} : \overline{A_1B_1} = 8 : \dfrac{8}{3} = 3 : 1$$

이므로 닮음비는 $3 : 1$ 이다.

$$\therefore \sum_{n=1}^{\infty} l_n = l_1 + \dfrac{1}{3}l_1 + \left(\dfrac{1}{3}\right)^2 l_1 + \cdots$$

$$= \dfrac{l_1}{1-\dfrac{1}{3}} = \dfrac{\dfrac{32}{9}\pi}{\dfrac{2}{3}} = \dfrac{16}{3}\pi$$

정답 : ④

044

공비가 같은 두 무한등비수열 $\{a_n\}$, $\{b_n\}$ 에 대하여

$a_1 - b_1 = 1$ 이고 $\displaystyle\sum_{n=1}^{\infty} a_n = 8$, $\displaystyle\sum_{n=1}^{\infty} b_n = 6$ 일 때,

$\displaystyle\sum_{n=1}^{\infty} a_n b_n$ 의 값을 구하시오.

HINT ▶▶

무한등비급수의 합의 공식 $S_n = \dfrac{a}{1-r}$

조건식에서 $\dfrac{a_1}{1-r} = 8$, $\dfrac{b_1}{1-r} = 6$ 이고

$a_1 - b_1 = 1$ 이므로 연립방정식을 세워서 풀면

$r = \dfrac{1}{2}$, $a_1 = 4$, $b_1 = 3$ 이다.

그러므로 수열 $a_n b_n$ 의 무한등비급수의 합은

$$\dfrac{4 \cdot 3}{1-\dfrac{1}{2}\times\dfrac{1}{2}} = \dfrac{12}{1-\dfrac{1}{4}} = 16 \text{이다.}$$

정답 : 16

045

자연수 n에 대하여 두 점 P_{n-1}, P_n이 함수 $y = x^2$의 그래프 위의 점일 때, 점 P_{n+1}을 다음 규칙에 따라 정한다.

(가) 두 점 P_0, P_1의 좌표는
  각각 $(0, 0)$, $(1, 1)$이다.
(나) 점 P_{n+1}은 점 P_n을 지나고
  직선 $P_{n-1}P_n$에 수직인 직선과
  함수 $y = x^2$의 그래프의 교점이다.
  (단, P_n과 P_{n+1}은 서로 다른 점이다.)

$l_n = \overline{P_{n-1}P_n}$이라 할 때, $\displaystyle\lim_{n \to \infty} \frac{l_n}{n}$의 값은?

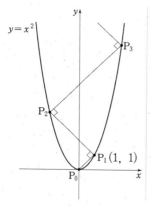

① $2\sqrt{3}$　② $2\sqrt{2}$　③ 2　④ $\sqrt{3}$　⑤ $\sqrt{2}$

HINT ▶▶

$ax^2 + bx + c = 0$에서 두 근을 α, β라 하면

$\alpha + \beta = -\dfrac{b}{a}$, $\alpha\beta = \dfrac{c}{a}$

$\dfrac{\infty}{\infty}$의 꼴은 제일 큰 수로 분자·분모를 나눈다.

P_1의 좌표가 $(1, 1)$로서

최초 직선의 식이 $y = x$이므로

l_n의 기울기는 모두 1 또는 -1이다.

그러므로 직선 l_n의 함수를 임의로

$y = x + k$, $y = -x + k$로 놓을 수 있으며

$y = x^2$과의 교점의 x좌표들은 $x^2 = x + k$ 또는 $x^2 = -x + k$의 식을 만족하게 된다.

즉, $x^2 - x - k = 0$, $x^2 + x - k = 0$이 P_n의 점들에 성립하고 l_n과 $y = x^2$의 두 교점의 x좌표의 합은 1 또는 -1이 되므로 P_n을 쉽게 구할 수 있다.

($\because$ 두근의 합이 즉 $\alpha + \beta = x_n + x_{n+1}$

$= -\dfrac{b}{a} = \pm 1$)

우선 $P_1 = (1, 1)$이므로 P_2의 x좌표는 -2가 된다. 이를 $y = x^2$에 대입하면 $P_2 = (-2, 4)$이다. 같은 방법으로 $P_3 = (3, 9)$이고, $P_4 = (-4, 16)$, $\cdots$ 이다.

계산하면 $l_1 = \sqrt{2}$, $l_2 = 3\sqrt{2}$, $l_3 = 5\sqrt{2}$ 이므로 $l_n = (2n-1)\sqrt{2}$임을 알 수 있다.

$$\lim_{n \to \infty} \frac{l_n}{n} = \lim_{n \to \infty} \frac{(2n-1)\sqrt{2}}{n}$$

$$= \frac{\left(2 - \dfrac{1}{n}\right)\sqrt{2}}{1} = 2\sqrt{2}$$

정답 : ②

09.6A

046

두 수열 $\{a_n\}$, $\{b_n\}$이 모든 자연수 n에 대하여 다음 조건을 만족시킬 때, $\lim\limits_{n \to \infty} b_n$의 값은?

(가) $20 - \dfrac{1}{n} < a_n + b_n < 20 + \dfrac{1}{n}$
(나) $10 - \dfrac{1}{n} < a_n - b_n < 10 + \dfrac{1}{n}$

① 3   ② 4   ③ 5   ④ 6   ⑤ 7

HINT ▸ ▸

$a_n + b_n = c_n$, $a_n - b_n = d_n$이라고 놓고 연립방정식으로 푼다.

$$\lim_{n \to \infty} (a_n + b_n) = 20 \ , \quad \lim_{n \to \infty} (a_n - b_n) = 10$$

$c_n = a_n + b_n \quad \cdots ① \qquad \therefore \lim_{n \to \infty} c_n = 20$

$d_n = a_n - b_n \quad \cdots ② \qquad \therefore \lim_{n \to \infty} d_n = 10$

①-②를 하면 $c_n - d_n = 2b_n$

$\therefore \lim_{n \to \infty} b_n = \lim_{n \to \infty} \dfrac{1}{2}(c_n - d_n)$

$= \dfrac{1}{2}(20 - 10) = 5$

정답 : ③

09.6A

047

수열 $\{a_n\}$에서 $a_n = \log \dfrac{n+1}{n}$ 일 때,

$$\lim_{n \to \infty} \frac{n}{10^{a_1 + a_2 + \cdots + a_n}} \text{ 의 값은?}$$

① 1   ② 2   ③ 3   ④ 4   ⑤ 5

HINT ▸ ▸

$\log_c a - \log_c b = \log_c \dfrac{a}{b}$

$\log_a 1 = 0$

$a^{\log_b c} = c^{\log_b a}$

$a_n = \log \dfrac{n+1}{n} = \log(n+1) - \log n$

$a_1 + a_2 + \cdots + a_n$

$= \{(\log 2 - \log 1) + (\log 3 - \log 2) + \cdots$

$+ (\log(n+1) - \log n\} = \log(n+1)$

$$\lim_{n \to \infty} \frac{n}{10^{a_1 + a_2 + \cdots + a_n}} = \lim_{n \to \infty} \frac{n}{10^{\log(n+1)}}$$

$= \lim_{n \to \infty} \dfrac{n}{n+1} = 1$

정답 : ①

048

수열 $\{a_n\}$ 에 대하여 $\displaystyle\lim_{n\to\infty} \frac{5^n a_n}{3^n + 1}$ 이 0이 아닌

상수일 때, $\displaystyle\lim_{n\to\infty} \frac{a_n}{a_{n+1}}$ 의 값은?

① $\dfrac{2}{3}$ ② $\dfrac{4}{5}$ ③ $\dfrac{5}{3}$ ④ $\dfrac{9}{5}$ ⑤ $\dfrac{8}{3}$

HINT ▶▶

$\dfrac{\infty}{\infty}$ 의 꼴은 제일 큰 수로 분자·분모를 나눈다.

$\displaystyle\lim_{n\to\infty} a_n$ 이 수렴한다면 $\displaystyle\lim_{n\to\infty} a_n = \lim_{n\to\infty} a_{n+1}$

$\displaystyle\lim_{n\to\infty} \frac{5^n a_n}{3^n + 1} = \alpha \quad (\alpha \neq 0)$

$\dfrac{5^n a_n}{3^n + 1} = b_n$ 이라 하면 $\displaystyle\lim_{n\to\infty} b_n = \alpha \quad (\alpha \neq 0)$ 이다.

$a_n = \dfrac{3^{n+1}}{5^n} b_n$ 에서

$$\lim_{n\to\infty} \frac{a_n}{a_{n+1}} = \lim_{n\to\infty} \frac{\dfrac{3^n + 1}{5^n} b_n}{\dfrac{3^{n+1} + 1}{5^{n+1}} b_{n+1}}$$

$$= \lim_{n\to\infty} \frac{5^{n+1}(3^n + 1) b_n}{5^n (3^{n+1} + 1) b_{n+1}}$$

($5^n \cdot 3^n$ 으로 분자·분모를 나눈다.)

$$= \lim_{n\to\infty} \frac{5(1 + 3^{\frac{1}{n}} \cdot 5^n) b_n}{1(3 + \dfrac{1}{3^n \cdot 5^n}) b_{n+1}}$$

$$= \frac{5}{3} \ (\because \lim b_n = \lim b_{n+1})$$

정답 : ③

09.6A

049

그림과 같이 길이가 6인 선분 AB를 지름으로 하는 원을 그리고, 선분 AB의 3등분점을 각각 P_1, P_2라 하고 선분 AP_1을 지름으로 하는 원의 아래쪽 반원, 선분 AP_2를 지름으로 하는 원의 아래쪽 반원, 선분 P_2B를 지름으로 하는 원의 위쪽 반원, 선분 P_1B를 지름으로 하는 원의 위쪽 반원을 경계로 하여 만든 ∿ 모양의 도형에 색칠하여 얻은 그림을 R_1이라 하자.

그림 R_1에서 선분 AB 위의 색칠되지 않은 두 선분 AP_1, P_2B를 각각 지름으로 하는 두 원을 그리고, 이 두 원 안에 각각 그림 R_1을 얻은 것과 같은 방법으로 만들어지는 두 ∿ 모양의 도형에 색칠하여 얻은 그림을 R_2라 하자.

그림 R_2에서 두 선분 AP_1, P_2B 위의 색칠되지 않은 네 선분을 각각 지름으로 하는 네 원을 그리고, 이 네 원 안에 각각 그림 R_1을 얻는 것과 같은 방법으로 만들어지는 네 ∿ 모양의 도형에 색칠하여 얻은 그림을 R_3이라 하자.

이와 같은 과정을 계속하여 n번째 얻은 그림 R_n에 색칠되어 있는 모든 ∿ 모양의 도형의 넓이의 합을 S_n이라 할 때, $\lim\limits_{n\to\infty} S_n$의 값은?

R_1

R_2

R_3

$\cdots$

① $\dfrac{25}{7}\pi$ ② $\dfrac{27}{7}\pi$ ③ $\dfrac{29}{7}\pi$

④ $\dfrac{31}{7}\pi$ ⑤ $\dfrac{33}{7}\pi$

HINT ▶▶

닮음비로 푸는 문제다.

이런 종류의 문제는 첫 번째 항과 두 번째 항만 정확히 계산하면 된다.

초항과 공비만 나오면 바로 무한등비급수의 합의 공식을 사용한다. $S_n = \dfrac{a}{1-r}$

$S_1 = \dfrac{1}{2}\{4\pi - \pi\} \times 2 = 3\pi$ 이고

이후 ∿ 모양의 도형은

넓이 $\dfrac{1}{9}$배, 개수는 2배로 변화 하므로

$\lim\limits_{n\to\infty} S_n$은 공비가 $\dfrac{1}{9} \times 2 = \dfrac{2}{9}$인 무한등비급수가 된다.

$\therefore \lim\limits_{n \to \infty} S_n = \dfrac{3\pi}{1-\dfrac{2}{9}} = \dfrac{27\pi}{7}$

09.9A
050

등비수열 $\{a_n\}$이 $a_5 = 2^8$, $a_8 = 2^5$을 만족시킬 때, $\displaystyle\sum_{n=9}^{\infty} a_n$의 값을 구하시오.

HINT▶▶

$a^{-m} = \dfrac{1}{a^m}$

등비수열의 일반항 $a_n = a_1 r^{n-1}$

a_9가 새로운 조건 $\displaystyle\sum_{n=9}^{\infty} a_n$의 초항이 된다.

무한등비급수의 합의 공식 $S_n = \dfrac{a}{1-r}$

$ar^4 = 2^8 \cdots ①$
$ar^7 = 2^5 \cdots ②$
이므로 ①÷②를 계산하면 $r^3 = 2^{-3}$이므로
$r = \dfrac{1}{2}$이다.

따라서, $a = 2^{12}$

$\displaystyle\sum_{n=9}^{\infty} a_n$은 첫째항이 $\because a_9 = 2^{12} \times 2^{-8} = 2^4$이고

공비가 $\dfrac{1}{2}$인 무한등비급수이므로

$\displaystyle\sum_{n=9}^{\infty} a_n = \dfrac{a_9}{1 - \dfrac{1}{2}} = 2^5 = 32$

정답 : 32

10.6A
051

모든 항이 양수인 수열 $\{a_n\}$에 대하여

$\displaystyle\sum_{n=1}^{\infty} \left(3^n a_n - 2\right)$가 수렴할 때,

$\displaystyle\lim_{n\to\infty} \dfrac{6a_n + 5 \cdot 4^{-n}}{a_n + 3^{-n}}$의 값을 구하시오.

HINT▶▶

$\displaystyle\lim_{n\to\infty} \sum_{k-1}^{\infty} a_n$이 수렴한다면 $\displaystyle\lim_{n\to\infty} a_n = 0$이 된다.

$\dfrac{\infty}{\infty}$의 꼴은 제일 큰 수로 분자·분모를 나눈다.

$\displaystyle\sum_{n=1}^{\infty} \left(3^n a_n - 2\right)$가 수렴하므로

$\displaystyle\lim_{n\to\infty} \left(3^n a_n - 2\right) = 0$

$\therefore \displaystyle\lim_{n\to\infty} 3^n a_n = 2$

$\displaystyle\lim_{n\to\infty} \dfrac{6a_n + 5 \cdot 4^{-n}}{a_n + 3^{-n}}$ (분자 분모에 3^n을 곱한다.)

$= \displaystyle\lim_{n\to\infty} \dfrac{6 \cdot 3^n a_n + 5\left(\dfrac{3}{4}\right)^n}{3^n a_n + 1}$ ($\displaystyle\lim_{n\to\infty} 3^n a_n = 2$ 대입)

$= \dfrac{6 \times 2}{2 + 1} = 4$

정답 : 4

09.9A

052

첫째항과 공차가 같은 등차수열 $\{a_n\}$에 대하여 $S_n = \displaystyle\sum_{k=1}^{n} a_k$ 라 할 때, 옳은 것만을 〈보기〉에서 있는 대로 고른 것은? (단, $a_1 > 0$)

―――――――〈보 기〉―――――――

ㄱ. 수열 $\{S_n\}$이 수렴한다.

ㄴ. 무한급수 $\displaystyle\sum_{n=1}^{\infty} \dfrac{1}{S_n}$ 이 수렴한다.

ㄷ. $\displaystyle\lim_{n \to \infty} \left(\sqrt{S_{n+1}} - \sqrt{S_n} \right)$이 존재한다.

① ㄴ 　 ② ㄷ 　 ③ ㄱ, ㄴ

④ ㄱ, ㄷ 　 ⑤ ㄴ, ㄷ

HINT ▶▶

$a_n = S_n - S_{n-1}$

등차수열의 일반항 $a_n = a + (n-1)d$를 상기하자.

부분분수의 공식 $\dfrac{1}{A \cdot B} = \dfrac{1}{B-A} \left(\dfrac{1}{A} - \dfrac{1}{B} \right)$

$\dfrac{\infty}{\infty}$ 의 꼴은 제일 큰 수로 분자·분모를 나눈다.

여기서 $a = d$이므로 $a_n = an$

(단, a는 첫째항이고 양수)

$$S_n = \sum_{k=1}^{n} a_k = a \sum_{k=1}^{n} k = a \times \dfrac{n(n+1)}{2}$$

$$\left(\because \sum_{k=1}^{n} k = \dfrac{n(n+1)}{2} \right)$$

ㄱ. 〈거짓〉

수열 $\displaystyle\lim_{n \to \infty} S_n = \infty$ 이므로 거짓.

ㄴ. 〈참〉

무한급수 $\displaystyle\sum_{k=1}^{\infty} \dfrac{1}{S_n} = \sum_{k=1}^{\infty} \dfrac{2}{a} \left(\dfrac{1}{n} - \dfrac{1}{n+1} \right)$이므로

$$\left(\because \text{부분분수의 공식} \ \dfrac{1}{A \cdot B} = \dfrac{1}{B-A} \left(\dfrac{1}{A} - \dfrac{1}{B} \right) \right.$$
$$\left. = \dfrac{1}{A-B} \left(\dfrac{1}{B} - \dfrac{1}{A} \right) \right)$$

$$\lim_{n \to \infty} \dfrac{2}{a} \left\{ \left(1 - \dfrac{1}{2} \right) + \left(\dfrac{1}{2} - \dfrac{1}{3} \right) + \cdots + \left(\dfrac{1}{n} - \dfrac{1}{n+1} \right) \right\} = \dfrac{2}{a}$$

따라서, 수렴.

ㄷ. 〈참〉

$$\sqrt{S_{n+1}} - \sqrt{S_n} = \dfrac{S_{n+1} - S_n}{\sqrt{S_{n+1}} + \sqrt{S_n}}$$

$$= \dfrac{a(n+1)}{\sqrt{\dfrac{a}{2}(n+1)(n+2)} + \sqrt{\dfrac{a}{2}(n)(n+1)}}$$

$$(\because a_n = S_n - S_{n-1})$$

$\therefore \dfrac{\infty}{\infty}$ 꼴이므로 분모, 분자를 최고차항 n으로 나누어 정리하면 주어진 식은

$$\lim_{n \to \infty} \dfrac{a}{\sqrt{2a}} = \dfrac{\sqrt{2a}}{2}$$이므로 존재한다.

정답 : ⑤

053

그림과 같이 원점 O를 지나고 기울기가 $\sqrt{3}$ 인 직선 l_1 과 점 $A(0, 4)$가 있다. 점 O를 중심으로 하고 선분 OA를 반지름으로 하는 원이 직선 l_1 과 제1사분면에서 만나는 점을 O_1 이라 하자. 점 O_1 에서 x 축에 내린 수선의 발을 O_2 라 하자. 점 O_2 을 중심으로 하고 선분 O_1O_2 를 반지름으로 하는 원이 선분 OO_1 과 만나는 점을 A_1 이라 하자. 선분 A_1O, 선분 OO_2, 호 O_2A_1 로 둘러싸인 도형의 넓이를 S_1 이라 하자. 점 O_2 를 중심으로 하고 선분 O_1O_2 를 반지름으로 하는 원이 점 O_2 를 지나고 직선 l_1 에 평행한 직선 l_2 와 제1사분면에서 만나는 점을 O_3 이라 하자. 점 O_3 에서 x 축에 내린 수선의 발을 O_4 라 하자. 점 O_3 을 중심으로 하고 선분 O_3O_4 를 반지름으로 하는 원이 선분 O_2O_3 과 만나는 점을 A_2 이라 하자. 선분 A_2O_2, 선분 O_2O_4, 호 O_4A_2 로 둘러싸인 도형의 넓이를 S_2 이라 하자.

이와 같은 과정을 계속하여 n 번째 얻은 도형의 넓이를 S_n 이라 할 때, $\displaystyle\sum_{n=1}^{\infty} S_n$ 의 값은?

① $4\sqrt{3} - 2\pi$ ② $8\sqrt{3} - 4\pi$

③ $4\sqrt{3} - \pi$ ④ $8\sqrt{3} - 2\pi$

⑤ $16\sqrt{3} - 4\pi$

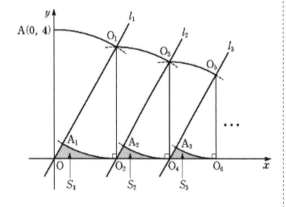

HINT ▶▶

$\tan\theta = \sqrt{3} \Rightarrow \theta = \dfrac{\pi}{3}$

$\sin\dfrac{\pi}{3} = \dfrac{\sqrt{3}}{2}$, $\cos\dfrac{\pi}{3} = \dfrac{1}{2}$

O_1의 좌표를 정확히 구하면 공비까지 바로 나온다. 원리를 정확히 알면 S_2, S_3는 구할 필요조차 없을 수 있다. 넓이의 비는 (닮음비)^{2}이라는 사실도 잊지말자.

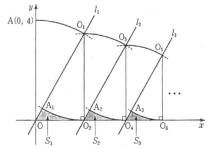

$S_1 = \triangle OO_1O_2 - 부채꼴 A_1O_1O_2$

$= \dfrac{1}{2} \times 2\sqrt{3} \times 2 - \dfrac{1}{2} \times (2\sqrt{3})^2 \times \dfrac{\pi}{6} = 2\sqrt{3} - \pi$

$(\because O_1$의 좌표 $(2, 2\sqrt{3}))$

$S_2 = \triangle O_2O_3O_4 - 부채꼴 A_2O_3O_4$

$= \dfrac{1}{2} \times 3 \times \sqrt{3} - \dfrac{1}{2} \times 9 \times \dfrac{\pi}{6} = \dfrac{3}{4}(2\sqrt{3} - \pi)$

$S_3 = \triangle O_4O_5O_6 - 부채꼴 A_3O_5O_6$

$= \dfrac{1}{2} \times \dfrac{3\sqrt{3}}{2} \times \dfrac{3}{2} - \dfrac{1}{2} \times (\dfrac{3\sqrt{3}}{2})^2 \times \dfrac{\pi}{6}$

$= (\dfrac{3}{4})^2 (2\sqrt{3} - \pi)$

S_1, S_2, S_3에 의해서

수열 $\{S_n\}$은 첫째항이 $2\sqrt{3} - \pi$이고 공비가

$\dfrac{3}{4}$인 등비수열이므로 $\left(\because \left(\dfrac{2\sqrt{3}}{4}\right)^2 = \dfrac{3}{4}\right)$

무한등비급수 $\displaystyle\sum_{n=1}^{\infty} S_n = \dfrac{2\sqrt{3} - \pi}{1 - \dfrac{3}{4}} = 8\sqrt{3} - 4\pi$

정답 : ②

054

두 수열 $\{a_n\}$, $\{b_n\}$에 대하여

무한급수 $\displaystyle\sum_{n=1}^{\infty}\left(a_n - \dfrac{3n}{n+1}\right)$과 $\displaystyle\sum_{n=1}^{\infty}(a_n + b_n)$이

모두 수렴할 때, $\displaystyle\lim_{n\to\infty} \dfrac{3 - b_n}{a_n}$의 값은? (단, $a_n \neq 0$)

① 1 　② 2 　③ 3 　④ 4 　⑤ 5

HINT ▶▶

$\displaystyle\lim_{n\to\infty}\sum_{k=1}^{\infty} a_n$이 수렴한다면 $\displaystyle\lim_{n\to\infty} a_n = 0$이 된다.

$\displaystyle\sum_{n=1}^{\infty}\left(a_n - \dfrac{3n}{n+1}\right)$과 $\displaystyle\sum_{n=1}^{\infty}(a_n + b_n)$이 모두 수렴하므로

$\displaystyle\lim_{n\to\infty}\left(a_n - \dfrac{3n}{n+1}\right) = 0,\ \lim_{n\to\infty}(a_n + b_n) = 0$

따라서, $\displaystyle\lim_{n\to\infty} a_n = 3,\ \lim_{n\to\infty} b_n = -3$이므로

$\displaystyle\lim_{n\to\infty} \dfrac{3 - b_n}{a_n} = \dfrac{3 - (-3)}{3} = 2$

정답 : ②

055

그림과 같이 반지름의 길이가 4이고 중심각의 크기가 $\frac{\pi}{4}$인 부채꼴 $A_0A_1B_1$이 있다. 점 A_1에서 선분 A_0B_1에 내린 수선의 발을 B_2라 하고, 선분 A_0A_1위의 $\overline{A_1B_2}=\overline{A_1A_2}$인 점 A_2에 대하여 중심각의 크기가 $\frac{\pi}{4}$인 부채꼴 $A_1A_2B_2$를 그린다. 점 A_2에서 선분 A_1B_2에 내린 수선의 발을 B_3이라 하고, 선분 A_1A_2위의 $\overline{A_2B_3}=\overline{A_2A_3}$인 점 A_3에 대하여 중심각의 크기가 $\frac{\pi}{4}$인 부채꼴 $A_2A_3B_3$을 그린다. 이와 같은 과정을 계속하여 점 A_n에서 선분 $A_{n-1}B_n$에 내린 수선의 발을 B_{n+1}이라 하고, 선분 $A_{n-1}A_n$위의 $\overline{A_nB_{n+1}}=\overline{A_nA_{n+1}}$인 점 A_{n+1}에 대하여 중심각의 크기가 $\frac{\pi}{4}$인 부채꼴 $A_nA_{n+1}B_{n+1}$을 그린다. 부채꼴 $A_{n-1}A_nB_n$의 호 A_nB_n의 길이를 l_n이라 할 때, $\sum_{n=1}^{\infty} l_n$의 값은?

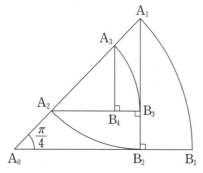

① $(4-\sqrt{2})\pi$ ② $(2+\sqrt{2})\pi$
③ $(2+2\sqrt{2})\pi$ ④ $(4+\sqrt{2})\pi$
⑤ $(4+2\sqrt{2})\pi$

HINT ▶▶

① 초항과 공비를 찾기 위해 a_1, a_2까지만 정확히 구해본다.

② 무한등비급수 합의 공식 $S_n=\dfrac{a}{1-r}$도 기억하자.

부채꼴 $A_0A_1B_1$, $A_1A_2B_2$, $\cdots$는 서로 닮음이다.

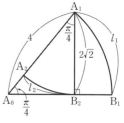

$\overline{A_1B_2}=\sin\dfrac{\pi}{4}\times\overline{A_0B_1}$,

$\overline{A_2B_3}=\sin\dfrac{\pi}{4}\times\overline{A_1B_2}$,

$\cdots$

이므로 $l_{n+1}=\dfrac{\sqrt{2}}{2}l_n$

따라서, 수열 $\{l_n\}$은 첫째항이 $l_1=4\times\dfrac{\pi}{4}=\pi$

이고, 공비가 $\dfrac{\sqrt{2}}{2}$인 무한등비수열이므로

$$\sum_{n=1}^{\infty} l_n=\dfrac{\pi}{1-\dfrac{\sqrt{2}}{2}}=(2+\sqrt{2})\pi$$

정답 : ②

11.9A
056

그림과 같이 두 대각선의 길이가 각각 8, 4 인 마름모 내부에 두 대각선의 교점을 중심으로 하고 짧은 대각선의 길이의 $\dfrac{1}{2}$ 을 지름으로 하는 원을 그려서 얻은 그림을 R_1 이라 하자. 그림 R_1 에 있는 마름모에 긴 대각선의 양 끝점으로부터 그 대각선과 원의 두 교점 중 가까운 점까지의 선분을 각각 긴 대각선으로 하고, 마름모의 이웃하는 두 변 위에 짧은 대각선의 양 끝점이 놓이도록 마름모를 2 개 그린다. 새로 그려진 각 마름모에서, 두 대각선의 교점을 중심으로 하고 짧은 대각선의 길이의 $\dfrac{1}{2}$ 을 지름으로 하는 원을 그려서 얻은 그림을 R_2 라 하자. 그림 R_2 에 있는 작은 두 마름모에 긴 대각선의 양 끝점으로부터 그 대각선과 원의 두 교점 중 가까운 점까지의 선분을 각각 긴 대각선으로 하고, 마름모의 이웃하는 두 변 위에 짧은 대각선의 양 끝점이 놓이도록 마름모를 4 개 그린다. 새로 그려진 각 마름모에서, 두 대각선의 교점을 중심으로 하고 짧은 대각선의 길이의 $\dfrac{1}{2}$ 을 지름으로 하는 원을 그려서 얻은 그림을 R_3 이라 하자. 이와 같은 방법으로 n 번째 얻은 그림 R_n 에 있는 모든 원의 넓이의 합을 S_n 이라 할 때, $\lim\limits_{n\to\infty} S_n$ 의 값은?

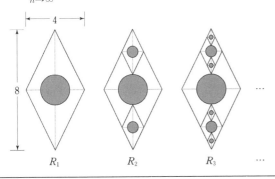

R_1　　　R_2　　　R_3　　　$\cdots$

① $\dfrac{16}{13}\pi$　　　② $\dfrac{32}{25}\pi$　　　③ $\dfrac{4}{3}\pi$

④ $\dfrac{32}{23}\pi$　　　⑤ $\dfrac{16}{11}\pi$

HINT ▶▶

무한등비급수 합의 공식 $S_n = \dfrac{a}{1-r}$

첫째, 둘째항만 정확히 구하면 된다.

R_1 에서 주어진 원의 반지름의 길이가 1이므로 넓이는 π 이고 긴 대각선의 길이는 8이다.

이 때 R_2 에서 새로 생긴 마름모의 긴 대각선의 길이가 3이므로 짧은 대각선의 길이는 $\dfrac{3}{2}$ 이다.

따라서, 이 마름모 안에 새로 생긴 원의 반지름의 길이는 $\dfrac{3}{8}$ 이므로 R_2 에 들어 있는 원의 넓이의

합은 $\pi + 2\times\left(\dfrac{3}{8}\right)^2\pi$ 이다.

같은 방법으로 R_n 에 들어 있는 모든 원의 넓이의 합 S_n 을 구하면

$$S_n = \pi + 2\times\dfrac{9}{64}\pi + 4\times\left(\dfrac{9}{64}\right)^2\pi +$$
$$\cdots + 2^{n-1}\times\left(\dfrac{9}{64}\right)^n\pi$$

초항 $a_1 = \pi$, 공비 $r = \dfrac{9}{32}$

$$\therefore \lim\limits_{n\to\infty} S_n = \dfrac{\pi}{1-\dfrac{9}{32}} = \dfrac{32}{23}\pi$$

정답 : ④

3점 완성 유형탐구 | **167**

057

수열 $\{a_n\}$ 과 $\{b_n\}$ 이

$$\lim_{n \to \infty}(n+1)a_n = 2, \ \lim_{n \to \infty}(n^2+1)b_n = 7$$

을 만족시킬 때, $\displaystyle\lim_{n \to \infty}\frac{(10n+1)b_n}{a_n}$ 의 값을 구

하시오. (단, $a_n \neq 0$)

HINT ▶▶

주어진 조건의 형태가 되로록 적절한 식을 곱해
보자.

$\dfrac{\infty}{\infty}$ 의 꼴은 제일 큰 수로 분자·분모를 나눈다.

$$\lim_{n \to \infty}\frac{(10n+1)b_n}{a_n}$$
$$= \lim_{n \to \infty}\frac{(n^2+1)b_n}{(n+1)a_n} \times \frac{(n+1)(10n+1)}{n^2+1}$$
$$= \frac{7}{2}\lim_{n \to \infty}\frac{10 + \dfrac{11}{n} + \dfrac{1}{n^2}}{1 + \dfrac{1}{n^2}} = \frac{7}{2} \times 10 = 35$$

정답 : 35

4. 미분과 적분

총 13문항

세상을 바꾸는 공부법

100 선

033 필요한 사항을 녹음해 놓고 틈틈이 반복복습을 할 경우 아주 중요한 요령은 복습은 뒤부터 해야 한다는 것이다. 뒤쪽부터 한단위를 반복해서 들으면서 지루해질 때까지 하라.

034 많은 사람들이 복습은 무조건 책의 첫 페이지부터 한다. 얼마나 멍청한 방법인가? "그런 학습자들은 항상 1단원전문가가 될 뿐이다."

035 공부란 **호기심**이라는 중요한 에너지원을 갖고 있는데 계속되는 복습은 무기력증을 유발하는 왼쪽을 활성화시키고 추진에너지를 소비하므로 과도하지 않은 복습은 필수적이다.

036 선생님들이여 검사하기 쉽다고 **반복해서 쓰는 숙제**를 애용하는 것을 삼가해주시라. 가장 느리고 비효율적이며 게다가 장도 꼬이는 백해무익한 숙제다. 반복쓰기는 기초를 다질때 약간 효과가 있을 뿐이다.

037 수학을 풀때 가장 중요한 포인트는 단순 계산을 무시하라는 것이다. 중요한 식을 세우는 것이나 문제의 핵심에 촛점을 맞추라. 심지어 계산부분은 답만 보고 넘어가도 좋다.

038 수학에서는 누구나 알다시피 **틀린 문제를 골라서 복습하면** 어느 정도 시간을 줄일 수 있다. 어차피 쉽거나 항상 맞는 문제는 간혹 가다 풀면 될 것이다.

001

정의역이 $\{x \mid -2 \leqq x \leqq 2\}$인 함수 $y = f(x)$ 의 그래프가 그림과 같을 때,

$$\lim_{x \to -1-0} f(x) + \lim_{x \to 1+0} f(x) \text{ 의 값은?}$$

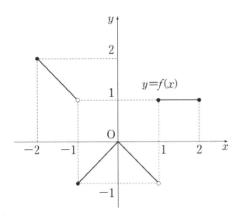

① -2 ② -1 ③ 0 ④ 1 ⑤ 2

002

함수 $f(x) = x^2 + ax$ 가 $\lim_{x \to 0} \dfrac{f(x)}{x} = 4$를 만족시 킬 때, 상수 a의 값은?

① 4   ② 5   ③ 6   ④ 7   ⑤ 8

HINT▶▶

그림으로 풀어보자.

$\lim_{x \to a-0}$ 이면 왼쪽에서 오른쪽으로

$\lim_{x \to a+0}$ 이면 오른쪽에서 왼쪽으로 접근하면 된다.

주어진 그래프에서

$$\lim_{x \to -1-0} f(x) = 1, \quad \lim_{x \to 1+0} f(x) = 1$$

$$\therefore \lim_{x \to -1-0} f(x) + \lim_{x \to 1+0} f(x) = 1 + 1 = 2$$

정답 : ⑤

HINT▶▶

분자·분모가 $\dfrac{0}{0}$ 이 되는 형태에서는 인수분해 후 약분해본다.

$$\lim_{x \to 0} \frac{x^2 + ax}{x} = \lim_{x \to 0} \frac{x(x+a)}{x} = \lim_{x \to 0} (x+a) = a$$

$$\therefore a = 4$$

정답 : ①

003

$\lim\limits_{x \to 1}\dfrac{x+1}{x^2+ax+1}=\dfrac{1}{9}$ 일 때, 상수 a의 값을 구하시오.

004

함수 $y=f(x)$ 의 그래프가 그림과 같다.

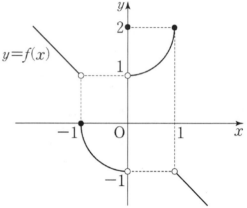

$\lim\limits_{x \to -1-0} f(x) + f(0) + \lim\limits_{x \to 1+0} f(x)$ 의 값은?

① -2　② -1　③ 0　④ 1　⑤ 2

HINT▶▶

전체 값이 상수로 수렴할 때 분자·분모 중 하나가 상수가 되면 나머지 쪽도 상수를 수렴한다.

$\lim\limits_{x \to 1}\dfrac{x+1}{x^2+ax+1}=\dfrac{2}{2+a}=\dfrac{1}{9}$ 이므로

$2+a=18$　$\therefore a=16$

정답 : 16

HINT▶▶

'-0'이란 왼쪽으로 '$+0$'은 오른쪽으로 접근함을 의미한다.

주어진 그래프에서
$\lim\limits_{x \to -1-0} f(x) + f(0) + \lim\limits_{x \to 1+0} f(x)$
$=1+2+(-1)=2$

정답 : ⑤

11.9A

005

$\lim_{x \to 5} \dfrac{x^2 - 25}{x - 5}$ 의 값을 구하시오.

11.수능A

006

$\lim_{x \to 1} \dfrac{(x-1)(x^2+3x+7)}{x-1}$ 의 값을 구하오.

HINT▶▶

$\dfrac{0}{0}$ 의 꼴은 인수분해 후 약분한다.

$$\lim_{x \to 5} \dfrac{x^2 - 25}{x - 5} = \lim_{x \to 5} \dfrac{(x-5)(x+5)}{x-5}$$
$$= \lim_{x \to 5} (x+5) = 10$$

정답 : 10

HINT▶▶

$\dfrac{0}{0}$ 의 꼴은 인수분해 후 약분한다.

분자·분모의 $(x-1)$을 약분하면
(주어진 식)$= \lim_{x \to 1} (x^2 + 3x + 7)$
$= 1 + 3 + 7$
$= 11$

정답 : 11

11.수능A

007

그림과 같이 직선 $y = x + 1$ 위에
두 점 $A(-1, 0)$과 $P(t, t+1)$ 이 있다.
점 P를 지나고 직선 $y = x + 1$ 에 수직인 직선
이 y 축과 만나는 점을 Q라 할 때, $\lim\limits_{t \to \infty} \dfrac{\overline{AQ}^2}{\overline{AP}^2}$

의 값은?

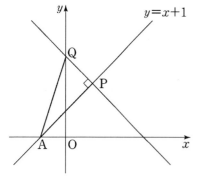

① 1   ② $\dfrac{3}{2}$ ③ 2   ④ $\dfrac{5}{2}$ ⑤ 3

HINT ▶▶

두 점 $(x_1, y_1)(x_2, y_2)$사이의 거리의 공식

$d = \sqrt{(x_2 - x_1)^2 + (y_2 - y_1)^2}$

$\dfrac{\infty}{\infty}$의 꼴은 제일 큰 수로 분자·분모를 나눈다.

한점 (m, n)을 지나는 직선의 식은
$y - n = a(x - m) \Leftrightarrow y = a(x - m) + n$

직선 PQ의 방정식은
$y = -(x - t) + t + 1$
$\quad = -x + 2t + 1$

$\therefore Q(0, 2t+1)$

$\therefore \overline{AP}^2 = (t+1)^2 + (t+1)^2$
$\qquad\quad = 2t^2 + 4t + 2$

$\therefore \overline{AQ}^2 = (-1)^2 + (2t+1)^2$
$\qquad\quad = 4t^2 + 4t + 2$

$\therefore \lim\limits_{t \to \infty} \dfrac{\overline{AQ}^2}{\overline{AP}^2} = \lim\limits_{t \to \infty} \dfrac{4t^2 + 4t + 2}{2t^2 + 4t + 2} = 2$

($\because t^2$으로 분자·분모를 나눈다.)

정답 : ③

008

이차함수 $f(x)=x^2+3x$에 대하여
$f(2)+f'(2)$의 값을 구하시오.

009

다항함수 $f(x)$에 대하여 $\lim\limits_{x\to1}\dfrac{f(x)-2}{x^2-1}=3$ 일

때, $\dfrac{f'(1)}{f(1)}$의 값은?

① 3 ② $\dfrac{7}{2}$ ③ 4 ④ $\dfrac{9}{2}$ ⑤ 5

$\dfrac{0}{0}$의 꼴을 줄일 때는 인수분해 후 약분한다.

$\lim\limits_{x\to a}\dfrac{f(x)-f(a)}{x-a}=f'(a)$

$\lim\limits_{x\to a}\dfrac{g(x)}{f(x)}=b$로 수렴할 때

$f(a)=0 \Rightarrow g(a)=0,$
$g(a)=0 \Rightarrow f(a)=0$
이 된다.

$\lim\limits_{x\to1}\dfrac{f(x)-2}{x^2-1}=3$에서 $x\to1$일 때 극한값이 존

재하고, (분모)→0이므로 (분자)→0이어야 한

다. 즉, $\lim\limits_{x\to1}\{f(x)-2\}=0$에서 $f(1)=2$이므로

$\lim\limits_{x\to1}\dfrac{f(x)-2}{x^2-1}$

$=\lim\limits_{x\to1}\dfrac{f(x)-f(1)}{x-1}\cdot\dfrac{1}{x+1}=\dfrac{1}{2}f'(1)=3$

$\therefore f'(1)=6$

$\therefore \dfrac{f'(1)}{f(1)}=\dfrac{6}{2}=3$

$(ax^2+bx+c)'=2ax+b$

$f(x)=x^2+3x$에서 $f'(x)=2x+3$
$\therefore f(2)+f'(2)=(4+6)+(4+3)=17$

정답 : 17

정답 : ①

010

함수 $f(x) = (x^3 + 5)(x^2 - 1)$ 에 대하여 $f'(1)$ 의 값을 구하시오.

011

곡선 $y = x^2 - x + 2$ 와 직선 $y = 2$ 로 둘러싸인 부분의 넓이는?

① $\dfrac{1}{9}$ ② $\dfrac{1}{6}$ ③ $\dfrac{2}{9}$ ④ $\dfrac{5}{18}$ ⑤ $\dfrac{1}{3}$

HINT ▶▶

두 함수 사이의 넓이는 두 교점을 α, β라 하면
$$\int_{\alpha}^{\beta} |f(x) - g(x)| \, dx \text{이다.}$$

그림으로 이해하자
$$(x^2 - x + 2) - 2 = x^2 - x = x(x - 1)$$

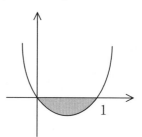

$x^2 - x + 2 = 2$ 에서 $x^2 - x = x(x - 1) = 0$
이므로
곡선과 직선의 교점의 x좌표는 0과 1이다.
따라서, 구하는 도형의 넓이는

$$\int_{0}^{1} \{2 - (x^2 - x + 2)\} dx$$

$$= \int_{0}^{1} (-x^2 + x) dx$$

$$= \left[-\frac{1}{3}x^3 + \frac{1}{2}x^2 \right]_{0}^{1} = -\frac{1}{3} + \frac{1}{2} = \frac{1}{6}$$

HINT ▶▶

$$\{f(x)g(x)\}' = f'(x)g(x) + f(x)g'(x)$$

$f(x) = (x^3 + 5)(x^2 - 1)$ 에서
x에 대하여 미분하면
$$f'(x) = 3x^2(x^2 - 1) + 2x(x^3 + 5)$$
따라서, $f'(1) = 2 \times 6 = 12$

정답 : 12

정답 : ②

11. 수능A
012

$\int_0^5 (4x-3)\,dx$ 의 값을 구하시오.

HINT ▸▸

$$\int_\alpha^\beta (ax^2+bx+c)\,dx = \left[\frac{1}{3}ax^3+\frac{1}{2}bx^2+cx\right]_\alpha^\beta$$

$$\int_0^5 (4x-3)\,dx = \left[2x^2-3x\right]_0^5$$
$$= 50-15$$
$$= 35$$

정답 : 35

11. 수능A
013

함수 $F(x) = \displaystyle\int_0^x (t^3-1)\,dt$ 에 대하여 $F'(2)$

의 값은?

① 11　　② 9　　③ 7　　④ 5　　⑤ 3

HINT ▸▸

$$\{F(x)\}' = \left\{\int f(x)\,dx\right\}' = f(x)$$

$F(x) = \displaystyle\int_0^x (t^3-1)\,dt$ 에서

$F'(x) = x^3-1$

$\therefore\ F'(2) = 2^3-1 = 7$

정답 : ③

5. 확률과 통계

총 51문항

세상을 바꾸는 공부법 100선

039
눈으로 보기 리듬은 레이싱 카다. 빠른 대신에 높은 순도의 휘발유를 필요로 한다. 저질 체력, 저질 두뇌로는 감당할 수 없는 뛰어난 존재다. 따라서 머리의 청정함과 균형, 체력적인 튼실함 이 모두를 구비하도록 잘 조정하라.

040
수면을 줄이려고 노력하기 보다는 균형을 잡을 정도의 적당한 수면이 중요하다는 사실이다. 머리가 맑은 상황에서 제대로 집중해서 공부한다면 읽는 속도와 기억의 정확성은 상상을 불허하는 법이다.

041
기억하라. 어떤 지식은 단 한번 들음으로써 일생을 가고 어떤 지식은 몇 십 번을 거듭 보아도 항상 헤메게 된다는 사실을 말이다.

042
눈을 사용하는 리듬을 제대로 활성화하려면 충분한 수면이 필수 선결 조건이다. 4시간 자면서 공부해서 성공했다는 사람들을 잊어버려라.

043
아주 아주 머리가 빡빡한데 공부는 해야겠고 잠도 오지 않을 경우 일어나서 제자리 뛰기를 시도해보자. 어렵다면 가벼운 앞발차기라도 좋다.

044
공부는 새로운 지식을 두뇌에 공급해줌으로써 두뇌의 오른쪽을 활성화시켜주는 중요한 삶의 에너지원이다. 절망이나 우울증의 나락에 빠졌던 많은 사람들이 새로운 배움을 통해서 희망과 활력을 얻고 있는 현상을 우리는 우리 주변에서 정말 자주 보지 않는가?

07.6A

001

어느 동아리에 속한 여학생 수와 남학생 수가 같다. 이 동아리에서 3명의 대표를 선출하려고 한다. 남녀 구분 없이 3명의 대표를 선출하는 경우의 수가 여학생 중에서 3명의 대표를 선출하는 경우의 수의 10배일 때, 이 동아리에 속한 여학생 수는?

① 7　　② 8　　③ 9　　④ 10　　⑤ 11

HINT ▶▶

순위가 필요없는 경우 $_nC_r = \dfrac{n!}{r!(n-r)!}$

여학생 수를 x라 하면 전체 학생수는 $2x$ 이므로 남녀 구분 없이 3명의 대표를 선출하는 경우의 수는 $_{2x}C_3$

여학생 중에서 3명의 대표를 선출하는 경우의 수는 $_xC_3$

따라서, $_{2x}C_3 = 10 \, _xC_3$ 이므로

$$\frac{2x(2x-1)(2x-2)}{3 \cdot 2 \cdot 1} = 10 \times \frac{x(x-1)(x-2)}{3 \cdot 2 \cdot 1}$$

$2(2x-1) = 5(x-2) \ (\because x \geqq 3)$

$4x - 2 = 5x - 10$

$\therefore \ x = 8$

정답 : ②

07.6A

002

다항식 $(x-1)^n$의 전개식에서 x의 계수가 -12일 때, n의 값을 구하시오.

HINT ▶▶

$(a-b)^n$의 계수 : $_nC_r \, a^r b^{n-r}$

$(x-1)^n$의 전개식에서 일반항은

$_nC_r \, x^r (-1)^{n-r} \ (r = 0, 1, 2, \cdots, n)$

이고, x항은 $r = 1$일 때이므로

x의 계수는

$_nC_1 (-1)^{n-1} = (-1)^{n-1} \cdot n$

이다. 따라서, $(-1)^{n-1} \cdot n = -12$에서

$n = 12$

정답 : 12

003

여학생 2명이 먼저, 남학생 3명이 나중에 한 명씩 차례로 놀이공원에 입장하려고 한다. 이 학생 5명이 놀이공원에 입장하는 방법의 수는?

① 10   ② 12   ③ 14   ④ 16   ⑤ 18

HINT ▶▶

순위가 있는 경우 $_nP_r = \dfrac{n!}{(n-r)!}$

(단, $n = r$일 경우 $n!$)

여학생 2명이 입장하는 방법의 수는
$2! = 2$
남학생 3명이 입장하는 방법의 수는
$3! = 6$
따라서, 이 학생 5명이 입장하는 방법의 수는
$2 \times 6 = 12$ (가지)

정답 : ②

004

다항식 $(x+a)^6$의 전개식에서 x^4의 계수가 x^5의 계수의 50배일 때, 양의 상수 a의 값을 구하시오.

HINT ▶▶

$(a+b)^n$의 계수 : $_nC_r a^r b^{n-r}$

$_nC_r = {}_nC_{n-r}$

$(x+a)^6$의 전개식에서 일반항은
$$_6C_r a^{6-r} x^r$$
x^4의 계수가 x^5의 계수의 50배이므로
$_6C_4 a^2 = 50 \, _6C_5 \, a$
$_6C_2 a^2 = 50 \, _6C_1 \, a$
$15 \, a^2 = 300 \, a$
$\therefore a = 20$ $(\because a > 0)$

정답 : 20

005

1부와 2부로 나누어 진행하는 어느 음악회에서 독창 2팀, 중창 2팀, 합창 3팀이 모두 공연할 때, 다음 두 조건에 따라 7팀의 공연 순서를 정하려고 한다.

> (가) 1부에는 독창, 중창, 합창 순으로 3팀이 공연한다.
> (나) 2부에는 독창, 중창, 합창, 합창 순으로 4팀이 공연한다.

이 음악회의 공연 순서를 정하는 방법의 수는?

① 18 ② 20 ③ 22 ④ 24 ⑤ 26

HINT▶▶

순서가 정해져 있을 때는 순서가 없는 것과 같다. 따라서, $_nP_r$이 아니라 $_nC_r$을 사용한다.

1부에서 3팀이 독창, 중창, 합창 순으로 공연하는 순서를 정하는 방법의 수는
$_2C_1 \times _2C_1 \times _3C_1 = 12$ (가지)
2부에서 남아있는 4팀이 독창, 중창, 합창, 합창 순으로 공연하는 순서를 정하는 방법의 수는
$_1C_1 \times _1C_1 \times _2P_2 = 2$ (가지)
따라서, 구하는 방법의 수는
$12 \times 2 = 24$ (가지)

정답 : ④

006

$\left(2x + \dfrac{1}{2x}\right)^7$의 전개식에서 x의 계수는?

① 14 ② 28 ③ 42 ④ 56 ⑤ 70

HINT▶▶

$(x)^{-m} = \dfrac{1}{x^m}$

$(a+b)^n$의 계수 : $_nC_r a^r b^{n-r}$을 이용

$\left(2x + \dfrac{1}{2x}\right)^7$의 전개식에서 일반항은

$_7C_r (2x)^{7-r} \left(\dfrac{1}{2x}\right)^r = _7C_r 2^{7-2r} x^{7-2r}$

$7 - 2r = 1$에서 $r = 3$이므로
x의 계수는

$_7C_3 \cdot 2^1 = \dfrac{7 \cdot 6 \cdot 5}{3 \cdot 2 \cdot 1} \cdot 2$

$\qquad = 70$

정답 : ⑤

007

다항식 $(1-x)^4(2-x)^3$의 전개식에서 x^2의 계수를 구하시오.

008

어느 회사원이 처리해야할 업무는 A, B를 포함하여 모두 6가지이다. 이 중에서 A, B를 포함한 4가지 업무를 오늘 처리하려고 하는데, A를 B보다 먼저 처리해야 한다. 오늘 처리할 업무를 택하고, 택한 업무의 처리 순서를 정하는 경우의 수는?

① 60   ② 66   ③ 72   ④ 78   ⑤ 84

HINT ▶▶

$(a+b)^n$의 계수 : $_nC_r a^r b^{n-r}$을 이용

좌·우측이 각각 $x^2 \cdot 1$, $x \cdot x$, $1 \cdot x^2$의 꼴이 되는 3가지 경우를 구한다.

$(1-x)^4(2-x)^3$의 전개식에서 x^2의 계수는

$_4C_0 \cdot 1^4 \cdot (-x)^0 \times {}_3C_2 \cdot 2 \cdot (-x)^2$
$+ {}_4C_1 \cdot 1^3 \cdot (-x)^1 \times {}_3C_1 \cdot 2^2 \cdot (-x)^1$
$+ {}_4C_2 \cdot 1^2 \cdot (-x)^2 \times {}_3C_0 \cdot 2^3 \cdot (-x)^0$

$= 6 + 48 + 48$
$= 102$

HINT ▶▶

n개중 동일한 r개가 있을 경우 가짓수 $\dfrac{n!}{r!}$

순서가 정해져 있을 때는 순서가 없는 것과 같다.

오늘 처리할 업무를 택하는 방법은 A, B를 제외한 4가지 업무 중 2가지를 택하는 조합이므로 $_4C_2 = 6$(가지)

택한 4가지 업무 중 A, B는 순서가 정해져 있으므로 이를 같은 업무로 생각하면 이 4가지 업무의 처리 순서를 정하는 경우의 수는 $\dfrac{4!}{2!} = 12$(가지)

따라서, 구하는 경우의 수는 $6 \times 12 = 72$(가지)

정답 : 102

정답 : ③

09.수능A
009

다항식 $(1+x)^n$의 전개식에서 x^2의 계수가 45일 때, 자연수 n의 값을 구하시오.

HINT▶▶

$(a+b)^n$의 계수 : $_nC_r a^r b^{n-r}$을 이용

$(1+x)^n$의 전개식의 일반항은
$_nC_r x^r$ (단, $0 \leqq r \leqq n$)이므로
x^2의 계수는 $_nC_2 = 45$
$\dfrac{n(n-1)}{2} = 45$, $n(n-1) = 90$
$\therefore \ n = 10$

정답 : 10

10.6A
010

$\left(\dfrac{x}{2} + \dfrac{2}{x}\right)^6$의 전개식에서 상수항을 구하시오.

HINT▶▶

$a^{-m} = \dfrac{1}{a^m}$

$(a+b)^n$의 계수 : $_nC_r a^r b^{n-r}$을 이용

일반항은
$_6C_r \left(\dfrac{x}{2}\right)^{6-r} \left(\dfrac{2}{x}\right)^r = _6C_r 2^{-6+2r} x^{6-2r}$
(단, $r = 0,1,2,3,4,5,6$)
따라서, 상수항은 $6-2r = 0$에서 $r = 3$일 때이므로
$_6C_3 2^{-6+6} = \dfrac{6 \times 5 \times 4}{3 \times 2 \times 1} = 20$

정답 : 20

011

그림과 같이 경계가 구분된 6개 지역의 인구조사를 조사원 5명이 담당하려고 한다. 5명 중에서 1명은 서로 이웃한 2개 지역을, 나머지 4명은 남은 4개 지역을 각각 1개씩 담당한다. 이 조원 5명의 담당 지역을 정하는 경우의 수는? (단, 경계가 일부라도 닿은 두 지역은 서로 이웃한 지역으로 본다.)

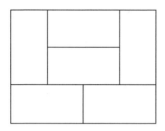

① 720   ② 840   ③ 960   ④ 1080   ⑤ 1200

총 6구역 중 5구역은 3개의 이웃구역을, 가운데 1구역은 5개의 이웃을 가지고 있다.

$$\therefore \frac{5 \times 3 + 1 \times 5}{2} = 10$$의 식으로 구할 수도 있다.

그림에서 이웃한 2개의 지역을 담당하는 경우의 수는

①과 ②, ①과 ③, ①과 ⑤, ②와 ③, ②와 ④, ③과 ④, ③과 ⑤, ③과 ⑥, ④와 ⑥, ⑤와⑥의 10(가지)

5명 중 이웃하는 지역을 담당할 조사원을 정하는 경우의 수는

$_5C_1 = 5$(가지)

남은 4개 지역에 조사원을 지정하는 경우의 수는 4!

따라서, 조사원 5명의 담당 지역을 정하는 경우의 수는

$10 \times {}_5C_1 \times 4! = 1200$(가지)

정답 : ⑤

10.9A
012

등식 $_nP_3 = 12 \times {}_nC_2$를 만족시키는 자연수 n의 값을 구하시오.

HINT▸▸

$_nC_r = \dfrac{n!}{r!(n-r)!}$

$_nP_r = \dfrac{n!}{(n-r)!}$

$n \geqq 3$의 조건도 기억하자.

$_nP_3 = \dfrac{n!}{(n-3)!} = n(n-1)(n-2)$

$_nC_2 = \dfrac{n!}{2!(n-2)!} = \dfrac{1}{2}n(n-1)$

이므로 $_nP_3 = 12 \times {}_nC_2$에서

$n(n-1)(n-2) = 12 \times \dfrac{1}{2}n(n-1)$

$n(n-1)(n-8) = 0$

따라서, n은 3 이상의 자연수이므로 $n=8$이다.

정답 : 8

10.9A
013

지수는 다음 규칙에 따라 월요일부터 금요일 까지 5일 동안 하루에 한 가지씩 운동을 하는 계획을 세우려 한다.

> (가) 5일 중 3일을 선택하여 요가를 한다.
> (나) 요가를 하지 않는 2일중 하루를 선택하여 수영, 줄넘기 중 한 가지를 하고, 남은 하루는 농구, 축구 중 한 가지를 한다.

지수가 세울 수 있는 계획의 가짓수는?

① 50　　② 60　　③ 70　　④ 80　　⑤ 90

HINT▸▸

순서가 필요없을 때는 $_nC_r$이용한다.

5일 중 요가를 하는 요일을 3일 선택하는 경우의 수는

$_5C_3 = 10$(가지)

남은 2일 중 하루를 선택하여 수영, 줄넘기 중 한 가지를 하는 경우의 수는

$_2C_1 \times {}_2C_1 = 4$(가지)

남은 하루에 농구, 축구 중 한 가지를 하는 경우의 수는

$_2C_1 = 2$(가지)

따라서, 지수가 세울 수 있는 계획의 가짓수는

$10 \times 4 \times 2 = 80$(가지)

정답 : ④

10.수능A

014

어느 행사장에는 현수막을 1개씩 설치할 수 있는 장소가 5곳이 있다. 현수막은 A, B, C 세 종류가 있고, A는 1개, B는 4개, C는 2개가 있다. 다음 조건을 만족시키도록 현수막 5개를 택하여 5곳에 설치할 때, 그 결과로 나타날 수 있는 경우의 수는?(단. 같은 종류의 현수막끼리는 구분하지 않는다.)

> (가) A는 반드시 설치한다.
> (나) B는 2곳 이상 설치한다.

① 55 ② 65 ③ 75 ④ 85 ⑤ 95

HINT ▶▶

n개중 같은 것의 개수가 각각 r개, p개가 있으면 전체 가짓수는 $\dfrac{n!}{r!p!}$ 이 된다.

'2곳이상'이라는 표현 $\Rightarrow$ 수형도를 사용하여 본다.

(i) $A : 1$개, $B : 2$개, $C : 2$개를 설치하는 경우의 수는 $\dfrac{5!}{2!2!} = 30$

(ii) $A : 1$개, $B : 3$개, $C : 1$개를 설치하는 경우의 수는 $\dfrac{5!}{3!} = 20$

(iii) $A : 1$개, $B : 4$개, $C : 0$개를 설치하는 경우의 수는 $\dfrac{5!}{4!} = 5$

따라서, 구하는 경우의 수는 $30 + 20 + 5 = 55$

정답 : ①

10.수능A

015

등식 $2 \times {}_n C_3 = 3 \times {}_n P_2$를 만족시키는 자연수 n의 값을 구하시오.

HINT ▶▶

$${}_n C_r = \frac{n!}{r!(n-r)!}$$

$${}_n P_r = \frac{n!}{(n-r)!}$$

$$2 \times \frac{n!}{3!(n-3)!} = 3 \times \frac{n!}{(n-2)!}$$

$$2 \times \frac{1}{6} = 3 \times \frac{1}{n-2}$$

$$n - 2 = 9$$

$$\therefore \ n = 11$$

정답 : 11

016

서로 다른 6개의 공을 두 바구니 A, B에 3개씩 담을 때, 그 결과로 나올 수 있는 경우의 수를 구하시오.

HINT ▶▶

두개의 무리로 나눈 후 A, B로 나누어 담는 경우까지 감안해야 하므로 순서별 두개의 무리로 나눈다고 생각해도 좋다.

즉, $_6C_3 \times _3C_3 = 20$으로 바로 계산은 가능하다. 이때 개수가 같으므로 순서가 없는 것과 같기에 $\dfrac{1}{2!}$을 곱해준다.

서로 다른 공 6개를 3개씩 2묶음으로 나누는 경우의 수는

$$_6C_3 \times _3C_3 \times \frac{1}{2!} = 10$$

또, 이것을 두 바구니 A, B에 나누어 담는 경우는 2가지이므로 구하는 경우의 수는

$$10 \times 2 = 20$$

정답 : 20

017

다항식 $(x+a)^7$의 전개식에서 x^4의 계수가 280일 때, x^5의 계수는?(단, a는 상수이다.)

① 84　② 91　③ 98　④ 105　⑤ 112

HINT ▶▶

$(a+b)^n$의 계수 : $_nC_r a^r b^{n-r}$을 이용

x^4의 계수는 $_7C_4 a^3$이므로

$_7C_4 a^3 = 280$, $a^3 = 8$

$\therefore a = 2$

따라서, x^5의 계수는

$$_7C_5 a^2 = \frac{7 \cdot 6}{2} \cdot 2^2 = 84$$

정답 : ①

018

서로 독립인 두 사건 A, B에 대하여

$P(A) = \dfrac{1}{3}$, $P(A \cup B) = \dfrac{4}{5}$ 일 때,

$P(B^c)$의 값은? (단, B^c은 B의 여사건이다.)

① $\dfrac{1}{10}$ ② $\dfrac{1}{5}$ ③ $\dfrac{3}{10}$ ④ $\dfrac{2}{5}$ ⑤ $\dfrac{1}{2}$

019

흰 공 2개, 노란 공 2개, 파란 공 2개가 들어 있는 주머니가 있다. 이 주머니에서 임의로 3개의 공을 동시에 꺼낼 때, 공의 색깔이 모두 다를 확률은? (단, 모든 공의 크기와 모양은 같다.)

① $\dfrac{2}{5}$ ② $\dfrac{1}{2}$ ③ $\dfrac{3}{5}$ ④ $\dfrac{7}{10}$ ⑤ $\dfrac{4}{5}$

HINT ▶▶

$P(A \cup B) = P(A) + P(B) - P(A \cap B)$를 이용한다.

두 사건이 독립일 경우

$P(A \cap B) = P(A) \cdot P(B)$

$P(A \cup B)$
$= P(A) + P(B) - P(A \cap B)$
$= P(A) + P(B) - P(A)P(B)$ ($\because$ 서로독립)
$= \dfrac{1}{3} + P(B) - \dfrac{1}{3}P(B)$
$= \dfrac{2}{3}P(B) + \dfrac{1}{3} = \dfrac{4}{5}$

$\therefore P(B) = \dfrac{7}{10}$

$\therefore P(B^c) = 1 - P(B) = \dfrac{3}{10}$

HINT ▶▶

6개 중에 3개를 순서없이 꺼내는 가짓수 $_6C_3$

3개의 공을 동시에 꺼낼 때, 공의 색깔이 모두 다른 사건을 A라 하면

$P(A) = \dfrac{_2C_1 \times _2C_1 \times _2C_1}{_6C_3}$

$= \dfrac{8}{20} = \dfrac{2}{5}$

정답 : ③

정답 : ①

07.수능A

020

두 사건 A, B가 서로 독립이고

$P(A^C) = P(B) = \dfrac{1}{3}$일 때, $P(A \cap B)$의 값

은? (단, A^C는 A의 여사건이다.)

① $\dfrac{1}{18}$ ② $\dfrac{1}{9}$ ③ $\dfrac{1}{6}$ ④ $\dfrac{2}{9}$ ⑤ $\dfrac{5}{18}$

HINT▶▶

두 사건이 독립일 경우
$P(A \cap B) = P(A) \cdot P(B)$

$P(A^c) = 1 - P(A)$

$\quad = \dfrac{1}{3}$ 이므로

$P(A) = \dfrac{2}{3}$

두 사건 A, B가 서로 독립이므로
$P(A \cap B) = P(A)P(B)$

$\qquad = \dfrac{2}{3} \times \dfrac{1}{3} = \dfrac{2}{9}$

정답 : ④

07.수능A

021

연속확률변수 X가 갖는

값의 범위는 $0 \leq X \leq 3$이고,

확률 $P(X \leq 1)$과 확률 $P(X \leq 2)$의 값이

이차방정식 $6x^2 - 5x + 1 = 0$의 두 근일 때,

확률 $P(1 < X \leq 2)$의 값은?

① $\dfrac{1}{12}$ ② $\dfrac{1}{6}$ ③ $\dfrac{1}{4}$ ④ $\dfrac{1}{3}$ ⑤ $\dfrac{5}{12}$

HINT▶▶

$P(X \leq 2) = P(X \leq 1) + P(1 < X \leq 2)$

$6x^2 - 5x + 1 = 0$에서
$(2x - 1)(3x - 1) = 0$

$\therefore\ x = \dfrac{1}{2},\ \dfrac{1}{3}$

$P(X \leq 1) < P(X \leq 2)$ 이므로

$P(X \leq 1) = \dfrac{1}{3}$

$P(X \leq 2) = \dfrac{1}{2}$

$\therefore\ P(1 < X \leq 2) = P(X \leq 2) - P(X \leq 1)$

$\qquad = \dfrac{1}{2} - \dfrac{1}{3} = \dfrac{1}{6}$

정답 : ②

07.수능A

022

주머니 A에는 1, 2, 3, 4, 5의 숫자가 하나씩 적혀 있는 5장의 카드가 들어 있고, 주머니 B에는 6, 7, 8, 9, 10의 숫자가 하나씩 적혀 있는 5장의 카드가 들어 있다. 두 주머니 A, B에서 각각 카드를 임의로 한 장씩 꺼냈다. 꺼낸 2장의 카드에 적혀 있는 두 수의 합이 홀수일 때, 주머니 A에서 꺼낸 카드에 적혀 있는 수가 짝수일 확률은?

① $\dfrac{5}{13}$ ② $\dfrac{4}{13}$ ③ $\dfrac{3}{13}$ ④ $\dfrac{2}{13}$ ⑤ $\dfrac{1}{13}$

HINT ▶▶

조건부 확률

$$P(A|B) = \frac{P(A \cap B)}{P(B)}$$

2장의 카드에 적혀있는 두 수의 합이 홀수인 사건을 E라 하고, 주머니 A, B에서 꺼낸 카드에 적혀있는 수가 짝수인 사건을 각각 A, B라 하면 구하는 확률은 $P(A|E)$ 이다.

$$\therefore P(A|E) = \frac{P(A \cap E)}{P(E)}$$

$$= \frac{P(A \cap E)}{P(A \cap E) + P(B \cap E)}$$

$$= \frac{\dfrac{2}{5} \cdot \dfrac{2}{5}}{\dfrac{2}{5} \cdot \dfrac{2}{5} + \dfrac{3}{5} \cdot \dfrac{3}{5}} = \frac{4}{13}$$

정답 : ②

08.9A

023

두 사건 A, B는 서로 배반사건이고

$$P(A \cap B^C) = \frac{1}{5}, \quad P(A^C \cap B) = \frac{1}{4}$$

일 때, $P(A \cup B)$의 값은?

(단, A^C은 A의 여사건이다.)

① $\dfrac{9}{20}$ ② $\dfrac{11}{20}$ ③ $\dfrac{13}{20}$ ④ $\dfrac{17}{20}$ ⑤ $\dfrac{19}{20}$

HINT ▶▶

배반사건 $P(A \cap B) = 0$

두 사건 A, B가 서로 배반 사건이므로
$A \cap B = \varnothing$ 이고
$A \cap B^c = A - (A \cap B) = A$
$A^c \cap B = B - (A \cap B) = B$ 이므로
$P(A \cap B^c) = P(A)$, $P(A^c \cap B) = P(B)$
$\therefore P(A \cup B) = P(A) + P(B) - P(A \cap B)$

$$= \frac{1}{5} + \frac{1}{4} + 0 = \frac{9}{20}$$

정답 : ①

024

1부터 10까지의 자연수가 하나씩 적혀 있는 10개의 공이 주머니에 들어있다. 이 주머니에서 철수, 영희, 은지 순서로 공을 임의로 한 개씩 꺼내기로 하였다. 철수가 꺼낸 공에 적혀 있는 수가 6일 때, 남은 두 사람이 꺼낸 공에 적혀 있는 수가 하나는

6보다 크고 다른 하나는 6보다 작을 확률은?
(단, 꺼낸 공은 다시 넣지 않는다.)

① $\dfrac{1}{9}$ ② $\dfrac{2}{9}$ ③ $\dfrac{1}{3}$ ④ $\dfrac{4}{9}$ ⑤ $\dfrac{5}{9}$

HINT ▶▶

조건부 확률

$$P(A|B) = \dfrac{P(A \cap B)}{P(B)}$$

철수가 꺼낸 공에 적혀있는 수가 6인 사건을 A 라 하면 $P(A) = \dfrac{1}{10}$

남은 두 사람이 꺼낸 공에 적혀있는 수가 하나는 6보다 크고 다른 하나는 6보다 작은 사건을 B 라 하면

$$P(A \cap B) = \dfrac{1}{10} \times \dfrac{5}{9} \times \dfrac{4}{8} + \dfrac{1}{10} \times \dfrac{4}{9} \times \dfrac{5}{8}$$
$$= \dfrac{1}{10} \times \dfrac{5}{9}$$

따라서, 구하는 확률은

$$P(B|A) = \dfrac{P(A \cap B)}{P(A)} = \dfrac{\dfrac{1}{10} \times \dfrac{5}{9}}{\dfrac{1}{10}} = \dfrac{5}{9}$$

정답 : ⑤

025

다음은 어느 고등학교 학생 1000명을 대상으로 혈액형을 조사한 표이다.

남학생				(단위:명)
	A 형	B 형	AB 형	O 형
Rh^+형	203	150	71	159
Rh^-형	7	6	1	3

여학생				(단위:명)
	A 형	B 형	AB 형	O 형
Rh^+형	150	80	40	115
Rh^-형	6	4	0	5

이 1000명의 학생 중에서 임의로 선택한 한 학생의 혈액형이 B형일 때, 이 학생이 Rh^+형의 남학생일 확률은?

① $\dfrac{1}{4}$ ② $\dfrac{3}{8}$ ③ $\dfrac{1}{2}$ ④ $\dfrac{5}{8}$ ⑤ $\dfrac{3}{4}$

HINT ▶▶

조건부 확률 $P(A|B) = \dfrac{P(A \cap B)}{P(B)}$

조사 대상인 1000명 중 혈액형이 B형인 학생의 수는 $150 + 6 + 80 + 4 = 240$(명)

이 중 혈액형이 B형이고 Rh^+형의 남학생의 수는 150(명)

따라서, 구하는 확률은

$$\dfrac{150}{240} = \dfrac{5}{8}$$

정답 : ④

026

두 사건 A, B에 대하여

$P(A) = \dfrac{1}{2}$, $P(B^C) = \dfrac{2}{3}$ 이며 $P(B|A) = \dfrac{1}{6}$

일 때, $P(A^C|B)$의 값은?

(단, A^C은 A의 여사건이다.)

① $\dfrac{1}{2}$　② $\dfrac{7}{12}$　③ $\dfrac{2}{3}$　④ $\dfrac{3}{4}$　⑤ $\dfrac{5}{6}$

027

어느 공항에는 A, B 두 대의 검색대만 있으며, 비행기 탑승 전에는 반드시 공항 검색대를 통과하여야 한다. 남학생 7명, 여학생 7명이 모두 A, B 검색대를 통과하였는데, A 검색대를 통과한 남학생은 4명, B 검색대를 통과한 남학생은 3명이다. 여학생 중에서 한 학생을 임의로 선택할 때, 이 학생이 A 검색대를 통과한 여학생일 확률을 p라 하자. B 검색대를 통과한 학생 중에서 한 학생을 임의로 선택할 때, 이 학생이 남학생일 확률을 q라 하자. $p = q$일 때, A 검색대를 통과한 여학생은 모두 몇 명인가? (단, 두 검색대를 모두 통과한 학생은 없으며, 각 검색대로 적어도 1명의 여학생이 통과하였다.)

① 1　② 2　③ 3　④ 4　⑤ 5

HINT ▶▶

$P(A \cap B^c) = P(A) - P(A \cap B)$

$P(A|B) = \dfrac{P(A \cap B)}{P(B)} \Leftrightarrow$
$\qquad P(A \cap B) = P(B) \cdot P(A|B)$

$P(A \cap B) = P(A) \times P(B|A) = \dfrac{1}{2} \times \dfrac{1}{6} = \dfrac{1}{12}$

$P(A^c \cap B) = P(B) - P(A \cap B)$
$\qquad = (1 - P(B^c)) - P(A \cap B)$
$\qquad = \left(1 - \dfrac{2}{3}\right) - \dfrac{1}{12} = \dfrac{1}{4}$

$P(A^c|B) = \dfrac{P(A^c \cap B)}{P(B)} = \dfrac{\dfrac{1}{4}}{\dfrac{1}{3}} = \dfrac{3}{4}$

HINT ▶▶

조건부 확률 $P(A|B) = \dfrac{P(A \cap B)}{P(B)}$

A검색대를 통과한 여학생수를 a라 하면, B검색대를 통과한 여학생수는 $7 - a$이다.

$p = P(A \mid 여) = \dfrac{a}{7}$

B검색대를 통과한 전체 학생수는 $3 + (7 - a)$ 그 중 남학생수는 3이므로

$q = P(남 \mid B) = \dfrac{3}{(10 - a)}$

$p = q$ 이므로 $\dfrac{a}{7} = \dfrac{3}{10 - a}$ ∴ $a = 7$ 또는 3

적어도 한 명의 여학생은 통과하였으므로 $a = 3$

정답 : ④

정답 : ③

09.9A

028

1부터 9까지 자연수가 하나씩 적혀 있는 9개의 공이 주머니에 들어 있다. 이 주머니에서 임의로 3개의 공을 동시에 꺼낼 때, 꺼낸 공에 적혀 있는 수 a, b, c $(a < b < c)$가 다음 조건을 만족시킬 확률은?

> (가) $a + b + c$는 홀수이다.
> (나) $a \times b \times c$는 3의 배수이다.

① $\dfrac{5}{14}$ ② $\dfrac{8}{21}$ ③ $\dfrac{17}{42}$ ④ $\dfrac{3}{7}$ ⑤ $\dfrac{19}{42}$

HINT ▶▶

순서가 정해져 있을 때는 순서가 필요없다는 것과 같다. ∴ $_nC_r$ 공식을 쓴다.

$a < b < c$로 순서가 정해져 있기 때문에, 주머니에서 임의로 3개의 공을 동시에 꺼내는 가짓수는 $_9C_3$이다.

(가) $a + b + c$가 홀수이려면, {짝,짝,홀} 또는 {홀,홀,홀}

(나) $a \times b \times c$가 3의 배수이려면, 적어도 하나는 3의 배수이어야 한다.

이 두 조건을 모두 만족시키기 위해 다음과 같이 생각한다.

i) {짝,짝,홀}의 경우

– 6이 포함된 경우 홀수는 아무 수나 가능

– 6이 포함되지 않은 경우 홀수는 3이나 9만 가능

∴ $(2, 6), (4, 6), (6, 8)$에 들어갈 홀수는 5가지
→ $3 \times 5 = 15$

$(2, 4), (2, 8), (4, 8)$에 들어갈 홀수는 2가지
→ $3 \times 2 = 6$

ii) {홀,홀,홀}의 경우

– 3이 포함되는 경우 나머지 두 개의 공을 꺼내는 가짓수는 $_4C_2$

– 9가 포함되는 경우 나머지 두 개의 공을 꺼내는 가짓수는 $_4C_2$

– 3, 9가 동시에 포함되는 경우 나머지 한 개의 공을 꺼내는 가짓수는 $_3C_1$

∴ $_4C_2 + {_4C_2} - {_3C_1} = 9$

($\because n(A \cup B) = n(A) + n(B) - n(A \cap B)$)

따라서, i)과 ii)의 가짓수를 모두 더하면

$15 + 6 + 9 = 30$이므로 전체확률 $= \dfrac{30}{_9C_3} = \dfrac{5}{14}$

정답 : ①

029

두 사건 A, B에 대하여

$P(A) = P(B|A) = \dfrac{2}{3}$일 때, $P(A \cap B)$의 값은?

① $\dfrac{5}{18}$　② $\dfrac{1}{3}$　③ $\dfrac{7}{18}$　④ $\dfrac{4}{9}$　⑤ $\dfrac{1}{2}$

HINT ▶▶

$P(A|B) = \dfrac{P(A \cap B)}{P(B)}$

$\Leftrightarrow P(A \cap B) = P(B) \cdot P(A|B)$

$P(B \mid A) = \dfrac{P(A \cap B)}{P(A)} = \dfrac{2}{3}$ 이므로

$P(A \cap B) = P(A) \times \dfrac{2}{3} = \dfrac{4}{9}$　$\left(\because P(A) = \dfrac{2}{3} \right)$

정답 : ④

030

두 사건 A와 B는 서로 배반사건이고

$P(A) = P(B)$,　$P(A)P(B) = \dfrac{1}{9}$일 때,

$P(A \cup B)$의 값은?

① $\dfrac{1}{6}$　② $\dfrac{1}{3}$　③ $\dfrac{1}{2}$　④ $\dfrac{2}{3}$　⑤ $\dfrac{5}{6}$

HINT ▶▶

$P(A \cup B) = P(A) + P(B) - P(A \cap B)$

배반사건에서 $P(A \cap B) = 0$

$P(A) = P(B)$이고, $P(A)P(B) = \dfrac{1}{9}$이므로

$P(A) = P(B) = \dfrac{1}{3}$

$(\because 0 \leq P(A) \leq 1, \ 0 \leq P(B) \leq 1)$

한편, 두 사건 A와 B는 서로 배반사건이므로
$P(A \cap B) = 0$

$\therefore P(A \cup B) = P(A) + P(B) - P(A \cap B)$

$\qquad\qquad\quad = \dfrac{1}{3} + \dfrac{1}{3} - 0 = \dfrac{2}{3}$

정답 : ④

09.수능A

031

철수가 받은 전자우편의 10% 는 '여행'이라는 단어를 포함한다. '여행'을 포함한 전자우편의 50%가 광고이고, '여행'을 포함하지 않은 전자우편의 20%가 광고이다. 철수가 받은 한 전자우편이 광고일 때, 이 전자우편이 '여행'을 포함할 확률은?

① $\dfrac{5}{23}$ ② $\dfrac{6}{23}$ ③ $\dfrac{7}{23}$ ④ $\dfrac{8}{23}$ ⑤ $\dfrac{9}{23}$

HINT ▶▶

$$P(A|B) = \frac{P(A \cap B)}{P(B)}$$

$$P(B) = P(A \cap B) + P(A^c \cap B)$$

철수가 받은 전자우편이 '여행'을 포함할 사건을 A, 철수가 받은 전자우편이 광고인 사건을 B라 하자.

$$P(B) = P(A \cap B) + P(A^c \cap B)$$
$$= \frac{1}{10} \times \frac{1}{2} + \frac{9}{10} \times \frac{1}{5}$$
$$= \frac{1}{20} + \frac{9}{50} = \frac{23}{100}$$

$$\therefore \ P(A|B) = \frac{P(A \cap B)}{P(B)} = \frac{\frac{1}{20}}{\frac{23}{100}} = \frac{5}{23}$$

정답 : ①

10.9A

032

두 사건 A와 B는 서로 독립이고,

$$P(A) = P(B),\ P(A) + P(B) = \frac{2}{3}$$

일 때, $P(A \cap B)$의 값은?

① $\dfrac{1}{15}$ ② $\dfrac{1}{12}$ ③ $\dfrac{1}{9}$ ④ $\dfrac{1}{6}$ ⑤ $\dfrac{1}{3}$

HINT ▶▶

사건 A, B가 서로 독립일 때
$$P(A \cap B) = P(A) \cdot P(B)$$

$P(A) = P(B)$이고, $P(A) + P(B) = \dfrac{2}{3}$이므로

$$P(A) = \frac{1}{3},\ P(B) = \frac{1}{3}$$

또, A, B가 서로 독립이므로
$$P(A \cap B) = P(A) \cdot P(B)$$
$$= \frac{1}{3} \cdot \frac{1}{3} = \frac{1}{9}$$

정답 : ③

10.수능A

033

두 사건 A와 B는 서로 독립이고,

$P(A) = \dfrac{2}{3}$, $P(A \cap B) = P(A) - P(B)$

일 때, $P(B)$의 값은?

① $\dfrac{1}{10}$ ② $\dfrac{1}{5}$ ③ $\dfrac{3}{10}$ ④ $\dfrac{2}{5}$ ⑤ $\dfrac{1}{2}$

사건 A, B가 서로 독립일 때
$P(A \cap B) = P(A) \cdot P(B)$

두 사건 A와 B는 서로 독립이므로
$P(A \cap B) = P(A) \cdot P(B)$
$P(A \cap B) = P(A) - P(B)$에서
$P(A) = \dfrac{2}{3}$이므로 $\dfrac{2}{3}P(B) = \dfrac{2}{3} - P(B)$

$\qquad\qquad \dfrac{5}{3}P(B) = \dfrac{2}{3}$

$\therefore\ P(B) = \dfrac{2}{5}$

정답 : ④

11.9A

034

주사위를 1개 던져서 나오는 눈의 수가 6의 약수이면 동전을 3개 동시에 던지고, 6의 약수가 아니면 동전을 2개 동시에 던진다. 1개의 주사위를 1번 던진 후 그 결과에 따라 동전을 던질 때, 앞면이 나오는 동전의 개수가 1일 확률은?

① $\dfrac{1}{3}$ ② $\dfrac{3}{8}$ ③ $\dfrac{5}{12}$ ④ $\dfrac{11}{24}$ ⑤ $\dfrac{1}{2}$

동전 3개를 던져서 앞면이 1번 나올 확률은
$${}_3C_1 \left(\dfrac{1}{2}\right)^1 \left(\dfrac{1}{2}\right)^{3-1} = {}_3C_1 \left(\dfrac{1}{2}\right)^3 = \dfrac{3}{8}$$

주사위 1개를 던져서 나오는 눈의 수가 6의 약수인 경우는 1, 2, 3, 6이므로 나올 확률은
$\dfrac{4}{6} = \dfrac{2}{3}$
또 동전 3개를 동시에 던져서 앞면이 1개 나올 확률은 $\dfrac{3}{8}$ 이고 동전 2개를 동시에 던져서 앞면이 1개 나올 확률은 $\dfrac{2}{4}$ 이다.
따라서, 구하는 확률은
$\dfrac{2}{3} \times \dfrac{3}{8} + \dfrac{1}{3} \times \dfrac{2}{4} = \dfrac{1}{4} + \dfrac{1}{6} = \dfrac{5}{12}$

정답 : ③

035

어느 디자인 공모 대회에 철수가 참가하였다. 참가자는 두 항목에서 점수를 받으며, 각 항목에서 받을 수 있는 점수는 표와 같이 3가지 중 하나이다.

철수가 각 항목에서

점수 A를 받을 확률은 $\dfrac{1}{2}$,

점수 B를 받을 확률은 $\dfrac{1}{3}$,

점수 C를 받을 확률은 $\dfrac{1}{6}$ 이다.

관람객 투표 점수를 받는 사건과 심사 위원 점수를 받는 사건이 서로 독립일 때, 철수가 받는 두 점수의 합이 70일 확률은?

	점수 A	점수 B	점수 C
관람객 투표	40	30	20
심사 위원	50	40	30

① $\dfrac{1}{3}$ ② $\dfrac{11}{36}$ ③ $\dfrac{5}{18}$ ④ $\dfrac{1}{4}$ ⑤ $\dfrac{2}{9}$

HINT ▶▶

사건 A, B가 서로 독립일 때
$$P(A \cap B) = P(A) \cdot P(B)$$

관람객 투표 점수를 받는 사건을 X, 심사 위원 점수를 받는 사건을 Y라 하면, 철수가 받는 두 점수 (X, Y)의 합이 70이 되는 경우는 $(40, 30)$, $(30, 40)$, $(20, 50)$의 세 가지이다.

이때, X, Y가 서로 독립이므로
$$P(X = 40, Y = 30) = P(X = 40) \cdot P(Y = 30)$$
$$= \frac{1}{2} \times \frac{1}{6} = \frac{1}{12}$$
$$P(X = 30, Y = 40) = P(X = 30) \cdot P(Y = 40)$$
$$= \frac{1}{3} \times \frac{1}{3} = \frac{1}{9}$$
$$P(X = 20, Y = 50) = P(X = 20) \cdot P(Y = 50)$$
$$= \frac{1}{6} \times \frac{1}{2} = \frac{1}{12}$$

따라서, 구하는 확률은
$$\frac{1}{12} + \frac{1}{9} + \frac{1}{12} = \frac{5}{18}$$

정답 : ③

036

11.9A

두 사건 A, B 가 서로 독립이고

$$P(A) = \frac{1}{2},\ P(A \cup B) = \frac{4}{5}$$

일 때, $P(A \cap B)$ 의 값은?

① $\dfrac{1}{10}$ ② $\dfrac{3}{20}$ ③ $\dfrac{1}{5}$ ④ $\dfrac{1}{4}$ ⑤ $\dfrac{3}{10}$

HINT ▶▶

사건 A, B가 서로 독립일 때
$$P(A \cap B) = P(A) \cdot P(B)$$
$$P(A \cup B) = P(A) + P(B) - P(A \cap B)$$
$$= P(A) + P(B) - P(A) \cdot P(B)$$

두 사건 A, B 가 독립이므로
$P(A \cap B) = P(A)P(B)$이다.
이 때
$$P(A \cup B) = P(A) + P(B) - P(A \cap B)$$
이므로
$$\frac{4}{5} = \frac{1}{2} + P(B) - \frac{1}{2}P(B)$$

$$\therefore\ P(B) = \frac{3}{5}$$

$$\therefore\ P(A \cap B) = \frac{1}{2} \times \frac{3}{5} = \frac{3}{10}$$

정답 : ⑤

037

11.수능A

주머니 A 에는 1, 2, 3, 4, 5 의 숫자가 하나씩 적혀 있는 5 장의 카드가 들어 있고, 주머니 B 에는 1, 2, 3, 4, 5, 6 의 숫자가 하나씩 적혀 있는 6 장의 카드가 들어 있다. 한 개의 주사위를 한 번 던져서 나온 눈의 수가 3 의 배수이면 주머니 A 에서 임의로 카드를 한 장 꺼내고, 3 의 배수가 아니면 주머니 B 에서 임의로 카드를 한 장 꺼낸다. 주머니에서 꺼낸 카드에 적힌 수가 짝수일 때, 그 카드가 주머니 A 에서 꺼낸 카드일 확률은?

① $\dfrac{1}{5}$ ② $\dfrac{2}{9}$ ③ $\dfrac{1}{4}$ ④ $\dfrac{2}{7}$ ⑤ $\dfrac{1}{3}$

HINT ▶▶

조건부 확률 $P(A|B) = \dfrac{P(A \cap B)}{P(B)}$

주머니에서 꺼낸 카드가 짝수일 경우를 모두 구하면 다음의 두 가지 경우이다.

ⅰ) 주사위가 3 또는 6이 나오고, A주머니에서 짝수가 나올 확률은
$$\frac{2}{6} \times \frac{2}{5} = \frac{2}{15}$$

ⅱ) 주사위가 1 또는 2 또는 4 또는 5가 나오고, B주머니에서 짝수가 나올 확률은
$$\frac{4}{6} \times \frac{3}{6} = \frac{1}{3}$$

따라서, 구하는 확률(조건부확률)은
$$\frac{\dfrac{2}{15}}{\dfrac{2}{15} + \dfrac{1}{3}} = \frac{2}{7}$$

정답 : ④

11.수능A
038

두 사건 A 와 B 는 서로 독립이고,

$P(A \cup B) = \dfrac{1}{2}$, $P(A \mid B) = \dfrac{3}{8}$ 일 때,

$P(A \cap B^c)$ 의 값은? (단, B^c 은 B 의 여사건이다.)

① $\dfrac{1}{10}$ ② $\dfrac{3}{20}$ ③ $\dfrac{1}{5}$ ④ $\dfrac{1}{4}$ ⑤ $\dfrac{3}{10}$

HINT ▶▶

사건 A, B가 서로 독립일 때
$P(A \cap B) = P(A) \cdot P(B)$,
$P(A) = P(A|B)$,
$P(B) = P(B|A)$
$P(A|B) = \dfrac{P(A \cap B)}{P(B)}$

ⅰ)
$P(A \mid B) = \dfrac{P(A \cap B)}{P(B)} = \dfrac{P(A) \cdot P(B)}{P(B)} = \dfrac{3}{8}$

($\because A, B$는 독립)

$\therefore P(A) = \dfrac{3}{8}$

ⅱ)
$P(A \cup B) = P(A) + P(B) - P(A \cap B)$
$\qquad\qquad = P(A) + P(B) - P(A) \cdot P(B) = \dfrac{1}{2}$

($\because A, B$는 독립)

$\therefore \dfrac{3}{8} + P(B) - \dfrac{3}{8}P(B) = \dfrac{1}{2}$, $\dfrac{5}{8}P(B) = \dfrac{1}{8}$

$\therefore P(B) = \dfrac{1}{5}$

$P(A \cap B^c) = P(A) \cdot P(B^c) = P(A) \cdot (1 - P(B))$
$\qquad\qquad = \dfrac{3}{8} \times \left(1 - \dfrac{1}{5}\right)$

($\because$ (ⅰ), (ⅱ)에 의하여) $= \dfrac{3}{10}$

정답 : ⑤

07.9A

039

어느 공장에서 생산되는 건전지의 수명은 평균 m 시간, 표준편차 3시간인 정규분포를 따른다고 한다. 이 공장에서 생산된 건전지 중 크기가 n 인 표본을 임의추출하여 건전지의 수명에 대한 표본평균을 $\overline{X}$ 라 하자.

$P(m-0.5 \leq \overline{X} \leq m+0.5) = 0.8664$를 만족시키는 표본의 크기 n 의 값을 표준정규분포표를 이용하여 구한 것은?

z	$P(0 \leq Z \leq z)$
1.0	0.3413
1.5	0.4332
2.0	0.4772
2.5	0.4938

① 49 ② 64 ③ 81 ④ 100 ⑤ 121

HINT▶▶

정규분포를 따를때 표준을 m, 표준편차를 σ 라 하면 $N(m, \sigma^2)$

표본평균 $\overline{X}$ 는 정규분포 $N\left(m, \left(\dfrac{\sigma}{\sqrt{n}}\right)^2\right)$ 을 따른다.

건전지의 수명은 정규분포 $N(m, 3^2)$을 따르므로 표본평균 $\overline{X}$는 정규분포

$N\left(m, \left(\dfrac{3}{\sqrt{n}}\right)^2\right)$을 따른다.

이 때, 주어진 확률은

$P(m-0.5 \leq \overline{X} \leq m+0.5)$

$= P\left(\dfrac{(m-0.5)-m}{\dfrac{3}{\sqrt{n}}} \leq \dfrac{\overline{X}-m}{\dfrac{3}{\sqrt{n}}} \leq \dfrac{(m+0.5)-m}{\dfrac{3}{\sqrt{n}}}\right)$

$= P\left(-\dfrac{\sqrt{n}}{6} \leq Z \leq \dfrac{\sqrt{n}}{6}\right)$

$= 2P\left(0 \leq Z \leq \dfrac{\sqrt{n}}{6}\right)$

$= 0.8664$

이므로 $P\left(0 \leq Z \leq \dfrac{\sqrt{n}}{6}\right) = 0.4332$

따라서, 표준정규분포표를 이용하면

$\dfrac{\sqrt{n}}{6} = 1.5$이므로 $n = 81$

정답 : ③

040

확률변수 X의 확률분포표는 다음과 같다.

X	1	2	3	4	5	계
$P(X=x)$	$\dfrac{3}{10}$	p	$\dfrac{1}{10}$	p	p	1

확률변수 $5X+3$의 평균 $E(5X+3)$은?

① 17　② 18　③ 19　④ 20　⑤ 21

HINT ▶▶

항상 모든 확률의 총합은 1이다.

$$\therefore \sum_{k=0}^{n} P_i = 1$$

$E(aX+b) = aE(X)+b$

확률의 총합은 1이므로

$\dfrac{4}{10}+3p=1 \quad \therefore \quad p=\dfrac{1}{5}$

$E(X) = 1 \times \dfrac{3}{10}+2p+3 \times \dfrac{1}{10}+4p+5p$

$\qquad = \dfrac{6}{10}+11p = \dfrac{14}{5}$

$\therefore \ E(5X+3) = 5E(X)+3$

$\qquad\qquad = 5 \times \dfrac{14}{5}+3 = 17$

정답 : ①

041

확률변수 X가 이항분포 $B(10, p)$를 따르고,

$P(X=4) = \dfrac{1}{3}P(X=5)$

일 때, $E(7X)$의 값을 구하시오.

(단, $0 < p < 1$)

HINT ▶▶

이항분포 $B(n, p)$에서

평균은 np, 표준편차는 $\sqrt{npq}$ 가 된다.

이항분포의 일반항은 $_nC_r p^r q^{n-r}$ 이다.

(단, $q = 1-p$)

$P(X=r) = {}_nC_r p^r q^{n-r}$(단,$q=1-p$)이므로

$P(X=4) = \dfrac{1}{3}P(X=5)$

$\therefore {}_{10}C_4 p^4 q^6 = \dfrac{1}{3} \times {}_{10}C_5 p^5 q^5$ 을 정리하면

$p = \dfrac{5}{7}$

$\therefore B(10, \dfrac{5}{7})$에서

$E(X) = np = 10 \times \dfrac{5}{7} = \dfrac{50}{7}$이고

$E(7X) = 7E(X) = 7 \times \dfrac{50}{7} = 50$

정답 : 50

042

세계핸드볼연맹에서 공인한 여자 일반부용 핸드볼 공을 생산하는 회사가 있다. 이 회사에서 생산된 핸드볼 공의 무게는 평균 350g, 표준편차 16g인 정규분포를 따른다고 한다. 이 회사는 일정한 기간 동안 생산된 핸드볼 공 중에서 임의로 추출된 핸드볼 공 64개의 무게의 평균이 346g 이하이거나 355g 이상이면 생산 공정에 문제가 있다고 판단한다. 이 회사에서 생산 공정에 문제가 있다고 판단할 확률을 아래 표준정규분포표를 이용하여 구한 것은?

z	$P(0 \leq Z \leq z)$
2.00	0.4772
2.25	0.4878
2.50	0.4938
2.75	0.4970

① 0.0290   ② 0.0258

③ 0.0184   ④ 0.0152

⑤ 0.0092

HINT ▶▶

평균 m, 표준편차 σ, 개수 n일 때 표본평균 $\overline{X}$의 분포는 $\mathrm{N}\left(m, \left(\dfrac{\sigma}{\sqrt{n}}\right)^2\right)$을 따른다.

$$Z = \dfrac{\overline{X} - m}{\dfrac{\sigma}{\sqrt{n}}}$$

$\overline{X} = N(350, \ 16^2)$이고 $n = 64$이므로 표본평균의 평균은 모집단의 평균과 같은 350이고 표본평균의 분산은 모집단의 분산을 n으로 나눈 값이므로 $\dfrac{16^2}{64} = 4$이며, 정리하면

$\overline{X} = N(350, \ 2^2)$이다.

$P(X \leq 346) = P\left(Z \leq \dfrac{346 - 350}{2}\right)$

$= P(Z \leq -2) = 0.5 - 0.4772 = 0.0228$ 이다.

$P(X \geq 355) = P\left(Z \geq \dfrac{355 - 350}{2}\right)$

$= P(Z \geq 2.5) = 0.5 - 0.4938 = 0.0062$ 이다.

이 둘을 합하면 0.0290이다

정답 : ①

09.수능A

043

확률변수 X 의 확률분포표는 다음과 같다.

X	0	1	2	계
$P(X=x)$	$\dfrac{2}{7}$	$\dfrac{3}{7}$	$\dfrac{2}{7}$	1

확률변수 $7X$ 의 분산 $V(7X)$의 값은?

① 14　　② 21　　③ 28　　④ 35　　⑤ 42

HINT▶▶

$$E(X) = \sum_{i=1}^{n} Xi \cdot Pi$$

$$V(X) = E(X^2) - \{E(X)\}^2$$

$$V(aX+b) = a^2 V(X)$$

$$E(X) = 0 \cdot \frac{2}{7} + 1 \cdot \frac{3}{7} + 2 \cdot \frac{2}{7} = 1$$

$$V(X) = \left(0^2 \cdot \frac{2}{7} + 1^2 \cdot \frac{3}{7} + 2^2 \cdot \frac{2}{7} \right) - 1^2 = \frac{4}{7}$$

$$\therefore V(7X) = 7^2 V(X) = 49 \times \frac{4}{7} = 28$$

정답 : ③

09.수능A

044

어느 방송사의 '○○뉴스'의 방송시간은 평균이 50분, 표준편차가 2 분인 정규분포를 따른다. 방송된 '○○뉴스'를 대상으로 크기가 9 인 표본을 임의추출하여 조사한 방송시간의 표본평균을 $\overline{X}$ 라 할 때, $P(49 \leq \overline{X} \leq 51)$의 값을 오른쪽 표준정규분포표를 이용하여 구한 것은?

〈표준정규분포표〉

z	$P(0 \leq Z \leq z)$
1.5	0.4332
1.6	0.4452
1.7	0.4554
1.8	0.4641

① 0.8664　② 0.8904　③ 0.9108

④ 0.9282　⑤ 0.9452

HINT▶▶

표본평균 $\overline{X}$ 의 분포는 $N\left(m, \left(\dfrac{\sigma}{\sqrt{n}} \right)^2 \right)$을 따른다. $Z = \dfrac{\overline{X} - m}{\dfrac{\sigma}{\sqrt{n}}}$

문제의 조건에 의해 확률변수 $\overline{X}$ 는 정규분포 $N\left(50, \dfrac{2^2}{9} \right)$, 즉 $N\left(50, \left(\dfrac{2}{3} \right)^2 \right)$을 따르므로

$$P(49 \leq \overline{X} \leq 51)$$

$$= P\left(\frac{49-50}{\dfrac{2}{3}} \leq Z \leq \frac{51-50}{\dfrac{2}{3}} \right)$$

$$= P\left(-\frac{3}{2} \leq Z \leq \frac{3}{2} \right) = 2 \cdot P(0 \leq Z \leq 1.5)$$

$$= 2 \times 0.4332 = 0.8664$$

정답 : ①

045

연속확률변수 X가 갖는 값의 범위는 $0 \leq X \leq 2$이고, X의 확률밀도함수의 그래프는 그림과 같다.

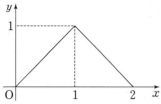

확률 $P\left(a \leq X \leq a + \dfrac{1}{2}\right)$의 값이 최대가 되도록 하는 상수 a의 값은?

① $\dfrac{3}{8}$ ② $\dfrac{1}{2}$ ③ $\dfrac{5}{8}$ ④ $\dfrac{3}{4}$ ⑤ $\dfrac{7}{8}$

046

어느 동물의 특정 자극에 대한 반응 시간은 평균이 m, 표준편차가 1인 정규분포를 따른다고 한다. 반응 시간이 2.93 미만일 확률이 0.1003일 때, m의 값을 다음 표준정규분포표를 이용하여 구한 것은?

z	$P(0 \leq Z \leq z)$
0.91	0.3186
1.28	0.3997
1.65	0.4505
2.02	0.4783

① 3.47 ② 3.84 ③ 4.21 ④ 4.58 ⑤ 4.95

HINT▶▶

그림으로 풀면 쉽다.

$P\left(a \leq X \leq a + \dfrac{1}{2}\right)$의 값이 최대가 되려면 오른쪽 그림과 같을 때 최대가 된다.

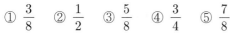

즉, a, $a + \dfrac{1}{2}$가 직선 $x = 1$에 대하여 대칭이 되어야 한다.

$$\dfrac{a + \left(a + \dfrac{1}{2}\right)}{2} = 1, \ 2a + \dfrac{1}{2} = 2$$

$$\therefore \ a = \dfrac{3}{4}$$

정답 : ④

HINT▶▶

$Z = \dfrac{\overline{X} - m}{\sigma}$를 이용하자.

특정 자극에 대한 반응 시간을 확률변수 X라고 하면 X는 정규분포 $N(m, 1^2)$을 따르므로

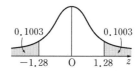

$$P(X \leq 2.93) = P\left(Z \leq \dfrac{2.93 - m}{1}\right) = 0.1003$$

$$\dfrac{2.93 - m}{1} = -1.28$$

$$\therefore \ m = 4.21$$

정답 : ③

047

확률변수 X의 확률분포표는 다음과 같다.

X	-1	0	1	2	계
$P(X=x)$	$\dfrac{3-a}{8}$	$\dfrac{1}{8}$	$\dfrac{3+a}{8}$	$\dfrac{1}{8}$	1

$P(0 \leq X \leq 2) = \dfrac{7}{8}$ 일 때, 확률변수 X의 평균 $E(X)$의 값은?

① $\dfrac{1}{4}$ ② $\dfrac{3}{8}$ ③ $\dfrac{1}{2}$ ④ $\dfrac{5}{8}$ ⑤ $\dfrac{3}{4}$

HINT▶▶

$E(X) = \displaystyle\sum_{i=1}^{n} X_i \cdot P_i$

$P(0 \leq X \leq 2) = \dfrac{7}{8}$ 이므로

$\dfrac{1}{8} + \dfrac{3+a}{8} + \dfrac{1}{8} = \dfrac{7}{8}$

$5 + a = 7$ $\therefore a = 2$

$\therefore E(X) = -1 \cdot \dfrac{3-a}{8} + 0 \cdot \dfrac{1}{8} + 1 \cdot \dfrac{3+a}{8} + 2 \cdot \dfrac{1}{8}$

$\qquad = -\dfrac{1}{8} + 0 + \dfrac{5}{8} + \dfrac{2}{8}$

$\qquad = \dfrac{3}{4}$

정답 : ⑤

10.수능A

048

동전 2개를 동시에 던지는 시행을 10회 반복할 때, 동전 2개 모두 앞면이 나오는 횟수를 확률변수 X라고 하자. 확률변수 $4X+1$의 분산 $V(4X+1)$의 값을 구하시오.

HINT▶▶

이항분포 $B(n, p)$에서
평균 $m = np$, 분산 $V = npq$
$V(aX+b) = a^2 V(X)$

확률변수 X가 이항분포 $B\left(10, \dfrac{1}{4}\right)$을 따르므로

$V(X) = 10 \times \dfrac{1}{4} \times \dfrac{3}{4} = \dfrac{15}{8}$

$V(4X+1) = 4^2 \times \dfrac{15}{8} = 30$.

정답 : 30

10.수능A

049

어느 도시에서 공용 자전거의 1회 이용 시간은 평균이 60분, 표준편차가 10분인 정규분포를 따른다고 한다. 공용 자전거를 이용한 25회를 임의 추출하여 조사할 때, 25회 이용 시간의 총합이 1450분 이상일 확률을 오른쪽 표준정규분포표를 이용하여 구한 것은?

z	$P(0 \leq Z \leq z)$
1.0	0.3413
1.5	0.4332
2.0	0.4772
2.5	0.4938

① 0.8351   ② 0.8413   ③ 0.9332

④ 0.9772   ⑤ 0.9938

HINT ▶▶

표본평균 $\overline{X}$ 의 분포는 $N\left(m, \left(\dfrac{\sigma}{\sqrt{n}}\right)^2\right)$ 을 따른다. $Z = \dfrac{\overline{X} - m}{\dfrac{\sigma}{\sqrt{n}}}$

공용 자전거의 1회 이용 시간을 확률변수 X 라 하면 X 는 정규분포 $N(60, 10^2)$ 을 따른다. 이때, $n = 25$ 의 크기로 임의 추출한 표본을 확률변수 $\overline{X}$ 라 하면 $\overline{X}$ 는 정규분포 $N\left(60, \dfrac{100}{25}\right)$, 즉 $N(60, 2^2)$ 을 따른다.

25회 이용 시간의 총합이 1450분 이상인 사건은 1회 이용 시간이 $\dfrac{1450}{25}$, 즉 58분 이상인 사건과 같으므로 구하는 확률은 $P(\overline{X} \geq 58)$ 이다.

$$\therefore P(\overline{X} \geq 58) = P\left(Z \geq \dfrac{58 - 60}{2}\right)$$
$$= P(Z \geq -1)$$
$$= 0.5 + P(0 \leq Z \leq 1)$$
$$= 0.5 + 0.3413$$
$$= 0.8413$$

정답 : ②

11.9A

050

확률변수 X 의 확률분포표가 다음과 같다.

X	1	3	7	계
$P(X=x)$	a	$\dfrac{1}{4}$	b	1

$E(X)=5$ 일 때, b 의 값은? (단, a 와 b 는 상수이다.)

① $\dfrac{19}{36}$ ② $\dfrac{5}{9}$ ③ $\dfrac{7}{12}$ ④ $\dfrac{11}{18}$ ⑤ $\dfrac{23}{36}$

HINT ▶▶

$$E(X)=\sum_{i=1}^{n} Xi \cdot Pi$$

$$\sum_{i=1}^{n} Pi = 1$$

주어진 확률분포표에서 확률의 합은 1이므로

$a+\dfrac{1}{4}+b=1, \ a+b=\dfrac{3}{4}$ --㉠

또 확률변수 X의 평균 $E(X)=5$이므로

$1\times a+3\times\dfrac{1}{4}+7\times b=5, \ a+7b=\dfrac{17}{4}$ --㉡

㉡-㉠ 을 계산하면

$6b=\dfrac{14}{4} \quad \therefore b=\dfrac{7}{12}$

정답 : ③

11.수능A

051

확률변수 X 의 확률변수를 표로 나타내면 다음과 같다.

X	0	1	2	계
$P(X=x)$	$\dfrac{1}{4}$	a	$2a$	1

$E(4X+10)$ 의 값은?

① 11 ② 12 ③ 13 ④ 14 ⑤ 15

HINT ▶▶

$$E(X)=\sum_{i=1}^{n} Xi \cdot Pi$$

$$\sum_{i=1}^{n} Pi = 1$$

$$E(aX+b)=aE(X)$$

(확률의 총합)$=1$이므로

$\dfrac{1}{4}+a+2a=1$

$3a=\dfrac{3}{4}$

$\therefore \ a=\dfrac{1}{4}$

$E(X)=0\times\dfrac{1}{4}+1\times\dfrac{1}{4}+2\times\dfrac{2}{4}=\dfrac{5}{4}$

$\therefore \ E(4X+10)=4E(X)+10$
$\qquad\qquad\qquad =4\times\dfrac{5}{4}+10 \ =15$

정답 : ⑤

크로스**수**학
기출문제 유형탐구

CHAPTER

03

4점완성 & 문제풀이

세상을 바꾸는 공부법

100선

045 발명왕 에디슨은 몇 일 밤을 자지 않아도 멀쩡한데 왜 나는 안되느냐고 화가 나는가? 에디슨이 밤새워 한 것은 새로운 지식에 대한 공부가 아니라 실험과 고민이었고 이런 단순 반복 작업은 두뇌를 혹사하지 않는다. 몸만 살짝 힘들 뿐이다.

046 편두통에 효과있다는 왠만한 먹는 어떤 약보다 예습·복습의 균형에 대한 이해가 이 증상에 대한 진정한 대처임을 확신한다

047 실연 등의 슬픈 일로 우울할 때면 어려운 수학 문제를 통해서 그 우울함으로부터 더 빨리 탈출할 수 있다고 확신한다.

048 우리가 할 수 있는 최선은 균형의 원리에 따라 오른쪽 왼쪽을 **교대로 아프게 하는 것이다.** 그러면 우리는 많은 질병을 예방할 수 있다.

049 우울하면 왼쪽이 활성화된 것으로 여기고 예습을 하고 반대로 오른쪽 눈이나 머리가 아프거나 괜히 가슴에 열기가 피어올라서 어디 가서 뛰어놀고 싶은 마음이 지나칠 때는 복습을 해 보자.

050 양쪽 목의 **뻐근함부터** 시작한 공부의 후유증은 정말 열심히 공부할 수록 뒤쪽 양 날개뼈 근처의 통증을 거쳐서 거의 반드시 허리 통증으로 귀결되기 마련이다.

1. 행렬

총 23문항

세상을 바꾸는 공부법 100선

051
공부를 하면서도 목 옆쪽 어깨가 아픈 분들이라면 자신이 비효율적으로 공부하고 있지는 않는지 살펴보아라. 쓰는 리듬을 많이 사용하는 분들일 경우가 많다. 쓰는 리듬이 비효율적이라는 간접적 증거도 된다.

052
생활 속에서 가장 편하면서 따라하기도 쉬운 추천 1순위가 무엇이냐고? 발뒤꿈치를 들고 걷도록 하라. 길을 걸을 때 마사이워킹슈즈를 신었다 생각하고 뒤꿈치를 지면에서 살짝 띄우고 걷도록 하라. 정말 쉽고 지겹지도 않으면서 운동량도 꽤 많은 추천 1순위다.

053
날씬한 다리를 원한다면, 또 부족한 운동을 보충하기를 원한다면, 머리를 맑게 하려한다면 손가락운동을 겸한 마사지를 빼 놓을 수는 없다.

054
끊임없이 다양한 균형을 검색하고 맞추기 위해서 노력하라. 좌우가 교대로 자극 받도록 공부스케줄을 짜라. 당신은 점점 건강해지고 점점 공부를 잘하게 될 것이다.

055
끊임없이 자신이 해야만 하는 교재별로 신체나 두뇌에 대한 자극의 정도를 체크해놓아라. 그리고 그러한 데이터베이스를 활용해보아라.

056
즐겁게 살려면 약간 오른쪽이 튀어나오는 상태를 유지하는 편이 좋다. 오른쪽에 대한 자극 즉 예습에 대한 자극정도가 왼쪽에 대한 자극보다 살짝 더 높도록 유지하라. 그러면 당신의 생활이 항상 즐겁고 힘차게 될 것이다.

07.6A

00**1**

두 이차정사각행렬 A, B에 대하여 $A^2 = A$이고 $B = -A$ 일 때, 〈보기〉에서 항상 옳은 것을 모두 고른 것은?

─── 〈보 기〉 ───

ㄱ. $A^3 = A$

ㄴ. $B^2 = -B$

ㄷ. $A + 3E$는 역행렬을 갖는다.
　　(단, E는 단위행렬이다.)

① ㄱ　　　　② ㄷ　　　　③ ㄱ, ㄴ

④ ㄴ, ㄷ　　　⑤ ㄱ, ㄴ, ㄷ

HINT ▶▶

A의 역행렬을 A^{-1}이라 하면

$AA^{-1} = A^{-1}A = E$

A의 역행렬 C를 구할 때는

$AC = CA = kE$의 꼴로 고친다.

ㄱ. 〈참〉

$A^2 = A$의 양변에 A를 곱하면

$$A^3 = A^2 = A$$

ㄴ. 〈참〉

$B^2 = (-A)^2 = A^2 = A = -B$

ㄷ. 〈참〉

$A^2 = A$에서 $A^2 - A = O$이므로

$A^2 - A - 12E = -12E$

$(A + 3E)(A - 4E) = -12E$

$\therefore (A + 3E)^{-1} = -\dfrac{1}{12}(A - 4E)$

따라서, $A + 3E$는 역행렬을 갖는다.

이상에서 옳은 것은 ㄱ, ㄴ, ㄷ이다.

정답 : ⑤

07.수능A

002

0이 아닌 두 실수 a, b에 대하여 두 이차정사각행렬 A, B가 $AB = \begin{pmatrix} a & 0 \\ 0 & b \end{pmatrix}$를 만족시킬 때, 〈보기〉에서 옳은 것을 모두 고른 것은?

— 〈보 기〉 —

ㄱ. $a = b$이면 A의 역행렬 A^{-1}이 존재한다.
ㄴ. $a = b$이면 $AB = BA$이다.
ㄷ. $a \neq b$, $A = \begin{pmatrix} 1 & 0 \\ 1 & 1 \end{pmatrix}$이면 $AB = BA$이다.

① ㄱ ② ㄷ ③ ㄱ, ㄴ
④ ㄴ, ㄷ ⑤ ㄱ, ㄴ, ㄷ

HINT ▶▶

역행렬의 정의

$AB = BA = E$에서 $B = A^{-1}$

ㄱ. 〈참〉

$a = b$이면

$AB = \begin{pmatrix} a & 0 \\ 0 & a \end{pmatrix} = aE$ (E는 단위행렬) 이므로

$A \cdot \left(\dfrac{1}{a} B \right) = E$

$\therefore A^{-1} = \dfrac{1}{a} B$

ㄴ. 〈참〉

ㄱ에서 $A^{-1} = \dfrac{1}{a} B$ 이므로

$A \cdot \dfrac{1}{a} B = \dfrac{1}{a} B \cdot A = E$

$\therefore AB = BA$

ㄷ. 〈거짓〉

$A = \begin{pmatrix} 1 & 0 \\ 1 & 1 \end{pmatrix}$, $AB = \begin{pmatrix} a & 0 \\ 0 & b \end{pmatrix}$ 이므로

$B = \begin{pmatrix} 1 & 0 \\ 1 & 1 \end{pmatrix}^{-1} \begin{pmatrix} a & 0 \\ 0 & b \end{pmatrix} = \begin{pmatrix} 1 & 0 \\ -1 & 1 \end{pmatrix} \begin{pmatrix} a & 0 \\ 0 & b \end{pmatrix} = \begin{pmatrix} a & 0 \\ -a & b \end{pmatrix}$

$\left(\because A^{-1} AB = B = A^{-1} \begin{pmatrix} a & 0 \\ 0 & b \end{pmatrix} \right)$

$BA = \begin{pmatrix} a & 0 \\ -a & b \end{pmatrix} \begin{pmatrix} 1 & 0 \\ 1 & 1 \end{pmatrix} = \begin{pmatrix} a & 0 \\ -a+b & b \end{pmatrix}$

$\therefore AB \neq BA$ ($\because -a \neq -a+b$)

따라서, 보기 중 옳은 것은 ㄱ, ㄴ이다.

정답 : ③

08.9A

003

다음은 이차정사각행렬 A와 서로 다른 두 실수 p, q에 대하여 $A - pE$와 $A - qE$가 모두 역행렬을 갖지 않으면
$A^2 - (p+q)A + pqE = O$임을 증명한 것이다.
(단, E는 단위행렬이고, O는 영행렬이다.)

〈증명〉

$B = A - \dfrac{p+q}{2}E$, $k = \boxed{\ (가)\ }$ 라 하면

$B - kE = A - pE$이고 $B + kE = A - qE$
이므로 $B - kE$와 $B + kE$는 모두 역행렬을 갖지 않는다.

따라서, $B = \begin{pmatrix} a & b \\ c & d \end{pmatrix}$라 하면,

$k \neq 0$이므로 $a + d = \boxed{\ (나)\ }$ 이고

$ad - bc = -k^2$이다.

그런데 $B^{-1} = \dfrac{1}{k^2}\boxed{\ (다)\ }$ 이므로

$A^2 - (p+q)A + pqE = (A - pE)(A - qE) = O$
가 성립한다.

위의 증명에서 (가), (나), (다)에 알맞은 것은?

	(가)	(나)	(다)
①	$\dfrac{p-q}{2}$	0	$-B$
②	$\dfrac{p+q}{2}$	0	$-B$
③	$\dfrac{p-q}{2}$	0	B
④	$\dfrac{p+q}{2}$	1	$-B$
⑤	$\dfrac{p-q}{2}$	1	B

HINT ▶▶

$A = \begin{pmatrix} a & b \\ c & d \end{pmatrix}$에서 A^{-1}이 존재 한다면

$A^{-1} = \dfrac{1}{ad - bc}\begin{pmatrix} d & -b \\ -c & a \end{pmatrix}$

$B = A - \dfrac{p+q}{2}E$, $k = \boxed{\dfrac{p-q}{2}}$라 하면

$B - kE = A - pE$이고 $B + kE = A - qE$이므로 $B - kE$와 $B + kE$는 모두 역행렬을 갖지 않는다.

따라서, $B = \begin{pmatrix} a & b \\ c & d \end{pmatrix}$라 하면

$B - kE = \begin{pmatrix} a & b \\ c & d \end{pmatrix} - k\begin{pmatrix} 1 & 0 \\ 0 & 1 \end{pmatrix}$

$\qquad = \begin{pmatrix} a-k & b \\ c & d-k \end{pmatrix}$

는 역행렬을 갖지 않으므로

$(a-k)(d-k) - bc = ad - k(a+d) + k^2 - bc = O$

$p \neq q$이므로 $k \neq 0$이고

$a + d = \boxed{0}$, $ad - bc = -k^2$이다.

$B^{-1} = \dfrac{1}{ad - bc}\begin{pmatrix} d & -b \\ -c & a \end{pmatrix} = \dfrac{1}{-k^2}\begin{pmatrix} -a & -b \\ -c & -d \end{pmatrix}$

$\qquad = \dfrac{1}{k^2}\begin{pmatrix} a & b \\ c & d \end{pmatrix}$ $(\because a+d=0, ad-bc=-k^2)$

$\qquad = \dfrac{1}{k^2}\boxed{B}$이므로 $B = k^2 B^{-1}$이고

$A^2 - (p+q)A + pqE = (A - pE)(A - qE)$

$\qquad\qquad = (B + kE)(B - kE)$

$\qquad\qquad = B^2 - k^2 E$

$\qquad\qquad = B \cdot k^2 B^{-1} - k^2 E$

$\qquad\qquad = k^2 E - k^2 E = O$

가 성립한다.

정답 : ③

004

이차정사각행렬 A 는 모든 성분의 합이 0이고 $A^2 + A^3 = -3A - 3E$를 만족시킨다.
행렬 $A^4 + A^5$의 모든 성분의 합을 구하시오.
(단, E는 단위행렬이다.)

HINT ▶▶

$A^m A^n = A^{m+n}$

단위행렬 $E = \begin{pmatrix} 1 & 0 \\ 0 & 1 \end{pmatrix}$

$A^2 + A^3 = -3A - 3E = -3(A+E)$
양변에 A^2을 곱하면
$A^4 + A^5 = -3(A^3 + A^2)$
$= -3(-3(A+E)) = 9(A+E)$
A의 모든 성분의 합이 0이고, E의 모든 성분의 합이 2이므로 정답은 18이다.

정답 : 18

005

집합 S가 $S = \left\{ \begin{pmatrix} 0 & 1 \\ 1 & 1 \end{pmatrix}, \begin{pmatrix} 1 & 0 \\ 1 & 1 \end{pmatrix}, \begin{pmatrix} 1 & 1 \\ 0 & 1 \end{pmatrix}, \begin{pmatrix} 1 & 1 \\ 1 & 0 \end{pmatrix} \right\}$일 때, 옳은 것만을 〈보기〉에서 있는 대로 고른 것은?

───── 〈보 기〉 ─────

ㄱ. 집합 S에 속하는 서로 다른 두 행렬 A, B에 대하여 행렬 $A+B$의 성분은 모두 짝수이다.

ㄴ. 집합 S에 속하는 행렬 중에서 중복을 허락하여 m개의 행렬 A_1, A_2, $\cdots$, A_m을 선택하였을 때,

$$A_1 + A_2 + \cdots + A_m = \begin{pmatrix} 9 & 9 \\ 9 & 9 \end{pmatrix}$$

가 되도록 하는 m이 존재한다.

ㄷ. 집합 S에 속하는 행렬 중에서 중복을 허락하여 n개의 행렬 A_1, A_2, $\cdots$, A_n을 선택하였을 때,

행렬 $\begin{pmatrix} 1 & 3 \\ 5 & 7 \end{pmatrix} + A_1 + A_2 + \cdots + A_n$

의 성분이 모두 짝수가 되도록 하는 n의 최솟값은 4이다.

① ㄱ   ② ㄴ   ③ ㄷ

④ ㄴ, ㄷ   ⑤ ㄱ, ㄴ, ㄷ

$$a\begin{pmatrix} 0 & 1 \\ 1 & 1 \end{pmatrix} + b\begin{pmatrix} 1 & 0 \\ 1 & 1 \end{pmatrix} + c\begin{pmatrix} 1 & 1 \\ 0 & 1 \end{pmatrix} + d\begin{pmatrix} 1 & 1 \\ 1 & 0 \end{pmatrix}$$

$$= \begin{pmatrix} b+c+d & a+c+d \\ a+b+d & a+b+c \end{pmatrix} = \begin{pmatrix} 9 & 9 \\ 9 & 9 \end{pmatrix}$$

$$\begin{aligned} & b+c+d = 9 \\ & a+c+d = 9 \\ & a+b+d = 9 \\ +) \quad & a+b+c = 9 \\ \hline & 3(a+b+c+d) = 36 \end{aligned}$$

$a+b+c+d = 12$

$\therefore a = b = c = d = 3$

즉 각각의 행렬을 3번씩 선택하여 더하면 $\begin{pmatrix} 9 & 9 \\ 9 & 9 \end{pmatrix}$를 만들 수 있다.

ㄷ. 〈참〉

$$\begin{pmatrix} 1 & 3 \\ 5 & 7 \end{pmatrix} + a\begin{pmatrix} 0 & 1 \\ 1 & 1 \end{pmatrix} + b\begin{pmatrix} 1 & 0 \\ 1 & 1 \end{pmatrix} + c\begin{pmatrix} 1 & 1 \\ 0 & 1 \end{pmatrix} + d\begin{pmatrix} 1 & 1 \\ 1 & c \end{pmatrix}$$

$$= \begin{pmatrix} 1 & 3 \\ 5 & 7 \end{pmatrix} + \begin{pmatrix} b+c+d & a+c+d \\ a+b+d & a+b+c \end{pmatrix}$$

$(a+b+c+d = n)$ 의 성분이 모두 짝수가 되려면

$$\begin{pmatrix} b+c+d & a+c+d \\ a+b+d & a+b+c \end{pmatrix} = \begin{pmatrix} n-a & n-b \\ n-c & n-d \end{pmatrix}$$ 의 성분이 모두 홀수가 되어야 한다.

그런데 n이 홀수이면 $n-a$, $n-b$, $n-c$, $n-d$ 모두 홀수이어야 되므로 a, b, c, d 모두 짝수이다.

이것은 $a+b+c+d = n$에서 짝수 네 개의 합은 짝수이므로 모순

$\therefore n$은 짝수, a, b, c, d는 모두 홀수

$\therefore a=1$, $b=1$, $c=1$, $d=1$일 때,

$\quad n = a+b+c+d = 1+1+1+1$

4가 조건을 만족시키는 n의 최솟값이 된다.

정답 : ④

HINT ▶▶

ㄴ.에서 모든 행렬을 한번씩 더하면

$\begin{pmatrix} 3 & 3 \\ 3 & 3 \end{pmatrix} = 3\begin{pmatrix} 1 & 1 \\ 1 & 1 \end{pmatrix}$이 나오므로 그 배수도 가능.

ㄷ.에서 모든 성분이 홀수인 $1, 3, 5, 7$을 더해서 짝수이므로 더하기 전의 성분은 홀수면 된다. 따라서, 골고루 한번씩 4종류를 계산하면 모두 홀수가 나오므로 참이다.

$S = \left\{ \begin{pmatrix} 0 & 1 \\ 1 & 1 \end{pmatrix}, \begin{pmatrix} 1 & 0 \\ 1 & 1 \end{pmatrix}, \begin{pmatrix} 1 & 1 \\ 0 & 1 \end{pmatrix}, \begin{pmatrix} 1 & 1 \\ 1 & 0 \end{pmatrix} \right\}$ 에서

ㄱ. 〈거짓〉

$A = \begin{pmatrix} 0 & 1 \\ 1 & 1 \end{pmatrix}$, $B = \begin{pmatrix} 1 & 0 \\ 1 & 1 \end{pmatrix}$이라 하면

$A+B = \begin{pmatrix} 1 & 1 \\ 2 & 2 \end{pmatrix}$이므로 성분이 모두 짝수인 것은 아니다.

ㄴ. 〈참〉

각각의 원소인 행렬을 a번, b번, c번, d번 선택하여 더한다면

08.9A

006

집합
$$S = \left\{ \begin{pmatrix} a\ b \\ c\ d \end{pmatrix} \middle|\ a \neq b,\ a \neq c,\ a+d = b+c, \right.$$

a, b, c, d는 실수 $\}$ 에 대하여 〈보기〉에서 옳은 것만을 있는 대로 고른 것은?

─────── 〈보 기〉 ───────

ㄱ. $A \in S$이면 $2A \in S$이다.

ㄴ. 행렬 $X = \begin{pmatrix} 1\ p \\ q\ r \end{pmatrix}$의 성분 $1,\ p,\ q,\ r$가 이 순서로 공차가 양수인 등차수열을 이루   면 $X \in S$이다.

ㄷ. $A \in S$이면 A는 역행렬을 가진다.

① ㄱ   ② ㄱ, ㄴ   ③ ㄱ, ㄷ

④ ㄴ, ㄷ   ⑤ ㄱ, ㄴ, ㄷ

HINT ▶▶

등차수열의 일반항 : $a_n = a + (n-1)d$

행렬의 판별식 :

$A = \begin{pmatrix} a\ b \\ c\ d \end{pmatrix}$에서 $ad - bc \neq 0$이면 A^{-1}존재

ㄱ. 〈참〉

$A = \begin{pmatrix} a\ b \\ c\ d \end{pmatrix}$라 하면 $2A = \begin{pmatrix} 2a\ 2b \\ 2c\ 2d \end{pmatrix}$ 에서

  $a \neq b$이므로 $2a \neq 2b$

  $a \neq c$이므로 $2a \neq 2c$

  $a + d = b + c$에서

$2a + 2d = 2(a+d) = 2(b+c) = 2b + 2c$

  ∴ $2A \in S$

ㄴ. 〈참〉

공차를 $d\,(d > 0)$라 하면

  $p = 1 + d,\ q = 1 + 2d,\ r = 1 + 3d$

  이므로 $1 \neq p,\ 1 \neq q$이고

  $1 + r = p + q = 2 + 3d$

  ∴ $X \in S$

ㄷ. 〈참〉

$A = \begin{pmatrix} a\ b \\ c\ d \end{pmatrix}$라 하면

  $a + d = b + c$에서 $d = b + c - a$이므로

  $ad - bc = a(b + c - a) - bc$

          $= ab - ac - a^2 - bc$

          $= (a - c)(b - a)$

  그런데 $a \neq b,\ a \neq c$이므로

  $(a - c)(b - a) \neq 0$

따라서, A는 역행렬을 가진다.

따라서, 보기 중 옳은 것은 ㄱ, ㄴ, ㄷ이다.

정답 : ⑤

09.6A

007

행렬 $P = \begin{pmatrix} 0 & 1 \\ 1 & 0 \end{pmatrix}$ 에 대하여 집합 S가

$S = \{A \mid A$ 는 이차정사각행렬이고, $PAP = A\}$

일 때, 옳은 것만을 〈보기〉에서 있는 대로 고른 것은?

(단, O는 영행렬이다.)

───── 〈보 기〉 ─────

ㄱ. $P \in S$

ㄴ. $A \in S$이고 $B \in S$이면 $AB \in S$이다.

ㄷ. $A \in S$이고 $A^2 = O$이면 $A = O$이다.

① ㄱ   ② ㄴ   ③ ㄱ, ㄴ

④ ㄱ, ㄷ   ⑤ ㄱ, ㄴ, ㄷ

HINT ▶▶

행렬간의 곱

$\begin{pmatrix} a & b \\ c & d \end{pmatrix}\begin{pmatrix} e & f \\ g & h \end{pmatrix} = \begin{pmatrix} ae+bg & af+bh \\ ce+dg & cf+dh \end{pmatrix}$

$P = \begin{pmatrix} 0 & 1 \\ 1 & 0 \end{pmatrix}$ 이면

$P^2 = \begin{pmatrix} 0 & 1 \\ 1 & 0 \end{pmatrix}\begin{pmatrix} 0 & 1 \\ 1 & 0 \end{pmatrix} = \begin{pmatrix} 1 & 0 \\ 0 & 1 \end{pmatrix} = E$

ㄱ. 〈참〉

$S = \{A \mid A$ 는 이차정사각행렬이고,

$PAP = A\}$

에서 A 대신 P를 대입하면

$P^3 = P \ (\because \ P^2 = E)$

    $\therefore \ P \in S$

ㄴ. 〈참〉

$A \in S$ 이고 $B \in S$이면

$PAP = A \cdots ①$ $PBP = B \cdots ②$ 가 된다.

$AB \in S$ 이려면 $P(AB)P = AB$이어야 한다.

$\therefore \ PA(PP)BP = AB \ (\because \ P^2 = E)$

ㄷ. 〈참〉

$A = \begin{pmatrix} a & b \\ c & d \end{pmatrix}$ 라 가정하면

$A \in S$이려면 $PAP = A$가 성립하여야 하므로

$\begin{pmatrix} 0 & 1 \\ 1 & 0 \end{pmatrix}\begin{pmatrix} a & b \\ c & d \end{pmatrix}\begin{pmatrix} 0 & 1 \\ 1 & 0 \end{pmatrix} = \begin{pmatrix} a & b \\ c & d \end{pmatrix}$이다.

$\begin{pmatrix} d & c \\ b & a \end{pmatrix} = \begin{pmatrix} a & b \\ c & d \end{pmatrix}$ $\therefore \ a = d, \ b = c$

$A = \begin{pmatrix} a & b \\ b & a \end{pmatrix}$에서 $A^2 = \begin{pmatrix} a^2+b^2 & 2ab \\ 2ab & a^2+b^2 \end{pmatrix} = O$에서

$a^2 + b^2 = 0, \ 2ab = 0$

$\therefore \ a = b = 0 \ \ A = \begin{pmatrix} 0 & 0 \\ 0 & 0 \end{pmatrix}$

정답 : ⑤

008

5보다 크고 50보다 작은 두 자연수 a, b에 대하여 행렬 $\begin{pmatrix} a & b \\ b & a^2 \end{pmatrix}$의 역행렬이 존재하지 않을 때, $a+b$의 값은 ?

① 28 ② 32 ③ 36 ④ 40 ⑤ 44

HINT▶▶

$A = \begin{pmatrix} a & b \\ c & d \end{pmatrix}$에서 역행렬이 존재하지 않으면

$ad - bc = 0$

자연수 조건을 이용한다.

역행렬이 존재하지 않으려면 $a^3 = b^2$

$5 < a$, $b < 50$이므로 a 를 기준으로 하는 것이 빠르다.

a^3이 완전제곱수이므로 a가 완전제곱수이면 된다.

$a = 3^2 \rightarrow a^3 = (3^2)^3 = (3^3)^2$

$\therefore a = 9$, $b = 27$

$\therefore a + b = 9 + 27 = 36$

정답 : ③

009

행렬 $A = \begin{pmatrix} 0 & -1 \\ 1 & 0 \end{pmatrix}$에 대하여 $A^m = A^n$을 만족시키는 40 이하의 두 자연수 $m, n (m > n)$의 순서쌍 (m, n)의 개수를 구하시오.

HINT▶▶

이런 류의 문제는 $A^2, A^3, A^4, \ldots$ 순서로 몇 개를 계산해서 순환의 법칙을 찾는다.

주어진 행렬을 제곱하여 계산해보면

(a) $A^1 = A^5 = A^9 = \cdots = A^{37} = A$

(b) $A^2 = A^6 = \cdots = A^{38} = -E$

(c) $A^3 = A^7 = \cdots = A^{39} = -A$

(d) $A^4 = A^8 = \cdots = A^{40} = E$

를 만족한다.

(a) $A^m = A^n = A$(단, $m > n$)를 만족하는 순서쌍 (m,n)의 개수는 $1, 5, 9, 14, \cdots, 37$의 10개의 수 중 2개를 뽑는 조합의 수와 같으므로 $_{10}C_2$

(b), (c), (d)도 (a)와 같은 방법으로 경우의 수는 $_{10}C_2$이므로 $4 \times {_{10}C_2} = 180$가지

정답 : 180

010

이차정사각행렬 A와 행렬 $B = \begin{pmatrix} 1 & 0 \\ 1 & 1 \end{pmatrix}$에 대하

여 $(BA)^2 = \begin{pmatrix} 1 & 1 \\ 1 & 2 \end{pmatrix}$일 때, 행렬 $(AB)^2$은?

① $\begin{pmatrix} 1 & 1 \\ 1 & 2 \end{pmatrix}$ ② $\begin{pmatrix} 2 & 1 \\ 1 & 2 \end{pmatrix}$ ③ $\begin{pmatrix} 2 & 1 \\ 1 & 1 \end{pmatrix}$

④ $\begin{pmatrix} 1 & 2 \\ 2 & 1 \end{pmatrix}$ ⑤ $\begin{pmatrix} 1 & 1 \\ 2 & 1 \end{pmatrix}$

HINT▶▶

주어진 조건은 B값과 $(BA)^2$의 값뿐인데 $(AB)^2$
을 계산해야 한다.

따라서, $(AB)^2$을 조건에 맞게 변형해보자.

$AA^{-1} = A^{-1}A = E$

행렬간의 곱

$A = \begin{pmatrix} a & b \\ c & d \end{pmatrix}$, $B = \begin{pmatrix} e & f \\ g & h \end{pmatrix}$라 하면

$AB = \begin{pmatrix} ae+bg & af+bh \\ ce+dg & cf+dh \end{pmatrix}$가 된다.

$PAP^{-1} = B \Leftrightarrow A = P^{-1}BP$

$$B^{-1}(BA)^2 B = B^{-1}BABAB$$
$$= ABAB \ (\because B^{-1}B = E)$$
$$= (AB)^2$$

$\therefore (AB)^2 = B^{-1} \begin{pmatrix} 1 & 1 \\ 1 & 2 \end{pmatrix} B$

$$= \frac{1}{1} \times \begin{pmatrix} 1 & 0 \\ -1 & 1 \end{pmatrix} \begin{pmatrix} 1 & 1 \\ 1 & 2 \end{pmatrix} \begin{pmatrix} 1 & 0 \\ 1 & 1 \end{pmatrix}$$

$$= \begin{pmatrix} 1 & 1 \\ 0 & 1 \end{pmatrix} \begin{pmatrix} 1 & 0 \\ 1 & 1 \end{pmatrix} = \begin{pmatrix} 2 & 1 \\ 1 & 1 \end{pmatrix}$$

정답 : ③

011

x, y에 대한 연립 방정식

$\begin{pmatrix} 1 & 0 \\ 0 & -4 \end{pmatrix} \begin{pmatrix} x \\ y \end{pmatrix} = k \begin{pmatrix} y \\ -x \end{pmatrix}$

가 $x = 0, y = 0$이외의 해를 갖도록 하는 모든

실수 k의 값의 합은?

① -3 ② -1 ③ 0 ④ 1 ⑤ 3

HINT▶▶

행렬 중 (x, y)의 위치가 바뀌는 즉, $y = x$에

대해 대칭이동하는 변환행렬은 $\begin{pmatrix} 0 & 1 \\ 1 & 0 \end{pmatrix}$이다.

$\begin{pmatrix} a & b \\ c & d \end{pmatrix} \begin{pmatrix} x \\ y \end{pmatrix} = \begin{pmatrix} 0 \\ 0 \end{pmatrix}$ 에서 x, y가 0이외의 해를 가지려

면 행렬 $\begin{pmatrix} a & b \\ c & d \end{pmatrix}$의 역행렬이 존재하지 않아야 한다.

$$\begin{pmatrix} 1 & 0 \\ 0 & -4 \end{pmatrix} \begin{pmatrix} x \\ y \end{pmatrix} = k \begin{pmatrix} y \\ -x \end{pmatrix} = k \begin{pmatrix} 0 & 1 \\ -1 & 0 \end{pmatrix} \begin{pmatrix} x \\ y \end{pmatrix}$$
$$= \begin{pmatrix} 0 & k \\ -k & 0 \end{pmatrix} \begin{pmatrix} x \\ y \end{pmatrix}$$

$\left\{ \begin{pmatrix} 1 & 0 \\ 0 & -4 \end{pmatrix} - \begin{pmatrix} 0 & k \\ -k & 0 \end{pmatrix} \right\} \begin{pmatrix} x \\ y \end{pmatrix} = \begin{pmatrix} 0 \\ 0 \end{pmatrix}$

$\begin{pmatrix} 1 & -k \\ k & -4 \end{pmatrix} \begin{pmatrix} x \\ y \end{pmatrix} = \begin{pmatrix} 0 \\ 0 \end{pmatrix}$

연립방정식이 $x = 0, y = 0$ 이외의 해를 가지려

면 행렬 $\begin{pmatrix} 1 & -k \\ k & -4 \end{pmatrix}$의 역행렬이 존재하지 않아야

한다.

따라서, $1 \cdot (-4) - (-k) \cdot k = 0$ 에서

$k^2 = 4$

$k = -2$ 또는 $k = 2$

그러므로 모든 실수 k의 값의 합은 0이다.

정답 : ③

012

이차정사각행렬 A 와 B 에 대하여 옳은 것만을 [보기]에서 있는 대로 고른 것은?

(단, O 는 영행렬이고, E 는 단위행렬이다.)

─── 〈보 기〉 ───

ㄱ. $(A+B)^2 = (A-B)^2$ 이면

$AB = O$ 이다.

ㄴ. $A^2 = E$, $B^2 = B$ 이면

$(ABA)^2 = ABA$ 이다.

ㄷ. $A(A+E) = E$, $AB = -E$ 이면

$B^2 = A + 2E$ 이다.

① ㄴ　　　　② ㄷ　　　　③ ㄱ, ㄴ

④ ㄱ, ㄷ　　　⑤ ㄴ, ㄷ

HINT ▶▶

"$= O$" 인 꼴의 반례를 들 때는 행렬 속 0의 위치를 중점적으로 생각해본다.

행렬의 곱은 교환법칙이 성립하지 않는다.

$AB \neq BA$

ㄱ. 〈거짓〉

[반례] $A = \begin{pmatrix} -1 & 0 \\ 0 & 1 \end{pmatrix}$, $B = \begin{pmatrix} 0 & 0 \\ -1 & 0 \end{pmatrix}$ 이면

$(A+B)^2 = \begin{pmatrix} -1 & 0 \\ -1 & 1 \end{pmatrix}^2 = \begin{pmatrix} 1 & 0 \\ 0 & 1 \end{pmatrix}$

$(A-B)^2 = \begin{pmatrix} -1 & 0 \\ 1 & 1 \end{pmatrix}^2 = \begin{pmatrix} 1 & 0 \\ 0 & 1 \end{pmatrix}$ 이지만

$AB = \begin{pmatrix} -1 & 0 \\ 0 & 1 \end{pmatrix}\begin{pmatrix} 0 & 0 \\ -1 & 0 \end{pmatrix} = \begin{pmatrix} 0 & 0 \\ -1 & 0 \end{pmatrix} \neq O$

ㄴ. 〈참〉

$(ABA)^2 = (ABA)(ABA) = ABA^2BA$

$\qquad = ABEBA \ (\because A^2 = E)$

$\qquad = AB^2A$

$\qquad = ABA \ (\because B^2 = B)$

ㄷ. 〈참〉

$A(A+E) = E$ 에서 $A^{-1} = A + E$ ⋯⋯ ㉠

또한, $AB = -E$ 에서 $A(-B) = E$

$\therefore A^{-1} = -B$ ⋯⋯ ㉡

㉠과 ㉡이 같으므로 $-B = A + E$

위의 식의 양변을 제곱하면

$B^2 = (A+E)^2 = A^2 + 2A + E$

$\qquad = A(A+E) + A + E$

$\qquad = E + A + E \ (\because A(A+E) = E)$

$\qquad = A + 2E$

따라서, 옳은 것은 ㄴ, ㄷ이다.

정답 : ⑤

013

이차정사각행렬 A, B, P 가

$$AP = P\begin{pmatrix} a & 0 \\ 0 & b \end{pmatrix}, \quad BP = P\begin{pmatrix} c & 0 \\ 0 & d \end{pmatrix}$$

를 만족시킨다. P 가 역행렬을 가질 때, 옳은 것만을 〈보기〉에서 있는 대로 고른 것은?

> ㄱ. $a = c$ 이고 $b = d$ 이면 $A = B$ 이다.
> ㄴ. $AB = BA$
> ㄷ. $A - B$ 가 역행렬을 가지면
> $a \neq c$ 이고 $b \neq d$ 이다.

① ㄱ   ② ㄴ   ③ ㄱ, ㄴ

④ ㄱ, ㄷ   ⑤ ㄱ, ㄴ, ㄷ

HINT ▶▶

A, B, P 가 역행렬을 가질 때

$PAP^{-1} = B \Leftrightarrow A = P^{-1}BP$

$\begin{pmatrix} a & b \\ c & d \end{pmatrix}$ 행렬이 역행렬을 가지지 않을 조건 :

$ad - bc = 0$

ㄱ. 〈참〉

$$A = P\begin{pmatrix} a & 0 \\ 0 & b \end{pmatrix} P^{-1}, B = P\begin{pmatrix} c & 0 \\ 0 & d \end{pmatrix} P^{-1}$$

이므로 $a = c$, $b = d$ 이면 $A = B$ 이다.

ㄴ. 〈참〉

$$AB = P\begin{pmatrix} a & 0 \\ 0 & b \end{pmatrix} P^{-1} P\begin{pmatrix} c & 0 \\ 0 & d \end{pmatrix} P^{-1}$$

$$= P\begin{pmatrix} a & 0 \\ 0 & b \end{pmatrix}\begin{pmatrix} c & 0 \\ 0 & d \end{pmatrix} P^{-1}$$

$$= P\begin{pmatrix} ac & 0 \\ 0 & bd \end{pmatrix} P^{-1}$$

$$BA = P\begin{pmatrix} c & 0 \\ 0 & d \end{pmatrix} P^{-1} P\begin{pmatrix} a & 0 \\ 0 & b \end{pmatrix} P^{-1}$$

$$= P\begin{pmatrix} c & 0 \\ 0 & d \end{pmatrix}\begin{pmatrix} a & 0 \\ 0 & b \end{pmatrix} P^{-1}$$

$$= P\begin{pmatrix} ac & 0 \\ 0 & bd \end{pmatrix} P^{-1}$$

$$\therefore AB = BA$$

ㄷ. 〈참〉

$$A - B = P\begin{pmatrix} a & 0 \\ 0 & b \end{pmatrix} P^{-1} - P\begin{pmatrix} c & 0 \\ 0 & d \end{pmatrix} P^{-1}$$

$$= P\left[\begin{pmatrix} a & 0 \\ 0 & b \end{pmatrix} - \begin{pmatrix} c & 0 \\ 0 & d \end{pmatrix}\right] P^{-1}$$

$$= P\begin{pmatrix} a-c & 0 \\ 0 & b-d \end{pmatrix} P^{-1}$$

에서 $A - B$ 의 역행렬이 존재하므로

$$\therefore P^{-1}(A-B)P = \begin{pmatrix} a-c & 0 \\ 0 & b-d \end{pmatrix}$$ 도 역행렬이

존재해야한다.

$(a-c)(b-d) \neq 0$ 이다.

따라서, $a \neq c$ 이고 $b \neq d$ 이다. (참)

따라서, 옳은 것은 ㄱ, ㄴ, ㄷ

10.9A

014

이차정사각행렬 A, B, C에 대하여 $ABC = E$
이고 $ACB = E$일 때, 옳은 것만을 〈보기〉에서
있는 대로 고른 것은? (단, E는 단위행렬이다.)

ㄱ. $A = E$이면 $B = E$이다.

ㄴ. $AB = BA$

ㄷ. 모든 자연수 n에 대하여
　　$A^n B^n C^n = E$이다.

---

① ㄴ　　　　② ㄷ　　　　③ ㄱ, ㄴ

④ ㄱ, ㄴ　　⑤ ㄴ, ㄷ

HINT ▶▶

A의 역행렬을 A^{-1}이라 하면
$$AA^{-1} = A^{-1}A = E$$

$$\begin{pmatrix} 0 & 1 \\ 1 & 0 \end{pmatrix}\begin{pmatrix} 0 & 1 \\ 1 & 0 \end{pmatrix} = \begin{pmatrix} 1 & 0 \\ 0 & 1 \end{pmatrix} = E$$

수학적 귀납법

(1) $n = 1$일 때 성립

(2) $n = k$일 때 성립한다고 가정하면
　　$n = k+1$일 때도 성립

ㄱ. 〈거짓〉

$ABC = E$, $ACB = E$이므로

$A = E$이면 $BC = E$, $CB = E$이다.

그런데 $B = \begin{pmatrix} 0 & 1 \\ 1 & 0 \end{pmatrix}$, $C = \begin{pmatrix} 0 & 1 \\ 1 & 0 \end{pmatrix}$일 때

$BC = E$, $CB = E$이지만 $B \neq E$이다.

ㄴ. 〈참〉

$(AC)B = E$이므로 $B(AC) = E$이다.

즉, $BAC = E$이므로 $BA = C^{-1}$이고,

$ABC = E$이므로 $AB = C^{-1}$이다.

$\therefore AB = BA$

ㄷ. 〈참〉

모든 자연수 n에 대하여 $A^n B^n C^n = E$가 성
립함을 수학적귀납법으로 증명하자.

(i) $n = 1$일 때, $ABC = E$이므로 성립한다.

(ii) $n = k\,(k = 1,\ 2,\ 3,\ \cdots)$일 때 성립한다
고 가정하면 $A^k B^k C^k = E$

$n = k+1$일 때, 성립함을 보이자.

$ABC = ACB = E$에서 $BC = CB$이므로

$A^{k+1} B^{k+1} C^{k+1} = AA^k B^k BC^k C$

$= AA^k B^k C^k BC = AEBC = E$

그러므로 $n = k+1$일 때도 성립한다.

따라서, 모든 자연수 n에 대하여 주어진 등식
은 성립한다.

따라서, 옳은 것은 ㄴ, ㄷ이다.

정답 : ⑤

10.9A

015

행렬 $\begin{pmatrix} 2 & 1 \\ 0 & -4 \end{pmatrix}^n$ 의 $(1, 2)$성분은

$2^4 - 2^5 + 2^6 - 2^7 + 2^8$ 이고 $(1, 1)$성분은 a이다. $a + n$의 값을 구하시오. (단, n은 자연수이다.)

HINT▶▶

이런 류의 문제는 $A^2, A^3, A^4, \ldots$ 순서로 몇 개를 계산해서 일정한 법칙을 찾는다.

$\begin{pmatrix} 2 & 1 \\ 0 & -4 \end{pmatrix}^2 = \begin{pmatrix} 2 & 1 \\ 0 & -4 \end{pmatrix}\begin{pmatrix} 2 & 1 \\ 0 & -4 \end{pmatrix} = \begin{pmatrix} 4 & 2-2^2 \\ 0 & 16 \end{pmatrix}$

$\begin{pmatrix} 2 & 1 \\ 0 & -4 \end{pmatrix}^3 = \begin{pmatrix} 4 & 2-2^2 \\ 0 & 16 \end{pmatrix}\begin{pmatrix} 2 & 1 \\ 0 & -4 \end{pmatrix} = \begin{pmatrix} 8 & 2^2-2^3+2^4 \\ 0 & -64 \end{pmatrix}$

$\begin{pmatrix} 2 & 1 \\ 0 & -4 \end{pmatrix}^4 = \begin{pmatrix} 8 & 2^2-2^3+2^4 \\ 0 & -64 \end{pmatrix}\begin{pmatrix} 2 & 1 \\ 0 & -4 \end{pmatrix}$

$= \begin{pmatrix} 16 & 2^3-2^4+2^5-2^6 \\ 0 & 256 \end{pmatrix}$

$\begin{pmatrix} 2 & 1 \\ 0 & -4 \end{pmatrix}^5 = \begin{pmatrix} 16 & 2^3-2^4+2^5-2^6 \\ 0 & 256 \end{pmatrix}\begin{pmatrix} 2 & 1 \\ 0 & -4 \end{pmatrix}$

$= \begin{pmatrix} 32 & 2^4-2^5+2^6-2^7+2^8 \\ 0 & -1024 \end{pmatrix}$

$\therefore n = 5, \ a = 32$

$\therefore a + n = 37$

11.수능A

016

이차정사각행렬 A의 (i, j)의 성분 a_{ij}가
$a_{ij} = i - j \ (i = 1, 2, \ i = 1, 2)$이다.

행렬 $A + A^2 + A^3 + \cdots + A^{2010}$의 $(2, 1)$ 성분은?

① -2010 ② -1 ③ 0

④ 1 ⑤ 2010

HINT▶▶

이런 류의 문제는 $A^2, A^3, A^4, \ldots$ 순서로 몇 개를 계산해서 순환의 법칙을 찾는다.

$a_{ij} = i - j$ 이므로

$a_{11} = 0, a_{12} = -1, a_{21} = 1, a_{22} = 0$

$\therefore A = \begin{pmatrix} 0 & -1 \\ 1 & 0 \end{pmatrix}$

$A^2 = \begin{pmatrix} 0 & -1 \\ 1 & 0 \end{pmatrix}\begin{pmatrix} 0 & -1 \\ 1 & 0 \end{pmatrix} = \begin{pmatrix} -1 & 0 \\ 0 & -1 \end{pmatrix} = -E$

$A^3 = -A, A^4 = E, A^5 = A, \cdots$

이때,

$A + A^2 + A^3 + A^4 = A - E - A + E = O$ 이므로

$A + A^2 + A^3 + \cdots + A^{2010}$

$= (A + A^2 + A^3 + A^4) + \cdots$

$\quad + (A^{2005} + \cdots + A^{2008}) + A^{2009} + A^{2010}$

$= O + \cdots + O + A + A^2$

$A - E = \begin{pmatrix} 0 & -1 \\ 1 & 0 \end{pmatrix} - \begin{pmatrix} 1 & 0 \\ 0 & 1 \end{pmatrix} = \begin{pmatrix} -1 & -1 \\ 1 & -1 \end{pmatrix}$

따라서, 구하는 $(2, 1)$의 성분은 1이다.

017

1×2행렬을 원소로 갖는 집합 S와 2×1행렬을 원소로 갖는 집합 T가 다음과 같다.

$$S = \{(a, b) \mid a + b \neq 0\}, \quad T = \left\{ \begin{pmatrix} p \\ q \end{pmatrix} \middle| pq \neq 0 \right\}$$

집합 S의 원소 A에 대하여 옳은 것만을 〈보기〉에서 있는 대로 고른 것은?

> ㄱ. 집합 T의 원소 P에 대하여 PA는 역행렬을 갖지 않는다.
> ㄴ. 집합 S의 원소 B와 집합 T의 원소 P에 대하여 $PA = PB$이면 $A = B$이다.
> ㄷ. 집합 T의 원소 중에는 $PA \begin{pmatrix} 1 \\ 1 \end{pmatrix} = \begin{pmatrix} 1 \\ 1 \end{pmatrix}$ 을 만족하는 P가 있다.

① ㄱ   ② ㄷ   ③ ㄱ, ㄴ
④ ㄴ, ㄷ   ⑤ ㄱ, ㄴ, ㄷ

HINT ▶▶

$A = \begin{pmatrix} a & b \\ c & d \end{pmatrix}$에서 $kA = \begin{pmatrix} ka & kb \\ kc & kd \end{pmatrix}$

$n \times m$행렬과 곱셈이 가능하려면 $m \times l$의 형태로 m값이 같아야 하며 새로이 $n \times l$의 행렬이 나온다.
예를 들어 3×5행렬은 5×7행렬과 계산이 가능하며 그 결과 3×7행렬이 나온다.

$A = (a \ \ b) \in S$에 대하여

ㄱ. 〈참〉

$P = \begin{pmatrix} p \\ q \end{pmatrix} \in T$에 대하여

$$PA = \begin{pmatrix} p \\ q \end{pmatrix}(a \ \ b) = \begin{pmatrix} pa & pb \\ qa & qb \end{pmatrix}$$

$paqb - qapb = 0$이므로 PA는 역행렬을 갖지 않는다.

ㄴ. 〈참〉

$B = (c \ \ d) \in S, \ P = \begin{pmatrix} p \\ q \end{pmatrix} \in T$에 대하여

$$PA = \begin{pmatrix} p \\ q \end{pmatrix}(a \ \ b) = \begin{pmatrix} pa & pb \\ qa & qb \end{pmatrix}$$

$$PB = \begin{pmatrix} p \\ q \end{pmatrix}(c \ \ d) = \begin{pmatrix} pc & pd \\ qc & qd \end{pmatrix}$$

이때, $p \neq 0$이고 $q \neq 0$이므로 $PA = PB$이면
$a = c, \ b = d \quad \therefore \quad A = B$

ㄷ. 〈참〉

$A = (a, \ b) \in S$에서 $a + b \neq 0$

$P = \begin{pmatrix} \dfrac{1}{a+b} \\ \dfrac{1}{a+b} \end{pmatrix}$ 이라 두면 $P \in T$이고,

$$PA \begin{pmatrix} 1 \\ 1 \end{pmatrix} = \begin{pmatrix} \dfrac{1}{a+b} \\ \dfrac{1}{a+b} \end{pmatrix} (a \ \ b) \begin{pmatrix} 1 \\ 1 \end{pmatrix}$$

$$= \begin{pmatrix} \dfrac{1}{a+b} \\ \dfrac{1}{a+b} \end{pmatrix} (a + b) = \begin{pmatrix} 1 \\ 1 \end{pmatrix}$$

정답 : ⑤

10.수능A

018

어느 회사에서는 응시자의 추론능력시험과 공간지각능력시험의 원점수를 변환하여 사용한다. 추론능력시험의 원점수가 x, 공간지각능력시험의 원점수가 y일 때, 두 가지 변환점수 p와 q는 다음과 같다.

$$\begin{pmatrix} p \\ q \end{pmatrix} = \begin{pmatrix} 3 & 2 \\ 2 & 3 \end{pmatrix} \begin{pmatrix} x \\ y \end{pmatrix}$$

응시자 A, B, C의 각 변환점수가 표와 같을 때, 응시자 A, B, C의 추론능력시험의 원점수를 각각 a, b, c라 하자.

a, b, c의 대소 관계를 바르게 나타낸 것은?

	A	B	C
p	45	50	45
q	40	50	50

① $a > b > c$ 　　② $a > c > b$

③ $b > a > c$ 　　④ $b > c > a$

⑤ $c > b > a$

$A = \begin{pmatrix} a & b \\ c & d \end{pmatrix}$의 역행렬은 $\dfrac{1}{ad-bc} \begin{pmatrix} d & -b \\ -c & a \end{pmatrix}$이다.

이 문제에서는 y값은 필요없고 x값만 구하면 된다.

$\begin{pmatrix} p \\ q \end{pmatrix} = \begin{pmatrix} 3 & 2 \\ 2 & 3 \end{pmatrix} \begin{pmatrix} x \\ y \end{pmatrix}$에서

$\begin{pmatrix} x \\ y \end{pmatrix} = \begin{pmatrix} 3 & 2 \\ 2 & 3 \end{pmatrix}^{-1} \begin{pmatrix} p \\ q \end{pmatrix}$

$\qquad = \begin{pmatrix} \dfrac{3}{5} & -\dfrac{2}{5} \\ -\dfrac{2}{5} & \dfrac{3}{5} \end{pmatrix} \begin{pmatrix} p \\ q \end{pmatrix}$

$\therefore x = \dfrac{3}{5}p - \dfrac{2}{5}q$

$\therefore a = \dfrac{3}{5} \times 45 - \dfrac{2}{5} \times 40 = 11$

$\qquad b = \dfrac{3}{5} \times 50 - \dfrac{2}{5} \times 50 = 10$

$\qquad c = \dfrac{3}{5} \times 45 - \dfrac{2}{5} \times 50 = 7$

$\therefore a > b > c$

정답 : ①

019

역행렬이 존재하는 이차정사각행렬 A 가

$$\begin{pmatrix} 2 & -1 \\ 1 & a \end{pmatrix} A^{-1} = \begin{pmatrix} -1 & 0 \\ 0 & -1 \end{pmatrix}, \quad A\begin{pmatrix} 3 \\ 2 \end{pmatrix} = \begin{pmatrix} b \\ 3 \end{pmatrix}$$

을 만족시킬 때, 두 상수 a, b 의 곱 ab 의 값을 구하시오.

HINT▶▶

$AB = E \Leftrightarrow A = B^{-1}, B = A^{-1}$

$\begin{pmatrix} 2 & -1 \\ 1 & a \end{pmatrix} A^{-1} = \begin{pmatrix} -1 & 0 \\ 0 & -1 \end{pmatrix} = -E$ 이므로

$A = -\begin{pmatrix} 2 & -1 \\ 1 & a \end{pmatrix} = \begin{pmatrix} -2 & 1 \\ -1 & -a \end{pmatrix}$

이때, $A\begin{pmatrix} 3 \\ 2 \end{pmatrix} = \begin{pmatrix} b \\ 3 \end{pmatrix}$ 이므로

$\begin{pmatrix} -2 & 1 \\ -1 & -a \end{pmatrix}\begin{pmatrix} 3 \\ 2 \end{pmatrix} = \begin{pmatrix} b \\ 3 \end{pmatrix}, \quad \begin{pmatrix} -4 \\ -3-2a \end{pmatrix} = \begin{pmatrix} b \\ 3 \end{pmatrix}$

즉, $b = -4, \ -3 - 2a = 3$ 에서

$a = -3$

$\therefore ab = 12$

정답 : 12

020

집합 $\left\{ (x,y) \mid \begin{pmatrix} k+3 & 5 \\ -1 & k-3 \end{pmatrix}\begin{pmatrix} x \\ y \end{pmatrix} = \begin{pmatrix} 10 \\ -2 \end{pmatrix} \right\}$

(단, k는 상수)가 무한집합일 때, 이 집합의 원소를 좌표평면위에 나타낸 도형의 방정식이 $ax + by - 2 = 0$ 이다. 두 상수 a, b 에 대하여 $10a + b$ 의 값을 구하시오.

HINT▶▶

해가 무수히 많으려면 행렬에 있어서는 역행렬이 존재하지 않으며 그래프상으로는 두 직선이 일치해야 한다.

$\begin{pmatrix} k+3 & 5 \\ -1 & k-3 \end{pmatrix}\begin{pmatrix} x \\ y \end{pmatrix} = \begin{pmatrix} 10 \\ -2 \end{pmatrix}$ 에서

$\begin{cases} (k+3)x + 5y = 10 \\ -x + (k-3)y = -2 \end{cases}$

해가 무수히 많으려면 두 직선이 일치해야 하므로

$\dfrac{k+3}{-1} = \dfrac{5}{k-3} = \dfrac{10}{-2} \qquad \therefore k = 2$

따라서, $x + y = 2$, 즉 $x + y - 2 = 0$ 이므로

$a = 1, b = 1$

$\therefore 10a + b = 11$

정답 : 11

11.9A

021

행렬 $A = \begin{pmatrix} 1 & 1 \\ a & a \end{pmatrix}$ 와 이차정사각행렬 B 가 다음 조건을 만족시킬 때, 행렬 $A + B$ 의 $(1, 2)$ 성분과 $(2, 1)$ 성분의 합은?

(가) $B \begin{pmatrix} 1 \\ -1 \end{pmatrix} = \begin{pmatrix} 0 \\ 0 \end{pmatrix}$ 이다.
(나) $AB = 2A$ 이고, $BA = 4B$ 이다.

① 2　　② 4　　③ 6　　④ 8　　⑤ 10

HINT ▶▶

$k \begin{pmatrix} a & b \\ c & d \end{pmatrix} = \begin{pmatrix} ka & kb \\ kc & kd \end{pmatrix}$

$B = \begin{pmatrix} p & q \\ r & s \end{pmatrix}$ 라 놓고 푼다.

$B = \begin{pmatrix} p & q \\ r & s \end{pmatrix}$ 라 하면 (가)에서

$\begin{pmatrix} p & q \\ r & s \end{pmatrix} \begin{pmatrix} 1 \\ -1 \end{pmatrix} = \begin{pmatrix} p - q \\ r - s \end{pmatrix} = \begin{pmatrix} 0 \\ 0 \end{pmatrix}$

$\therefore p = q, \ r = s$

$\therefore B = \begin{pmatrix} p & p \\ r & r \end{pmatrix}$

이때, (나)에서

$AB = \begin{pmatrix} p + r & p + r \\ a(p+r) & a(p+r) \end{pmatrix} = 2 \begin{pmatrix} 1 & 1 \\ a & a \end{pmatrix} = \begin{pmatrix} 2 & 2 \\ 2a & 2a \end{pmatrix}$

이므로 $p + r = 2$ 이다.

또,

$BA = \begin{pmatrix} p(1+a) & p(1+a) \\ r(1+a) & r(1+a) \end{pmatrix} = 4 \begin{pmatrix} p & p \\ r & r \end{pmatrix} = \begin{pmatrix} 4p & 4p \\ 4r & 4r \end{pmatrix}$

이므로 $1 + a = 4$ 즉, $a = 3$ 이다.

($\because \ 1 + a \neq 4$ 이면 $p = 0$, $r = 0$ 인데 이는 모순이다. , $AB = 2A \neq O$)

따라서, $A + B = \begin{pmatrix} 1+p & 1+p \\ a+r & a+r \end{pmatrix}$ 의 $(1, 2)$ 성분과 $(2, 1)$ 성분의 합은

$1 + p + a + r = 1 + a + (p + r)$
$= 1 + 3 + 2 = 6$

정답 : ③

11.수능A

022

두 이차정사각행렬 A, B 가
$$A^2 + B = 3E, \quad A^4 + B^2 = 7E$$
를 만족시킬 때, 옳은 것만을 〈보기〉에서 있는 대로 고른 것은? (단, E 는 단위행렬이다.)

———— 〈보 기〉 ————
ㄱ. $AB = BA$
ㄴ. $B^{-1} = A^2$
ㄷ. $A^6 + B^3 = 18E$

① ㄱ   ② ㄴ   ③ ㄱ, ㄴ
④ ㄱ, ㄷ   ⑤ ㄱ, ㄴ, ㄷ

HINT▶▶

$AB = BA = E \Rightarrow B = A^{-1}$
행렬의 곱에서 $AB \neq BA$
$a^3 \pm b^3 = (a \pm b)(a^2 \mp ab + b^2)$

ㄱ. 〈참〉
$A^2 + B = 3E$의 양변의 왼쪽과 오른쪽에 A를 곱하면
$A^3 + AB = 3A$ ⋯ ㉠
$A^3 + BA = 3A$ ⋯ ㉡
㉠ $-$ ㉡ 하면 $AB = BA$이다.

ㄴ. 〈참〉
$A^2 = 3E - B$ 를 $A^4 + B^2 = 7E$ 에 대입하면
$(3E - B)^2 + B^2 = 7E$
$2B^2 - 6B + 2E = O$
$B^2 - 3B + E = O$
$B(3E - B) = E$
따라서, $B^{-1} = 3E - B = A^2$
($\because A^2 + B = 3E$)이다.

ㄷ. 〈참〉
ㄴ에 의해 주어진 식은
$B^{-1} + B = 3E, \ (B^{-1})^2 + B^2 = 7E$이고
$$\begin{aligned} A^6 + B^3 &= (B^{-1})^3 + B^3 \\ &= (B^{-1} + B)\{(B^{-1})^2 - E + B^2\} \\ &= 3E \cdot (7E - E) \\ &= 18E \end{aligned}$$
따라서, ㄱ, ㄴ, ㄷ 모두 옳다.

정답 : ⑤

11.수능A

023

이차정사각행렬 A 가 다음 조건을 만족시킨다.
(단, E 는 단위행렬이고, O 는 영행렬이다.)

(가) $A^2 + 2A - E = O$

(나) $A\begin{pmatrix} 1 \\ -1 \end{pmatrix} = \begin{pmatrix} 3 \\ 4 \end{pmatrix}$

$(A+2E)\begin{pmatrix} x \\ y \end{pmatrix} = \begin{pmatrix} 3 \\ -3 \end{pmatrix}$ 을 만족시키는 실수 x, y 에 대하여 $x+y$ 의 값을 구하시오.

HINT ▶▶

조건식을 이용해서 우항을 단위행렬 E 로 만드는 요령을 익히자.

즉, $A^2 + 2A - E = 0 \Rightarrow A^2 + 2A$
$$= A(A+2E) = E$$

이때 $A + E = A^{-1}$ 이 된다.

(가)에서 $A^2 + 2A = E$ ······㉠

$(A+2E)\begin{pmatrix} x \\ y \end{pmatrix} = \begin{pmatrix} 3 \\ -3 \end{pmatrix}$ 의 양변의 왼쪽에 A 를 곱하면

$(A^2 + 2A)\begin{pmatrix} x \\ y \end{pmatrix} = A\begin{pmatrix} 3 \\ -3 \end{pmatrix}$

㉠에 의하여

$\begin{pmatrix} x \\ y \end{pmatrix} = A\begin{pmatrix} 3 \\ -3 \end{pmatrix}$

$\qquad = 3A\begin{pmatrix} 1 \\ -1 \end{pmatrix}$

$\qquad = 3\begin{pmatrix} 3 \\ 4 \end{pmatrix}$ (∵ 조건 (나)에 의하여)

∴ $x + y = 9 + 12 = 21$

정답 : 21

2. 지수와 로그

총 40문항

세상을 바꾸는 공부법 100선

057 눈이 아프면 듣기리듬을 쓰고, 우울하면 예습을 하고, 너무 나가서 놀고 싶은데 마음이 진정되지 않으면 복습을 하고, 속이 꼬이면서 좋지 않으면 예습을 빠른 속도로 하고, 속이 쓰리면서 좋지 않으면 느린 예습을 하라.

058 우리는 열심히 공부하고 열심히 놀라고 강조한다. 진정으로 집중해서 하루 동안 공부할 책 100페이지를 자신의 것으로 만들고 싶은가? 그러면 운동 · 수면 · 공부의 균형, 좌우균형, 리듬간균형 말고 제4의 요소인 카타르시스를 말하지 않을 수 없다.

059 간혹 공부에 관해 완벽히 잊자. 어차피 우리에게 그냥 책상 앞에 앉아 있는 것만이 목표는 아니지 않는가? 최소 일주 한번은 진정 공부를 잊기 위해서 노력해보자.

060 스트레스해소법중 추천하지 않는 것이 있는데 게임이 바로 그렇다. 이 스트레스해소법은 공부방식의 가장 중요한 부분인 눈을 사용하는 리듬을 피로하도록 집중적으로 사용해버려서 귀중한 자원을 낭비한다. 게다가 공부할 때 꼭 필요한 이해력 암기력 등도 많은 부분을 갉아먹어버린다.

061 게임은 최악의 경우 즉 너무 스트레스가 심해서 도저히 다른 방법이 없을 때를 위한 **최후의 어쩔 수 없는 선택**이라는 점을 명심하자. 가능하면 피하도록 하라.

001

2 이상인 두 자연수 a, b에 대하여 $R(a, b)$를 $R(a, b) = \sqrt[a]{b}$로 정의할 때, 〈보기〉에서 옳은 것을 모두 고른 것은?

─── 〈보 기〉 ───

ㄱ. $R(16, 4) = R(8, 2)$
ㄴ. $R(a, 5) \cdot R(b, 5) = R(a + b, 5)$
ㄷ. $R(a, b) = k$이면 $a = \log_k b$이다.

① ㄱ   ② ㄴ   ③ ㄱ, ㄷ
④ ㄴ, ㄷ   ⑤ ㄱ, ㄴ, ㄷ

HINT ▶▶

$a^b = k \Leftrightarrow \log_a k = b$

$\sqrt[m]{a^n} = a^{\frac{n}{m}}$

$a^m \times a^n = a^{m+n}$

$\log_a b = \dfrac{1}{\log_b a}$

ㄱ. 〈참〉
$R(16, 4) = \sqrt[16]{4}$
$\qquad = 2^{\frac{2}{16}} = 2^{\frac{1}{8}} = \sqrt[8]{2}$
$\qquad = R(8, 2)$

ㄴ. 〈거짓〉
$R(a, 5) \cdot R(b, 5)$
$= \sqrt[a]{5} \cdot \sqrt[b]{5}$
$= 5^{\frac{1}{a} + \frac{1}{b}} = 5^{\frac{a+b}{ab}}$

$R(a + b, 5) = \sqrt[a+b]{5} = 5^{\frac{1}{a+b}}$
$\therefore R(a, 5) \cdot R(b, 5) \neq R(a + b, 5)$

ㄷ. 〈참〉

$R(a, b) = \sqrt[a]{b} = b^{\frac{1}{a}} = k$

$\dfrac{1}{a} = \log_b k = \dfrac{1}{\log_k b}$

$\therefore a = \log_k b$

따라서, 옳은 것은 ㄱ, ㄷ이다.

정답 : ③

07.6A

002

다음 조건을 만족시키는 세 정수 a, b, c를 더한 값을 k라 할 때, k의 최댓값과 최솟값의 합을 구하시오.

(가) $1 \leq a \leq 5$

(나) $\log_2 (b-a) = 3$

(다) $\log_2 (c-b) = 2$

HINT▶▶

$a^x = b \Leftrightarrow \log_a b = x$

$$+)\quad \begin{array}{|l} a < x < b \\ c < y < d \end{array}$$
$$a + c < x + y < b + d$$

조건 (나)에서 $b - a = 2^3 = 8 \cdots \bigcirc$

조건 (다)에서 $c - b = 2^2 = 4 \cdots \bigcirc$

$\bigcirc$, $\bigcirc$에서 $c - a = 12 \cdots \bigcirc$

$\bigcirc$에서 $b = a + 8$, $\bigcirc$에서 $c = a + 12$ 이고

조건 (가)에 의하여

$9 \leq b \leq 13$, $13 \leq c \leq 17$

따라서, k의 최댓값을 M, 최솟값을 m이라 하면

$M = 5 + 13 + 17 = 35$, $m = 1 + 9 + 13 = 23$

$\therefore M + m = 58$

정답 : 58

07.6A

003

함수 $y = \log_2 x$ 의 그래프를 x축의 방향으로 a만큼 평행이동시킨 그래프가 함수 $y = \log_b x$ 의 그래프와 점 $(9, 2)$에서 만날 때, $10a + b$의 값을 구하시오.

HINT▶▶

$\log_a b = x \Leftrightarrow a^x = b$

$\log_a b$에서 $a > 0$, $a \neq 1$, $b > 0$

함수 $y = \log_2 x$ 의 그래프를 x축의 방향으로 a만큼 평행이동 시키면 $y = \log_2 (x - a)$ 의 그래프가 된다.

이 그래프가 함수 $y = \log_b x$ 의 그래프와 점 $(9, 2)$에서 만나므로 $\log_2 (9 - a) = 2$ 에서

$9 - a = 2^2$ $\therefore a = 5$

한편, $\log_b 9 = 2$ 에서 $9 = b^2$

$b > 0$, $b \neq 1$이므로 $b = 3$

$\therefore 10a + b = 10 \cdot 5 + 3 = 53$

정답 : 53

07.6A
004

함수 $f(x) = \log_5 x$ 이고 $a > 0$, $b > 0$일 때, 〈보기〉에서 항상 옳은 것을 모두 고른 것은?

〈보 기〉

ㄱ. $\left\{f\left(\dfrac{a}{5}\right)\right\}^2 = \left\{f\left(\dfrac{5}{a}\right)\right\}^2$

ㄴ. $f(a+1) - f(a) > f(a+2) - f(a+1)$

ㄷ. $f(a) < f(b)$이면 $f^{-1}(a) < f^{-1}(b)$이다.

① ㄱ ② ㄴ ③ ㄱ, ㄴ
④ ㄱ, ㄷ ⑤ ㄱ, ㄴ, ㄷ

HINT ▶▶

$y = \log_a x$와 $y = a^x$은 서로 역함수가 된다.

$\log_a 1 = 0$

$\log_a b = -\log_a \dfrac{1}{b}$

함수 $\log_a x$, a^x에서 $a > 1$이면 증가함수가 된다.

$\log_c a > \log_c b$에서 $c > 1$이면 $a > b$가 된다.

ㄱ. 〈참〉

$$\left\{f\left(\dfrac{a}{5}\right)\right\}^2 = \left(\log_5 \dfrac{a}{5}\right)^2$$
$$= \left(-\log_5 \dfrac{a}{5}\right)^2$$
$$= \left(\log_5 \dfrac{5}{a}\right)^2$$
$$= \left\{f\left(\dfrac{5}{a}\right)\right\}^2$$

ㄴ. 〈참〉

$$\{f(a+1) - f(a)\} - \{f(a+2) - f(a+1)\}$$
$$= 2f(a+1) - \{f(a) + f(a+2)\}$$
$$= 2\log_5(a+1) - \{\log_5 a + \log_5(a+2)\}$$
$$= \log_5(a+1)^2 - \log_5 a(a+2)$$
$$= \log_5 \dfrac{(a+1)^2}{a(a+2)}$$
$$= \log_5 \dfrac{a^2 + 2a + 1}{a^2 + 2a}$$
$$= \log_5\left(1 + \dfrac{1}{a^2 + 2a}\right) > \log_5 1 = 0$$
$$\therefore f(a+1) - f(a) > f(a+2) - f(a+1)$$

ㄷ. 〈참〉

$f(a) < f(b)$에서 $\log_5 a < \log_5 b (\because$ 증가함수$)$
$\therefore a < b$

한편, $f(x) = \log_5 x$에서
$f^{-1}(x) = 5^x$이고 $f^{-1}(x)$는 증가함수이므로
$f^{-1}(a) < f^{-1}(b)$

정답 : ⑤

005

두 양수 x, y 에 대하여

$$\log x = 6 + \alpha \left(0 < \alpha < \frac{1}{4}\right)$$

$$\log y = 1 + \beta \left(\frac{1}{2} < \beta < 1\right)$$

이다. $\dfrac{x^2}{y}$ 의 정수 부분이 n 자리의 수일 때, n 의 값을 구하시오.

HINT ▶▶

$$-) \begin{vmatrix} a < x < b \\ c < y < d \end{vmatrix}$$

$$a - d < x - y < b - c$$

$\log x = n + \alpha \, (0 \leqq \alpha < 1)$이면 $n+1$자리 정수

$$\log \frac{x^2}{y} = \log x^2 - \log y$$
$$= 2\log x - \log y$$
$$= 2(6 + \alpha) - (1 + \beta)$$
$$= 11 + 2\alpha - \beta$$

이 때, $0 < 2\alpha < \dfrac{1}{2}$, $\dfrac{1}{2} < \beta < 1$ 이므로

$$-1 < 2\alpha - \beta < 0$$

따라서, $\log \dfrac{x^2}{y} = 11 + 2\alpha - \beta$
$$= 10 + (1 + 2\alpha - \beta)$$
$$= 10. \cdots$$

이고 $\dfrac{x^2}{y}$ 의 정수 부분이 n자리의 수이므로

$$\therefore \ n = 11$$

정답 : 11

006

두 자리의 자연수 N 에 대하여 $\log N$ 의 가수가 α 일 때, $\dfrac{1}{2} + \log N = \alpha + \log_4 \dfrac{N}{8}$ 을 만족시키는 N 의 값을 구하시오.

HINT ▶▶

$\log x = n + \alpha$ (단 $0 \leqq \alpha < 1$)

n:지표, α:가수

$n\log_a b = \log_a b^n$

$\log_{a^m} b^n = \dfrac{n}{m} \log_a b$

N이 두자리 자연수이므로 $\log N$의 지표가 1

$\log N = 1 + \alpha$

$$\frac{1}{2} + \log N = \alpha + \log_4 \frac{N}{8}$$
$$= \alpha + \log_4 N - \log_4 8$$
$$= \alpha + \frac{\log N}{\log 4} - \frac{3}{2}$$

$$\frac{1}{2} + 1 + \alpha = \alpha + \frac{1 + \alpha}{\log 4} - \frac{3}{2} \ (\because \log N = 1 + \alpha)$$

$$3\log 4 = 1 + \alpha$$

$$\therefore \ \log N = 1 + \alpha = 3\log 4 = \log 64$$

$$\therefore \ N = 64$$

정답 : 64

07.9A

007

모든 성분이 양수인 행렬 $A = \begin{pmatrix} a & b \\ c & d \end{pmatrix}$에 대하여 행렬 $L(A)$를 다음과 같이 정의한다.

$$L(A) = \begin{pmatrix} \log_2 a & \log_2 b \\ \log_2 c & \log_2 d \end{pmatrix}$$

〈보기〉에서 옳은 것을 모두 고른 것은?

― 〈보 기〉―

ㄱ. $A = \begin{pmatrix} 1 & 1 \\ 1 & 1 \end{pmatrix}$일 때, $L(8A) = 3A$ 이다.

ㄴ. $L(A) = E$를 만족시키는 행렬 A 는 역행렬을 갖는다. (단, E는 단위행렬이다.)

ㄷ. $L(A^2) = 2L(A)$를 만족시키는 행렬 A 가 존재한다.

---

① ㄱ   ② ㄷ   ③ ㄱ, ㄴ

④ ㄴ, ㄷ   ⑤ ㄱ, ㄴ, ㄷ

HINT ▶▶

$\log_a 1 = 0, \log_a a = 1$

$n\log_a b = \log_a b^n$

$\log_a b$에서 $a > 0, \ a \neq 1, \ b > 0$

ㄱ. 〈참〉

$8A = \begin{pmatrix} 8 & 8 \\ 8 & 8 \end{pmatrix}$이므로

$$L(8A) = \begin{pmatrix} \log_2 8 & \log_2 8 \\ \log_2 8 & \log_2 8 \end{pmatrix} = \begin{pmatrix} \log_2 2^3 & \log_2 2^3 \\ \log_2 2^3 & \log_2 2^3 \end{pmatrix}$$

$$= \begin{pmatrix} 3 & 3 \\ 3 & 3 \end{pmatrix} = 3\begin{pmatrix} 1 & 1 \\ 1 & 1 \end{pmatrix} = 3A$$

ㄴ. 〈참〉

$L(A) = E$에서

$\begin{pmatrix} \log_2 a & \log_2 b \\ \log_2 c & \log_2 d \end{pmatrix} = \begin{pmatrix} 1 & 0 \\ 0 & 1 \end{pmatrix}$ 이므로

$\log_2 a = 1, \qquad \log_2 b = 0, \qquad \log_2 c = 1,$

$\log_2 d = 0$

$\therefore \ a = 2, \ b = 1, \ c = 2, \ d = 1$

이때, $A = \begin{pmatrix} 2 & 1 \\ 1 & 2 \end{pmatrix}$이고 $2 \cdot 2 - 1 \cdot 1 \neq 0$이므로 행렬 A는 역행렬을 갖는다.

ㄷ. 〈거짓〉

$A^2 = \begin{pmatrix} a & b \\ c & d \end{pmatrix}\begin{pmatrix} a & b \\ c & d \end{pmatrix} = \begin{pmatrix} a^2 + bc & ab + bd \\ ca + dc & cb + d^2 \end{pmatrix}$ 이므로

$L(A^2) = \begin{pmatrix} \log_2(a^2 + bc) & \log_2(ab + bd) \\ \log_2(ca + dc) & \log_2(cb + d^2) \end{pmatrix}$

$2L(A) = 2\begin{pmatrix} \log_2 a & \log_2 b \\ \log_2 c & \log_2 d \end{pmatrix} = \begin{pmatrix} \log_2 a^2 & \log_2 b^2 \\ \log_2 c^2 & \log_2 d^2 \end{pmatrix}$

이 때, $L(A^2) = 2L(A)$ 이려면

$a^2 + bc = a^2 \cdots \bigcirc, \ \ ab + bd = b^2$

$ca + dc = c^2, \ \ cb + d^2 = d^2$

$\bigcirc$에서 $bc = 0$이므로 모든 성분이 양수라는 조건에 모순이다.

따라서, $L(A^2) = 2L(A)$를 만족시키는 행렬 A 가 존재하지 않는다.

정답 : ③

008

$0 < a < 1$인 실수 a에 대하여 함수 $f(x)$가

$$f(x) = \begin{cases} a^x & (x < 0) \\ -x+1 & (0 \leq x < 1) \\ \log_a x & (x \geq 1) \end{cases}$$

일 때, 〈보기〉에서 항상 옳은 것을 모두 고른 것은?

─────── 〈보 기〉 ───────

ㄱ. $\{f(-3)\}^5 = f(-15)$

ㄴ. 함수 $y = f(x)$의 그래프와
   직선 $y = a$는 한 점에서 만난다.

ㄷ. 함수 $y = f(x)$의 그래프는
   직선 $y = x$에 대하여 대칭이다.

① ㄱ　　　② ㄷ　　　③ ㄱ, ㄴ
④ ㄴ, ㄷ　　⑤ ㄱ, ㄴ, ㄷ

HINT ▶▶

$y = a^x$, $y = \log_a x$에서 $0 < a < 1$이면 그 함수는 우하향하는 감소함수가 된다.

$y = a^x$와 $y = \log_a x$는 서로 역함수다.

ㄱ. 〈참〉

$\{f(-3)\}^5 = (a^{-3})^5 = a^{-15}$

$f(-15) = a^{-15}$

$\therefore \{f(-3)\}^5 = f(-15)$

ㄴ. 〈참〉

$0 < a < 1$이므로 $y = f(x)$의 그래프는 다음과 같다.

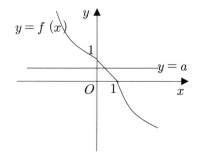

따라서, $y = f(x)$의 그래프와 직선 $y = a$는 한 점에서 만난다.

ㄷ. 〈참〉

$y = a^x$의 역함수는 $y = \log_a x$이므로

$y = a^x \, (x \leq 0)$의 그래프와

$y = \log_a x \, (x \geq 1)$의 그래프는 직선 $y = x$에 대하여 대칭이다.

따라서, ㄴ에서 $y = f(x)$의 그래프는

직선 $y = x$에 대하여 대칭이다.

그러므로 보기 중 옳은 것은 ㄱ, ㄴ, ㄷ이다.

정답 : ⑤

07.수능A

009

직선 $y = 2 - x$ 가
두 로그함수 $y = \log_2 x$, $y = \log_3 x$ 의 그래프
와 만나는 점을 각각 (x_1, y_1), (x_2, y_2)라 할
때, 〈보기〉에서 옳은 것을 모두 고른 것은?

─── 〈보 기〉 ───

ㄱ. $x_1 > y_2$

ㄴ. $x_2 - x_1 = y_1 - y_2$

ㄷ. $x_1 y_1 > x_2 y_2$

① ㄱ   ② ㄷ   ③ ㄱ, ㄴ   ④ ㄴ, ㄷ
⑤ ㄱ, ㄴ, ㄷ

HINT ▶▶

두점 $(x_1, y_1)(x_2, y_2)$에서의 기울기 $\dfrac{y_2 - y_1}{x_2 - x_1}$

$\log_b a$, $\log_c a$에서 $b > c$이면 $\log_b a < \log_c a$

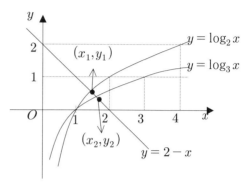

ㄱ. 〈참〉
$x_1 > 1$, $y_2 < 1$ 이므로 (∵ 그림으로 확인해보자)
$$x_1 > y_2$$

ㄴ. 〈참〉
$(x_1, y_1), (x_2, y_2)$는 직선 $y = 2 - x$ 위의 점이므로
$$\frac{y_2 - y_1}{x_2 - x_1} = -1$$
$$\therefore \ x_2 - x_1 = -(y_2 - y_1)$$
$$= y_1 - y_2$$

ㄷ. 〈참〉
$$x_1 y_1 - x_2 y_2 = x_1(2 - x_1) - x_2(2 - x_2)$$
$$= (x_2{}^2 - x_1{}^2) - 2(x_2 - x_1)$$
$$= (x_2 - x_1)(x_2 + x_1 - 2)$$
$x_2 - x_1 > 0$ 이고,
$x_1 > 1$, $x_2 > 1$ 에서 $x_1 + x_2 > 2$ 이므로
$x_1 y_1 - x_2 y_2 > 0$
$\therefore \ x_1 y_1 > x_2 y_2$
따라서, 보기 중 옳은 것은 ㄱ, ㄴ, ㄷ이다.

정답 : ⑤

010

어느 지역에서 1년 동안 발생하는 규모 M이상인 지진의 평균 발생 횟수 N은 다음 식을 만족시킨다고 한다.

$\log N = a - 0.9M$ (단, a는 양의 상수)

이 지역에서 규모 4이상인 지진이 1년에 평균 64번 발생할 때, 규모 x이상인 지진은 1년에 평균 한 번 발생한다. $9x$의 값을 구하시오.

(단, $\log 2 = 0.3$으로 계산한다.)

HINT ▶▶

$n\log_a b = \log_a b^n$

$\log_a 1 = 0$

$M = 4$일 때, $N = 64$이므로

$\log 64 = a - 0.9 \times 4$

$\therefore \ a = 3.6 + \log 64$

$\quad = 3.6 + 6\log 2$

$\quad = 3.6 + 6 \times 0.3$

$\quad = 5.4$

$M = x$일 때, $N = 1$이므로

$\log 1 = a - 0.9x$에서

$0.9x = a = 5.4$

$\therefore \ 9x = 54$

정답 : 54

011

$\log x$의 지표가 4이고 $\log y$의 지표가 1일 때, $\left(\log \dfrac{x}{y}\right)\left(\log \dfrac{y}{x}\right)$의 값 중에서 정수의 개수를 구하시오.

HINT ▶▶

$\log_c a - \log_c b = \log_c \dfrac{a}{b}$

$\log_c \dfrac{b}{a} = -\log_c \dfrac{a}{b}$

$\begin{array}{r} a < x < b \\ -) \ \ c < y < d \\ \hline a - d < x - y < b - c \end{array}$

$4 \leqq \log x < 5, \quad 1 \leqq \log y < 2$ 이고

$\left(\log \dfrac{x}{y}\right)\left(\log \dfrac{y}{x}\right) = -\left(\log \dfrac{x}{y}\right)^2$

$\qquad = -(\log x - \log y)^2$

이므로

$\quad 2 < \log x - \log y < 4$

$\quad -16 < -(\log x - \log y)^2 < -4$

따라서, 정수의 개수는 -15부터 -5까지 이므로 11개이다.

정답 : 11

08.6A

012

그림과 같이 곡선 $y = 2\log_2 x$ 위의 한 점 A를 지나고 x축에 평행한 직선이 곡선 $y = 2^{x-3}$과 만나는 점을 B라 하자. 점 B를 지나고 y축에 평행한 직선이 곡선 $y = 2\log_2 x$와 만나는 점을 D라 하자. 점 D를 지나고 x축에 평행한 직선이 곡선 $y = 2^{x-3}$과 만나는 점을 C라 하자. $\overline{AB} = 2$, $\overline{BD} = 2$일 때, 사각형 ABCD의 넓이는?

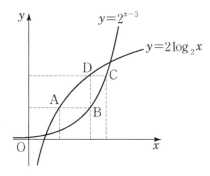

① 2   ② $1 + \sqrt{2}$ ③ $\dfrac{5}{2}$

④ 3   ⑤ $2 + \sqrt{2}$

HINT ▶▶

$a^{m-n} = a^m \div a^n$

사다리꼴의 넓이 : $\dfrac{1}{2} \times (\text{밑변} + \text{윗변}) \times \text{높이}$

$A(t,\ 2\log_2 t)$라 하면

$\overline{AB} = 2$이므로 $B(t+2,\ 2^{t-1})$

이 때, A, B의 y좌표가 같아야 하므로

$2\log_2 t = 2^{t-1}$

즉, $\log_2 t = 2^{t-2}$ --- ㉠

또, $D(t+2,\ 2\log_2(t+2))$이고, $\overline{BD} = 2$이므로

$2\log_2(t+2) - 2^{t-1} = 2$

$\log_2(t+2) = 2^{t-2} + 1$ --- ㉡

㉠과 ㉡에서

$\log_2(t+2) = \log_2 t + 1$

$\qquad\qquad = \log_2 2t$

$t + 2 = 2t \quad \therefore \quad t = 2$

이 때, $A(2, 2)$, $B(4, 2)$, $D(4, 4)$

한편, 두 점 C, D의 y좌표가 같으므로

$2^{x-3} = 4$에서 $x = 5$

$\therefore \quad C(5, 4)$

따라서, 사각형 ABCD의 넓이를 S라 하면

$S = \dfrac{1}{2} \times (\overline{AB} + \overline{CD}) \times \overline{BD}$

$\quad = \dfrac{1}{2} \times (2 + 1) \times 2 = 3$

08.6A

013

양수 x 에 대하여 상용로그 $\log x$ 의 지표가 n 일 때, $f(x)=(-1)^n$ 이라 하자. 〈보기〉에서 항상 옳은 것을 모두 고른 것은?

〈보 기〉

ㄱ. $f(100)=1$

ㄴ. $f(x)=-1$ 이면 $f(100x)=-1$ 이다.

ㄷ. $f(x_1)=1$, $f(x_2)=1$ 이면
$f(x_1 x_2)=1$ 이다.

① ㄱ   ② ㄷ   ③ ㄱ, ㄴ

④ ㄴ, ㄷ   ⑤ ㄱ, ㄴ, ㄷ

HINT▶▶

$\log_c a + \log_c b = \log_c ab$

$\log x = n + \alpha \, (0 \le \alpha < 1)$

n : 지표, α : 가수

ㄱ. 〈참〉

$\log 100$ 의 지표는 2이므로 $n=2$

$\therefore f(100)=(-1)^2=1$

ㄴ. 〈참〉

$f(x)=(-1)^n=-1$ 이면 n 은 홀수이다.

즉, $\log x$ 의 지표 n 은 홀수이다.

$\log 100x = 2 + \log x$ 에서

$\log 100x$ 의 지표는 $2+n$ 이고, 홀수이므로

$f(100x)=(-1)^{2+n}=-1$

ㄷ. 〈거짓〉

(반례) $x_1=2$, $x_2=5$ 이면

$\log 2$ 와 $\log 5$ 의 지표가 모두 0이므로

$f(x_1)=(-1)^0=1$, $f(x_2)=(-1)^0=1$

그러나 $x_1 x_2 = 10$ 이고, $\log 10$ 의 지표가 1이므로

$f(x_1 x_2)=(-1)^1=-1$

따라서, 보기 중 옳은 것은 ㄱ, ㄴ이다.

정답 : ③

08.6A

014

실외 공기 중의 이산화탄소 농도가 0.03% 일 때, 실내 공간 에서 공기 중의 초기 이산화탄소 농도 $c(0)(\%)$ 를 측정한 후, t 시간 뒤의 실내 공간의 이산화탄소 농도 $c(t)(\%)$ 와 환기량 $Q(\mathrm{m}^3/\text{시})$ 의 관계는 다음과 같다.

$$Q = k \times \frac{V}{t} \log \frac{c(0) - 0.03}{c(t) - 0.03}$$

(단, k 는 양의 상수이고, $V(\mathrm{m}^3)$ 는 실내 공간 의 부피이다.)

실외 공기 중의 이산화탄소 농도가 0.03% 이고 환기량이 일정할 때, 초기 이산화탄소 농도가 0.83% 인 빈 교실에서 환기를 시작한 후 1시간 뒤의 이산화탄소 농도를 측정하였더니 0.43% 이었다. 환기를 시작한 후 t 시간 뒤에 이산화탄소 농도가 0.08% 가 되었다. t 의 값은?

① 3 ② 4 ③ 5 ④ 6 ⑤ 7

HINT ▶▶

$n \log_a b = \log_a b^n$

복잡한 조건식이 주어질수록 변수에 주의하면서 침착하게 조건변수를 대입하기만 하면 된다.

$c(0) = 0.83$, $c(1) = 0.43$ 이므로

$$Q = k V \log \frac{0.83 - 0.03}{0.43 - 0.03} = k V \log 2$$

이때 Q 는 일정하므로

이산화탄소 농도가 0.08% 일 때

$$Q = k \times \frac{V}{t} \log \frac{0.83 - 0.03}{0.08 - 0.03} = k V \log 2$$

$$k \times \frac{V}{t} \log 16 = k V \log 2$$

$$\frac{4}{t} = 1, \quad \therefore t = 4$$

정답 : ②

015

함수 $y = \log_2 |5x|$ 의 그래프와

함수 $y = \log_2 (x+2)$ 의 그래프가 만나는 서로 다른 두 점을 각각 A, B라고 하자.

$m > 2$ 인 자연수 m 에 대하여 함수 $y = \log_2 |5x|$ 의 그래프와 함수 $y = \log_2 (x+m)$ 의 그래프가 만나는 서로 다른 두 점을 각각 C(p, q), D(r, s)라고 하자. 〈보기〉에서 항상 옳은 것을 모두 고른 것은? (단, 점A 의 x 좌표는 점B 의 x 좌표보다 작고 $p < r$ 이다.)

─── 〈보 기〉 ───

ㄱ. $p < -\dfrac{1}{3},\ r > \dfrac{1}{2}$

ㄴ. 직선 AB의 기울기와 직선 CD의 기울기는 같다.

ㄷ. 점 B 의 y 좌표와 점 C 의 y 좌표가 같을 때, 삼각형 CAB 의 넓이와 삼각형 CBD 의 넓이는 같다.

---

① ㄱ   ② ㄴ   ③ ㄱ, ㄴ
④ ㄱ, ㄷ   ⑤ ㄱ, ㄴ, ㄷ

HINT ▸▸

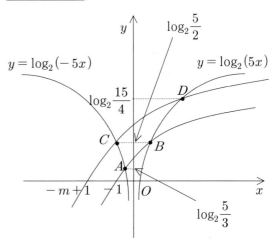

$\log_2|5x|=\log_2(x+2)$에서 $x=-\dfrac{1}{3},\ \dfrac{1}{2}$

$\log_2 5x=\log_2(x+m)$에서

$5x=x+m$이므로 $x=\dfrac{m}{4}$

$\log_2(-5x)=\log_2(x+m)$에서

$-5x=x+m$이므로 $x=-\dfrac{m}{6}$

$\therefore\ A\left(-\dfrac{1}{3},\ \log_2\dfrac{5}{3}\right),\ B\left(\dfrac{1}{2},\ \log_2\dfrac{5}{2}\right)$

$C\left(-\dfrac{m}{6},\ \log_2\dfrac{5}{6}m\right),\ D\left(\dfrac{m}{4},\ \log_2\dfrac{5}{4}m\right)$

ㄱ. 〈참〉

$m>2$이므로

$p=-\dfrac{m}{6}<-\dfrac{1}{3},\ r=\dfrac{m}{4}>\dfrac{1}{2}$ ($\because m$은 자연수)

ㄴ. 〈거짓〉

$\overline{CD}$의 기울기는

$\dfrac{\log_2\dfrac{5}{4}m-\log_2\dfrac{5}{6}m}{\dfrac{m}{4}+\dfrac{m}{6}}=\dfrac{\log_2\left(\dfrac{5}{4}m\times\dfrac{6}{5m}\right)}{\dfrac{5m}{12}}$

따라서, m의 값에 따라 기울기가 달라진다.

ㄷ. 〈참〉

$\log_2\dfrac{5}{2}=\log_2\dfrac{5}{6}m$에서 $m=3$

이 때

$\triangle CAB=\dfrac{1}{2}\times\overline{BC}\times\left(\log_2\dfrac{5}{2}-\log_2\dfrac{5}{3}\right)$

$=\dfrac{1}{2}\times\overline{BC}\times\log_2\dfrac{3}{2}$

$\triangle CBD=\dfrac{1}{2}\times\overline{BC}\times\left(\log_2\dfrac{15}{4}-\log_2\dfrac{5}{2}\right)$

$=\dfrac{1}{2}\times\overline{BC}\times\log_2\dfrac{3}{2}$

이므로 두 삼각형의 넓이는 같다.

정답 : ④

08.6A

016

두 자리의 자연수 n에 대하여 $\log_9 n-[\log_9 n]$이 최대가 되는 n의 값을 구하시오.
(단, $[x]$는 x보다 크지 않은 최대의 정수이다.)

HINT▶▶

$\log_a x=n+\alpha$ (단, $0\le\alpha<1$)에서 x는 $n+1$ 자리수

$\log_9 n=m+\alpha$ (m은 정수, $0\le\alpha<1$)으로 놓으면

$\log_9 n-[\log_9 n]=\alpha$

또, $n=9^m\cdot9^\alpha$(n은 정수, $1\le9^\alpha<9$)이므로 α가 최대 즉, 9^α가 최대가 되는 n의 값을 구하면 된다.

n이 두 자리자연수 이므로 $n=9^m\cdot9^\alpha$(n은 정수, $1\le9^\alpha<9$)로 나타내면

$n=10=9\times\dfrac{10}{9}$

$n=11=9\times\dfrac{11}{9}$

…

$n=80=9\times\dfrac{80}{9}$

$n=81=9^2\times1$

$n=82=9^2\times\dfrac{82}{81}$

따라서, $n=80$일 때, 9^α의 최대값은 $\dfrac{80}{9}$을 갖는다. ($\because n\ge81$이면 3자리수)

정답 : 80

017

부등식 $1 < m^{n-5} < n^{m-8}$을 만족시키는 자연수 m, n에 대하여

$A = m^{\frac{1}{m-8}} \cdot n^{\frac{1}{n-5}}$

$B = m^{-\frac{1}{m-8}} \cdot n^{\frac{1}{n-5}}$

$C = m^{\frac{1}{m-8}} \cdot n^{-\frac{1}{n-5}}$

이라고 할 때, A, B, C의 대소 관계로 옳은 것은?

① $A > B > C$ ② $A > C > B$

③ $B > A > C$ ④ $B > C > A$

⑤ $C > A > B$

HINT ▶▶

$A, B > 0$이라면 $\dfrac{A}{B} > 1$이면 $A > B$

m, n이 자연수이므로

$1 < m^{n-5}$에서 $n - 5 > 0$, ----㉠

$1 < n^{m-8}$에서 $m - 8 > 0$ ----㉡

또, $m^{n-5} < n^{m-8}$에서 $\dfrac{n^{m-8}}{m^{n-5}} > 1$ ---㉢

$\dfrac{A}{B} = \dfrac{m^{\frac{1}{m-8}} \cdot n^{\frac{1}{n-5}}}{m^{-\frac{1}{m-8}} \cdot n^{\frac{1}{n-5}}} = m^{\frac{2}{m-8}} > 1 \, (\because ㉡)$

$\therefore A > B$

$\dfrac{A}{C} = \dfrac{m^{\frac{1}{m-8}} \cdot n^{\frac{1}{n-5}}}{m^{\frac{1}{m-8}} \cdot n^{-\frac{1}{n-5}}} = n^{\frac{2}{n-5}} > 1 \, (\because ㉠)$

$\therefore A > C$

$\dfrac{B}{C} = \dfrac{m^{-\frac{1}{m-8}} \cdot n^{\frac{1}{n-5}}}{m^{\frac{1}{m-8}} \cdot n^{-\frac{1}{n-5}}}$

$= m^{-\frac{2}{m-8}} \cdot n^{\frac{2}{n-5}}$

$= \left(m^{-(n-5)} \cdot n^{m-8}\right)^{\frac{2}{(m-8)(n-5)}}$

$= \left(\dfrac{n^{m-8}}{m^{n-5}}\right)^{\frac{2}{(m-8)(n-5)}} > 1 \, (\because ㉢)$

$\therefore B > C$

따라서, $A > B > C$

정답 : ①

08.6A

018

자연수 n 의 모든 양의 약수를 $a_1, a_2, \cdots, a_k$ 라 할 때,

$$x_n = (-1)^{a_1} + (-1)^{a_2} + \cdots + (-1)^{a_k}$$

이라 하자. 〈보기〉에서 옳은 것을 모두 고른 것은?

〈 보 기 〉

ㄱ. $x_8 = 2$

ㄴ. $n = 3^m$ 이면 $x_n = -m + 1$ 이다.

ㄷ. $n = 10^m$ 이면 $x_n = m^2 - 1$ 이다.

---

① ㄱ   ② ㄷ   ③ ㄱ, ㄴ
④ ㄱ, ㄷ   ⑤ ㄱ, ㄴ, ㄷ

HINT ▶▶

$a^m b^n$ 의 약수의 개수 : $(m+1)(n+1)$

ㄱ. 〈참〉
8 의 양의 약수는 1, 2, 4, 8이므로
$x_8 = (-1)^1 + (-1)^2 + (-1)^4 + (-1)^8 = 2$

ㄴ. 〈거짓〉
$n = 3^m$ 이면 3^m 의 양의 약수의 개수는
$(m+1)$ 개이고, 양의 약수 a_n 은 모두 홀수이
므로 $(-1)^{a_n} = -1$
∴ $x_n = (-1) \times (m+1) = -m - 1$

ㄷ. 〈참〉
$n = 10^m = 2^m \times 5^m$ 이므로 10^m 의 양의 약수
의 개수는 $(m+1)(m+1) = (m+1)^2$ (개)
양의 약수 중 홀수의 개수는 $5^0, 5^1, \cdots, 5^m$ 의
$m+1$ 개 이므로 짝수의 개수는
$(m+1)^2 - (m+1) = m^2 + m$ (개)
∴ $x_n = (-1) \times (m+1) + 1 \times (m^2 + m)$
$\qquad = m^2 - 1$

따라서, 옳은 것은 ㄱ, ㄷ이다.

정답 : ④

08.9A

019

자연수 n에 대하여 함수 $y = 2^{x+n}$의 그래프가 함수 $y = \left(\dfrac{1}{2}\right)^x$의 그래프와 만나는 점을 P_n이라 하자. 점 P_n의 x좌표를 a_n, y좌표를 b_n이라 할 때, 〈보기〉에서 옳은 것만을 있는 대로 고른 것은?

─────── 〈보 기〉 ───────

ㄱ. 수열 a_n은 등차수열이다.

ㄴ. 임의의 자연수 m, n에 대하여
   $b_m b_n = b_{m+n}$이다.

ㄷ. $2b_n < b_{n+1}$을 만족하는 자연수 n이 존재한다.

① ㄱ   ② ㄴ   ③ ㄱ, ㄴ
④ ㄴ, ㄷ   ⑤ ㄱ, ㄴ, ㄷ

HINT ▶▶

등차수열의 일반항 : $a_n = a + (n-1)d$

지수법칙 중 $a^m \cdot a^n = a^{m+n}$

$y = 2^{x+n}$의 그래프와 $y = \left(\dfrac{1}{2}\right)^x$의 그래프가 만나는 점이 $P_n(a_n, b_n)$이므로

$$2^{x+n} = \left(\frac{1}{2}\right)^x$$
$$2^{x+n} = 2^{-x}$$
$$x + n = -x$$
$$\therefore \ x = -\frac{n}{2}$$

그러므로 $a_n = -\dfrac{n}{2}$, $b_n = 2^{\frac{n}{2}}$

ㄱ. 〈참〉

수열 $\{a_n\}$의 일반항은 $a_n = -\dfrac{n}{2}$이므로 첫째항이 $-\dfrac{1}{2}$, 공차가 $-\dfrac{1}{2}$인 등차수열이다.

ㄴ. 〈참〉

$$b_m b_n = 2^{\frac{m}{2}} \cdot 2^{\frac{n}{2}} = 2^{\frac{m}{2} + \frac{n}{2}} = 2^{\frac{m+n}{2}} = b_{m+n}$$

ㄷ. 〈거짓〉

부등식 $2b_n < b_{n+1}$을 풀면

$$2 \cdot 2^{\frac{n}{2}} < 2^{\frac{n+1}{2}}$$
$$2^{1 + \frac{n}{2}} < 2^{\frac{n+1}{2}}$$

밑이 1보다 크므로

$1 + \dfrac{n}{2} < \dfrac{n}{2} + \dfrac{1}{2}$ 될수 없으므로 부등식을 만족하는 자연수 n은 존재하지 않는다.

정답 : ③

08.9A

020

k가 자연수일 때 $\log k$의 지표 n과 가수 α에 대하여 좌표평면 위의 점 P_k를 $P_k(\alpha,\, n)$이라 하자. 점 P_k를 곡선 $y=\left(\sqrt{10}\,\right)^x$ 위에 있도록 하는 모든 k값의 합은?

① 1210   ② 3210   ③ 5410

④ 7510   ⑤ 9410

HINT ▶▶

$$m\sqrt{a^n}=a^{\frac{n}{m}}$$

$$\log_a 1=0$$

$$n\log_a b=\log_a b^n$$

$$\log x=n+\alpha \quad (단,\ 0\leq \alpha<1)$$

$$n\ :\ 지표\ |\ \alpha\ :\ 가수$$

자연수 k에 대하여

$\log k=n+\alpha\,(n$은 정수, $0\leq \alpha<1)$

점 $P_k(\alpha,\, n)$이 곡선 $y=\left(\sqrt{10}\,\right)^x$ 위에 있으려면

$$n=\left(\sqrt{10}\,\right)^\alpha=10^{\frac{\alpha}{2}}$$

$\Rightarrow$ 양변에 $\log$를 취하면 $\log n=\dfrac{\alpha}{2}$

$\therefore \alpha=2\log n=\log n^2$

$0\leq \alpha<1$이므로 $\alpha=\log n^2$의 값은

$n=1,\,2,\,3$일 때, $\log 1$, $\log 4$, $\log 9$

$\therefore \log k=1$ 또는 $\log k=2+\log 4$

    또는 $\log k=3+\log 9$

$\therefore k=10$ 또는 $k=400$ 또는 $k=9000$

따라서, 모든 k의 값의 합은

$10+400+9000=9410$

021

집합 U를

$$U = \left\{ \begin{pmatrix} a & b \\ c & d \end{pmatrix} \,\middle|\, a, b, c, d \text{ 는 1이 아닌 양수} \right\}$$

라 하자. U의 부분집합 S를

$$S = \left\{ \begin{pmatrix} a & b \\ c & d \end{pmatrix} \,\middle|\, \log_a d = \log_b c, \ a \neq b, \ bc \neq 1 \right\}$$

이라 할 때, 옳은 것만을 〈보기〉에서 있는 대로 고른 것은?

─── 〈보 기〉 ───

ㄱ. $A = \begin{pmatrix} 4 & 9 \\ 3 & 2 \end{pmatrix}$이면 $A \in S$이다.

ㄴ. $A \in U$이고 A가 역행렬을 가지면 $A \in S$이다.

ㄷ. $A \in S$이면 A는 역행렬을 가진다.

① ㄱ   ② ㄴ   ③ ㄱ, ㄷ

④ ㄴ, ㄷ   ⑤ ㄱ, ㄴ, ㄷ

HINT ▶▶

$A = \begin{pmatrix} a & b \\ c & d \end{pmatrix}$가 역행렬을 가질 조건 $ad - bc \neq 0$

$a^0 = 1, \ \log_a a = 1$

ㄱ. 〈참〉

$A = \begin{pmatrix} 4 & 9 \\ 3 & 2 \end{pmatrix}$일 때

$\log_4 2 = \log_9 3 = \dfrac{1}{2}$이고 $4 \neq 9$, $3 \times 9 \neq 1$이므로 집합 S의 조건을 만족한다.

ㄴ. 〈거짓〉

(반례) $A = \begin{pmatrix} 5 & 3 \\ 3 & 2 \end{pmatrix}$일 때 A의 모든 성분은 1이 아닌 양수이고 $ad - bc \neq 0$이므로 역행렬을 가져 집합 U에 속한다. 그러나 $\log_5 2 \neq \log_3 3$ 이므로 집합 S의 조건을 만족하지 않는다.

ㄷ. 〈참〉

A가 집합 S의 조건을 만족하므로

$\log_a d = \log_b c = k$로 놓을 수 있으며

$bc \neq 1$이기 때문에 $k \neq -1$이다.

$a^k = d$, $b^k = c$라고 두면 $ad = a^{k+1}$이고,

$bc = b^{k+1}$이다. 그런데 $k \neq -1$, $a \neq b$이므로 $ad \neq bc$이고 즉, A는 역행렬을 가진다.

정답 : ③

08.수능A
022

$0 < a < \dfrac{1}{2}$ 인 상수 a 에 대하여

직선 $y = x$ 가 곡선 $y = \log_a x$ 와 만나는 점을 (p, p), 직선 $y = x$ 가 곡선 $y = \log_{2a} x$ 와 만나는 점을 (q, q) 라 하자. 〈보기〉에서 옳은 것만을 있는 대로 고른 것은?

〈보 기〉

ㄱ. $p = \dfrac{1}{2}$ 이면 $a = \dfrac{1}{4}$ 이다.

ㄴ. $p < q$

ㄷ. $a^{p+q} = \dfrac{pq}{2^q}$

① ㄱ   ② ㄱ, ㄴ   ③ ㄱ, ㄷ
④ ㄴ, ㄷ   ⑤ ㄱ, ㄴ, ㄷ

HINT ▶▶

그림으로 이해하자.

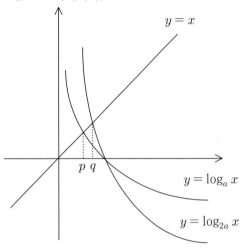

ㄱ. 〈참〉

(p, p) 가 $y = \log_a x$ 위에 있으므로

$p = \dfrac{1}{2}$ 일 때 $\dfrac{1}{2} = \log_a \dfrac{1}{2}$, $\dfrac{1}{2} = \sqrt{a}$ 이다.

즉, $a = \dfrac{1}{4}$ 이므로 ㄱ은 옳다.

ㄴ. 〈참〉

그래프를 그려보면 $y = x$ 와 $y = \log_a x$ 와의 교점이 $y = \log_{2a} x$ 와의 교점보다 더 앞쪽에 있음을 알 수 있다. 두 교점의 좌표가 각각 (p, p), (q, q) 이므로 $p < q$ 이다.

ㄷ. 〈참〉

(p, p) 가 $y = \log_a x$ 를 만족하므로, $p = \log_a p$ 이고 이를 a 를 밑으로 하는 지수로 바꾸면 $a^p = p$ 이다.

같은 방법으로 (q, q) 가 $y = \log_{2a} x$ 를 만족해 $q = \log_{2a} q$ 이므로 $(2a)^q = q$, $a^q = \dfrac{q}{2^q}$ 이다.

그래서 $a^{p+q} = a^p \times a^q = p \times \dfrac{q}{2^q} = \dfrac{pq}{2^q}$ 이다.

정답 : ⑤

023

자연수 n에 대하여 $\log n$의 지표와 가수를 각각 $f(n)$과 $g(n)$이라 하자. $f(n)-g(n)$의 최솟값이 $\log \dfrac{b}{a}$일 때, $a+b$의 값을 구하시오. (단, a, b는 서로소인 자연수이다.)

024

100보다 작은 두 자연수 a, b $(a < b)$에 대하여 $\log a$의 가수와 $\log b$의 가수의 합이 1이 되는 순서쌍 (a, b)의 개수는?

① 2 ② 4 ③ 6 ④ 8 ⑤ 10

HINT ▶▶

$\log x = n + \alpha$ (단, $0 \le \alpha < 1$)

n : 지표, α : 가수

이때 자릿수 : $n + 1$

$\log n = f(n) + g(n)$

$f(n)$은 정수이고 $0 \le g(n) < 1$이다.

자연수 n에 대하여

$1 \le n < 10$이면 $f(n) = 0$이고

$10 \le n < 100$이면 $f(n) = 1$이므로

$n > 10$이면 $f(n) - g(n) > 0$이고

$n < 10$이면 $f(n) - g(n) < 0$이다.

따라서, $n = 9$일 때,

$\log 9 = f(9) - g(9) = 0 - \log 9 = \log \dfrac{1}{9}$의 값이 최솟값이 된다.

$\therefore a + b = 10$

정답 : 10

HINT ▶▶

$\log a$, $\log b$에서 가수 α, β의 합이 1

　⇒ 두진수 $a \cdot b = 10^n$이라는 의미

$\log a = n + \alpha$　$(0 < \alpha < 1)$

$\log b = m + \beta$　$(0 < \beta < 1)$

$\log a + \log b = n + m + 1$　$(\because \alpha + \beta = 1)$

　　　　　 $= $ 정수

$\therefore \log ab$는 정수이므로 ab는 10의 거듭제곱이다.

$ab = 10,\ 10^2,\ 10^3$　$(\because a$와 b는 100보다 작은 자연수)

ⅰ) $ab = 10 = 2 \times 5$ $(a < b)$ → $(2, 5)$

ⅱ) $ab = 100 = 2 \times 50$ $(a < b)$ → $(2, 50)$

　　　　 $= 4 \times 25$　　　　 → $(4, 25)$

　　　　 $= 5 \times 20$　　　　 → $(5, 20)$

ⅲ) $ab = 1000 = 20 \times 50$　 → $(20, 50)$

　　　　　 $= 25 \times 40$　 → $(25, 40)$

$\therefore (a, b)$의 순서쌍의 개수는 6개다.

정답 : ③

025

함수 $f(x)$ 는 모든 실수 x에 대하여
$f(x+2)=f(x)$ 를 만족시키고,
$$f(x)=\left|x-\frac{1}{2}\right|+1 \quad \left(-\frac{1}{2} \leq x < \frac{3}{2}\right)$$

이다. 자연수 n 에 대하여 지수함수 $y=2^{\frac{x}{n}}$ 의 그래프와 함수 $y=f(x)$ 의 그래프의 교점의 개수가 5 가 되도록 하는 모든 n 의 값의 합은?

① 7 ② 9 ③ 11 ④ 13 ⑤ 15

$f(x)=a|x-p|+q$는 점 (p,q)에서 꺾인다.

$y=f(x)$ 의 그래프는
$-\frac{1}{2} \leq x < \frac{3}{2}$ 에서 $f(x)=\left|x-\frac{1}{2}\right|+1$ 이고
주기가 2 인 주기함수이므로 다음과 같다.

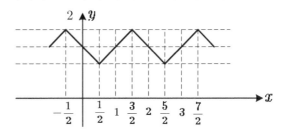

그리고, $y=2^{\frac{x}{n}}$ 의 그래프는 다음과 같다,.

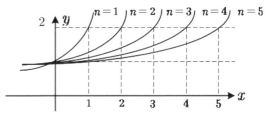

이 때, $y=f(x)$ 와 $y=2^{\frac{x}{n}}$ 의 교점의 개수가 5 개이려면 다음의 그래프와 같이 $n=4$ 또는 $n=5$ 일때 뿐이다.

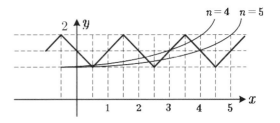

따라서, n 의 값의 합은 $4+5=9$ 이다.

4점 완성 유형탐구 | **257**

09.9A

026

좌표평면에서

세 점 $(15, 4)$, $(15, 1)$, $(64, 1)$을 꼭짓점으로 하는 삼각형과 로그함수 $y = \log_k x$ 의 그래프가 만나도록 하는 자연수 k의 개수를 구하시오.

HINT ▶▶

$\log_a b = k \iff a^k = b$ (단, $a > 0$, $a \neq 1$, $b > 0$)

$y = \log_a x$의 그래프는 $(1, 0)$을 지나며

$a > 1$이면 증가, $0 < a < 1$이면 감소한다.

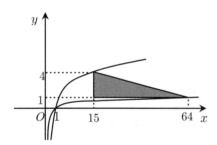

$y = \log_k x$에서 k는 자연수이므로 증가함수이다.

$y = \log_k x$는 $(15, 4)$와 $(64, 1)$ 사이를 지날 때 만나므로

$(15, 4)$를 지날 때 $4 = \log_k 15$이므로

$k = 15^{\frac{1}{4}}$

$(64, 1)$을 지날 때 $1 = \log_k 64$이므로

$k = 64$

$\therefore 15^{\frac{1}{4}} \leq k \leq 64$이고 $1 < 15^{\frac{1}{4}} < 2$이므로 자연수의 개수는 2부터 64까지 63개다.

정답 : 63개

09.수능A

027

자연수 n $(n \geq 2)$ 에 대하여 직선 $y = -x + n$ 과 곡선 $y = |\log_2 x|$ 가 만나는 서로 다른 두 점의 x 좌표를 각각 a_n, b_n $(a_n < b_n)$이라 할 때, 옳은 것만을 [보기]에서 있는 대로 고른 것은?

$$\boxed{\begin{array}{l} \langle \text{보 기} \rangle \\ \text{ㄱ. } a_2 < \dfrac{1}{4} \qquad \text{ㄴ. } 0 < \dfrac{a_{n+1}}{a_n} < 1 \\ \text{ㄷ. } 1 - \dfrac{\log_2 n}{n} < \dfrac{b_n}{n} < 1 \end{array}}$$

① ㄱ   ② ㄴ   ③ ㄷ

④ ㄴ, ㄷ   ⑤ ㄱ, ㄴ, ㄷ

ㄴ. 〈참〉

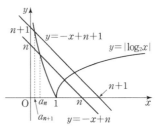

위의 그림에서 $y=-x+n$과 $y=|\log_2 x|$의 그 래프의 교점의 x좌표인 a_n은

$y=-x+n+1$과 $y=|\log_2 x|$의

그래프의 교점의 x좌표인 a_{n+1}보다 크다.

$\therefore a_{n+1} < a_n$ $\therefore 0 < \dfrac{a_{n+1}}{a_n} < 1$

ㄷ. 〈참〉

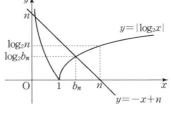

위의 그림에서 $\log_2 b_n < \log_2 n$

$\therefore n-\log_2 b_n > n-\log_2 n$ ······ ㉠

이때, $-b_n+n=\log_2 b_n$에서 $(\because y=-x+n)$

$n-\log_2 b_n = b_n$ ······ ㉡

㉠, ㉡에서 $b_n > n-\log_2 n$

한편, 위의 그림에서 $b_n < n$이므로

$n-\log_2 n < b_n < n$

위의 부등식을 자연수 n으로 나누면

$1-\dfrac{\log_2 n}{n} < \dfrac{b_n}{n} < 1$

따라서, 옳은 것은 ㄴ, ㄷ이다.

$y=|f(x)|$는 $y=f(x)$를 그린 후에 x축 밑에 부분을 위쪽으로 대칭이동시키면 된다.

$0 < \alpha < \beta$에서 $\dfrac{\alpha}{\beta} < 1$

$y=|\log_2 x| = \begin{cases} \log_2 x & (x \geq 1) \\ -\log_2 x & (0 < x < 1) \end{cases}$

ㄱ. 〈거짓〉

$x=\dfrac{1}{4}$일 때, $y=-\log_2 \dfrac{1}{4}=2$이므로

곡선 $y=|\log_2 x|$는 점 $\left(\dfrac{1}{4},\ 2\right)$를 지난다.

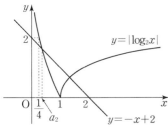

위의 그림에서 $y=-x+2$와 $y=|\log_2 x|$의 그 래프의 교점의 x좌표인 a_2는 $\dfrac{1}{4}$보다 크다. 즉,

$a_2 > \dfrac{1}{4}$

028

10보다 작은 자연수 n 에 대하여 $\left(\dfrac{n}{10}\right)^{10}$ 이 소수 여섯째자리에서 처음으로 0 이 아닌 숫자가 나타날 때, n 의 값은?
(단, $\log 2 = 0.3010$, $\log 3 = 0.4771$ 로 계산한다.)

① 2   ② 3   ③ 4   ④ 5   ⑤ 6

HINT▶▶

$n\log_a b = \log_a b^n$

$\log x = n + \alpha$ (단, $0 \leq \alpha < 1$)

n : 지표, α : 가수

n 이 음의 정수일 경우 소수 제 n 자리에서 처음으로 0 이 아닌 숫자가 나온다.

$\left(\dfrac{n}{10}\right)^{10}$ 이 소수 여섯째 자리에서 처음으로 0 이 아닌 숫자가 나타나므로 $\log\left(\dfrac{n}{10}\right)^{10}$ 의 지표가 -6 이다.

$-6 \leq \log\left(\dfrac{n}{10}\right)^{10} < -5$

$-6 \leq 10(\log n - 1) < -5$

$-0.6 \leq \log n - 1 < -0.5$

$0.4 \leq \log n < 0.5$ ┄┄ ㉠

이때, $\log 2 = 0.3010$ 이고, $\log 4 = 0.6020$ 이므로 $\log 2 < \log n < \log 4$

따라서, ㉠을 만족시키는 10보다 작은 자연수 n 은 $n = 3$

029

$\log n$ 의 가수가 $\log\dfrac{1}{2}$ 의 가수보다 작은 두 자리 자연수 n 의 개수를 구하시오.

HINT▶▶

$\log x = n + \alpha$ (단, $0 \leq \alpha < 1$)

n : 지표, α : 가수

가수 α 는 숫자의 배열을 의미한다.

n 이 두 자리 자연수이므로

$\log n = 1 + \alpha$ $(0 \leq \alpha < 1)$ ┄ ㉠

로 놓을 수 있다.

$\log\dfrac{1}{2} = -\log 2 = -1 + (1 - \log 2)$

$\qquad = -1 + \log 5$

이므로 $\log\dfrac{1}{2}$ 의 가수는 $\log 5$ 이다.

$\log n$ 의 가수가 α 이므로

문제의 조건에서 $\alpha < \log 5$

따라서, $0 \leq \alpha < \log 5$ 이므로 ㉠에서

$1 \leq \log n < 1 + \log 5$

$\log 10 \leq \log n < \log 50$

$\therefore$ $10 \leq n < 50$

따라서, 자연수 n 의 개수는

$50 - 10 = 40$ (개)

10.6A
030

첫째항이 16이고 공비가 $2^{\frac{1}{10}}$ 인 등비수열 $\{a_n\}$에 대하여 $\log a_n$의 가수를 b_n이라 하자.

$$b_1, b_2, b_3, \cdots, b_{k-1}, b_k, b_{k+1}+1$$

이 주어진 순서로 등차수열을 이룰 때, k의 값을 구하시오.

(단, $\log 2 = 0.301$로 계산한다.)

HINT▸▸

$n \log_a b = \log_a b^n$

$\log x = n + \alpha$ 에서

n : 지표, α : 가수 (단, $0 \leq \alpha < 1$)

로그값에서 $+1$을 해야 이어진다는 말은 자릿수가 바뀐다는 말이다.

$a_n = 16 \times \left(2^{\frac{1}{10}}\right)^{n-1} = 2^{\frac{1}{10}n + 4 - \frac{1}{10}}$ 이므로

$$\begin{aligned}
\log a_n &= \left(\frac{1}{10}n + 4 - \frac{1}{10}\right)\log 2 \\
&= \left(\frac{1}{10}n + 4 - \frac{1}{10}\right) \times 0.301 \\
&= 0.0301n + 1.204 - 0.0301 \\
&= 0.0301n + 1.1739 \\
&= 1 + (0.0301n + 0.1739)
\end{aligned}$$

$0.0301n + 0.1739 \geq 1$ 에서

($\because b_{k+1}+1$로 뒤의 $+1$은 가수가 1보다 크다는 의미다.)

$0.0301n \geq 0.8261$

$n \geq 27.4 \times \times \times$

따라서, $1 \leq n \leq 27$ 일 때,

$\log a_n$의 가수 b_n은 $b_n = 0.0301n + 0.1739$ 이므로 수열 $b_1, b_2, b_3, \cdots, b_{27}$은 공차가 0.0301인 등차수열을 이룬다.

$b_{28} = 0.0301 \times 28 + 0.1739 - 1$ 이므로

$b_{28} + 1 = 0.0301 \times 28 + 0.1739$

$b_{29} = 0.0301 \times 29 + 0.1739 - 1$ 이므로

$b_{29} + 1 = 0.0301 \times 29 + 0.1739$

따라서, 수열 $b_1, b_2, \cdots, b_{27}, b_{28}+1, b_{29}+1$은 공차가 0.0301인 등차수열을 이룬다.

그러므로 수열 $b_1, b_2, b_3, \cdots, b_k, b_{k+1}+1$이 등차수열을 이루는 k의 값은 27이다.

정답 : 27

10.9A

031

지수함수와 로그함수 함수 $y = \log_2 4x$의 그래프 위의 두 점 A, B와 함수 $y = \log_2 x$의 그래프 위의 점 C에 대하여, 선분 AC가 y축에 평행하고 삼각형 ABC가 정삼각형일 때, 점 B의 좌표는 (p, q)이다. $p^2 \times 2^q$의 값은?

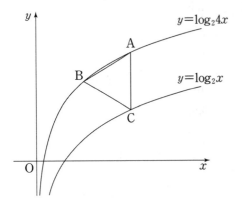

① $6\sqrt{3}$ ② $9\sqrt{3}$ ③ $12\sqrt{3}$
④ $15\sqrt{3}$ ⑤ $18\sqrt{3}$

HINT ▶▶

한 변의 길이가 a인 정삼각형의 높이는 $\dfrac{\sqrt{3}}{2}a$

$a^{\log_b c} = c^{\log_b a}$

$\log_a a = 1$

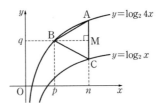

점 A와 점 C의 x좌표를 n이라 하자.
$\overline{AC} = \log_2 4n - \log_2 n = 2$이므로 삼각형
ABC는 한 변의 길이가 2인 정삼각형이다.
그러므로 점 B에서 선분 AC에 내린 수선의
발을 M이라 하면 점 M의 좌표는
$(n,\ \log_2 n + 1)$이고, 점 B의 y좌표는
$\log_2 n + 1$이다.

$\therefore \ \log_2 4p = \log_2 n + 1$ ······ ㉠

또한, $\overline{BM} = \sqrt{3}$ 이므로 $n - p = \sqrt{3}$

㉠에 대입하면

$\log_2 4p = \log_2 (\sqrt{3} + p) + 1$

$\log_2 2p = \log_2 (\sqrt{3} + p)$ ($\because 1 = \log_2 2$)

$\therefore \ p = \sqrt{3},\ q = \log_2 4\sqrt{3}$

$\therefore \ p^2 \times 2^q = \sqrt{3}^2 \times 2^{\log_2 4\sqrt{3}} = 3 \times 4\sqrt{3}$

$= 12\sqrt{3}$ ($\because 2^{\log_2 4\sqrt{3}} = 4\sqrt{3}^{\log_2 2}$)

정답 : ③

032

$\log x = -\dfrac{4}{5}$일 때, x^2은 소수점 아래 a번째 자리에서 처음으로 0이 아닌 숫자 b가 나타난다. $a+b$의 값은? (단, $\log 2$는 0.30, $\log 3$은 0.48로 계산한다.)

① 2   ② 4   ③ 6   ④ 8   ⑤ 10

HINT ▶▶

$\log x^n = n \log x$

$\log x < 0$ 이라면 가수조건 $0 \leq \alpha < 1$을 맞추기 위해 지표에 (-1)을, 가수부분에는 $(+1)$을 해준다.

$\log x = -\dfrac{4}{5}$ 이므로

$\log x^2 = 2\log x = -\dfrac{8}{5} = -2 + 0.4$

$\log 2 < 0.4 < \log 3$이므로 x^2은 소수점 아래 2번째 자리에서 처음으로 0이 아닌 숫자 2가 나타난다.

∴ $a = 2,\ b = 2$

∴ $a + b = 4$

정답 : ②

033

2이상의 자연수 n에 대하여 집합
$\{\ 3^{2k-1} | k$는 자연수, $1 \leq k \leq n\ \}$의 서로 다른 두 원소를 곱하여 나올 수 있는 모든 값만을 원소로 하는 집합을 S라 하고, S의 원소의 개수를 $f(n)$이라 하자. 예를 들어, $f(4) = 5$이다.

이때, $\displaystyle\sum_{n=2}^{11} f(n)$의 값을 구하시오.

HINT ▶▶

$$\sum_{k=1}^{n} k = \frac{1}{2} n(n+1)$$

$$a^m \times a^n = a^{m+n}$$

$n = 2$일 때,
$k = 1, 2$이고 집합 $\{3^1, 3^3\}$에서
$S = \{3^4\}$이므로 $f(2) = 1$

$n = 3$일 때,
$k = 1, 2, 3$이고 집합 $\{3^1, 3^3, 3^5\}$에서
$S = \{3^4, 3^6, 3^8\}$이므로 $f(3) = 3$

$n = 4$일 때,
$k = 1, 2, 3, 4$이고 집합 $\{3^1, 3^3, 3^5, 3^7\}$에서
$S = \{3^4, 3^6, 3^8, 3^{10}, 3^{12}\}$ 이므로 $f(4) = 5$

⋮

$f(n) = 2n - 3\,(n \geq 2)$

∴ $\displaystyle\sum_{r=2}^{11} f(n) = \sum_{n=1}^{11} f(n) - f(1)$

$\qquad = \displaystyle\sum_{n=1}^{11} (2n-3) - (-1)$

$\qquad = 2 \times \dfrac{11 \times 12}{2} - 11 \times 3 + 1 = 100$

정답 : 100

034

자연수 A에 대하여 $\log A$의 지표를 n, 가수를 α라 할 때, $n \leq 2\alpha$가 성립하도록 하는 A의 개수를 구하시오. (단, $3.1 < \sqrt{10} < 3.2$)

HINT ▶▶

$\log x = n + \alpha$ (단, $0 \leq \alpha < 1$)

n : 지표, α : 가수

$\log A = n + \alpha \, (0 \leq \alpha < 1)$에서

(i) $n = 0$일 때, $0 \leq 2\alpha$이므로

$0 \leq \alpha < 1$

따라서, A는 1부터 9까지로 9개이다.

(ii) $n = 1$일 때, $1 \leq 2\alpha$이므로

$\dfrac{1}{2} \leq \alpha < 1, \ \dfrac{3}{2} \leq 1 + \alpha < 2$

$\log A = 1 + \alpha$이므로

$\dfrac{3}{2} \leq \log A < 2$

$10^{\frac{3}{2}} \leq A < 10^2$

이때, $31 < 10\sqrt{10} < 32$이므로 A는 32부터 99까지로 68개이다.

(i), (ii)에 의해 A는 $9 + 68 = 77$(개)이다.

정답 : 77

035

부등식 $\log_2 x^2 - \log_2|x| \leq 3$을 만족시키는 정수 x의 개수는?

① 12　　② 13　　③ 14　　④ 15　　⑤ 16

HINT ▶▶

$n\log_a b = \log_a b^n$

$\log_a b$의 진수, 밑의 조건

　$\Rightarrow a > 0, a \neq 1, b > 0$

$\log_2 x^2 - \log_2|x| \leq 3$에서 진수 조건에 의해

$x^2 > 0, \ |x| > 0 \quad \therefore x \neq 0$

이때, $\log_2 x^2 = 2\log_2 x$ 이므로

$\log_2|x|^2 - \log_2|x| \leq 3$에서

$2\log_2|x| - \log_2|x| \leq 3$

$\log_2|x| \leq 3, \ |x| \leq 2^3$

$\therefore -8 \leq x \leq 8$ (단, $x \neq 0$)

따라서, 구하는 정수 x는

$\pm 1, \pm 2, \pm 3, \cdots, \pm 8$의 16개이다.

정답 : ⑤

10. 수능A

036

좌표평면에서

두 곡선 $y = |\log_2 x|$ 와 $y = \left(\dfrac{1}{2}\right)^x$ 이 만나는 두 점을 $P(x_1, y_1)$, $Q(x_2, y_2)(x_1 < x_2)$ 라 하고, 두 곡선 $y = |\log_2 x|$ 와 $y = (2)^x$ 이 만나는 점을 $R(x_3, y_3)$ 이라 하자.

옳은 것만을 〈보기〉에서 있는 대로 고른 것은?

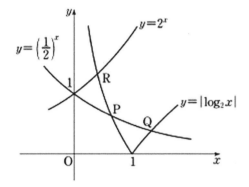

〈 보 기 〉

ㄱ. $\dfrac{1}{2} < x_1 < 1$

ㄴ. $x_2 y_2 - x_3 y_3 = 0$

ㄷ. $x_2(x_1 - 1) > y_1(y_2 - 1)$

----

① ㄱ   ② ㄷ   ③ ㄱ, ㄴ
④ ㄴ, ㄷ   ⑤ ㄱ, ㄴ, ㄷ

HINT ▶▶

$\log_2 x$ 와 2^x 는 역함수

$-\log_2 x$ 와 $\dfrac{1}{2^x}$ 도 역함수

$\left(\because -\log_2 x = \log_2 \dfrac{1}{x}\right)$

ㄱ. 〈참〉

곡선 $y = |\log_2 x|$ 가 점 $\left(\dfrac{1}{2}, 1\right)$ 을 지나고, 곡선 $y = \left(\dfrac{1}{2}\right)^x$ 이 점 $\left(\dfrac{1}{2}, \dfrac{\sqrt{2}}{2}\right)$ 를 지나므로 점 P 의 x 좌표인 x_1 의 범위는 $\dfrac{1}{2} < x_1 < 1$ 이다.

ㄴ. 〈참〉
곡선 $y = |\log_2 x|$ 의 $x > 1$ 인 부분과 곡선 $y = 2^x$ 의 $x > 0$ 인 부분은 직선 $y = x$ 에 대하여 대칭이므로 점 $Q(x_2, y_2)$ 와 점 $R(x_3, y_3)$ 도 $y = x$ 에 대하여 대칭이다.

$\therefore x_2 = y_3,\ x_3 = y_2$

$\therefore x_2 y_2 - x_3 y_3 = 0$

ㄷ. 〈거짓〉

$x_2(x_1 - 1) > y_1(y_2 - 1) \Leftrightarrow \dfrac{x_1 - 1}{y_1 - 0} > \dfrac{y_2 - 1}{x_2 - 0}$

점 P 와 점 $(1, 0)$ 을 지나는 직선의 기울기는 $\dfrac{y_1 - 0}{x_1 - 1}(\cdots \textcircled{\small ㉠})$ 이고, 점 Q 와 점 $(0, 1)$ 을 지나는 직선의 기울기$(\cdots \textcircled{\small ㉡})$는 $\dfrac{y_2 - 1}{x_2 - 0}$ 이다.

이때, 곡선 $y = |\log_2 x|$ 의 $0 < x < 1$ 인 부분과 곡선 $y = \left(\dfrac{1}{2}\right)^x$ 의 $x > 0$ 인 부분은 $y = x$ 에 대하여 대칭이므로 점 P 와 점 $(0, 1)$ 을 지나는 직선의 기울기$(\cdots \textcircled{\small ㉢})$는 ㉠의 역수, 즉 $\dfrac{x_1 - 1}{y_1 - 0}$ 이다.

이때, 그림에서 ㉡과 ㉢의 크기를 비교해 보면

$\dfrac{x_1 - 1}{y_1 - 0} < \dfrac{y_2 - 1}{x_2 - 0}$

따라서, 옳은 것은 ㄱ, ㄴ이다.

정답 : ③

037

100이하의 자연수 전체의 집합을 S라 할 때, $n \in S$에 대하여 집합
$\{k | k \in S$ 이고 $\log_2 n - \log_2 k$는 정수$\}$
의 원소의 개수를 $f(n)$이라 하자. 예를 들어, $f(10) = 5$이고 $f(99) = 1$이다. 이때, $f(n) = 1$인 n의 개수를 구하시오.

HINT ▶▶

2^m (단, m은 정수)의 꼴은 $1, 2, 2^2, 2^3, \cdots$뿐 아니라 $2^{-1}, 2^{-2}, 2^{-3}, \cdots$도 가능하다.

즉, $f(10)$이란 $\log_2 10 - \log_2 k = \log_2 \dfrac{10}{k}$이 정수가 되는 경우이며, $k = 5, 10, 20, 40, 80$등이 가능하다.

주어진 집합을 A_n이라 하자.

$\log_2 n - \log_2 k = \log_2 \dfrac{n}{k}$ 이므로 $k \in A_n$이려면

$\log_2 \dfrac{n}{k} = m\,(m$은 정수$)$

즉, $\dfrac{n}{k} = 2^m$이고 $k = \dfrac{n}{2^m}$이어야 한다.

(i) $1 \le n \le 50$일 때,

$k = n$이면 $\dfrac{n}{k} = 1 = 2^0$이므로 $n \in A_n$ 이다.

$k = 2n$이면 $\dfrac{n}{k} = \dfrac{1}{2} = 2^{-1}$이므로 $2n \in A_n$이다.

따라서, 집합 A_n의 원소의 개수는 2이상이므로 조건에 위배된다.

(ii) n이 50보다 큰 짝수일 때,

$k = n$이면 $\dfrac{n}{k} = 1 = 2^0$이므로 $n \in A_n$ 이다.

$k = \dfrac{n}{2}$이면 $\dfrac{n}{k} = 2 = 2^1$이므로 $\dfrac{n}{2} \in A_n$이다.

따라서, 집합 A_n의 원소의 개수는 2이상이므로 조건에 위배된다.

(iii) n이 50보다 큰 홀수일 때,

$\dfrac{n}{k} = 2^m$ 즉, $k = \dfrac{n}{2^m}\,(m$은 정수$)$을 만족시키는 정수 m은 0뿐이다. 물론 이때 $k = n$이 된다.

따라서, 집합 A_n의 원소의 개수는 1이다.

(i), (ii), (iii)에서 구하는 자연수 n은 $51, 53, 55, \cdots, 99$의 25개다.

정답 : 25

11.9A

038

양수 x 에 대하여 $\log x$ 의 지표와 가수를 각각 $f(x)$, $g(x)$ 라 할 때, 다음 조건을 만족시키는 모든 x 의 값의 곱은?

> (가) $f(x) + 3g(x)$ 의 값은 정수이다.
> (나) $f(x) + f(x^2) = 6$

① 10^4 ② $10^{\frac{13}{3}}$ ③ $10^{\frac{14}{3}}$

④ 10^5 ⑤ $10^{\frac{16}{3}}$

$\log x = n + \alpha$ (n은 정수, $0 \leqq \alpha < 1$)이라 하면 $f(x) = n$, $g(x) = \alpha$이다.

(가)에서 $3g(x) = 3\alpha$의 값이 정수이어야 하므로 $\alpha = 0$ 또는 $\alpha = \dfrac{1}{3}$ 또는 $\alpha = \dfrac{2}{3}$이다.

(i) $\alpha = 0$일 때,

$\log x^2 = 2\log x = 2n$이므로 $f(x^2) = 2n$이다.

따라서, (나)에서 $f(x) + f(x^2) = n + 2n = 6$

$\therefore \ n = 2$

따라서, $\log x = 2 + 0$이므로 $x = 10^2$

(ii) $\alpha = \dfrac{1}{3}$일 때,

$\log x^2 = 2\log x = 2\left(n + \dfrac{1}{3}\right) = 2n + \dfrac{2}{3}$이므로 $f(x^2) = 2n$이다.

따라서, (나)에서

$f(x) + f(x^2) = n + 2n = 6$ $\therefore \ n = 2$

따라서, $\log x = 2 + \dfrac{1}{3}$이므로 $x = 10^{2 + \frac{1}{3}}$

(iii) $\alpha = \dfrac{2}{3}$일 때,

$\log x^2 = 2\log x = 2\left(n + \dfrac{2}{3}\right) = 2n + \dfrac{4}{3} = 2n + 1 + \dfrac{1}{3}$

이므로 $f(x^2) = 2n + 1$이다.

따라서, (나)에서

$f(x) + f(x^2) = n + 2n + 1 = 6$ $\therefore \ n = \dfrac{5}{3}$

이때, n은 정수가 아니므로 모순이다.

따라서, 주어진 조건을 만족시키는 모든 x의 값의 곱은 $10^2 \times 10^{2 + \frac{1}{3}} = 10^{4 + \frac{1}{3}} = 10^{\frac{13}{3}}$

정답 : ②

HINT ▶▶

$a^m \times a^n = a^{m+n}$

$\log x = n + \alpha$ (단, $0 \leqq \alpha < 1$)

n : 지표, α : 가수

039

양수 x 에 대하여 $\log x$ 의 지표와 가수를 각각 $f(x)$, $g(x)$ 라 하자. 두 부등식

$$f(n) \leqq f(54), \ g(n) \leqq g(54)$$

를 만족시키는 자연수 n 의 개수는?

① 42　　② 44　　③ 46　　④ 48　　⑤ 50

HINT ▶▶

$\log x = n + \alpha$　(단, $0 \leqq \alpha < 1$)

n : 지표, α : 가수

$\log 54 = 1 + \log 5.4$ 이므로
$f(54) = 1$, $g(54) = \log 5.4$
따라서, 주어진 부등식은
$f(n) \leqq 1$, $g(n) \leqq \log 5.4$　…… ㉠
n은 자연수이므로 $f(n) = 0$ 또는 $f(n) = 1$
ⅰ) $f(n) = 0$일 때 ㉠에서
$0 \leqq \log n - 0 \leqq \log 5.4$
$1 \leqq n \leqq 5.4$
$\therefore n = 1, 2, 3, 4, 5$
ⅱ) $f(n) = 1$일 때 ㉠에서
$0 \leqq \log n - 1 \leqq \log 5.4$
$\log 10 \leqq \log n \leqq \log 54$
$10 \leqq n \leqq 54$
$\therefore n = 10, 11, \cdots, 54$

따라서, ⅰ), ⅱ)로부터 구하는 n의 개수는
$5 + 45 = 50$

정답 : ⑤

040

자연수 a, b에 대하여 곡선 $y = a^{x+1}$과 곡선 $y = b^x$이 직선 $x = t$ $(t \geq 1)$와 만나는 점을 각각 P, Q라 하자. 다음 조건을 만족시키는 a, b의 모든 순서쌍 (a, b)의 개수를 구하시오. 예를 들어, $a = 4$, $b = 5$는 다음 조건을 만족시킨다.

> (가) $2 \leq a \leq 10$, $2 \leq b \leq 10$
>
> (나) $t \geq 1$인 어떤 실수 t에 대하여 $\overline{PQ} \leq 10$이다.

HINT ▶▶

$\overline{PQ}$의 길이를 함수 $f(x)$로 놓으면 된다.
순서가 정해져 있을 때는 순서가 없다는 것과 같다.
"어떤 실수"에서 $\overline{PQ} \leq 10$이라는 것은 최소값 ≤ 10이라는 말이다.

$f(x) = a^{x+1} - b^x$라 하자.

$f(x) = b^x \left\{ a \left(\dfrac{a}{b} \right)^x - 1 \right\}$이므로,

$a \geq b$이면 $x \geq 1$에서 $f(x)$는 증가함수

i) $a \geq b$일 때,

$x \geq 1$에서 $f(x)$의 최솟값은 $f(1)$이고

$f(1) = a^2 - b \geq a^2 - a > 0$이므로

$\therefore a^2 - b \leq 10$

가능한 경우는

$a = 2$일 때 $b = 2$ / $a = 3$일 때 $b = 2, 3$

$a \geq 4$이면 $a^2 - b \geq a^2 - a \geq 12$

가능한 경우는 $(2, 2)$, $(3, 2)$, $(3, 3)$의 3가지

ii) $a < b$일 때

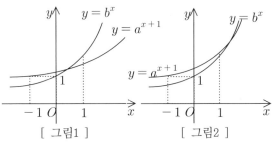

[그림1]　　　　[그림2]

$f(x) = 0$의 근을 α라 하자.

$\alpha < 1$이면 [그림1]에서 $|f(x)|$의 최솟값은 $f(1)$

($\because x = t (t \geq 1)$이므로)

이때는 항상 조건을 만족 $ex) (2, 5) \cdots$

$\alpha \geq 1$이면 [그림2]에서 $|f(x)|$의 최솟값은 0 즉 언젠가는 두 곡선이 만나고야 말것이며 $f(x) = 0$이 되는 것이다. 이때도 항상 성립.

$\therefore 2 \leq a < b \leq 10$에서 (a, b)의 순서쌍은

$_9C_2 = 36$(개)

따라서, i), ii)에서 구하는 순서쌍은

$3 + 36 = 39$(개)이다.

정답 : 39

크로스 **수학**
기출문제 유형탐구

3. 수열

총 61문항

세상을 바꾸는 공부법 100선

062 최대한 느낄 수 있는 카타르시스를 시원하게 느껴라. 그 순간만큼은 공부라는 것을 잊고 몰두하라. 그래야 다시 공부를 하려고 할 때 깨끗한 마음으로 시작할 수 있다.

063 수학을 예습하는데 즉 처음 진도를 나가는데 한참 나가다 보니 슬슬 어려워지기 시작하고 제일 앞의 내용이 도저히 다시 떠오르지 않는 등 이상증세가 나타난다면 적정단위를 지나친 것이다. 그 전에 복습을 시작하라.

064 학습방법의 숙련도나 해당과목에서의 기본실력, 책의 난이도 등에 따라서 단위란 계속 변하기 마련이라는 사실도 결코 잊지 말자.

065 단위란 '지루하지 않으면서 또 너무 잊혀지지 않는 수준에서 복습이 가능한 범위'로 좀 더 정밀하게 정의를 내려보자. 그리고 이 개념을 이용해서 과목별로 혹은 단원별로 자신의 수준에 맞게 단위를 만들어놓고 공부에 임하라.

066 학교에서 정해주는 인위적인 시험범위가 아니라 각자의 사정에 따라서 시험범위를 2,3개로 나누거나 또 2,3과목을 합치도록 해 보아라. 그러면 좀 더 신나면서 보람 있는 자신만의 공부를 할 수 있을 것이다.

067 일반적으로 처음 보는 책일수록, 어려운 부분일수록, 옆에 선생님이 없을수록 단위는 줄고 복습일수록, 쉬운 책일수록 단위는 늘기 마련이다. 호기심과 이해도를 고려해서 단위를 적당히 잘 조절해보자.

001

다음 표는 어느 학교에서 한 달 전에 구입한 휴대용 저장 장치의 용량에 따른 1개당 가격과 개수의 현황을 나타낸 것이다.

용량	128 MB	256 MB	512 MB
1개당 가격	a	$\dfrac{3}{2}a$	$\left(\dfrac{3}{2}\right)^2 a$
개수	$16b$	$8b$	$4b$
용량	1 GB	2 GB	
1개당 가격	$\left(\dfrac{3}{2}\right)^3 a$	$\left(\dfrac{3}{2}\right)^4 a$	
개수	$2b$	b	

현재 모든 휴대용 저장 장치의 가격이 한 달 전보다 모두 40% 씩 하락하였다. 이 학교에서 휴대용 저장 장치의 용량과 개수를 위 표와 동일하게 현재의 가격으로 구입한다면 지불해야 하는 금액은? (단, $a > 0$이고 $b > 0$이다.)

① $\dfrac{128}{5}ab\left\{1-\left(\dfrac{1}{4}\right)^5\right\}$

② $32ab\left\{1-\left(\dfrac{3}{4}\right)^5\right\}$

③ $32ab\left\{1-\left(\dfrac{1}{4}\right)^5\right\}$

④ $\dfrac{192}{5}ab\left\{1-\left(\dfrac{3}{4}\right)^5\right\}$

⑤ $\dfrac{192}{5}ab\left\{1-\left(\dfrac{1}{4}\right)^5\right\}$

HINT ▶▶

40% 하락 $\Rightarrow \times\left(\dfrac{6}{10}\right)=\times\left(\dfrac{3}{5}\right)$과 같다.

등비수열의 합 $S_n = \dfrac{a(1-r^n)}{1-r} = \dfrac{a(r^n-1)}{r-1}$

현재 모든 휴대용 저장 장치의 가격이 한 달 전보다 모두 40% 씩 하락하였으므로 지불해야 할 금액은

$\dfrac{3}{5}\cdot a\cdot 16b + \dfrac{3}{5}\cdot\dfrac{3}{2}a\cdot 8b + \cdots + \dfrac{3}{5}\left(\dfrac{3}{2}\right)^4 a\cdot b$

$= \dfrac{3}{5}ab\left\{1\cdot 16 + \dfrac{3}{2}\cdot\dfrac{16}{2} + \left(\dfrac{3}{2}\right)^2\cdot\dfrac{16}{2^2}\right.$
$\left. \qquad\qquad + \left(\dfrac{3}{2}\right)^3\cdot\dfrac{16}{2^3} + \left(\dfrac{3}{2}\right)^4\cdot\dfrac{16}{2^4}\right\}$

$= \dfrac{48}{5}ab\left\{1 + \dfrac{3}{4} + \left(\dfrac{3}{4}\right)^2 + \left(\dfrac{3}{4}\right)^3 + \left(\dfrac{3}{4}\right)^4\right\}$

$= \dfrac{48}{5}ab\cdot\dfrac{1\cdot\left\{1-\left(\dfrac{3}{4}\right)^5\right\}}{1-\dfrac{3}{4}}$

$= \dfrac{192}{5}ab\left\{1-\left(\dfrac{3}{4}\right)^5\right\}$

정답 : ④

07.6A

002

다음 그림은 동심원 O_1, O_2, O_3, $\cdots$과 직선 l_1, l_2, l_3, l_4의 교점 위에 자연수를 1부터 차례로 적은 것이다. 이미 채워진 수들의 규칙에 따라 계속하여 적어 나가면 475는 원 O_m과 직선 l_n의 교점 위에 있다. $m+n$의 값을 구하시오.

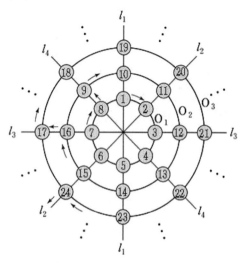

HINT ▶▶

원의 수열과 직선의 수열을 따로 구해본다.
8의 주기를 가지는 함수라 생각해보고 표를 만들어 보자.

	l_1	l_2	l_3	l_4	l_1	l_2	l_3	l_4
1	1	2	3	4	5	6	7	8
2	10	11	12	13	14	15	16	9
3	19	20	21	22	23	24	17	18
$\vdots$	$\vdots$	$\vdots$	$\vdots$	$\vdots$	$\vdots$	$\vdots$	$\vdots$	$\vdots$
59						472		
60						473	474	475

자연수 n에 대하여 $8(n-1) < k \le 8n$인 자연수 k는 원 O_n 위에 있다.
따라서, $8 \times 59 < 475 \le 8 \times 60$이므로 475는 원 O_{60} 위에 있다. $\therefore m = 60$
또, 주어진 그림에서 8, 16, 24, ...
즉, 8×1, 8×2, 8×3, 8×4, $\cdots$가 놓여 있는 직선을 차례로 나열하면
l_4, l_3, l_2, l_1, l_4, l_3, l_2, l_1, l_4, $\cdots$
그런데, $475 = 8 \times 59 + 3$에서 $59 = 4 \times 14 + 3$이므로 $472 = 8 \times 59$는 직선 l_2 위에 있다.
따라서, 473, 474, 475는 차례로 직선 l_2, l_3, l_4 위에 있다.
$$\therefore n = 4$$
$$\therefore m+n = 64$$

정답 : 64

07.6A
003

다음은 19세기 초 조선의 유학자 홍길주가 소개한 제곱근을 구하는 계산법의 일부를 재구성한 것이다.

1보다 큰 자연수 p에서 1을 뺀 수를 p_1이라 한다.

p_1이 2보다 크면 p_1에서 2를 뺀 수를 p_2라 한다.

p_2가 3보다 크면 p_2에서 3을 뺀 수를 p_3이라 한다.

$\vdots$

p_{k-1}이 k보다 크면 p_{k-1}에서 k를 뺀 수를 p_k라 한다.

이와 같은 과정을 계속하여 n번째 얻은 수 p_n이 $(n+1)$보다 작으면 이 과정을 멈춘다.

이때, $2p_n$이 $(n+1)$과 같으면 p는 (가) 이다.

(가)에 들어갈 식으로 알맞은 것은?

① $n+1$

② $\dfrac{(n+1)^2}{2}$

③ $\left\{ \dfrac{n(n+1)}{2} \right\}^2$

④ 2^{n+1}

⑤ $(n+1)!$

$$\sum_{k=1}^{n} k = \frac{n(n+1)}{2}$$

$p_1 = p - 1$

$p_2 = p_1 - 2 = p - (1+2)$

$p_3 = p_2 - 3 = p - (1+2+3)$

$\vdots$

$p_n = p - (1+2+3+\cdots+n) = p - \displaystyle\sum_{k=1}^{n} k$

$\therefore\ p_n = p - \dfrac{n(n+1)}{2}$

$2p_n = 2p - n(n+1) = n+1 \ (\because 조건)$

$\therefore\ p = \dfrac{(n+1)^2}{2}$

정답 : ②

004

이차방정식 $x^2 - kx + 125 = 0$의
두 근 α, β $(\alpha < \beta)$에 대하여 α, $\beta - \alpha$, β 가
이 순서로 등비수열을 이룰 때, 양수 k의 값을
구하시오.

HINT▶▶

$ax^2 + bx + c = 0$에서 두 근을 α, β라 하면

$\alpha + \beta = -\dfrac{b}{a}$, $\alpha\beta = ac$

a, b, c가 등비수열을 이루면

등비중항 $b^2 = ac$

근과 계수의 관계에 의하여

$\alpha + \beta = k$, $\quad \alpha\beta = 125$

세 수 $\alpha, \beta - \alpha, \beta$가 이 순서로 등비수열을 이루므로

$(\beta - \alpha)^2 = \alpha\beta$

$\alpha^2 - 2\alpha\beta + \beta^2 = \alpha\beta$

$(\alpha + \beta)^2 - 4\alpha\beta = \alpha\beta$

$(\alpha + \beta)^2 = 5\alpha\beta$

$k^2 = 5 \cdot 125 = 625$

$k > 0$ 이므로 $k = 25$

정답 : 25

005

음성 신호를 크게 하는 장치를 증폭기라고 한다.
전압 이득이 V인 증폭기의 데시벨 전압 이득 D
는 $D = 20\log V$ 라고 한다. 전압 이득이
V_k $(k = 1, 2, \cdots, 9)$인 증폭기의 데시벨 전압
이득 D_k $(k = 1, 2, \cdots, 9)$는 $D_k = 20\log V_k$
$(k = 1, 2, \cdots, 9)$ 이다.

증폭기의 전압 이득 V_k가

$V_k = \dfrac{k+1}{k} (k = 1, 2, \cdots, 9)$ 인 9개의 증폭기

를 연결하여 얻은 전체 데시벨 전압 이득 S_9가

$S_9 = \displaystyle\sum_{k=1}^{9} D_k$ 라 할 때, S_9의 값을 구하시오.

HINT▶▶

$\log\dfrac{b}{a} = \log_c b - \log_c a$

$\log_c a + \log_c b = \log_c ab$

$V_k = \dfrac{k+1}{k}$ 이므로

$D_k = 20\log V_k = 20\log\dfrac{k+1}{k}$

$\therefore S_9 = \displaystyle\sum_{k=1}^{9} D_k$

$= 20\left(\log\dfrac{2}{1} + \log\dfrac{3}{2} + \log\dfrac{4}{3} + \cdots + \log\dfrac{10}{9}\right)$

$= 20\left(\log\dfrac{2}{1} \times \dfrac{3}{2} \times \dfrac{4}{3} \times \cdots \times \dfrac{10}{9}\right)$

$= 20\log 10 = 20$

정답 : 20

07.9A

006

거리가 3인 두 점 O, O'이 있다. 점 O를 중심으로 반지름의 길이가 각각 $1, 2, \cdots, n$인 n개의 원과 점 O'을 중심으로 반지름의 길이가 각각 $1, 2, \cdots, n$인 n개의 원이 있다. 이 $2n$개의 원의 모든 교점의 개수를 a_n이라 하자. 예를 들어, 그림에서와 같이 $a_3 = 14$, $a_4 = 26$이다. a_{20}의 값은?

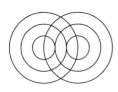 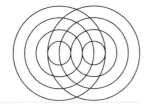

① 214　② 218　③ 222　④ 226　⑤ 230

HINT ▶▶

이런 종류의 문제는 3개정도 항까지 차분하게 그림을 그리면서 일정한 규칙을 찾아보자.

$a_3 = 14$, $a_4 = 26$, $a_5 = 38$, $\cdots$

$a_{n+1} = a_n + 12$ $(n \geq 3)$

을 추론할 수 있다.

$b_k = a_{k+2}$ $(k = 1, 2, 3, \cdots)$로 두면

$b_1 = 14$, $b_2 = 26$

$b_{k+1} - b_k = 12$ $\therefore$ $b_k = 12k + 2$

$\therefore a_{20} = b_{18} = 12 \times 18 + 2 = 218$

[다른 풀이]

$a_3 = a + 2d = 14$이고 $d = 12$이므로

$a_{20} = a + 19d = (a + 2d) + 17d$

$\quad = a_3 + 17 \times 12$

$\quad = 14 + 204 = 218$

정답 : ②

007

좌표평면 위에 다음 [단계]와 같은 순서로 점을 찍는다.

[단계 1] $(0, 1)$에 점을 찍는다.

[단계 2] $(0, 3)$, $(1, 3)$, $(2, 3)$에 이 순서대로 3개의 점을 찍는다.

$\vdots$

[단계 k] $(0, 2k-1)$, $(1, 2k-1)$, $(2, 2k-1)$, $\cdots$, $(2k-2, 2k-1)$에 이 순서대로 $(2k-1)$개의 점을 찍는다.
(단, k는 자연수이다.)

$\vdots$

이와 같은 과정으로 [단계 1]부터 시작하여 점을 찍어 나갈 때, 100번째 찍히는 점의 좌표는 (p, q)이다. $p+q$의 값은?

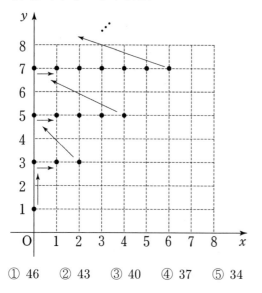

① 46 ② 43 ③ 40 ④ 37 ⑤ 34

HINT▶▶

군수열을 풀때는 제일먼저 몇군에 속하는지를 계산해본다.

y좌표가 같은 점끼리 군으로 묶으면
$(\,(0,0)\,)$, $(\,(0,3),(1,3),(2,3)\,)$,
$(\,(0,5),(1,5),(2,5),(3,5),(4,5)\,)$, $\cdots$
제n군까지의 항수는
$1+3+5+\cdots+(2n-1)=n^2$
이므로 100번째 항은 제10군의 마지막 항이다.
제10군은
$(0,19), (1,19), (2,19), \cdots, (18,19)$
이므로 100번째 항은 $(18,19)$ 이다.
$\therefore \ p+q=18+19=37$

정답 : ④

07.수능A

008

다음과 같이 정사각형을 가로 방향으로 3등분
하여 [도형 1]을 만들고, 세로 방향으로 3등분
하여 [도형 2]를 만든다.

[도형1]   [도형2]

[도형 1]과 [도형 2]를 번갈아 가며 계속 붙여
아래와 같은 도형을 만든다. 그림과 같이 첫 번
째 붙여진 [도형 1]의 왼쪽 맨 위 꼭지점을 A
라 하고, [도형 1]의 개수와 [도형 2]의 개수를
합하여 n개 붙여 만든 도형의 오른쪽 맨 아래
꼭지점을 B_n이라 하자.

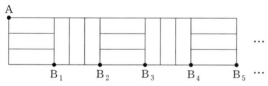

꼭지점 A에서 꼭지점 B_n까지 선을 따라 최단거
리로 가는 경로의 수를 a_n이라 할 때, $a_3 + a_7$의
값은?

① 26   ② 28   ③ 30   ④ 32   ⑤ 34

HINT ▶▶

차분하게 그림속에서 규칙을 찾자.
길찾기 가지수 $A \rightarrow B$

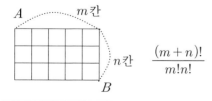

(i) n이 짝수일 때,

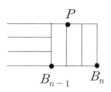

B_n에 이르는 최단경로는

$\quad A \rightarrow B_{n-1} \rightarrow B_n$ 또는 $A \rightarrow P \rightarrow B_n$

$\quad \therefore a_n = a_{n-1} \times 1 + 1 \times \dfrac{3!}{2!1!}$

$\qquad = a_{n-1} + 3$

(ii) n이 홀수일 때,

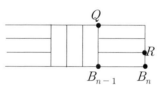

B_n에 이르는 최단경로는

$\quad A \rightarrow B_{n-1} \rightarrow B_n$ 또는 $A \rightarrow Q \rightarrow R \rightarrow B_n$

$\quad \therefore a_n = a_{n-1} \times 1 + 1 \times \dfrac{3!}{2!1!} \times 1$

$\qquad = a_{n-1} + 3$

(i),(ii)에서

$a_n = a_{n-1} + 3 \, (n = 2, 3, 4, \cdots)$

이므로 수열$\{a_n\}$은 공차가 3인 등차수열이다.

$a_1 = \dfrac{4!}{3!\,1!} = 4$ 이므로

$a_3 = 4 + 2 \times 3 = 10$,

$a_7 = 4 + 6 \times 3 = 22$

$\therefore a_3 + a_7 = 32$

정답 : ④

08.6A

009

공차가 d_1, d_2인 두 등차수열 $\{a_n\}$, $\{b_n\}$의 첫째항부터 제 n항까지의 합을 각각 S_n, T_n이라 하자.

$S_n T_n = n^2(n^2-1)$일 때, 〈보기〉에서 항상 옳은 것을 모두 고른 것은?

〈보 기〉

ㄱ. $a_n = n$이면 $b_n = 4n - 4$이다.

ㄴ. $d_1 d_2 = 4$

ㄷ. $a_1 \neq 0$이면 $a_n = n$이다.

① ㄱ   ② ㄴ   ③ ㄱ, ㄴ
④ ㄱ, ㄷ   ⑤ ㄱ, ㄴ, ㄷ

HINT ▶▶

등차수열의 합의 공식

$$S_n = \frac{n\{2a+(n-1)d\}}{2} = \frac{n(a+l)}{2}$$

$$a_n = S_n - S_{n-1}$$

$S_n T_n = n^2(n^2-1)$에서

ㄱ. 〈참〉

$a_n = n$이면 $S_n = \dfrac{n(n+1)}{2}$이므로

$$\left(\because \sum_{k=1}^{n} k = \frac{n(n+1)}{2} \right)$$

$S_n T_n = n^2(n^2-1)$에서

$$\frac{n(n+1)}{2} T_n = n^2(n^2-1)$$

$$\therefore T_n = 2n(n-1)$$

(i) $n \geq 2$일 때,

$$\begin{aligned} b_n &= T_n - T_{n-1} \\ &= 2n(n-1) - 2(n-1)(n-2) \\ &= 4n - 4 \end{aligned}$$

(ii) $n = 1$일 때,

$$T_1 = 0 = b_1 \qquad \therefore b_n = 4n - 4$$

ㄴ. 〈참〉

$$S_n = \frac{n\{2a_1 + (n-1)d_1\}}{2}$$

$$T_n = \frac{n\{2b_1 + (n-1)d_2\}}{2}$$

에서 $S_1 T_1 = 0$ 이므로 $a_1 b_1 = 0$

(i) $a_1 \neq 0$, $b_1 = 0$ 인 경우

$$S_n T_n = \frac{n\{2a_1 + (n-1)d_1\}}{2} \cdot \frac{n(n-1)d_2}{2}$$

$$= n^2(n^2 - 1)$$

위 식을 정리하면

$$2a_1 d_2 + (n-1)d_1 d_2 = d_1 d_2 n + 2a_1 d_2 - d_1 d_2$$

$$= 4n + 4$$

이 등식은 모든 자연수 n 에 대하여 성립하므로

$d_1 d_2 = 4$ ($\because$ 계수비교법 사용)

(ii) $a_1 = 0$, $b_1 \neq 0$ 인 경우,

(iii) $a = 0$, $b = 0$ 인 경우

(i)과 같은 방법으로 $d_1 d_2 n + \ldots = 4n + 4$

이 등식은 모든 자연수 n 에 대하여 성립하므로

$d_1 d_2 = 4$

따라서, (i), (ii), (iii)에 의해 $d_1 d_2 = 4$

ㄷ. 〈거짓〉

$S_1 T_1 = 0$ 이므로 $a_1 \neq 0$ 이면 $b_1 = 0$

$$S_n T_n = S_n \cdot \frac{n(n-1)d_2}{2} = n^2(n^2 - 1)$$

$\therefore S_n = 2n(n+1)d_2$

$a_n = S_n - S_{n-1}$

$\quad = 2n(n+1)d_2 - 2(n-1)nd_2$

$\quad = 4d_2 n \neq n$

($\because$ 여기서 $d_2 = \frac{1}{4}$ 이 아닐 수 있다.)

따라서, 옳은 것은 ㄱ, ㄴ이다.

정답 : ③

08.6A

010

두 수열 $\{a_n\}$, $\{b_n\}$ 이 자연수 n 에 대하여

$$a_n = 5n + 1$$

$$b_1 = 1, \ b_{n+1} - b_n = n + 1$$

을 만족시킨다. 10 이하인 두 자연수 k, l 에 대하여 a_k 와 b_l 의 곱이 홀수가 되는 순서쌍 (k, l) 의 개수를 구하시오.

HINT ▶▶

계차수열이 b_n 일때 원수열 $a_n = a_1 + \sum_{k=1}^{n-1} b_k$

$a_n = 5n + 1$

$b_1 = 1, b_{n+1} - b_n = n + 1$ 이므로

$$b_n = 1 + \sum_{k=1}^{n-1}(k+1)$$

$$= 1 + \frac{(n-1)n}{2} + (n-1)$$

$$= \frac{n(n+1)}{2}$$

$a_k \times b_l$ 의 값이 홀수가 되려면 a_k, b_l 이 모두 홀수가 되어야 한다.

$a_k = 5k + 1$ 이 홀수가 되도록 하는 10 이하의 자연수 k 는 2, 4, 6, 8, 10 의 5 개 이고,

$b_l = \frac{l(l+1)}{2}$ 이 홀수가 되도록 하는 10 이하의 자연수 l 는 1, 2, 5, 6, 9, 10 의 6 개 이다.

따라서, 순서쌍 (k, l) 의 개수는

$5 \times 6 = 30$ (개)이다.

정답 : 30

011

수열 a_n의 제 n항 a_n을 자연수 k의 양의 제곱근 $\sqrt{k}$를 소수점 아래 첫째 자리에서 반올림하여 n이 되는 k의 개수라 하자.

$\sum\limits_{i=1}^{10} a_i$의 값을 구하시오.

HINT▶▶

$$\sum_{k=1}^{n} k = \frac{1}{2}n(n+1)$$

반올림의 수학적 표현을 익히자.

$$n - \frac{1}{2} \leq x < n + \frac{1}{2}$$

자연수 n에 대하여 $\sqrt{k}$를 소수점 아래 첫째 자리에서 반올림하여 n이 되는 k는

$$(n-1) + \frac{1}{2} \leq \sqrt{k} < n + \frac{1}{2}$$

$$n - \frac{1}{2} \leq \sqrt{k} < n + \frac{1}{2}$$

양변을 제곱하면

$$n^2 - n + \frac{1}{4} \leq k < n^2 + n + \frac{1}{4}$$

이 조건을 만족하는 자연수 k는 $n^2 - n + 1$ 부터 $n^2 + n$까지의 수이므로

$$a_n = (n^2 + n) - (n^2 - n + 1) + 1 = 2n$$

따라서,

$$\sum_{i=1}^{10} a_i = \sum_{i=1}^{10} 2i = 2 \times \frac{10 \times 11}{2} = 110$$

정답 : 110

012

자연수 $n\,(n \geq 2)$으로 나누었을 때, 몫과 나머지가 같아지는 자연수를 모두 더한 값을 a_n이라 하자. 예를 들어 4로 나누었을 때, 몫과 나머지가 같아지는 자연수는 5, 10, 15이므로 $a_4 = 5 + 10 + 15 = 30$이다. $a_n > 500$을 만족시키는 자연수 n의 최솟값을 구하시오.

HINT▶▶

$$\sum_{k=1}^{n} nk = n \sum_{k=1}^{n} k$$

이 문제에서 n도 상수로 취급한다.

$a_4 = (1 \times 4 + 1) + (2 \times 4 + 2) + (3 \times 4 + 3)$이고 이런식으로 전개하여 몫과 나머지를 k로 두면,

$$a_n = \sum_{k=1}^{n-1} (nk + k) = \sum_{k=1}^{n-1} (n+1)k = (n+1) \sum_{k=1}^{n-1} k$$

$$= \frac{(n+1)n(n-1)}{2} > 500$$

이므로 $n = 11$일 때 그 값이 최소이다.

정답 : 11

09.6A

013

수열 $\{a_n\}$에서 $a_n = (-1)^{\frac{n(n+1)}{2}}$ 일 때,

$\displaystyle\sum_{n=1}^{2010} n\,a_n$의 값은?

① -2011 ② -2010 ③ 0

④ 2010 ⑤ 2011

HINT ▶▶

$(-1)^{\frac{n(n+1)}{2}}$ 에서 지수인 $\dfrac{n(n+1)}{2}$ 이 총 4가지로 순환·변환되어 진다.

$n(n+1)$은 연속한 두 자연수의 곱이므로 항상 짝수이지만 $\dfrac{n(n+1)}{2}$ 은 $n = 4k-3$, $4k-2$, $4k-1$, $4k$ 의 네 가지의 꼴이 된다.

(i) $n = 4k-3$ 꼴일 때 $a_n = -1$

(ii) $n = 4k-2$ 꼴일 때 $a_n = -1$

(iii) $n = 4k-1$ 꼴일 때 $a_n = 1$

(iv) $n = 4k$ 꼴일 때 $a_n = 1$

∴ $\{a_n\}$: $-1, -1, 1, 1, -1, -1, 1, 1, \cdots$

$\displaystyle\sum_{n=1}^{2010} n\,a_n = \{(-1)+(-2)+3+4\}+$
$\{(-5)+(-6)+7+8\}+\cdots$
$+\{(-2005)+(-2006)+2007+2008\}+$
$(-2009)+(-2010)$

$= \underbrace{4+4+\cdots+4}_{4가\ 502개}+(-2009)+(-2010)$

$= -2011$

정답 : ①

014

두 수열 $\{a_n\}$, $\{b_n\}$이 모든 자연수 k에 대하여

$$b_{2k-1} = \left(\frac{1}{2}\right)^{a_1+a_3+\cdots+a_{2k-1}}$$

$$b_{2k} = 2^{a_2+a_4+\cdots+a_{2k}}$$

을 만족시킨다. 수열 $\{a_n\}$은 등차수열이고,

$$b_1 \times b_2 \times b_3 \times \cdots \times b_{10} = 8$$

일 때, 수열 $\{a_n\}$의 공차는?

① $\dfrac{1}{15}$ ② $\dfrac{2}{15}$ ③ $\dfrac{1}{5}$ ④ $\dfrac{4}{15}$ ⑤ $\dfrac{1}{3}$

> **HINT▸▸**
>
> $$\frac{1}{a^n} = a^{-n}$$
>
> $$a^m \times a^n = a^{m+n}$$
>
> a_n의 공차를 d라 하면
>
> $$b_1 \times b_2 = 2^{-a_1+a_2} = 2^d \left(\because \left(\frac{1}{2}\right)^{a_1} = 2^{-a_1}\right)$$
>
> $$b_3 \times b_4 = 2^{-a_1-a_3+a_2+a_4} = 2^{2d}$$
>
> $$\vdots$$
>
> $$b_9 \times b_{10} = 2^{5d}$$
>
> $$\therefore b_1 \times b_2 \times b_3 \times \cdots \times b_{10} = 2^{d+2d+\cdots 5d}$$
> $$= 2^{15d} = 8 = 2^3$$
>
> $15d = 3$이므로 $d = \dfrac{1}{5}$

정답 : ③

015

수열 $\{a_n\}$의 제 n항 a_n을 $\dfrac{n}{3^k}$이 자연수가 되게 하는 음이 아닌 정수 k의 최댓값이라 하자. 예를 들어 $a_1 = 0$이고 $a_6 = 1$이다. $a_m = 3$일 때, $a_m + a_{2m} + a_{3m} + \cdots + a_{9m}$의 값을 구하시오.

> **HINT▸▸**
>
> $a_n = 3$이라는 것은 $3^3 = 27$이 n의 3^k으로 표현되는 최대약수라는 의미다.
>
> $a_m = 3$이므로 $\dfrac{m}{3^3} = a$, $\therefore m = 3^3 \cdot a$
>
> (단, $\dfrac{m}{3^k} = a$를 만족하는 최대 정수가 $k = 3$이므로 a는 3의 배수가 아닌 자연수)
>
> 따라서,
>
> $a_m = a_{2m} = a_{4m} = a_{5m} = a_{7m} = a_{8m} = 3$이고
>
> $a_{3m} = a_{6m} = 4$, $a_{9m} = 5$이다.
>
> ($\because 3, 6, 9$는 속에 $3, 3^2$이 포함되어 있으므로)
>
> $\therefore a_m + a_{2m} + \cdots + a_{9m} = (3 \times 6) + (4 \times 2) + 5$
> $$= 31$$

정답 : 31

09.수능A

016

수열 $\{a_n\}$에 대하여 첫째항부터 제 n항까지의 합을 S_n이라 하자. 수열 $\{S_{2n-1}\}$은 공차가 -3인 등차수열이고, 수열 $\{S_{2n}\}$은 공차가 2인 등차수열이다. $a_2 = 1$일 때, a_8의 값을 구하시오.

HINT▶▶

등차수열의 일반항 $a_n = a_1 + (n-1)d$

$a_n = S_n - S_{n-1}$

두 수열 $\{S_{2n-1}\}$과 $\{S_{2n}\}$은 각각 공차가 -3과 2인 등차수열이므로

$S_{2n-1} = S_1 + (n-1)(-3)$

$S_{2n} = S_2 + (n-1) \times 2$

그런데, $S_1 = a_1$이고 $S_2 = a_1 + a_2 = a_1 + 1$이므로 $(\because a_2 = 1)$

$S_{2n-1} = a_1 - 3n + 3$

$S_{2n} = (a_1 + 1) + 2n - 2 = a_1 + 2n - 1$

따라서, 구하는 a_8의 값은

$a_8 = S_8 - S_7 = (a_1 + 2 \cdot 4 - 1) - (a_1 - 3 \cdot 4 + 3)$

$\quad\ = a_1 + 7 - a_1 + 9 = 16$

정답 : 16

09.수능A

017

두 자연수 a와 b에 대하여 세 수 a^n, $2^4 \times 3^6$, b^n이 이 순서대로 등비수열을 이룰 때, ab의 최솟값을 구하시오. (단, n은 자연수이다.)

HINT▶▶

등비중앙 : a, b, c수열에서 $b^2 = ac$

세 수 a^n, $2^4 \times 3^6$, b^n이 이 순서대로 등비수열을 이루므로 $(2^4 \times 3^6)^2 = a^n b^n = (ab)^n$

$2^8 \times 3^{12} = (ab)^n$

이때, ab의 값이 최소가 되려면 자연수 n의 값이 최대가 되어야 한다.

그런데, 2와 3이 서로소이므로 n의 값은 8과 12의 최대공약수인 4이다.

$\therefore \ (ab)^n = (2^2 \times 3^3)^4 = 108^4$

따라서, ab의 최솟값은 108이다.

정답 : 108

10.6A

018

수열 $\{a_n\}$이 다음 조건을 만족시킬 때,

$\displaystyle\sum_{k=1}^{6} a_k$의 값은?

> (가) $a_1 = 1$
> (나) $\{a_n\}$의 계차수열 $\{b_n\}$에 대하여
> $\qquad b_n = a_n$이다.

① 57   ② 60   ③ 63   ④ 66   ⑤ 69

HINT ▸▸

계차수열을 b_n이라 하며

원수열 : $a_n = a_1 + \displaystyle\sum_{k=1}^{n-1} b_k$

등비수열의 합의 공식

$: S_n = \dfrac{a(1 - r^n)}{1 - r} = \dfrac{a(r^n - 1)}{r - 1}$

$b_n = a_n$이므로

$a_{n+1} = a_n + b_n = 2a_n$

또, $a_1 = 1$이므로 $a_n = 2^{n-1}$

따라서,

$\displaystyle\sum_{k=1}^{6} a_k = \sum_{k=1}^{6} 2^{k-1}$

$\qquad = \dfrac{1 \times (2^6 - 1)}{2 - 1} = 63$

정답 : ③

10.9A

019

수열 $\{a_n\}$은 $a_1 = 2$이고,

$a_{n+1} = a_n + (-1)^n \dfrac{2n+1}{n(n+1)} \ (n \geq 1)$

을 만족 시킨다. $a_{20} = \dfrac{q}{p}$일 때, $p + q$의 값을

구하시오.

(단, p와 q는 서로소인 자연수이다.)

HINT ▸▸

계차수열이 b_n일때 원수열

$a_n = a_1 + \displaystyle\sum_{k=1}^{n-1} bk$

$\dfrac{2n+1}{n(n+1)} = \dfrac{A}{n} + \dfrac{B}{n+1}$

라고 놓고 A, B식을 구하라.

$a_{n+1} = a_n + (-1)^n \dfrac{2n+1}{n(n+1)} \ (n \geq 1)$이 므 로

수열 $\{a_n\}$의 계차수열의 일반항은

$(-1)^n \dfrac{2n+1}{n(n+1)} = (-1)^n \left(\dfrac{1}{n} + \dfrac{1}{n+1} \right)$

$\therefore a_{20} = a_1 + \displaystyle\sum_{k=1}^{19} (-1)^k \left(\dfrac{1}{k} + \dfrac{1}{k+1} \right)$

$= 2 + \left\{ \left(-1 - \dfrac{1}{2} \right) + \left(\dfrac{1}{2} + \dfrac{1}{3} \right) + \left(-\dfrac{1}{3} - \dfrac{1}{4} \right) \right.$

$\left. \qquad\qquad + \cdots + \left(-\dfrac{1}{19} - \dfrac{1}{20} \right) \right\}$

$= 2 - 1 - \dfrac{1}{20} = \dfrac{19}{20} = \dfrac{q}{p}$

$\therefore p + q = 39$

정답 : 39

10.9A

020

수열 $\{a_n\}$은 $a_1 = 1$이고,

$$a_n = n^2 + \sum_{k=1}^{n-1}(2k+1)a_k\,(n \geq 2)$$

를 만족시킨다. 다음은 일반항 a_n을 구하는 과정의 일부이다.

주어진 식으로부터 $a_2 = 7$이다.

자연수 $n(n \geq 3)$에 대하여

$$a_n = n^2 + \sum_{k=1}^{n-1}(2k+1)a_k$$

$$= n^2 + \sum_{k=1}^{n-2}(2k+1)a_k + (2n-1)a_{n-1}$$

$$= n^2 + a_{n-1} - \boxed{(\text{가})} + (2n-1)a_{n-1}$$

이므로, $a_n + 1 = 2n(a_{n-1}+1)$이 성립한다. 따라서,

$$a_n + 1 = n \times (n-1) \times \cdots \times 3 \times \boxed{(\text{나})}$$
$$\times (a_2 + 1)$$

$$= 4 \times n! \times \boxed{(\text{나})} \text{ 이다.}$$

위의 (가)에 알맞은 식을 $f(n)$, (나)에 알맞은 식을 $g(n)$이라 할 때 $f(9) \times g(9)$의 값은?

① 2^{13}　② 2^{14}　③ 2^{15}　④ 2^{16}　⑤ 2^{17}

HINT ▶▶

변변 곱하거나 변변 더해서 푸는 형태이다.
이런 종류의 문제 특징을 익혀두자.

주어진 식으로부터 $a_2 = 7$이다.

자연수 $n(n \geq 3)$에 대하여

$$a_n = n^2 + \sum_{k=1}^{n-1}(2k+1)a_k$$

$$= n^2 + \sum_{k=1}^{n-2}(2k+1)a_k + (2n-1)a_{n-1} \cdots\cdots ㉠$$

$$a_{n-1} = (n-1)^2 + \sum_{k=1}^{n-2}(2k+1)a_k \cdots\cdots ㉡ 이므로$$

㉠에서 ㉡을 빼서 정리하면

$$a_n = n^2 + a_{n-1} - \boxed{(n-1)^2} + (2n-1)a_{n-1}$$

이므로, $a_n + 1 = 2n(a_{n-1}+1)$이 성립한다.

3 이상의 자연수 n에 대하여

$$\cancel{a_3 + 1} = 2 \cdot 3 \cdot \cancel{(a_2 + 1)}$$
$$\cancel{a_4 + 1} = 2 \cdot 4 \cdot (a_3 + 1)$$
$$\vdots$$
$$a_n + 1 = 2 \cdot n \cdot \cancel{(a_{n-1} + 1)}$$

이고 각 변끼리 곱하면

$$a_n + 1 = n \times (n-1) \times \cdots \times 3 \times \boxed{2^{n-2}}$$
$$\times (a_2 + 1)$$

$$= n \times (n-1) \times \cdots \times 3 \times 2^{n-2} \times 8$$

$$(\because a_2 = 7)$$

$$= 4 \times n! \times \boxed{2^{n-2}}$$

$$\therefore\ f(n) = (n-1)^2,\ g(n) = 2^{n-2}$$

$$\therefore\ f(9) \times g(9) = 8^2 \times 2^7 = 2^6 \times 2^7 = 2^{13}$$

정답 : ①

10.9A

021

그림과 같이 1행에는 1개, 2행에는 2개, $\cdots$, n행에는 n개의 원을 나열하고 그 안에 다음 규칙에 따라 0또는 1을 써 넣는다.

> (가) 1행의 원 안에는 1을 써 넣는다.
>
> (나) $n \geq 2$일 때, 1행부터 $(n-1)$행까지 나열된 모든 원 안의 수의 합이 n이상이면 n행에 나열된 모든 원안에 0을 써 넣고, n미만이면 n행에 나열된 모든 원 안에 1을 써 넣는다.

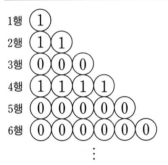

1행부터 32행까지 나열된 원 안에 써 넣은 모든 수의 합을 구하시오

HINT▶▶

표를 그려서 침착하게 규칙을 찾아보자.

$1+2+4+\ldots$ 이런식으로 나가니 2^n과 관련됨을 알 수 있다.

n행에 나열된 모든 원 안의 수의 합을 a_n, 1행부터 n행까지 나열된 모든 원 안의 수의 합을 S_n이라 하자. a_n과 S_n의 값은 아래 표와 같다.

n	1	2	3	4	5	6	7	8	9 ~ 15	16	17 ~ 31	32
a_n	1	2	0	4	0	0	0	8	0	16	0	32
S_n	1	3	3	7	7	7	7	15	15	31	31	63

즉, $n = 2^k$ (k는 자연수)일 때 $a_n = n$이고, 나머지는 0이다.

따라서, 제1행부터 제32행까지 나열된 원 안에 써 넣은 모든 수의 합은

$1+2+4+8+16+32 = 63$

정답 : 63

10.수능A

022

공차가 0이 아닌 등차수열 $\{a_n\}$의 세 항 a_2, a_4, a_9가 이 순서대로 공비 r인 등비수열을 이룰 때, $6r$의 값을 구하시오

HINT ▶▶

등차수열의 일반항 $a_n = a_1 + (n-1)d$

등비중항 $b^2 = ac$

등차수열 $\{a_n\}$의 첫째항을 a, 공차를 d라 하면
$a_2 = a + d$, $a_4 = a + 3d$, $a_9 = a + 8d$
세 항 a_2, a_4, a_9가 이 순서대로 등비수열을
이루므로
$a_4{}^2 = a_2 \cdot a_9$
$(a+3d)^2 = (a+d)(a+8d)$
$a^2 + 6ad + 9d^2 = a^2 + 9ad + 8d^2$
$d^2 - 3ad = 0$
$\therefore d = 3a \, (\because d \neq 0)$
$\therefore r = \dfrac{a_4}{a_2} = \dfrac{a+3d}{a+d}$
$\qquad = \dfrac{10a}{4a} = \dfrac{5}{2}$
$\therefore 6r = 6 \cdot \dfrac{5}{2} = 15$

정답 : 15

10.수능A

023

수열 $\{a_n\}$이 모든 자연수 n에 대하여

$$\sum_{k=1}^{n} a_k = \log \frac{(n+1)(n+2)}{2}$$ 를 만족시킨다.

$\displaystyle\sum_{k=1}^{20} a_{2k} = p$라 할 때, 10^p의 값을 구하시오.

HINT ▶▶

$\log_c a - \log_c b = \log_c \dfrac{a}{b}$, $\log_c a + \log_c b = \log_c ab$

$a_n = S_n - S_{n-1}$

$a^{\log_b c} = c^{\log_b a}$

$a_n = \displaystyle\sum_{k=1}^{n} a_k - \sum_{k=1}^{n-1} a_k$
$\quad = \log \dfrac{(n+1)(n+2)}{2} - \log \dfrac{n(n+1)}{2}$
$\quad = \log \dfrac{n+2}{n} \ (n \geq 2)$

이때, $n = 1$ 이면 $a_1 = \displaystyle\sum_{k=1}^{1} a_k = \log 3$이므로

$a_n = \log \dfrac{n+2}{n} \quad (n \geq 1)$

$\therefore p = \displaystyle\sum_{k=1}^{20} a_{2k}$

$= \displaystyle\sum_{k=1}^{20} \log \dfrac{2k+2}{2k} = \sum_{k=1}^{20} \log \dfrac{k+1}{k}$

$= \log \dfrac{2}{1} + \log \dfrac{3}{2} + \cdots + \log \dfrac{21}{20}$

$= \log \left(\dfrac{2}{1} \times \dfrac{3}{2} \times \cdots \times \dfrac{21}{20} \right) = \log 21$

$\therefore 10^p = 10^{\log 21} = 21$

정답 : 21

024

수열 $\{a_n\}$은 $a_1 = 1$이고,

$$a_{n+1} = n+1+\frac{(n-1)!}{a_1 a_2 \cdots a_n} \ (n \geq 1)$$

을 만족시킨다. 다음은 일반항 a_n을 구하는 과정의 일부이다.

모든 자연수 n에 대하여

$a_1 a_2 \cdots a_n a_{n+1}$

$= a_1 a_2 \cdots a_n \times (n+1) + (n-1)!$이다.

수열 $\{b_n\}$의 일반항을 구하면

$b_{n+1} = b_n + \boxed{\text{가}}$ 이므로

$\dfrac{a_1 a_2 \cdots a_n}{n!} = \boxed{\text{나}}$ 이다.

따라서, $a_1 = 1$이고,

$a_n = \dfrac{(n-1)(2n-1)}{2n-3} (n \geq 2)$이다.

위의 (가)에 알맞은 식을 $f(n)$, (나)에 알맞은 식을 $g(n)$이라 할 때, $f(13) \times g(7)$의 값은?

① $\dfrac{1}{70}$ ② $\dfrac{1}{77}$ ③ $\dfrac{1}{84}$ ④ $\dfrac{1}{91}$ ⑤ $\dfrac{1}{98}$

HINT ▸▸

$$\frac{1}{A \cdot B} = \frac{1}{B-A}\left(\frac{1}{A}-\frac{1}{B}\right) = \frac{1}{A-B}\left(\frac{1}{B}-\frac{1}{A}\right)$$

$b_n = \dfrac{a_1 a_2 \cdots a_n}{n!}$ 이라 놓으면

조건이 $b_{n+1} = b_n + \dfrac{1}{n(n+1)}$로 바뀔 수 있다.

조건식 양변에 $a_1, a_2, a_3 \cdots a_n$을 곱하면

모든 자연수 n에 대하여

$a_1 a_2 \cdots a_n a_{n+1} = a_1 a_2 \cdots a_n \times (n+1) + (n-1)!$

양변을 $(n+1)!$로 나누면

$$\frac{a_1 a_2 \cdots a_{n+1}}{(n+1)!} = \frac{a_1 a_2 \cdots a_n}{n!} + \frac{1}{n(n+1)} \text{------㉠}$$

$b_n = \dfrac{a_1 a_2 \cdots a_n}{n!}$ 이라 하면, $b_1 = 1$이고

㉠에서 $b_{n+1} = b_n + \boxed{\dfrac{1}{n(n+1)}}$

이다. 수열 $\{b_n\}$의 일반항을 구하면

$$b_n = b_1 + \sum_{k=1}^{n-1} \frac{1}{k(k+1)}$$

$$= 1 + \sum_{k=1}^{n-1}\left(\frac{1}{k}-\frac{1}{k+1}\right)$$

$$= 1 + \left\{\left(1-\frac{1}{2}\right)+\left(\frac{1}{2}-\frac{1}{3}\right)+\ldots +\left(\frac{1}{n-1}-\frac{1}{n}\right)\right\}$$

$$= 2-\frac{1}{n} = \boxed{\frac{2n-1}{n}}$$

이므로 $\dfrac{a_1 a_2 \cdots a_n}{n!} = \boxed{\dfrac{2n-1}{n}}$ 이다.

따라서, $a_1 = 1$이고,

$a_n = \dfrac{(n-1)(2n-1)}{2n-3} (n \geq 2)$이다.

$$\left(\because a_n = \frac{2n-1}{n} \times \frac{n \cdot (n-1)!}{a_1 a_2 \cdots a_{n-1}} = (2n-1) \times \frac{1}{b_{n-1}} = (2n-1) \times \frac{n-1}{2(n-1)-1}\right)$$

따라서,

$f(n) = \dfrac{1}{n(n+1)}$, $g(n) = \dfrac{2n-1}{n}$ 이므로

$f(13) \times g(7) = \dfrac{1}{13 \times 14} \times \dfrac{13}{7} = \dfrac{1}{98}$

정답 : ⑤

025

자연수 n에 대하여 좌표평면 위의 점 A_n을 다음 규칙에 따라 정한다.

> (가) 점 A_1의 좌표는 $(1, 1)$이다.
>
> (나) n이 짝수이면
>> 점 A_n은 점 A_{n-1}을 x축의 방향으로 2만큼, y축의 방향으로 1만큼 평행이동 한 점이다.
>
> (다) n이 3이상의 홀수이면
>> 점 A_n은 점 A_{n-1}을 x축의 방향으로 -1만큼, y축의 방향으로 -2만큼 평행이동 한 점이다.

위의 규칙에 따라 정해진 점 A_k의 좌표가 $(7, -2)$이고 점 A_l의 좌표가 $(9, -7)$일 때, $k+l$의 값은?

① 27 ② 29 ③ 31 ④ 33 ⑤ 35

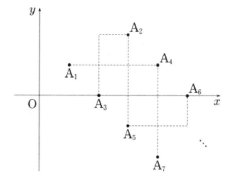

HINT ▶▶

A_n의 n이 짝수일 때와 홀수일 때를 나누어 계산하여라. 그림을 참조하면 쉽게 풀린다.

$A_2(3, 2)$, $A_4(4, 1)$, $A_6(5, 0)$, ...
$A_1(1, 1)$, $A_3(2, 0)$, $A_5(3, -1)$, ...
이므로 짝수일때는 $y = -x + 5$,
홀수일때는 $y = -x + 2$의 규칙을 따른다.
자연수 n에 대하여 좌표가 $(n+2, 3-n)$인 점은 A_{2n}이고 좌표가 $(7, -2)$인 점은 $A_{2 \times 5}$ 즉, A_{10}이다.
또, 좌표가 $(n, 2-n)$인 점은 A_{2n-1}이므로 좌표가 $(9, -7)$인 점은 $A_{2 \times 9 - 1}$ 즉, A_{17}이다.
$\therefore k = 10$, $l = 17$
$\therefore k + l = 27$

정답 : ①

026

자연수 n 에 대하여 좌표평면에서 다음 조건을 만족시키는 가장 작은 정사각형의 한 변의 길이를 a_n 이라 하자.

(가) 정사각형의 각 변은 좌표축에 평행하고, 두 대각선의 교점은 $(n, 2^n)$ 이다.

(나) 정사각형과 그 내부에 있는 점 (x, y) 중에서 x 가 자연수이고, $y = 2^x$ 을 만족시키는 점은 3 개뿐이다.

예를 들어 $a_1 = 12$ 이다.

$\displaystyle\sum_{k=1}^{7} a_k$ 의 값을 구하시오.

(i) $n = 1$ 일 때

세 점 $(1, 2^1)$, $(2, 2^2)$, $(3, 2^3)$ 이 정사각형과 그 내부에 포함되는 경우이므로

$a_1 = 2 \times (2^3 - 2^1) = 12$

(ii) $n = 2$ 일 때

세 점 $(1, 2^1)$, $(2, 2^2)$, $(3, 2^3)$ 이 정사각형과 그 내부에 포함되는 경우이므로

$a_2 = 2 \times (2^3 - 2^2) = 8$

(iii) $n \geq 3$ 일 때

세 점 $(n-2, 2^{n-2})$, $(n-1, 2^{n-1})$, $(n, 2^n)$ 이 정사각형과 그 내부에 포함되는 경우이므로

$a_n = 2 \times (2^n - 2^{n-2}) = 3 \times 2^{n-1}$

(i), (ii), (iii)에서

$$\sum_{k=1}^{7} a_k = 12 + 8 + 3(2^2 + 2^3 + \cdots + 2^6)$$

$$= 20 + 3 \times \frac{2^2(2^5 - 1)}{2 - 1} = 20 + 12 \times 31 = 392$$

참고〉〉

위의 풀이의 (iii)에서 세 점 $(n-1, 2^{n-1})$, $(n, 2^n)$, $(n+1, 2^{n+1})$ 이 정사각형과 그 내부에 포함되는 경우에는 점 $(n-2, 2^{n-2})$ 도 이 정사각형의 내부에 포함되므로 조건을 만족시키지 않는다.

마찬가지로, 세 점 $(n, 2^n)$, $(n+1, 2^{n+1})$, $(n+2, 2^{n+2})$ 이 정사각형과 그 내부에 포함되는 경우도 조건을 만족시키지 않는다.

($\because$ 최소조건을 만족시키지 못한다. 즉, 조건을 만족시키는 점의 개수가 3보다 많아진다.)

HINT▶▶

자연수 조건으로 인하여 $a_1 > a_2$ 라는 사실에 주의하자.

즉, 이 수열은 a_1, a_2 는 a_n 항의 일반식과는 별개로 계산해야 한다.

정답 : 392

027

수열 $\{a_n\}$ 은 $a_1 = 1$ 이고,

$$a_{n+1} = \frac{3a_n - 1}{4a_n - 1} \quad (n \geq 1)$$

을 만족시킨다. 다음은 일반항 a_n 을 구하는 과정의 일부이다.

모든 자연수 n 에 대하여

$$4a_{n+1} - 1 = 4 \times \frac{3a_n - 1}{4a_n - 1} - 1$$
$$= 2 - \frac{1}{4a_n - 1}$$

이다. 수열 $\{b_n\}$ 을 $b_1 = 1$,

$b_{n+1} = (4a_n - 1)b_n \quad (n \geq 1) \ \cdots\cdots \ (*)$

이라 하면,

$$\vdots$$

$b_{n+2} - b_{n+1} = b_{n+1} - b_n$ 이다.

즉, $\{b_n\}$ 은 등차수열이므로 $(*)$ 에 의하여

$b_n = \boxed{\ 가\ }$ 이고,

$a_n = \boxed{\ 나\ }$ 이다.

위의 (가), (나)에 알맞은 식을 각각 $f(n)$, $g(n)$ 이라 할 때, $f(14) \times g(5)$ 의 값은?

① 15 ② 16 ③ 17 ④ 18 ⑤ 19

HINT ▶▶

분모부분인 $(4a_n - 1)$을 b_n을 이용해 구해보자.

$$4a_{n+1} - 1 = 4 \times \frac{3a_n - 1}{4a_n - 1} - 1$$
$$= \frac{12a_n - 4}{4a_n - 1} - 1$$
$$= \frac{3(4a_n - 1) - 1}{4a_n - 1} - 1$$
$$= (3 - 1) - \frac{1}{4a_n - 1}$$
$$= 2 - \frac{1}{4a_n - 1}$$

이때 주어진 조건을 이용해서
$b_2 = (4a_1 - 1)b_1 = 3$ 이고

$$b_{n+2} - b_{n+1} = (4a_{n+1} - 1)b_{n+1} - b_{n+1}$$
$$= \left(2 - \frac{1}{4a_n - 1}\right)b_{n+1} - b_{n+1}$$
$$= \left(1 - \frac{1}{4a_n - 1}\right)b_{n+1}$$
$$= b_{n+1} - \frac{b_{n+1}}{4a_n - 1}$$
$$= b_{n+1} - b_n$$
$$(\because b_{n+1} = (4a_n - 1)b_n)$$

$b_{n+2} - b_{n+1} = b_{n+1} - b_n = \cdots = b_2 - b_1 = 2$

따라서, 등차수열 $\{b_n\}$은 첫째항이 1이고 공차가 2이므로

$b_n = \boxed{2n - 1}$

따라서, $b_{n+1} = 2n + 1$이므로 $(*)$에서

$2n + 1 = (4a_n - 1)(2n - 1)$

$$\therefore a_n = \frac{1}{4}\left(\frac{2n+1}{2n-1} + 1\right) = \boxed{\dfrac{n}{2n-1}}$$

따라서,

$f(n) = 2n - 1$, $g(n) = \dfrac{n}{2n-1}$ 이므로

$$f(14) \times g(5) = 27 \times \frac{5}{9} = 15$$

정답 : ①

028

첫째항이 1 인 수열 $\{a_n\}$ 에 대하여

$S_n = \displaystyle\sum_{k=1}^{n} a_k$ 라 할 때,

$nS_{n+1} = (n+2)S_n + (n+1)^3 \ (n \geq 1)$

이 성립한다. 다음은 수열 $\{a_n\}$ 의 일반항을 구하는 과정의 일부이다.

자연수 n 에 대하여 $S_{n+1} = S_n + a_{n+1}$ 이므로

$\quad na_{n+1} = 2S_n + (n+1)^3 \ \cdots\cdots$ ㉠

이다. 2 이상의 자연수 n 에 대하여

$\quad (n-1)a_n = 2S_{n-1} + n^3 \ \cdots\cdots$ ㉡

이고, ㉠ 에서 ㉡ 을 뺀 식으로부터

$\quad na_{n+1} = (n+1)a_n + \boxed{\text{가}}$

를 얻는다. 양변을 $n(n+1)$ 로 나누면

$\quad \dfrac{a_{n+1}}{n+1} = \dfrac{a_n}{n} + \dfrac{\boxed{\text{가}}}{n(n+1)}$

이다. $b_n = \dfrac{a_n}{n}$ 이라 하면,

$\quad b_{n+1} = b_n + 3 + \boxed{\text{나}} \ (n \geq 2)$

이므로 $b_n = b_2 + \boxed{\text{다}} \ (n \geq 3)$ 이다.

$\qquad\qquad\vdots$

위의 (가), (나), (다)에 들어갈 식을 각각 $f(n)$, $g(n)$, $h(n)$ 이라 할 때,

$\dfrac{f(3)}{g(3)h(6)}$ 의 값은?

① 30 ② 36 ③ 42 ④ 48 ⑤ 54

HINT ▶▶

$a_n = S_n - S_{n-1}$

중간 과정에 양변을 $n(n+1)$ 로 나누는 부분을 주의하라. 이런 류의 문제를 푸는 키포인트다.

자연수 n 에 대하여 $S_{n+1} = S_n + a_{n+1}$ 이므로

$nS_{n+1} = (n+2)S_n + (n+1)^3$ 에서

$$n(S_n + a_{n+1}) = nS_n + 2S_n + (n+1)^3$$

$$\therefore na_{n+1} = 2S_n + (n+1)^3 \, (n \geq 2) \, \cdots \cdots \, \text{㉠}$$

이다. 2 이상의 자연수 n에 대하여 ㉠의 식에 n 대신 $n-1$을 대입하면

$$(n-1)a_n = 2S_{n-1} + n^3 \, \cdots \cdots \, \text{㉡}$$

이고, ㉠에서 ㉡을 뺀 식으로부터

$$na_{n+1} - (n-1)a_n$$

$$= 2(S_n - S_{n-1}) + (n+1)^3 - n^3$$

$$= 2a_n + 3n^2 + 3n + 1$$

$$\therefore na_{n+1} = (n+1)a_n + \boxed{3n^2 + 3n + 1} \, \text{(가)}$$

를 얻는다. 양변을 $n(n+1)$로 나누면

$$\frac{a_{n+1}}{n+1} = \frac{a_n}{n} + \frac{3n^2 + 3n + 1}{n(n+1)}$$

$$= \frac{a_n}{n} + 3 + \frac{1}{n(n+1)}$$

이다. $b_n = \dfrac{a_n}{n}$ 이라 하면,

$$b_{n+1} = b_n + 3 + \boxed{\frac{1}{n(n+1)}} \, \text{(나)} \, (n \geq 2)$$

이므로

$$b_n = b_2 + \sum_{k=2}^{n-1} \left(3 + \frac{1}{k} - \frac{1}{k+1} \right)$$

$$= b_2 + \boxed{3(n-2) + \frac{1}{2} - \frac{1}{n}} \, \text{(다)} \, (n \geq 3)$$

이다.

$$\therefore f(n) = 3n^2 + 3n + 1, \quad g(n) = \frac{1}{n(n+1)},$$

$$h(n) = 3n - \frac{11}{2} - \frac{1}{n} \text{이므로}$$

$$\frac{f(3)}{g(3)h(6)} = \frac{37}{\frac{1}{12} \times \left(18 - \frac{11}{2} - \frac{1}{6} \right)}$$

$$= \frac{37}{\frac{1}{12} \times \frac{74}{6}} = \frac{37}{\frac{2 \times 37}{72}} = 36$$

정답 : ②

09.6A

029

다음 순서도에서 인쇄되는 S의 값을 구하시오.

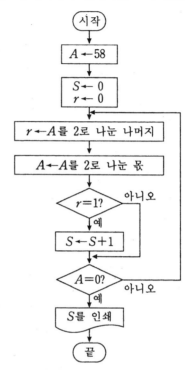

HINT▶▶

표를 그려본다.

A	r	S
58	0	0
29	0	
14	1	1
7	0	
3	1	2
1	1	3
0	1	4

정답 : 4

030

$n \geq 2$인 모든 자연수 n에 대하여 집합 A_n을 $A_n = \{1, 2, \cdots, n\}$이라 하자. 집합 A_n의 부분집합 중 원소가 2개인 각 부분집합에서 작은 원소를 뽑아 그 원소들의 평균을 a_n이라 하자. 다음은 $a_n = \dfrac{n+1}{3}$임을 수학적귀납법으로 증명한 것이다.

〈증명〉

(1) $n = 2$일 때, $A_2 = \{1, 2\}$의 원소가 2개인 부분집합은 자신뿐이므로
$$a_2 = 1 = \frac{2+1}{3}$$이다.

(2) $n = k \, (k \geq 2)$일 때 성립한다고 가정하면
$$a_k = \frac{k+1}{3}$$이다.

$A_{k+1} = \{1, 2, \cdots, k, k+1\}$의 부분집합 중 원소가 2개인 모든 부분집합은, A_k의 부분집합 중 원소가 2개인 모든 부분집합에 k개의 집합 $\{1, k+1\}$, $\{2, k+1\}$, $\cdots$, $\{k, k+1\}$을 추가한 것이다.

A_k의 부분집합 중 원소가 2개인 부분집합의 개수는 $\boxed{\quad (\text{가}) \quad}$ 이므로

$$a_{k+1} = \frac{\boxed{\quad (\text{나}) \quad} + (1 + 2 + \cdots + k)}{{}_{k+1}C_2}$$

$$= \frac{k+2}{3} = \frac{(k+1)+1}{3}$$이다.

그러므로 (1), (2)에 의하여 $n \geq 2$인 모든 자연수 n에 대하여 $a_n = \dfrac{n+1}{3}$이다.

위 증명에서 (가), (나)에 알맞은 것은?

    (가)   (나)

	(가)	(나)
①	${}_k C_2$	${}_k C_2 \cdot \dfrac{k}{3}$
②	${}_k C_2$	${}_k C_2 \cdot \dfrac{k+1}{3}$
③	${}_{k+1} C_2$	${}_{k+1} C_2 \cdot \dfrac{k}{3}$
④	${}_{k+1} C_2$	${}_{k+1} C_2 \cdot \dfrac{k+1}{3}$
⑤	${}_{k+2} C_2$	${}_k C_2 \cdot \dfrac{k}{3}$

031

등차수열 a_n 에서

$a_1 = 4$, $\quad a_1 - a_2 + a_3 - a_4 + a_5 = 28$ 일 때,

$\displaystyle \lim_{n \to \infty} \frac{a_n}{n}$ 의 값을 구하시오.

HINT ▶▶

수학적 귀납법

i) $n = 1$ 일때 조건이 성립한다.

ii) $n = k$ 일때 성립한다고 가정하면

　　$n = k + 1$ 일때도 성립한다.

$n = k\,(k \geq 2)$ 일 때 성립한다고 가정하면

$a_k = \dfrac{k+1}{3}$ 이다.

$A_{k+1} = \{1, 2, \cdots, k, k+1\}$ 의 부분집합 중 원소가 2개인 모든 부분집합은,

A_k 의 부분집합 중 원소가 2개인 모든 부분집합에 k 개의 집합

$\{1, k+1\}, \{2, k+1\}, \cdots, \{k, k+1\}$

을 추가한 것이다.

A_k 의 부분집합 중 원소가 2개인 부분집합의

개수는 $\boxed{{}_k C_2}$ 이고,

$a_k = \dfrac{k+1}{3}$ 이므로 ${}_k C_2$ 개의 부분집합에서 작은 원소를 뽑아 더한 합은

$\quad {}_k C_2 \times \dfrac{k+1}{3}$ 이다.

$\therefore a_{k+1}$

$= \dfrac{\boxed{{}_k C_2 \times \dfrac{k+1}{3}} + (1 + 2 + \cdots + k)}{{}_{k+1} C_2}$

$= \dfrac{k+2}{3} = \dfrac{(k+1)+1}{3}$

HINT ▶▶

등차수열에서

$a_n = a_1 + (n-1)d$

$a_{n+1} - a_n = d$

등차수열 $\{a_n\}$ 의 공차를 d 라 하면

$a_1 - a_2 + a_3 - a_4 + a_5 = -d - d + (a_1 + 4d)$

$\qquad\qquad\qquad\qquad = a_1 + 2d$

$\qquad\qquad\qquad\qquad = 4 + 2d = 28$

$\therefore \ d = 12$

따라서,

$\ a_n = 4 + (n-1) \times 12 = 12n - 8$ 이므로

$\displaystyle \lim_{n \to \infty} \frac{a_n}{n} = \lim_{n \to \infty} \frac{12n - 8}{n}$

$\qquad\qquad = \lim_{n \to \infty} \left(12 - \frac{8}{n}\right) = 12$

정답 : ②

정답 : 12

032

수열 $\{a_n\}$이 $a_1 = \alpha\,(\alpha \neq 0)$이고,

모든 $n(n \geq 2)$에 대하여

$(n-1)a_n + \displaystyle\sum_{m=1}^{n-1} ma_m = 0$을 만족시킨다. 다음

은 $a_n = \dfrac{(-1)^{n-1}}{(n-1)!}\alpha\,(n \geq 1)$

임을 수학적귀납법을 이용하여 증명한 것이다.

〈증명〉

(1) $n = 1$일 때, $a_1 = \alpha = \dfrac{(-1)^{1-1}}{(1-1)!}\alpha$이다.

(2) ⅰ) $n = 2$일 때, $a_2 + a_1 = 0$이므로

$\qquad a_2 = -a_1 = \dfrac{(-1)^{2-1}}{(2-1)!}\alpha$이다.

$\qquad$ 따라서, 주어진 식이 성립한다.

ⅱ) $n = k\,(k \geq 2)$일 때 성립한다고 가정

$\qquad$ 하고, $n = k+1$일 때 성립함을 보이자.

$0 = ka_{k+1} + \displaystyle\sum_{m=1}^{k} ma_m$

$\ = ka_{k+1} + \displaystyle\sum_{m=1}^{k-1} ma_m + ka_k$

$\ = ka_{k+1} + \left(\boxed{\ (가)\ }\right) \times a_k + ka_k$ 이므로

$a_{k+1} = \boxed{\ (나)\ } \times a_k = \dfrac{(-1)^k}{k!}\alpha$이다.

따라서, 모든 자연수 n에 대하여

$a_n = \dfrac{(-1)^{n-1}}{(n-1)!}\alpha$이다.

위의 (가), (나)에 알맞은 식의 곱을 $f(k)$라 할

때, $f(10)$의 값은?

① $\dfrac{1}{10}$ ② $\dfrac{3}{10}$ ③ $\dfrac{1}{2}$ ④ $\dfrac{7}{10}$ ⑤ $\dfrac{9}{10}$

HINT ▶▶

$0! = 1$

수학적 귀납법

ⅰ) $n = 1$일 때 조건이 성립한다.

ⅱ) $n = k$일 때 성립한다고 가정하면

$\qquad n = k+1$일 때도 성립한다.

$0 = ka_{k+1} + \displaystyle\sum_{m=1}^{k} ma_m$

$\ = ka_{k+1} + \displaystyle\sum_{m=1}^{k-1} ma_m + ka_k$

$\ = ka_{k+1} + \boxed{(1-k)}\,a_k + ka_k$ 이므로

$ka_{k+1} = (k-1)a_k - ka_k = -a_k$

$\therefore a_{k+1} = \boxed{-\dfrac{1}{k}}\,a_k = -\dfrac{1}{k} \times \dfrac{(-1)^{k-1}}{(k-1)!}\alpha$

따라서, (가), (나)에 들어갈 식은 각각

$1 - k,\ -\dfrac{1}{k}$ 이므로

$f(k) = (1-k)\left(-\dfrac{1}{k}\right) = 1 - \dfrac{1}{k}$

$\therefore f(10) = 1 - \dfrac{1}{10} = \dfrac{9}{10}$

정답 : ⑤

07.6A

033

그림과 같이 반지름의 길이가 1이고 중심이 $O_1, O_2, O_3, \cdots$ 인 원들이 있다.

모든 원들의 중심은 한 직선 위에 있고, $\overline{O_nO_{n+1}} = 1(n=1, 2, 3, \cdots)$이다. 두 원 O_1, O_2가 만나는 두 점을 각각 P_1, Q_1이라 하고, 부채꼴 $O_2P_1Q_1$의 넓이를 S_1이라 하자. 두 점 P_1, Q_1에서 원 O_3의 중심과 연결한 선분이 원 O_3과 만나는 두 점을 각각 P_2, Q_2라 하고, 부채꼴 $O_3P_2Q_2$의 넓이를 S_2라 하자.

두 점 P_2, Q_2에서 원 O_4의 중심과 연결한 선분이 원 O_4와 만나는 두 점을 각각 P_3, Q_3이라 하고, 부채꼴 $O_4P_3Q_3$의 넓이를 S_3이라 하자. 이와 같은 과정을 계속하여 n번째 얻은 부채꼴 $O_{n+1}P_nQ_n$의 넓이를 S_n이라 할 때, $\displaystyle\sum_{n=1}^{\infty} S_n$의 값은?

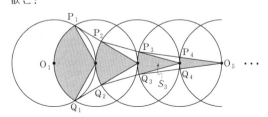

① $\dfrac{\pi}{2}$ ② $\dfrac{2}{3}\pi$ ③ $\dfrac{5}{6}\pi$ ④ π ⑤ $\dfrac{7}{6}\pi$

HINT▶▶

원주각은 중심각의 $\dfrac{1}{2}$이다.

부채꼴의 넓이 $S = \dfrac{1}{2}r^2\theta$

무한급수의 합의 공식 $S_n = \dfrac{a}{1-r}$

아래 그림에서 $\triangle O_1O_2P_1$, $\triangle O_1Q_1O_2$는 정삼각형이므로 $\angle P_1O_2Q_1 = \dfrac{2}{3}\pi$

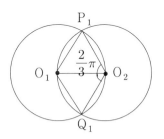

또, 아래 그림에서 중심이 O_n인 원에서 호 P_nQ_n에 대한 중심각은 $\angle P_nO_{n+1}Q_n$, 원주각은 $\angle P_{n+1}O_{n+2}Q_{n+1}$이므로

$\angle P_{n+1}O_{n+2}Q_{n+1} = \dfrac{1}{2} \angle P_nO_{n+1}Q_n$

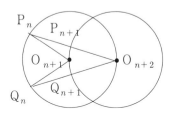

$\therefore \angle P_nO_{n+1}Q_n = \dfrac{2}{3}\pi \times \left(\dfrac{1}{2}\right)^{n-1}$

따라서,

$S_n = \dfrac{1}{2} \times 1^2 \times \left\{\dfrac{2}{3}\pi \times \left(\dfrac{1}{2}\right)^{n-1}\right\} = \dfrac{\pi}{3} \times \left(\dfrac{1}{2}\right)^{n-1}$

이므로

$\displaystyle\sum_{n=1}^{\infty} S_n = \dfrac{\dfrac{\pi}{3}}{1 - \dfrac{1}{2}} = \dfrac{2}{3}\pi$

정답 : ②

307.6A

034

한 변의 길이가 2인 정사각형과 한 변의 길이가 1인 정삼각형 ABC가 있다. [그림 1]과 같이 정사각형 둘레를 따라 시계 방향으로 정삼각형 ABC를 회전시킨다. 정삼각형 ABC가 처음 위치에서 출발한 후 정사각형 둘레를 n 바퀴 도는 동안, 변 BC가 정사각형의 변 위에 놓이는 횟수를 a_n이라 하자. 예를 들어 $n = 1$일 때, [그림 2]와 같이 변 BC가 2회 놓이므로 $a_1 = 2$이다. 이때, $\lim\limits_{n \to \infty} \dfrac{a_{3n-2}}{n}$의 값은?

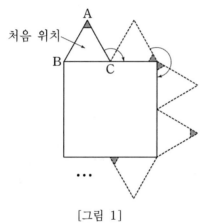

[그림 1]

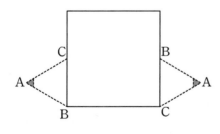

[그림 2]

① 8   ② 10   ③ 12   ④ 14   ⑤ 16

HINT▶▶

3변중 1변이 $\overline{BC}$이므로 조건식을 수직선 위 3의 배수에 맞추어 변형시켜보자.

[그림 1]의 점B를 수직선의 원점으로 생각하고 삼각형 ABC가 회전하면서 수직선 위를 움직인다고 생각하자.

변 BC가 수직선 위에 놓이는 순간의 점 B의 좌표를 차례로 나열하면

$$3, \ 6, \ 9, \ 12, \ \ldots$$

그런데, 정사각형의 둘레의 길이는 8이므로 정삼각형이 정사각형의 둘레를 $3n - 2$ 바퀴 도는 동안 수직선 위를 움직인 거리는

$$8(3n - 2) = 24n - 16$$

이 때, 변 BC가 정사각형의 변 위에 놓이는 횟수는 수직선 위의 $0 < x < 24n - 16$인 범위에서 x좌표가 3의 배수인 점의 개수와 같다.

$$\therefore a_{3n-2} = \left[\frac{24n - 16}{3} \right] = 8n - 6$$

$$\therefore \lim_{n \to \infty} \frac{a_{3n-2}}{n} = \lim_{n \to \infty} \frac{8n - 6}{n} = 8$$

정답 : ①

07.9A

035

그림과 같이 한 변의 길이가 3인 정사각형을 A_1, 그 넓이를 S_1이라 하자. 정사각형 A_1에 대각선을 그어 만들어진 4개의 삼각형의 무게중심을 연결한 정사각형을 A_2, 그 넓이를 S_2라 하자. 같은 방법으로 정사각형 A_2에 대각선을 그어 만들어진 4개의 삼각형의 무게중심을 연결한 정사각형을 A_3, 그 넓이를 S_3이라 하자. 이와 같은 과정을 계속하여 $(n-1)$번째 얻은 정사각형을 A_n, 그 넓이를 S_n이라 할 때, $\displaystyle\sum_{n=1}^{\infty} S_n$의 값은?

   ···

A_1 　　　　 A_2 　　　　 A_3

① $\dfrac{64}{7}$ 　　② $\dfrac{21}{2}$ 　　③ $\dfrac{72}{7}$

④ $\dfrac{27}{2}$ 　　⑤ $\dfrac{81}{7}$

HINT ▶▶

무한급수의 문제는 둘째항까지만 정확히 계산해 놓고 대입하면 된다.

$$S_n = \frac{a}{1-r}$$

넓이의 비는 (닮음비)^{2}에 비례한다.

삼각형의 무게중심은 중선을 꼭지점으로부터 2 : 1로 내분한다.
따라서, 한 변의 길이가 a인 정사각형 A_{n-1} 내부에 들어 있는 작은 정사각형 A_n의 한 변의 길이는 대각선 길이의 $\dfrac{1}{3}$이므로 $\dfrac{a\sqrt{2}}{3}$이다.
즉, 첫번째 사각형의 한변의 길이는 3, 두 번째 사각형의 한변의 길이는 $\sqrt{2}$가 된다.
그리고 넓이의 비는 (길이의 비)^{2}이 되므로 공비는 $\left(\dfrac{\sqrt{2}}{3}\right)^2$이 된다.

$$\therefore \sum_{n=1}^{\infty} S_n = S_1 + S_2 + S_3 + \cdots$$

$$= 3^2 + 3^2 \times \left(\frac{\sqrt{2}}{3}\right)^2 + 3^2 \times \left(\frac{\sqrt{2}}{3}\right)^4$$

$$= 3^2 + 2 + \frac{2}{9} + \cdots$$

$$= \frac{9}{1 - \dfrac{2}{9}} = \frac{81}{7}$$

정답 : ⑤

036

$n \geq 2$인 자연수 n에 대하여 중심이 원점이고 반지름의 길이가 1인 원 C를 x축 방향으로 $\dfrac{2}{n}$만큼 평행이동시킨 원을 C_n이라 하자. 원 C와 원 C_n의 공통현의 길이를 l_n이라 할 때, $\displaystyle\sum_{n=2}^{\infty} \dfrac{1}{(nl_n)^2} = \dfrac{q}{p}$이다. $p+q$의 값을 구하시오. (단, p, q는 서로소인 자연수이다.)

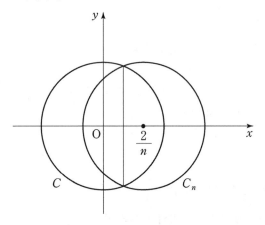

HINT ▶▶

피타고라스의 정리 $a^2 + b^2 = c^2$

부분분수의 공식 $\dfrac{1}{A \cdot B} = \dfrac{1}{B-A}\left(\dfrac{1}{A} - \dfrac{1}{B}\right)$
$= \dfrac{1}{A-B}\left(\dfrac{1}{B} - \dfrac{1}{A}\right)$

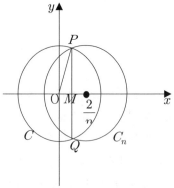

삼각형 POM은 직각삼각형이고

$\overline{OP} = 1$, $\overline{OM} = \dfrac{1}{n}$

이므로 $\overline{PM} = \sqrt{1 - \dfrac{1}{n^2}}$

$\therefore l_n = 2\overline{PM} = 2\sqrt{1 - \dfrac{1}{n^2}}$

$(nl_n)^2 = n^2 l_n^2$

$= n^2 \cdot 4 \cdot \dfrac{n^2-1}{n^2} = 4(n^2-1)$

$\therefore \displaystyle\sum_{n=2}^{\infty} \dfrac{1}{(nl_n)^2} = \sum_{n=2}^{\infty} \dfrac{1}{4(n^2-1)}$

$= \displaystyle\lim_{n\to\infty} \sum_{k=2}^{n} \dfrac{1}{4(k^2-1)}$

$= \displaystyle\lim_{n\to\infty} \dfrac{1}{4} \sum_{k=2}^{n} \dfrac{1}{(k-1)(k+1)}$

$= \displaystyle\lim_{n\to\infty} \dfrac{1}{4} \sum_{k=2}^{n} \dfrac{1}{2}\left(\dfrac{1}{k-1} - \dfrac{1}{k+1}\right)$

$= \displaystyle\lim_{n\to\infty} \dfrac{1}{8}\left\{\left(1 - \dfrac{1}{3}\right) + \left(\dfrac{1}{2} - \dfrac{1}{4}\right) + \left(\dfrac{1}{3} - \dfrac{1}{5}\right) + \cdots \right.$
$\left. \left(\dfrac{1}{n-2} - \dfrac{1}{n}\right) + \left(\dfrac{1}{n-1} - \dfrac{1}{n+1}\right)\right\}$

$= \displaystyle\lim_{n\to\infty} \dfrac{1}{8}\left(1 + \dfrac{1}{2} - \dfrac{1}{n} - \dfrac{1}{n+1}\right) = \dfrac{3}{16}$

$\therefore p+q = 16 + 3 = 19$

정답 : 19

037

아래와 같이 가로의 길이가 6이고 세로의 길이가 8인 직사각형 내부에 두 대각선의 교점을 중심으로 하고, 직사각형 가로 길이의 $\frac{1}{3}$ 을 지름으로 하는 원을 그려서 얻은 그림을 R_1 이라 하자. 그림 R_1 에서 직사각형의 각 꼭짓점으로부터 대각선과 원의 교점까지의 선분을 각각 대각선으로 하는 4개의 직사각형을 그린 후, 새로 그려진 직사각형 내부에 두 대각선의 교점을 중심으로 하고, 새로 그려진 직사각형 가로 길이의 $\frac{1}{3}$ 을 지름으로 하는 원을 그려서 얻은 그림을 R_2 라 하자. 그림 R_2 에 있는 합동인 4개의 직사각형 각각에서 각 꼭짓점으로부터 대각선과 원의 교점까지의 선분을 각각 대각선으로 하는 4개의 직사각형을 그린 후, 새로 그려진 직사각형 내부에 두 대각선의 교점을 중심으로 하고, 새로 그려진 직사각형 가로 길이의 $\frac{1}{3}$ 을 지름으로 하는 원을 그려서 얻은 그림을 R_3 이라 하자. 이와 같은 과정을 계속하여 n 번째 얻은 그림 R_n 에 있는 모든 원의 넓이의 합을 S_n 이라 할 때, $\lim_{n \to \infty} S_n$ 의 값은? (단, 모든 직사각형의 가로와 세로는 각각 서로 평행하다.)

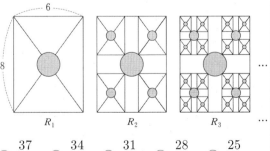

① $\frac{37}{9}\pi$ ② $\frac{34}{9}\pi$ ③ $\frac{31}{9}\pi$ ④ $\frac{28}{9}\pi$ ⑤ $\frac{25}{9}\pi$

HINT ▶▶

첫째, 둘째 항까지만 정확히 구해서 무한급수의 합의 공식으로 풀자.

$$S_n = \frac{a}{1-r}$$

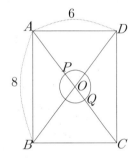

$\overline{AC} = 10$, $\overline{PQ} = 2$ 이므로

$$\overline{AP} = \frac{1}{2}(10-2) = 4$$

따라서,   모양의 닮은 도형들을 크기순으로 나열할 때, 인접하는 두 도형의 닮음비는 $10 : 4 = 5 : 2$ 이고, 넓이의 비는 $25 : 4$ 이다. R_1 에 있는 원의 넓이는 π 이고, 닮은꼴의 원의 개수는 크기순으로 $1, 4, 4^2, 4^3, \cdots$ 이므로

$$\lim_{n \to \infty} S_n = \pi + 4 \times \frac{4}{25}\pi + 4^2 \times \left(\frac{4}{25}\right)^2 \pi$$
$$+ 4^3 \times \left(\frac{4}{25}\right)^3 \pi + \cdots$$
$$= \frac{\pi}{1 - \frac{16}{25}} = \frac{25}{9}\pi$$

정답 : ⑤

CROSS
MATH

08.6A

038

자연수 n에 대하여 집합 $\{k \mid 1 \leqq k \leqq 2n,\ k$ 는 자연수 $\}$의 세 원소 $a,\ b,\ c\ (a < b < c)$가 등차수열을 이루는 집합 $\{a,\ b,\ c\}$의 개수를 T_n이라 하자. $\displaystyle\lim_{n\to\infty}\frac{T_n}{n^2}$의 값은?

① $\dfrac{1}{2}$ ② 1 ③ $\dfrac{3}{2}$ ④ 2 ⑤ $\dfrac{5}{2}$

HINT▶▶

공차의 크기별로 규칙을 만들어 보자.

$\dfrac{\infty}{\infty}$의 꼴은 분자·분모를 제일 큰수로 나누어 준다.

$$\sum_{k=1}^{n}k = \frac{1}{2}n(n+1),\quad \sum_{k=1}^{n}ck = c\sum_{k=1}^{n}k$$

공차가 d일 때 집합 $\{a, b, c\}$의 개수는 다음과 같다.

$d = 1$일 때 $2n - 2$(개)

$d = 2$일 때 $2n - 4$(개)

$\vdots$

$d = n-1$일 때 $2n - 2(n-1) = 2$(개)

$$\therefore\ T_n = \sum_{d=1}^{n-1}(2n-2d)$$

$$= 2\sum_{d=1}^{n-1}(n-d)$$

$$= 2n(n-1) - 2\sum_{k=1}^{n-1}k$$

($\because \sum$ 속에서 n은 상수)

$$= 2n(n-1) - 2\times\frac{1}{2}n(n-1)$$

$$= n(n-1)$$

$$\therefore\ \lim_{n\to\infty}\frac{T_n}{n^2} = \lim_{n\to\infty}\frac{n^2-n}{n^2}$$

$$= \lim_{n\to\infty}\frac{1-\dfrac{1}{n}}{1} = 1$$

정답 : ②

08.9A

039

자연수 n에 대하여 좌표평면 위의 세 점
$A_n(x_n, 0)$, $B_n(0, x_n)$, $C_n(x_n, x_n)$을 꼭짓점
으로 하는 직각이등변삼각형 T_n을 다음 조건에
따라 그린다.

> (가) $x_1 = 1$이다.
> (나) 변 $A_{n+1}B_{n+1}$의 중점이 C_n이다.
>   ($n = 1, 2, 3, \cdots$)

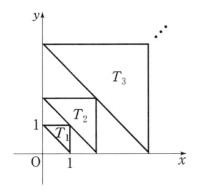

삼각형 T_n의 넓이를 a_n, 삼각형 T_n의 세 변 위
에 있는 점 중에서 x좌표와 y좌표가 모두 정수
인 점의 개수를 b_n이라 할 때, $\lim\limits_{n \to \infty} \dfrac{2^n b_n}{a_n + 2^n}$의
값을 구하시오.

HINT ▶▶

a_n과 b_n의 규칙을 따로 구해본다.

$\dfrac{\infty}{\infty}$의 꼴은 분자·분모를 제일 큰수로 나누어
준다.

$A_1(1, 0)$, $B_1(0, 1)$, $C_1(1, 1)$에서

$a_1 = 1 \times 1 \times \dfrac{1}{2} = \dfrac{1}{2}$, $b_1 = 3$

$\overline{A_2B_2}$의 중점이 $C_1(1, 1)$이므로

$A_2(2, 0)$, $B_2(0, 2)$, $C_2(2, 2)$

$a_2 = 2 \times 2 \times \dfrac{1}{2} = 2$, $b_2 = 6$

$\overline{A_3B_3}$의 중점이 $C_2(2, 2)$이므로

$A_3(2^2, 0)$, $B_2(0, 2^2)$, $C_2(2^2, 2^2)$

$a_3 = 2^2 \times 2^2 \times \dfrac{1}{2} = 8$, $b_3 = 12$

따라서, $a_n = \dfrac{1}{2} \cdot 4^{n-1}$, $b_n = 3 \cdot 2^{n-1}$

$\therefore \lim\limits_{n \to \infty} \dfrac{2^n b_n}{a_n + 2^n} = \lim\limits_{n \to \infty} \dfrac{2^{2n-1} \cdot 3}{2^{2n-3} + 2^n}$

$= \lim\limits_{n \to \infty} \dfrac{\dfrac{2^{2n-1} \cdot 3}{2^{2n}}}{\dfrac{2^{2n-3}}{2^{2n}} + \dfrac{2^n}{2^{2n}}}$

$= \dfrac{3 \cdot 2^{-1}}{2^{-3}} = 12$

정답 : 12

4점 완성 유형탐구 | **305**

040

자연수 n에 대하여

이차함수 $f(x) = \displaystyle\sum_{k=1}^{n} \left(x - \dfrac{k}{n}\right)^2$의 최솟값을 a_n

이라 할 때, $\displaystyle\lim_{n \to \infty} \dfrac{a_n}{n}$의 값은?

① $\dfrac{1}{12}$ ② $\dfrac{1}{6}$ ③ $\dfrac{1}{3}$ ④ $\dfrac{1}{2}$ ⑤ 1

HINT ▶▶

이차함수의 최소값을 구할 때는 표준형으로 고쳐보라.

$$y = a(x - p)^2 + q$$

$\dfrac{\infty}{\infty}$의 꼴은 분자·분모를 제일 큰수로 나누어 준다.

$$f(x) = \sum_{k=1}^{n} \left(x - \frac{k}{n}\right)^2$$

$$= \sum_{k=1}^{n} \left(x^2 - \frac{2k}{n}x + \frac{k^2}{n^2}\right)$$

$$= nx^2 - \frac{2}{n} \cdot \frac{n(n+1)}{2}x + \frac{n(n+1)(2n+1)}{6n^2}$$

$$= nx^2 - (n+1)x + \frac{(n+1)(2n+1)}{6n}$$

$$= n\left(x - \frac{n+1}{2n}\right)^2 + \frac{(n+1)(2n+1)}{6n} - \frac{(n+1)^2}{4n}$$

따라서, 주어진 이차함수의 최솟값은

$$a_n = \frac{2(n+1)(2n+1) - 3(n+1)^2}{12n}$$

$$= \frac{n^2 - 1}{12n}$$

$$\therefore \lim_{n \to \infty} \frac{a_n}{n} = \lim_{n \to \infty} \frac{n^2 - 1}{12n^2}$$
$$= \frac{1}{12}$$

정답 : ①

08.9A

041

한 변의 길이가 1인 정사각형 ABCD가 있다. 그림과 같이 정사각형 ABCD 안에 두 점 A, B를 각각 중심으로 하고 변 AB를 반지름으로 하는 2개의 사분원을 그린다. 이 두 사분원의 공통부분에 내접하는 정사각형을 $A_1B_1C_1D_1$이라 하자.

정사각형 $A_1B_1C_1D_1$ 안에 두 점 A_1, B_1을 각각 중심으로 하고 변 A_1B_1을 반지름으로 하는 2개의 사분원을 그린다. 이 두 사분원의 공통부분에 내접하는 정사각형을 $A_2B_2C_2D_2$라 하자. 이와 같은 과정을 계속하여 n번째 얻은 정사각형 $A_nB_nC_nD_n$의 넓이를 S_n이라 할 때, $\sum_{n=1}^{\infty} S_n$의 값은?

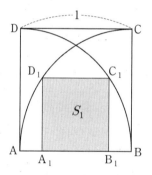

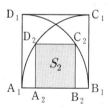

① $\dfrac{3}{8}$ ② $\dfrac{9}{16}$ ③ $\dfrac{4}{5}$ ④ $\dfrac{9}{8}$ ⑤ $\dfrac{23}{16}$

HINT▶▶

전형적인 도형이 포함된 무한급수 문제다.
첫째 둘째항까지 정확히 구한후에 무한급수의 합의 공식을 이용하자.

$$S_n = \frac{a}{1-r}$$

피타고라스의 정리 $a^2 + b^2 = c^2$

사각형 $A_1B_1C_1D_1$의 한 변의 길이를 a라 하자. 이 때,

$\overline{AB_1} = \dfrac{1}{2} + \dfrac{a}{2}$, $\overline{B_1C_1} = a$, $\overline{AC_1} = 1$이므로

직각삼각형 AB_1C_1에서

$$\left(\frac{1}{2} + \frac{a}{2}\right)^2 + a^2 = 1^2$$

$$\frac{5}{4}a^2 + \frac{a}{2} - \frac{3}{4} = 0$$

$$5a^2 + 2a - 3 = (5a-3)(a+1) = 0$$

$$\therefore a = \frac{3}{5} \quad (\because a > 0)$$

따라서, 정사각형 $A_nB_nC_nD_n$의 한 변의 길이를 a_n이라 하면 수열 $\{a_n\}$은 첫째항이 $\dfrac{3}{5}$, 공비가 $\dfrac{3}{5}$인 등비수열임을 알 수 있다. $S_n = a_n{}^2$이므로 수열 S_n은 첫째항이 $\dfrac{9}{25}$, 공비가 $\dfrac{9}{25}$인 등비수열이므로

$$\sum_{n=1}^{\infty} S_n = \frac{\dfrac{9}{25}}{1 - \dfrac{9}{25}} = \frac{9}{16}$$

정답 : ②

042

좌표평면에 원 $C_1 : (x-4)^2 + y^2 = 1$이 있다. 그림과 같이 원점에서 원 C_1에 기울기가 양수인 접선 l을 그었을 때 생기는 접점을 P_1이라 하자. 중심이 직선 l 위에 있고 점 P_1을 지나며 x축에 접하는 원을 C_2라 하고 이 원과 x축의 접점을 P_2라 하자. 중심이 x축 위에 있고 점 P_2를 지나며 직선 l에 접하는 원을 C_3이라 하고 이 원과 직선 l의 접점을 P_3이라 하자. 중심이 직선 l 위에 있고 점 P_3을 지나며 x축에 접하는 원을 C_4라 하고 이 원과 x축의 접점을 P_4라 하자. 이와 같은 과정을 계속할 때, 원 C_n의 넓이를 S_n이라 하자. $\displaystyle\sum_{n=1}^{\infty} S_n$의 값은?

(단, 원 C_{n+1}의 반지름의 길이는 원 C_n의 반지름의 길이보다 작다.)

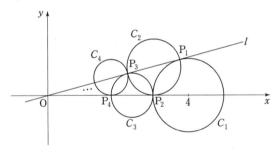

① $\dfrac{3}{2}\pi$ ② 2π ③ $\dfrac{5}{2}\pi$ ④ 3π ⑤ $\dfrac{7}{2}\pi$

HINT ▶▶

첫째항과 둘째항까지 구한 후 $S_n = \dfrac{a}{1-r}$ 공식에 대입하자.

다른 한 각이 같은 두 개의 직각삼각형은 닮은 꼴이 된다.

원점에서 그은 C_1의 접선의 길이는 $\sqrt{4^2 - 1} = \sqrt{15}$ 이다. 원점에서 그은 C_2의 접선의 길이는 $4 - 1 = 3$이다. 접선의 길이의 비가 $C_1 : C_2 = \sqrt{15} : 3$이므로 이것이 곧 닮음비이고 넓이의 비는 그 제곱인 $15 : 9$이다. 동일한 패턴으로 이루어져 있으므로 원 C_n의 넓이 S_n은 $a = \pi$, 공비 $r = \dfrac{9}{15}$인 등비수열이다. 그러므로 구하려는 값은 등비수열의 무한 합, 즉 등비급수이고 공식 $\dfrac{a}{1-r}$에 대입하면 답을 얻을 수 있다.

$$\dfrac{\pi}{1 - \dfrac{9}{15}} = \dfrac{5}{2}\pi$$

정답 : ③

043

수열 $\{a_n\}$에서 $a_1 = 1$이고, 자연수 n에 대하여 $a_n a_{n+1} = \left(\dfrac{1}{5}\right)^n$ 이다.

$\displaystyle\sum_{n=1}^{\infty} a_{2n}$ 의 값은?

① $\dfrac{1}{6}$ ② $\dfrac{1}{5}$ ③ $\dfrac{1}{4}$ ④ $\dfrac{1}{3}$ ⑤ $\dfrac{1}{2}$

HINT ▶▶

$a_{n+1}a_{n+2} = \left(\dfrac{1}{5}\right)^{n+1}$ 을 이용해서 조건식을 추가한 후 변변 나누어보자.

무한등비급수의 합의 공식 $S_n = \dfrac{a}{1-r}$

$a_n \cdot a_{n+1} = \left(\dfrac{1}{5}\right)^n$ $\cdots$ ①

$a_{n+1} \cdot a_{n+2} = \left(\dfrac{1}{5}\right)^{n+1}$ $\cdots$ ②

② ÷ ① : $\dfrac{a_n}{a_{n+2}} = \dfrac{1}{5}$ 은 짝수 번째 항의 공비를 의미한다.

①에 $n=1$을 대입하면 $a_1 \cdot a_2 = \dfrac{1}{5}$ 이므로

$a_2 = \dfrac{1}{5}$ 이다. ($\because a_1 = 1$)

$\displaystyle\sum_{n=1}^{\infty} a_{2n} = a_2 + a_4 + a_6 + \cdots\cdots$

$\qquad = \dfrac{1}{5} + \left(\dfrac{1}{5}\right)^2 + \left(\dfrac{1}{5}\right)^3 + \cdots$

$\qquad = \dfrac{\dfrac{1}{5}}{1 - \dfrac{1}{5}} = \dfrac{1}{4}$

정답 : ③

044

자연수 n 에 대하여 점 A_n 이 함수 $y = 4^x$ 의 그래프 위의 점일 때, 점 A_{n+1} 을 다음 규칙에 따라 정한다.

(가) 점 A_1 의 좌표는 $(a, 4^a)$ 이다.

(나)(1) 점 A_n 을 지나고 x 축에 평행한 직선이 직선 $y = 2x$ 와 만나는 점을 P_n 이라 한다.

(2) 점 P_n 을 지나고 y 축에 평행한 직선이 곡선 $y = \log_4 x$ 와 만나는 점을 B_n 이라 한다.

(3) 점 B_n 을 지나고 x 축에 평행한 직선이 직선 $y = 2x$ 와 만나는 점을 Q_n 이라 한다.

(4) 점 Q_n 을 지나고 y 축에 평행한 직선이 곡선 $y = 4^x$ 와 만나는 점을 A_{n+1} 이라 한다.

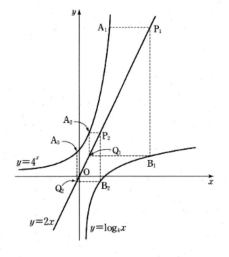

점 A_n 의 x 좌표를 x_n 이라 할 때, $\lim_{n \to \infty} x_n$ 의 값은?

① $-\dfrac{3}{4}$ ② $-\dfrac{11}{16}$ ③ $-\dfrac{5}{8}$

④ $-\dfrac{9}{16}$ ⑤ $-\dfrac{1}{2}$

HINT ▸▸

$\log_{a^m} b^n = \dfrac{n}{m} \log_a b$

$\log_a a = 1$

$x_{n+1} = px_n + q$ 라면 $(x_{n+1} + k) = p(x_n + k)$ 의 꼴로 놓고 k 값을 구한 후 정리하면 x_n 의 값을 구할 수 있다.

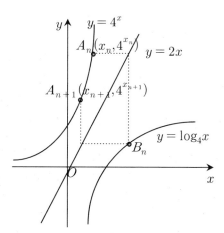

A_n의 x좌표를 x_n이라고 가정하면

$A_n = (x_n, 4^{x_n})$이고

$y = 2x$와의 교점의 좌표는 $\left(\dfrac{1}{2} \times 4^{x_n}, 4^{x_n} \right)$ 이다.

따라서, $y = \log_4 x$에 $x = \dfrac{1}{2} \times 4^{x_n}$를 대입하면

B_n의 y좌표는 $y = \log_{2^2} 2^{2x_n - 1} = \dfrac{2x_n - 1}{2}$이다.

따라서, $y = 2x$에 다시 대입하면

$\dfrac{2x_n - 1}{2} = 2x_{n+1}$이다.

$\therefore x_{n+1} = \dfrac{1}{2}x_n - \dfrac{1}{4}$이므로

$(x_{n+1} + k) = \dfrac{1}{2}(x_n + k)$라 놓으면 $\Rightarrow k = \dfrac{1}{2}$

$\therefore x_n + \dfrac{1}{2} = \left(x_1 + \dfrac{1}{2} \right)\left(\dfrac{1}{2} \right)^{n-1}$

일반항 $x_n = \left(x_1 + \dfrac{1}{2} \right)\left(\dfrac{1}{2} \right)^{n-1} - \dfrac{1}{2}$이고

$n \to \infty$ 일 때

$\left(\dfrac{1}{2} \right)^{n-1} \to 0$ 이므로 $\displaystyle\lim_{n \to \infty} x_n = -\dfrac{1}{2}$

정답 : ⑤

등비수열 $\{a_n\}$이 $a_2 = \dfrac{1}{2}$, $a_5 = \dfrac{1}{6}$을 만족시

킨다. $\displaystyle\sum_{n=1}^{\infty} a_n a_{n+1} a_{n+2} = \dfrac{q}{p}$ 일 때, $p + q$의 값

을 구하시오.(단, p, q는 서로소인 자연수이다.)

HINT ▶▶

등비수열의 일반항 $a_n = a \cdot r^{n-1}$

무한급수 $S_n = \dfrac{a}{1-r}$

등비수열 $\{a_n\}$의 첫째항을 a, 공비를 r 라 하면

$a_2 = ar = \dfrac{1}{2}$ ····· ㉠

$a_5 = ar^4 = \dfrac{1}{6}$ ····· ㉡

㉡÷㉠을 하면 $r^3 = \dfrac{1}{3}$

$\therefore r = \sqrt[3]{\dfrac{1}{3}}$ ····· ㉢

㉢을 ㉠에 대입하면 $a = \dfrac{\sqrt[3]{3}}{2}$

$a_n a_{n+1} a_{n+2} = ar^{n-1} \cdot ar^n \cdot ar^{n+1}$

$= a^3 r^{3n} = \dfrac{3}{8} \cdot \left(\dfrac{1}{3} \right)^n = \left(\dfrac{3}{8} \times \dfrac{1}{3} \right) \times \left(\dfrac{1}{3} \right)^{n-1}$

$\displaystyle\sum_{n=1}^{\infty} a_n a_{n+1} a_{n+2} = \dfrac{\dfrac{1}{8}}{1 - \dfrac{1}{3}} = \dfrac{3}{16}$

$\therefore p + q = 16 + 3 = 19$

정답 : 19

046

그림과 같이 원점을 중심으로 하고 반지름의 길이가 3인 원 O_1을 그리고, 원 O_1이 좌표축과 만나는 네 점을 각각 $A_1(0, 3)$, $B_1(-3, 0)$, $C_1(0, -3)$, $D_1(3, 0)$이라 하자.

두 점 B_1, D_1을 모두 지나고 두 점 A_1, C_1을 각각 중심으로 하는 두 원이 원 O_2의 내부에서 y축과 만나는 점을 각각 C_2, A_2라 하자. 호 $B_1A_1D_1$과 호 $B_1A_2D_1$로 둘러싸인 도형의 넓이를 S_1, 호 $B_1C_1D_1$과 호 $B_1C_2D_1$로 둘러싸인 도형의 넓이를 T_1이라 하자. 선분 A_2C_2를 지름으로 하는 원 O_2를 그리고, 원 O_2가 x축과 만나는 두 점을 각각 B_2, D_2라 하자. 두 점 B_2, D_2를 모두 지나고 두 점 A_2, C_2를 각각 중심으로 하는 두 원이 원 O_2의 내부에서 y축과 만나는 점을 각각 C_3, A_3이라 하자. 호 $B_2A_2D_2$와 호 $B_2A_3D_2$로 둘러싸인 도형의 넓이를 S_2, 호 $B_2C_2D_2$와 호 $B_2C_3D_2$로 둘러싸인 도형의 넓이를 T_2라 하자. 이와 같은 과정을 계속하여 n번째 얻은 호 $B_nA_nD_n$과 호 $B_nA_{n+1}D_n$으로 둘러싸인 도형의 넓이를 S_n, 호 $B_nC_nD_n$과 호 $B_nC_{n+1}D_n$으로 둘러싸인 도형의 넓이를 T_n이라 할 때, $\displaystyle\sum_{n=1}^{\infty}(S_n + T_n)$의 값은?

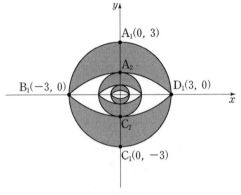

① $6(\sqrt{2}+1)$ ② $6(\sqrt{3}+1)$ ③ $6(\sqrt{5}+1)$

④ $9(\sqrt{2}+1)$ ⑤ $9(\sqrt{3}+1)$

HINT ▶▶

첫째항과 둘째항을 구한 후 무한급수의 합의 공식에 대입하자.

$$S_n = \frac{a}{1-r}$$

원 O_1의 반지름의 길이는 3이고
부채꼴 $A_1B_1D_1$의 반지름의 길이는
$\overline{A_1B_1} = \overline{A_1C_2} = 3\sqrt{2}$ …… ㉠ 이므로

$$T_1 = S_1$$

$= \dfrac{1}{2} \times (\text{원 } O_1 \text{의 넓이}) - \{(\text{부채꼴 } B_1C_1D_1 \text{의 넓이}) - (\text{삼각형 } B_1C_1D_1 \text{의 넓이})\}$

$= \dfrac{1}{2} \times 3^2 \pi - \left\{ \dfrac{1}{4} \times (3\sqrt{2})^2 \pi - \dfrac{1}{2} \cdot (3\sqrt{2})^2 \right\}$

$= 9$

$\therefore S_1 + T_1 = 18$

한편, $\overline{C_2C_1} = \overline{A_1C_1} - \overline{A_1C_2} = 6 - 3\sqrt{2}$

($\because$ ㉠)

$\therefore \overline{A_2C_2} = \overline{A_1C_1} - 2 \times \overline{C_2C_1}$

$\qquad = 6 - 2(6 - 3\sqrt{2})$

$\qquad = 6\sqrt{2} - 6$

따라서,

원 O_2의 반지름의 길이는

$\dfrac{1}{2}\overline{A_2C_2} = \dfrac{1}{2} \times (6\sqrt{2} - 6) = 3\sqrt{2} - 3$

두 원 O_1과 O_2의 반지름의 길이의 비가

$\dfrac{3\sqrt{2} - 3}{3} = \sqrt{2} - 1$이므로

수열 $\{S_n + T_n\}$은 공비가

$(\sqrt{2} - 1)^2 = 3 - 2\sqrt{2}$인 등비수열이다.

($\because$ 넓이의 비 $=$ (길이의 비)^2)

$\therefore \displaystyle\sum_{n=1}^{\infty}(S_n + T_n) = \dfrac{18}{1 - (3 - 2\sqrt{2})}$

$\qquad\qquad\qquad = \dfrac{18}{2\sqrt{2} - 2}$

$\qquad\qquad\qquad = \dfrac{9}{\sqrt{2} - 1}$

$\qquad\qquad\qquad = 9(\sqrt{2} + 1)$

정답 : ④

11.6A

047

자연수 n에 대하여 두 직선 $2x + y = 4^n$, $x - 2y = 2^n$이 만나는 점의 좌표를 (a_n, b_n)이라 할 때, $\displaystyle\lim_{n \to \infty} \dfrac{b_n}{a_n} = p$이다. $60p$의 값을 구하시오.

HINT ▶▶

$\dfrac{\infty}{\infty}$의 꼴일 때에는 분자·분모를 최고차항 혹은 제일 큰수로 나눈다.

$2x + y = 4^n \qquad \cdots\cdots$ ㉠
$x - 2y = 2^n \qquad \cdots\cdots$ ㉡

$2 \times$ ㉠ $+$ ㉡ 을 하면 $5x = 2 \cdot 4^n + 2^n$

$\therefore x = a_n = \dfrac{2 \cdot 4^n + 2^n}{5}$

㉠ $- 2 \times$ ㉡ 을 하면 $5y = 4^n - 2 \cdot 2^n$

$\therefore y = b_n = \dfrac{4^n - 2^{n+1}}{5}$

$\therefore \displaystyle\lim_{n \to \infty} \dfrac{b_n}{a_n} = \lim_{n \to \infty} \dfrac{\dfrac{4^n - 2^{n+1}}{5}}{\dfrac{2 \cdot 4^n + 2^n}{5}}$

$\qquad\qquad = \displaystyle\lim_{n \to \infty} \dfrac{4^n - 2^{n+1}}{2 \cdot 4^n + 2^n}$

(분자·분모를 4^n으로 나눈다.)

$\qquad\qquad = \displaystyle\lim_{n \to \infty} \dfrac{1 - 2\left(\dfrac{1}{2}\right)^n}{2 + \left(\dfrac{1}{2}\right)^n} = \dfrac{1}{2}$

따라서, $p = \dfrac{1}{2}$ 이므로 $60p = 60 \times \dfrac{1}{2} = 30$

정답 : 30

09.6A

048

함수 $y = f(x)$ 는 $f(3) = f(15)$ 를 만족하고, 그 그래프는 그림과 같다. 모든 자연수 n 에 대하여 $f(n) = \sum\limits_{k=1}^{n} a_k$ 인 수열 $\{a_n\}$ 이 있다.

m 이 15 보다 작은 자연수일 때, $a_m + a_{m+1} + \cdots + a_{15} < 0$ 을 만족시키는 m 의 최솟값을 구하시오.

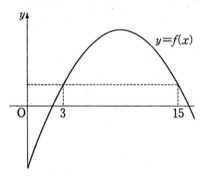

HINT ▶▶

$$\sum_{k=l}^{n} a_k = \sum_{k=1}^{n} a_k - \sum_{k=1}^{l-1} a_k$$

$$a_m + a_{m+1} + \cdots + a_{15} = f(15) - f(m-1) < 0$$

$$\left(\because \sum_{k=m}^{15} a_k = \sum_{k=1}^{15} a_k - \sum_{k=1}^{m-1} a_k \right)$$

$$\therefore f(15) < f(m-1)$$

아래 그림에서 $4 \leq m - 1 \leq 14$

$5 \leq m \leq 15$ 이므로 m 의 최솟값은 5

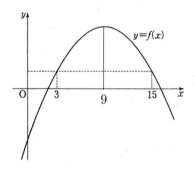

좀더 쉽게 설명하자면

$f(3) = a_1 + a_2 + a_3$

$f(15) = a_1 + a_2 + a_3 + \ldots + a_{15}$ 이고

$f(3) = f(15)$ 이므로

$a_1 + a_2 + a_3 = a_1 + a_2 + a_3 + a_4 + \ldots + a_{15}$

$\therefore a_4 + a_5 + \ldots + a_{15} = 0$ 이고

정가운데는 $a_9 = 0$, 그 좌측값은 '+'이고,

그 우측값은 '−'이므로 a_4를 빼고 a_5부터 계산하면 그 합이 0보다 작게 된다.

정답 : 5

09.수능A
049

그림과 같이 한 변의 길이가 2인 정사각형 A와 한 변의 길이가 1인 정사각형 B는 변이 서로 평행하고, A의 두 대각선의 교점과 B의 두 대각선의 교점이 일치하도록 놓여있다. A와 A의 내부에서 B의 내부를 제외한 영역을 R라 하자.

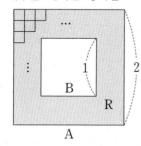

2이상인 자연수 n에 대하여 한 변의 길이가 $\dfrac{1}{n}$인 작은 정사각형을 다음 규칙에 따라 R에 그린다.

> (가) 작은 정사각형의 한 변은 A의 한 변에 평행하다.
> (나) 작은 정사각형들의 내부는 서로 겹치지 않도록 한다.

이와 같은 규칙에 따라 R에 그릴 수 있는 한 변의 길이가 $\dfrac{1}{n}$인 작은 정사각형의 최대 개수를 a_n이라 하자.

예를 들어, $a_2 = 12$, $a_3 = 20$이다.

$\displaystyle\lim_{n \to \infty} \dfrac{a_{2n+1} - a_{2n}}{a_{2n} - a_{2n-1}} = c$라 할 때, $100c$의 값을 구하시오.

그림으로 푸는 문제다.
침착하게 조건에 따라 그림을 그려보자.

$\dfrac{\infty}{\infty}$의 꼴일 때에는 분자·분모를 제일 큰수로 나눈다.

수열 $\{a_{2n}\}$에서 $n = 1, 2, 3, \cdots$을 구하기 위해 정사각형의 최대 개수를 직접 세어 보면

$a_2 = 4^2 - 2^2 = 12$

($\because$ 뒤의 2^2부분은 작은 사각형 부분)

$a_4 = 8^2 - 4^2$

$a_6 = 12^2 - 6^2$

$\qquad \vdots$

$\therefore a_{2n} = \left(2 \div \dfrac{1}{2n}\right)^2 - \left(1 \div \dfrac{1}{2n}\right)^2$

$= (4n)^2 - (2n)^2 = 12n^2$

또한, 수열 $\{a_{2n+1}\}$의 일반항도 구해보면

$a_3 = (3^2 - 2^2) \times 4 = 20$

$a_5 = (5^2 - 3^2) \times 4$

$a_7 = (7^2 - 4^2) \times 4$

$\qquad \vdots$

$a_{2n+1} = \{(2n+1)^2 - (n+1)^2\} \times 4$

$\qquad = (3n^2 + 2n) \times 4 = 12n^2 + 8n$

$\therefore \displaystyle\lim_{n \to \infty} \dfrac{a_{2n+1} - a_{2n}}{a_{2n} - a_{2n-1}}$

$= \displaystyle\lim_{n \to \infty} \dfrac{(12n^2 + 8n) - 12n^2}{12n^2 - \{12(n-1)^2 + 8(n-1)\}}$

$= \displaystyle\lim_{n \to \infty} \dfrac{8n}{16n - 4} = \dfrac{1}{2} = c$

$\therefore 100c = 100 \times \dfrac{1}{2} = 50$

050

자연수 n에 대하여 점 P_n이 x축 위의 점일 때, 점 p_{n+1}을 다음 규칙에 따라 정한다.

(가) 점 P_1의 좌표는 $(a_1, 0)$ $(0 < a_1 < 2)$이다.

(나)(1) 점 P_n을 지나고 y축에 평행한 직선이 직선 $y = -x + 2$와 만나는 점을 A_n 이라 한다.

　(2) 점 A_n을 지나고 x축에 평행한 직선이 직선 $y = 4x + 4$와 만나는 점을 B_n이 라 한다.

　(3) 점 B_n을 지나고 y축에 평행한 직선이 x축과 만나는 점을 C_n이라 한다.

　(4) 점 C_n을 y축에 대하여 대칭이동한 점을 p_{n+1}이라 한다.

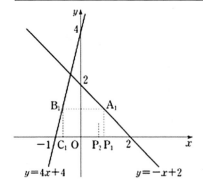

점 P_n의 x좌표를 a_n이라 할 때, $\displaystyle\lim_{n\to\infty} a_n$의 값은?

① $\dfrac{2}{9}$　② $\dfrac{1}{3}$　③ $\dfrac{4}{9}$　④ $\dfrac{5}{9}$　⑤ $\dfrac{2}{3}$

$$\lim_{n\to\infty} a_n = \lim_{n\to\infty} a_{n+1}$$

점 P_n의 좌표를 $(a_n, 0)$이라 하면

점 A_n의 좌표는 $(a_n, -a_n + 2)$

점 B_n의 좌표는 $\left(-\dfrac{1}{4}(a_n + 2), -a_n + 2\right)$

$\left(\because x = \dfrac{1}{4}(y - 4)\right)$

점 C_n의 좌표는 $\left(-\dfrac{1}{4}(a_n + 2), 0\right)$

따라서, 점 P_{n+1}의 좌표는 $\left(\dfrac{1}{4}(a_n + 2), 0\right)$

$\therefore a_{n+1} = \dfrac{1}{4}(a_n + 2)$

$\displaystyle\lim_{n\to\infty} a_n = \alpha$라 하면 $\displaystyle\lim_{n\to\infty} a_{n+1} = \alpha$이므로

$\displaystyle\lim_{n\to\infty} a_{n+1} = \lim_{n\to\infty} \dfrac{1}{4}(a_n + 2)$에서

$\alpha = \dfrac{1}{4}(\alpha + 2)$

$\therefore \alpha = \displaystyle\lim_{n\to\infty} a_n = \dfrac{2}{3}$

정답 : ⑤

051

가로의 길이가 5이고 세로의 길이가 4인 직사각형에서 그림과 같이 가로의 폭 a가 직사각형의 가로의 길이의 $\dfrac{1}{4}$, 세로의 폭 b가 직사각형의 세로의 길이의 $\dfrac{1}{5}$인 亞모양의 도형을 잘라내어 얻은 4개의 직사각형을 R_1이라 하고, 그 4개의 직사각형의 넓이의 합을 S_1이라 하자.

R_1의 각 직사각형에서 가로의 폭이 각 직사각형의 가로의 길이의 $\dfrac{1}{4}$, 세로의 폭이 각 직사각형의 세로의 길이의 $\dfrac{1}{5}$인 亞모양의 도형을 잘라내어 얻은 16개의 직사각형을 R_2라 하고, 그 16개의 직사각형의 넓이의 합을 S_2라 하자. 이와 같은 과정을 계속하여 n번째 얻은 R_n의 4^n개의 직사각형의 넓이의 합을 S_n이라 할 때, $\displaystyle\sum_{n=1}^{\infty} S_n$의 값은?

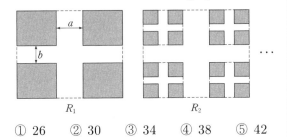

R_1 　　　　　 R_2

① 26　　② 30　　③ 34　　④ 38　　⑤ 42

첫째항과 둘째항까지 정확히 구하고 무한급수의 공식을 이용하자.

$$S_n = \frac{a}{1-r}$$

도형 R_1에서 색칠된 직사각형의 가로의 길이를 x라 하면

$$2x + \frac{1}{4} \times 5 = 5 \quad \therefore \ x = \frac{15}{8}$$

또, 세로의 길이를 y라 하면

$$2y + \frac{1}{5} \times 4 = 4 \quad \therefore \ y = \frac{8}{5}$$

그러므로

$$S_1 = 4 \times \frac{15}{8} \times \frac{8}{5} = 12$$

한편, 색칠된 하나의 직사각형의 가로의 길이, 세로의 길이는 각각 $\dfrac{3}{8}$, $\dfrac{2}{5}$인 등비수열을 이루고 직사각형의 개수는 공비가 4인 등비수열을 이룬다. ($\because \dfrac{15}{8} / 5 = \dfrac{3}{8}$, $\dfrac{8}{5} / 4 = \dfrac{2}{5}$)

따라서, 수열 $\{S_n\}$은 첫째항이 12,

공비가 $4 \times \dfrac{3}{8} \times \dfrac{2}{5}$ 즉, $\dfrac{3}{5}$인 등비수열을 이루므로

$$\sum_{n=1}^{\infty} S_n = \frac{12}{1 - \dfrac{3}{5}} = 30$$

정답 : ②

CROSS MATH

10.6A

052

수열 $\{a_n\}$이

$$7a_1 + 7^2 a_2 + \cdots + 7^n a_n = 3^n - 1$$

을 만족시킬 때, $\displaystyle\sum_{n=1}^{\infty} \frac{a_n}{3^{n-1}}$ 의 값은?

① $\dfrac{1}{3}$ ② $\dfrac{4}{9}$ ③ $\dfrac{5}{9}$ ④ $\dfrac{2}{3}$ ⑤ $\dfrac{7}{9}$

HINT ▶▶

$a_n = S_n - S_{n-1}$ 의 공식을 약간 응용해보자.

무한등비급수의 합의 공식 $S_n = \dfrac{a}{1-r}$

$$7a_1 + 7^2 a_2 + \cdots + 7^{n-1} a_{n-1} + 7^n a_n = 3^n - 1$$
$$\cdots \text{㉠}$$
$$7a_1 + 7^2 a_2 + \cdots + 7^{n-1} a_{n-1} = 3^{n-1} - 1$$
$$\cdots \text{㉡}$$

㉠−㉡에서

$$7^n a_n = 3^n - 3^{n-1} = 2 \cdot 3^{n-1}$$

$$\therefore\ a_n = \frac{2 \cdot 3^{n-1}}{7^n}\ (n \geqq 2)$$

$n=1$ 일 때, $7a_1 = 3^1 - 1$ 에서

$a_1 = \dfrac{2}{7}$ 이므로

$$a_n = \frac{2 \cdot 3^{n-1}}{7^n}\ (n \geqq 1)$$

$$\therefore\ \sum_{n=1}^{\infty} \frac{a_n}{3^{n-1}} = \sum_{n=1}^{\infty} \left(\frac{1}{3^{n-1}} \times \frac{2 \cdot 3^{n-1}}{7^n} \right)$$

$$= \sum_{n=1}^{\infty} \frac{2}{7^n} = \sum_{n=1}^{\infty} \frac{2}{7} \times \left(\frac{1}{7} \right)^{n-1}$$

$$= \frac{\dfrac{2}{7}}{1 - \dfrac{1}{7}}$$

$$= \frac{1}{3}$$

10.9A

053

좌표평면에서 자연수 n에 대하여 기울기가 n이고 y절편이 양수인 직선이 원 $x^2 + y^2 = n^2$에 접할 때, 이 직선이 x축, y축과 만나는 점을 각각 P_n, Q_n이라 하자.

$l_n = \overline{P_n Q_n}$ 이라 할 때, $\displaystyle\lim_{n \to \infty} \frac{l_n}{2n^2}$의 값은?

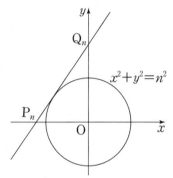

① $\dfrac{1}{8}$ ② $\dfrac{1}{4}$ ③ $\dfrac{3}{8}$ ④ $\dfrac{1}{2}$ ⑤ $\dfrac{5}{8}$

HINT ▶▶

점과 직선사이의 거리의 공식:
(x_1, y_1)에서 $ax + by + c = 0$까지 거리
$$d = \frac{ax_1 + by_1 + c}{\sqrt{a^2 + b^2}}$$

$\dfrac{\infty}{\infty}$의 꼴일때는 분자·분모를 제일 큰수로 나눈다.

기울기가 n이고 y절편이 양수인
원 $x^2 + y^2 = n^2$의 접선의 방정식을
$y = nx + k \, (k > 0)$라 하면 이 접선과 원의 중심 사이의 거리가 n이므로 점과 직선 사이의 거리 공식에 의하여

$$\frac{|k|}{\sqrt{n^2 + 1}} = n$$

$\therefore \; k = n\sqrt{n^2 + 1} \, (\because \; k > 0)$
그러므로 접선의 방정식은
$y = nx + n\sqrt{n^2 + 1}$ 이고,
$P_n\left(-\sqrt{n^2 + 1}, \, 0\right)$, $Q_n\left(0, \, n\sqrt{n^2 + 1}\right)$이다.

$\therefore \; l_n = \overline{P_n Q_n} = \sqrt{(n^2 + 1) + n^2(n^2 + 1)}$
$\qquad = |n^2 + 1| = n^2 + 1$

$\therefore \; \displaystyle\lim_{n \to \infty} \frac{l_n}{2n^2} = \lim_{n \to \infty} \frac{n^2 + 1}{2n^2} = \frac{1}{2}$

정답 : ④

054

좌표평면에서 자연수 n에 대하여 두 직선 $y = \dfrac{1}{n}x$와 $x = n$이 만나는 점을 A_n, 직선 $x = n$과 x축이 만나는 점을 B_n이라 하자. 삼각형 A_nOB_n에 내접하는 원의 중심을 C_n이라 하고, 삼각형 A_nOC_n의 넓이를 S_n이라 하자. $\displaystyle\lim_{n \to \infty} \dfrac{S_n}{n}$의 값은?

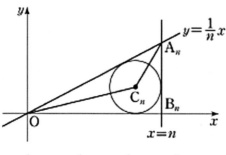

① $\dfrac{1}{12}$ ② $\dfrac{1}{6}$ ③ $\dfrac{1}{4}$ ④ $\dfrac{1}{3}$ ⑤ $\dfrac{5}{12}$

HINT ▶▶

내접원의 반지름을 r이라 하면 $\triangle OA_nC_n$의 넓이 $S_n = \dfrac{1}{2} \times r \times \sqrt{n^2+1}$

삼각형의 넓이 $S = \dfrac{1}{2}r(a+b+c)$

(r : 내접원의 반지름, a, b, c : 세변의 길이)

$\dfrac{\infty}{\infty}$의 꼴일때는 분자·분모를 제일 큰수로 나눈다.

원 C_n의 반지름의 길이를 r라 하면 OA_nB_n의 넓이에서 $A_n(n, 1)$이므로

$\dfrac{1}{2}n = \dfrac{1}{2}r(n+1+\sqrt{n^2+1})$

$\therefore r = \dfrac{n}{n+1+\sqrt{n^2+1}}$

$\therefore S_n = \dfrac{1}{2} \times r \times \sqrt{n^2+1}$

$\qquad = \dfrac{1}{2} \times \dfrac{n\sqrt{n^2+1}}{n+1+\sqrt{n^2+1}}$

$\displaystyle\lim_{n\to\infty}\dfrac{S_n}{n} = \lim_{n\to\infty}\dfrac{\sqrt{n^2+1}}{2(n+1+\sqrt{n^2+1})}$

$\qquad = \displaystyle\lim_{n\to\infty}\dfrac{\sqrt{1+\dfrac{1}{n^2}}}{2\left(1+\dfrac{1}{n}+\sqrt{1+\dfrac{1}{n^2}}\right)} = \dfrac{1}{4}$

정답 : ③

055

자연수 m에 대하여 크기가 같은 정육면체 모양의 블록이 1열에 1개, 2열에 2개, 3열에 3개, $\cdots$, m열에 m개 쌓여있다. 블록의 개수가 짝수인 열이 남아 있지 않을 때까지 다음 시행을 반복한다.

> 블록의 개수가 짝수인 각 열에 대하여 그 열에 있는 블록의 개수의 $\dfrac{1}{2}$만큼의 블록을 그 열에서 들어낸다.

블록을 들어내는 시행을 모두 마쳤을 때, 1열부터 m열까지 남아 있는 블록의 개수의 합을 $f(m)$이라 하자.

예를 들어, $f(2)=2$, $f(3)=5$ $f(4)=6$이다.

$$\lim_{n \to \infty} \frac{f(2^{n+1})-f(2^n)}{f(2^{n+2})} = \frac{q}{p}$$

일 때, $p+q$의 값을 구하시오. (단, p와 q는 서로소인 자연수이다.)

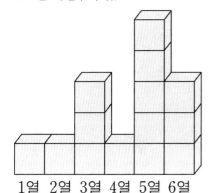

1열 2열 3열 4열 5열 6열 $\cdots$

HINT▶▶

무한등비급수의 합의 공식 $S_n = \dfrac{a}{1-r}$

조건식에서 $f(2^n)$의 일반항부터 구해보자.

$f(2^2)-f(2^1)=1+3=2^2=4$

$f(2^3)-f(2^2)=1+3+5+7=2^4=4^2$

$f(2^4)-f(2^3)$
$=1+3+5+7+9+11+13+15$
$=2^6=4^3$

$\qquad \vdots$

$f(2^n)-f(2^{n-1})=4^{n-1}$

위의 식의 변과 변을 더하면

$f(2^n)-f(2)=4+4^2+\cdots+4^{n-1}$

$f(2^n)=1+(1+4+4^2+\cdots+4^{n-1})$

$(\because f(2)=2=1+1)$

$\qquad = 1+\dfrac{4^n-1}{4-1}$

$\qquad = 1+\dfrac{1}{3}(4^n-1)$

$\therefore \lim_{n \to \infty} \dfrac{f(2^{n+1})-f(2^n)}{f(2^{n+2})}$

$= \lim_{n \to \infty} \dfrac{\left\{1+\dfrac{1}{3}(4^{n+1}-1)\right\}-\left\{1+\dfrac{1}{3}(4^n-1)\right\}}{1+\dfrac{1}{3}(4^{n+2}-1)}$

위 식에서 4^n으로 분자·분모를 나누면

$= \dfrac{\dfrac{1}{3}\times 4 - \dfrac{1}{3}\times 1}{\dfrac{1}{3}\times 16} = \dfrac{\dfrac{3}{3}}{\dfrac{16}{3}} = \dfrac{3}{16}$

$\therefore p+q=16+3=19$

정답 : 19

056

$\overline{A_1B_1}=1$, $\overline{B_1C_1}=2$인 직사각형 $A_1B_1C_1D_1$이
있다. 그림과 같이 선분 B_1C_1의 중점을 M_1이라
하고, 선분 A_1D_1 위에

$\angle A_1M_1B_2 = \angle C_2M_1D_1 = 15°$,

$\angle B_2M_1C_2 = 60°$ 가 되도록 두 점 B_2, C_2를 정
한다. 삼각형 $A_1M_1B_2$의 넓이와 삼각형 $C_2M_1D_1$
의 넓이의 합을 S_1이라 하자. 사각형 $A_2B_2C_2D_2$
가 $\overline{B_2C_2} = 2\overline{A_2B_2}$인 직사각형이 되도록 그림과
같이 두점 A_2, D_2를 정한다. 선분 B_2C_2의 중점을
M_2라 하고, 선분 A_2D_2 위에

$\angle A_2M_2B_3 = \angle C_3M_2D_2 = 15°$,

$\angle B_3M_2C_3 = 60°$ 가 되도록 두 점 B_3, C_3을 정한
다. 삼각형 $A_2M_2B_3$의 넓이와 삼각형 $C_3M_2D_2$
의 넓이의 합을 S_2라 하자. 이와 같은 과정을 계속

하여 얻은 S_n에 대하여 $\displaystyle\sum_{n=1}^{\infty} S_n$의 값은?

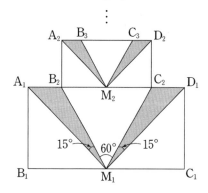

① $\dfrac{2+\sqrt{3}}{6}$　② $\dfrac{3-\sqrt{3}}{2}$　③ $\dfrac{4+\sqrt{3}}{9}$

④ $\dfrac{5-\sqrt{3}}{5}$　⑤ $\dfrac{7-\sqrt{3}}{8}$

HINT ▶▶

정확하게 그림을 그리고 둘째 항까지 구한 후에
무한등비급수의 합의 공식에 대입한다.

$$S_n = \frac{a}{1-r}$$

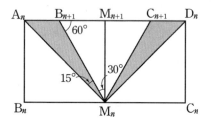

$\overline{A_nB_n} = x_n$이라 두면

$$x_{n+1} = \overline{B_{n+1}M_{n+1}} = \frac{1}{\sqrt{3}}x_n$$

$\triangle A_nM_nB_{n+1} = \triangle C_{n+1}M_nD_n$이므로

$$\begin{aligned}
S_n &= \triangle A_nM_nB_{n+1} + \triangle C_{n+1}M_nD_n \\
&= 2\triangle A_nM_nB_{n+1} \\
&= 2\left(\frac{1}{2}x_n{}^2 - \frac{1}{2}\cdot\frac{1}{\sqrt{3}}x_n\cdot x_n\right) \\
&= \left(1 - \frac{1}{\sqrt{3}}\right)x_n{}^2
\end{aligned}$$

이때, $x_1 = 1$이므로

$$S_1 = 1 - \frac{1}{\sqrt{3}} = \frac{3-\sqrt{3}}{3}$$

따라서, S_n은 첫째항이 $\dfrac{3-\sqrt{3}}{3}$ 이고, 공비가

$\dfrac{1}{3}$인 등비수열이므로 $\left(\because\ (\text{길이의 비})^2 = \dfrac{1}{3}\right)$

$$\sum_{n=1}^{\infty} S_n = \frac{\dfrac{3-\sqrt{3}}{3}}{1-\dfrac{1}{3}} = \frac{3-\sqrt{3}}{2}$$

정답 : ②

11.6A

057

자연수 n에 대하여 직선 $x = n$이 두 곡선 $y = 2^x$, $y = 3^x$과 만나는 점을 각각 P_n, Q_n이라 하자. 삼각형 $P_n Q_n P_{n-1}$의 넓이를 S_n이라 하고, $T_n = \sum_{k=1}^{n} S_k$라 할 때,

$\lim\limits_{n \to \infty} \dfrac{T_n}{3^n}$의 값은? (단, 점 P_0의 좌표는 $(0, 1)$이다.)

① $\dfrac{5}{8}$ ② $\dfrac{11}{16}$ ③ $\dfrac{3}{4}$ ④ $\dfrac{13}{16}$ ⑤ $\dfrac{7}{8}$

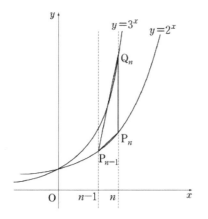

HINT ▶▶

삼각형의 높이를 $n - (n-1)$로 놓으면 항상 1이 된다.

등비수열의 합의 공식

: $S_n = \dfrac{a(1 - r^n)}{1 - r} = \dfrac{a(r^n - 1)}{r - 1}$

$\dfrac{\infty}{\infty}$의 꼴일 때에는 분자·분모를 최고차항 혹은 제일 큰수로 나눈다.

$S_n = \dfrac{1}{2} \times 1 \times (3^n - 2^n) = \dfrac{3^n - 2^n}{2}$ 이므로

$$T_n = \sum_{k=1}^{n} S_k = \dfrac{1}{2} \sum_{k=1}^{n} (3^k - 2^k)$$
$$= \dfrac{1}{2} \left\{ \dfrac{3(3^n - 1)}{3 - 1} - \dfrac{2(2^n - 1)}{2 - 1} \right\}$$
$$= \dfrac{3^{n+1} - 3}{4} - \dfrac{2^{n+1} - 2}{2}$$
$$= \dfrac{3^{n+1} - 2^{n+2} + 1}{4}$$

$$\therefore \lim_{n \to \infty} \dfrac{T_n}{3^n} = \lim_{n \to \infty} \dfrac{3^{n+1} - 2^{n+2} + 1}{4 \times 3^n}$$
$$= \lim_{n \to \infty} \dfrac{3 - 4\left(\dfrac{2}{3}\right)^n + \dfrac{1}{3^n}}{4}$$
$$= \dfrac{3 - 0 - 0}{4} = \dfrac{3}{4}$$

정답 : ③

058

두 수열 $\{a_n\}$, $\{b_n\}$의 일반항이 각각

$$a_n = \left(\frac{1}{2}\right)^{n-1}, \ b_n = \sum_{k=1}^{n}\left(\frac{1}{2}\right)^{k-1}$$

이다. 좌표평면에서 중심이 (a_n, b_n)이고 y축에 접하는 원의 내부와 연립부등식

$$\begin{cases} y \leq b_n \\ 2x + y - 2 \leq 0 \end{cases}$$ 이 나타내는 영역의 공통부

분을 P_n이라 하고, y축에 대하여 P_n과 대칭인 영역을 Q_n이라 하자. P_n의 넓이와 Q_n의 넓이의 합을 S_n이라 할 때,

$\displaystyle\sum_{n=1}^{\infty} S_n$의 값은?

① $\dfrac{5(\pi - 1)}{9}$ ② $\dfrac{11(\pi - 1)}{18}$

③ $\dfrac{2(\pi - 1)}{3}$ ④ $\dfrac{13(\pi - 1)}{18}$

⑤ $\dfrac{7(\pi - 1)}{9}$

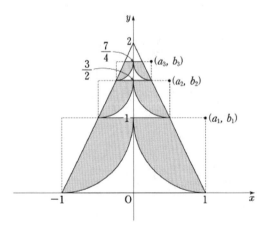

HINT ▶▶

첫째항, 둘째항을 정확히 구한 후에 무한등비급수의 합의 공식에 대입한다.

$$S_n = \frac{a}{1-r}$$

중심의 좌표가 (a_n, b_n)인 원의 반지름의 길이를 r_n이라고 하고 중심의 좌표가 (a_{n+1}, b_{n+1})인 원의 반지름의 길이를 r_{n+1}이라고 하면

$a_n = \left(\dfrac{1}{2}\right)^{n-1}$ 이므로 $r_{n+1} = \dfrac{1}{2}r_n$

따라서,

$$S_n = 2 \times \left(\frac{\pi r_n^2}{4} - \frac{1}{2} \times \frac{1}{2} \times r_n^2\right) = \frac{r_n^2}{2}(\pi - 1)$$

이고

$$S_{n+1} = \frac{r_{n+1}^2}{2}(\pi - 1)$$

$$= \frac{1}{4} \times \frac{r_n^2}{2}(\pi - 1) = \frac{1}{4}S_n$$

이므로 $\{S_n\}$은 공비가 $\dfrac{1}{4}$ 이고

첫째항 $\dfrac{\pi - 1}{2}$ 인 등비수열이다.

$$\therefore \sum_{n=1}^{\infty} S_n = \frac{\dfrac{\pi - 1}{2}}{1 - \dfrac{1}{4}} = \frac{2(\pi - 1)}{3}$$

정답 : ③

059

첫째항이 12 이고 공비가 $\dfrac{1}{3}$ 인

등비수열 $\{a_n\}$ 에 대하여 수열 $\{b_n\}$ 을 다음 규칙에 따라 정한다.

(가) $b_1 = 1$

(나) $n \geq 1$ 일 때, b_{n+1} 은

점 $P_n\left(-b_n,\ b_n{}^2\right)$ 을 지나고 기울기가 a_n 인 직선과 곡선 $y = x^2$ 의 교점 중에서 P_n 이 아닌 점의 x 좌표이다.

$\displaystyle\lim_{n\to\infty} b_n$ 의 값을 구하시오.

HINT ▶▶

점 $(x_1,\ y_1)$ 을 지나고 기울기가 m 인 직선의 식

: $y - y_1 = m(x - x_1)$

계차수열의 공식 $a_n = a_1 + \displaystyle\sum_{k=1}^{n-1} b_k$

$a_n = 12 \times \left(\dfrac{1}{3}\right)^{n-1} \quad (n = 1, 2, 3, \cdots)$

점 P_n 을 지나고 기울기가 a_n 인 직선의 방정식

은 $y - b_n{}^2 = a_n(x + b_n)$

즉, $y = a_n x + a_n b_n + b_n{}^2$

이 직선과 곡선 $y = x^2$ 의 교점의 x 좌표는 방정식 $a_n x + a_n b_n + b_n{}^2 = x^2$

즉, $(x + b_n)(x - a_n - b_n) = 0$ 의 실근이다.

(여기서 $x = -b_n$ 인 P 점을 제외하면

$x = a_n + b_n$ 이 된다.)

$\therefore x = b_{n+1} = a_n + b_n$

이때, $b_{n+1} - b_n = a_n$ 이므로 수열 $\{b_n\}$ 의 계차수열이 $\{a_n\}$ 이다.

$\therefore b_n = b_1 + \displaystyle\sum_{k=1}^{n-1} a_k = 1 + \sum_{k=1}^{n-1} a_k$

$\therefore \displaystyle\lim_{n\to\infty} b_n = 1 + \lim_{n\to\infty}\sum_{k=1}^{n-1} a_k$

$\qquad = 1 + \displaystyle\sum_{k=1}^{\infty} 12\left(\dfrac{1}{3}\right)^{k-1}$

$\qquad = 1 + \dfrac{12}{1 - \dfrac{1}{3}} = 1 + 18 = 19$

정답 : 19

060

좌표평면에서 자연수 n에 대하여 점 P_n의 좌표를 $(n, 3^n)$, 점 Q_n의 좌표를 $(n, 0)$이라 하자. 사각형 $P_n Q_{n+1} Q_{n+2} P_{n+1}$의 넓이를 a_n이라 할 때, $\sum_{n=1}^{\infty} \dfrac{1}{a_n} = \dfrac{q}{p}$ 이다. $p^2 + q^2$ 의 값을 구하시오. (단, p 와 q 는 서로소인 자연수이다.)

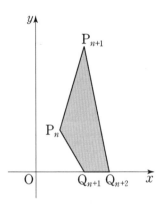

HINT ▶▶

주어진 그림을 공통 밑변 $\overline{P_{n+1} Q_{n+1}}$을 가지고 높이도 1로 같은 삼각형 두 개의 합으로 놓고 풀자.

무한등비급수의 합의 공식 $S_n = \dfrac{a}{1-r}$

사각형의 꼭짓점의 좌표를 구하면

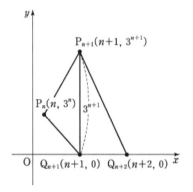

그림에서 P_{n+1}과 Q_{n+1}의 x좌표가 같으므로 넓이 a_n은

$$a_n = \left(\frac{1}{2} \times \overline{P_{n+1} Q_{n+1}} \times 1 \right) \times 2$$
$$= 3^{n+1}$$

$$\therefore \sum_{m=1}^{\infty} \frac{1}{a_n} = \sum_{n=1}^{\infty} \left(\frac{1}{3} \right)^{n+1}$$
$$= \frac{\left(\frac{1}{3} \right)^2}{1 - \frac{1}{3}} = \frac{1}{6}$$

$$\therefore p^2 + q^2 = 6^2 + 1^2 = 37$$

정답 : 37

11.수능A

061

반지름의 길이가 1 인 원이 있다. 그림과 같이 가로의 길이와 세로의 길이의 비가 3 : 1 인 직사각형을 이 원에 내접하도록 그리고, 원의 내부와 직사각형의 외부의 공통부분에 색칠하여 얻은 그림을 R_1 이라 하자.

그림 R_1 에서 직사각형의 세 변에 접하도록 원 2 개를 그린다. 새로 그려진 각 원에 그림 R_1 을 얻은 것과 같은 방법으로 직사각형을 그리고 색칠하여 얻은 그림을 R_2 라 하자.

그림 R_2 에서 새로 그려진 직사각형의 세 변에 접하도록 원 4 개를 그린다. 새로 그려진 각 원에 그림 R_1 을 얻는 것과 같은 방법으로 직사각형을 그리고 색칠하여 얻은 그림을 R_3 이라 하자. 이와 같은 과정을 계속하여 n 번째 얻은 그림 R_n 에서 색칠된 부분의 넓이를 S_n 이라 할 때, $\lim_{n \to \infty} S_n$ 의 값은?

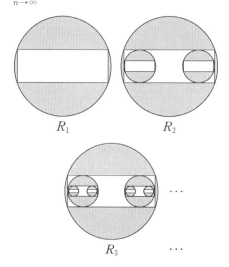

R_1 R_2

R_3 $\cdots$

① $\dfrac{5}{4}\pi - \dfrac{5}{3}$ ② $\dfrac{5}{4}\pi - \dfrac{3}{2}$ ③ $\dfrac{4}{3}\pi - \dfrac{8}{5}$

④ $\dfrac{5}{4}\pi - 1$ ⑤ $\dfrac{4}{3}\pi - \dfrac{16}{15}$

HINT ▶▶

첫째항, 둘째항까지 정확히 구한 후에 무한등비급수의 합의 공식에 대입한다.

$$S_n = \frac{a}{1-r}$$

R_1의 직사각형의 가로의 길이와 세로의 길이를
각각 $6a$, $2a$라 하면

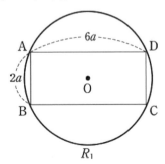

$\overline{OA} = \sqrt{a^2 + 9a^2} = \sqrt{10}\,a = 1$

$\therefore\ a = \dfrac{1}{\sqrt{10}}$

R_n의 가장 작은 원의 반지름의 길이를 r_n이라
하면

$r_1 = 1$, $r_2 = \dfrac{1}{\sqrt{10}}$, $r_{n+1} = \dfrac{1}{\sqrt{10}} r_n$

각 원에서 색칠된 부분의 넓이는 첫 항이

$\pi - \dfrac{12}{10} = \pi - \dfrac{6}{5}$, ($\because$ 첫 원의 넓이인 π에서

$a = \dfrac{1}{\sqrt{10}}$인 값을 $6a \times 2a$에 대입한 첫 사각

형의 넓이를 빼준다.)

공비가 $\dfrac{1}{10}$인 등비수열이고, 개수는 1개, 2개,

4개, $\cdots$의 등비수열을 이루므로

$S_n = \left(\pi - \dfrac{6}{5}\right) + 2 \cdot \dfrac{1}{10} \cdot \left(\pi - \dfrac{6}{5}\right) +$

$\qquad 2^2 \cdot \dfrac{1}{10} \cdot \left(\pi - \dfrac{6}{5}\right) +$

$\qquad\qquad \cdots + 2^{n-1} \cdot \dfrac{1}{10^{n-1}} \cdot \left(\pi - \dfrac{6}{5}\right)$

$\displaystyle\lim_{n \to \infty} S_n = \dfrac{\pi - \dfrac{6}{5}}{1 - \dfrac{2}{10}} = \dfrac{5\pi - 6}{4} = \dfrac{5}{4}\pi - \dfrac{3}{2}$

정답 : ②

크로스 수학
기출문제 유형탐구

4. 미분과 적분

총 15문항

세상을 바꾸는 공부법
100선

11.6A

001

실수 t에 대하여 직선 $y = t$가

함수 $y = |x^2 - 1|$의 그래프와 만나는 점의 개수

를 $f(t)$라 할 때, $\lim\limits_{t \to 1 - 0} f(t)$의 값은?

① 1 　　② 2 　　③ 3 　　④ 4 　　⑤ 5

HINT ▶▶

$y = |f(x)|$의 그래프는 틀$y = f(x)$를 그린 후
에 x축 밑부분을 x축 대칭을 시켜서 위로 올려
그려주면 된다.

그림과 같이 $t \to 1 - 0$일 때 함수 $y = |x^2 - 1|$
의 그래프와 직선 $y = t$는 서로 다른 네 점에서
만난다.

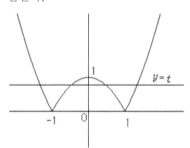

$$\therefore \lim_{t \to 1 - 0} f(t) = 4$$

11.9A

002

함수 $f(x) = x^2 - x + a$에 대하여 함수 $g(x)$

를 $g(x) = \begin{cases} f(x+1) & (x \le 0) \\ f(x-1) & (x > 0) \end{cases}$

이라 하자. 함수 $y = \{g(x)\}^2$이 $x = 0$에서
연속일 때, 상수 a의 값은?

① -2 　② -1 　③ 0 　④ 1 　⑤ 2

HINT ▶▶

연속이라는 의미는 좌극한값, 우극한값과 해당
함수값이 모두 같다는 의미다.

함수 $y = \{g(x)\}^2$이 $x = 0$에서 연속이므로
$$\lim_{x \to -0} \{g(x)\}^2 = \lim_{x \to +0} \{g(x)\}^2 = \{g(0)\}^2$$
이 성립해야 한다.
이때 이차함수 $f(x)$는 연속함수이므로
$$\lim_{x \to -0} \{g(x)\}^2$$
$$= \lim_{x \to -0} \{f(x+1)\}^2 = \{f(1)\}^2 = a^2,$$
$$\lim_{x \to +0} \{g(x)\}^2$$
$$= \lim_{x \to -0} \{f(x-1)\}^2 = \{f(-1)\}^2 = (2+a)^2$$
$$\{g(0)\}^2 = \{f(1)\}^2 = a^2$$
$$= f(-1)^2 = (2+a)^2$$
이므로 $a^2 = (2+a)^2$ 즉, $4a + 4 = 0$이어야 한
다.
$$\therefore a = -1$$

003

함수 $y = f(x)$ 의 그래프가 그림과 같을 때, 옳은 것만을 〈보기〉에서 있는 대로 고른 것은?

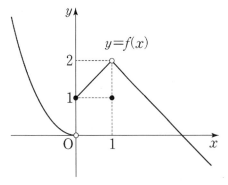

―――― 〈보 기〉 ――――

ㄱ. $\lim\limits_{x \to +0} f(x) = 1$

ㄴ. $\lim\limits_{x \to 1} f(x) = f(1)$

ㄷ. 함수 $(x-1)f(x)$ 는 $x = 1$ 에서 연속이다.

① ㄱ   ② ㄱ, ㄴ   ③ ㄱ, ㄷ
④ ㄴ, ㄷ   ⑤ ㄱ, ㄴ, ㄷ

HINT ▶▶

불연속인 두 점에서 즉, $x = 0$, $x = 1$일 경우에 좌극한값, 우극한값 해당 함수값을 나누어 생각하자.

ㄱ. 〈참〉

$\lim\limits_{x \to +0} f(x) = 1$ (∵ 오른쪽에서 접근하므로)

ㄴ. 〈거짓〉

$\lim\limits_{x \to 1 - 0} f(x) = 2$, $\lim\limits_{x \to 1 + 0} f(x) = 2$

∴ $\lim\limits_{x \to 1} f(x) = 2$, $f(1) = 1$

∴ $\lim\limits_{x \to 1} f(x) \neq f(1)$

ㄷ. 〈참〉

$g(x) = (x-1)f(x)$로 놓으면

$g(1) = (1-1) \cdot f(1) = 0$

$\lim\limits_{x \to 1} g(x) = \lim\limits_{x \to 1} (x-1)f(x) = 0$

$(\because \lim\limits_{x \to 1} x - 1 = 0)$

따라서, $g(x) = (x-1) \cdot f(x)$는 $x = 1$에서 연속이다.

정답 : ③

004

곡선 $y = x^3 - x^2 + a$ 위의 점 $(1, a)$에서의 접선이 점 $(0, 12)$를 지날 때, 상수 a의 값을 구하시오.

HINT ▶▶

$(x^n)' = nx^{n-1}$

미분계수는 해당 접선에서의 기울기를 의미한다. 한 점 $P(x_1, y_1)$을 지나고 기울기가 m인 경우 그 직선은 $y - y_1 = m(x - x_1)$이 된다.

$y = x^3 - x^2 + a$에서 $y' = 3x^2 - 2x$
$x = 1$에서의 미분계수는 $3 - 2 = 1$
즉, 점$(1, a)$에서의 접선의 방정식은
$y - a = 1 \cdot (x - 1)$
$\therefore y = x + a - 1$
이 직선이 점 $(0, 12)$를 지나므로
$12 = a - 1$ $\quad \therefore a = 13$

정답 : 13

005

삼차함수 $f(x) = x^3 + ax^2 + 2ax$ 가 구간 $(-\infty, \infty)$에서 증가하도록 하는 실수 a의 최댓값을 M이라 하고, 최솟값을 m이라 할 때, $M - m$의 값은?

① 3 　 ② 4 　 ③ 5 　 ④ 6 　 ⑤ 7

HINT ▶▶

$(x^n)' = nx^{n-1}$

모든 범위에서 $f'(x) \geq 0$일 경우는
$f(x_1) \leq f(x_2)$ (단, $x_1 < x_2$)가 되어 $f(x)$는 증가 함수가 된다.
2차 함수값이 항상 0보다 크거나 같다.
⇔ 판별식 $D \leq 0$, 최고차항계수 $a > 0$

삼차함수 $f(x)$가 구간 $(-\infty, \infty)$에서 증가하려면 모든 실수 x에 대하여 $f'(x) \geq 0$이어야 한다.
즉, $f(x) = x^3 + ax^2 + 2ax$에서
$f'(x) = 3x^2 + 2ax + 2a \geq 0$
$f'(x) = 0$의 판별식을 D라 하면
$\dfrac{D}{4} = a^2 - 6a \leq 0$, $a(a - 6) \leq 0$

$\therefore 0 \leq a \leq 6$
따라서,
실수 a의 최댓값 $M = 6$, 최솟값 $m = 0$이므로
$M - m = 6$

정답 : ④

11.6A

006

삼차함수 $f(x)$의 도함수의 그래프와 이차함수 $g(x)$의 도함수의 그래프가 그림과 같다. 함수 $h(x)$를 $h(x)=f(x)-g(x)$라 하자.
$f(0)=g(0)$일 때, 옳은 것만을 〈보기〉에서 있는 대로 고른 것은?

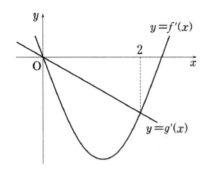

─────── 〈보 기〉 ───────

ㄱ. $0<x<2$에서 $h(x)$는 감소한다.

ㄴ. $h(x)$는 $x=2$에서 극솟값을 가진다.

ㄷ. 방정식 $h(x)=0$은 서로 다른 세 실근을 갖는다.

① ㄱ ② ㄴ ③ ㄱ, ㄴ ④ ㄱ, ㄷ ⑤ ㄱ, ㄴ, ㄷ

HINT ▶▶

증감표를 그려서 $f'(x)$값이
$+\rightarrow-$이면 극댓값을, $-\rightarrow+$이면 극솟값을 가진다.
함수 $f(x)$는 $f'(x)=0$인 점에서 극대 혹은 극소값을 갖는다.

$h(x)=f(x)-g(x)$에서
$h'(x)=f'(x)-g'(x)$
$h'(x)=0$에서 $f'(x)=g'(x)$
$\therefore x=0$ 또는 $x=2$
주어진 그래프에 의해 $h(x)$의 증감표는 다음과 같다.

x		$\cdots$		0		$\cdots$		2		$\cdots$
$h'(x)$		+		0		−		0		+
$h(x)$		↗		극대		↘		극소		↗

ㄱ. 〈참〉
$0<x<2$에서 $h'(x)<0$이므로 $h(x)$는 감소한다.

ㄴ. 〈참〉
$x=2$의 좌우에서 $h'(x)$의 부호가 음에서 양으로 바뀌므로 $x=2$에서 극솟값을 갖는다.

ㄷ. 〈거짓〉
$f(0)=g(0)$이므로 $h(0)=0$ 함수 $y=h(x)$의 그래프의 개형이 아래 그림과 같다. 따라서, 방정식 $h(x)=0$은 서로 다른 두 실근을 갖는다. 즉, 한 근이 중근이 된다.

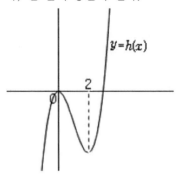

그러므로 옳은 것은 ㄱ, ㄴ 이다.

정답 : ③

11.6A
007

그림과 같이 한 변의 길이가 1인 정사각형 $ABCD$의 두 대각선의 교점의 좌표는 $(0,1)$이고, 한 변의 길이가 1인 정사각형 $EFGH$의 두 대각선의 교점은 곡선 $y=x^2$ 위에 있다. 두 정사각형의 내부의 공통부분의 넓이의 최댓값은? (단, 정사각형의 모든 변은 x축 또는 y축에 평행하다.)

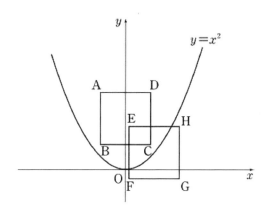

① $\dfrac{4}{27}$ ② $\dfrac{1}{6}$ ③ $\dfrac{5}{27}$ ④ $\dfrac{11}{54}$ ⑤ $\dfrac{2}{9}$

HINT ▶▶

증감표를 그리지 않고 그래프의 개형으로 구해도 좋다.

$f(x)=-x^3+x^2$ 이라면 최고차항의 계수가 0보다 작고 3차식이므로 의 꼴이 된다.

한 변의 길이가 1인 정사각형 $ABCD$의 두 대각선의 교점의 좌표가 $(0,1)$이므로 점 C의 좌표는 $\left(\dfrac{1}{2}, \dfrac{1}{2}\right)$

한 변의 길이가 1인 정사각형 $EFGH$의 두 대각선의 교점은 곡선 $y=x^2$ 위에 있으므로 두 대각선의 교점의 좌표를 $(t, t^2)\,(0<t<1)$이라 하면 점 E의 좌표는 $\left(t-\dfrac{1}{2}, t^2+\dfrac{1}{2}\right)$

이때, 두 정사각형의 내부의 공통부분은 가로의 길이가 $\dfrac{1}{2}-\left(t-\dfrac{1}{2}\right)=1-t$이고, 세로의 길이가 $\left(t^2+\dfrac{1}{2}\right)-\dfrac{1}{2}=t^2$인 직사각형이다.

두 정사각형의 내부의 공통부분의 넓이를 $f(t)$라 하면

$$f(t)=t^2(1-t)=-t^3+t^2$$
$$f'(t)=-3t^2+2t=-t(3t-2)$$

$f'(t)=0$에서 $t=0$ 또는 $t=\dfrac{2}{3}$

이때, $f(t)$의 증감표는 다음과 같다. $(0<t<1)$

t	0	$\cdots$	$\dfrac{2}{3}$	$\cdots$	1
$f'(t)$		$+$	0	$-$	
$f(t)$		↗	$\dfrac{4}{27}$	↘	

따라서, $f(t)$는 $t=\dfrac{2}{3}$에서 극대이면서 최대이므로 구하는 넓이의 최댓값은 $f\left(\dfrac{2}{3}\right)=\dfrac{4}{27}$이다.

정답 : ①

008

점 $(0, -4)$ 에서 곡선 $y = x^3 - 2$ 에 그은 접선이 x 축과 만나는 점의 좌표를 $(a, 0)$ 이라 할 때, a 의 값은?

① $\dfrac{7}{6}$　② $\dfrac{4}{3}$　③ $\dfrac{3}{2}$　④ $\dfrac{5}{3}$　⑤ $\dfrac{11}{6}$

HINT ▶▶

점 $P(x_1, y_1)$ 을 지나고 기울기가 m 인 직선의 식은 $y - y_1 = m(x - x_1)$ 이 된다.

$y' = 3x^2$ 이므로 접점의 좌표를 $A(a, a^3 - 2)$ 라 하면 점 A에서의 접선의 방정식은

$y - a^3 + 2 = 3a^2 (x - a)$

$\therefore \ y = 3a^2 x - 2a^3 - 2 \quad \cdots\cdots \ㄱ$

이 접선이 점 $(0, -4)$ 를 지나야 하므로

$-4 = -2a^3 - 2$

$\therefore \ a = -1$

ㄱ식에 대입하면 접선의 방정식은 $y = 3x - 4$ 이므로

x 절편은 $a = \dfrac{4}{3}$

정답 : ②

009

함수 $f(x) = \dfrac{1}{3} x^3 - ax^2 + 3ax$ 의 역함수가 존재하도록 하는 상수 a 의 최댓값은?

① 3　② 4　③ 5　④ 6　⑤ 7

HINT ▶▶

역함수가 존재하려면 일대일 함수여야하고 따라서, 삼차함수라면 극값이 존재하지 않아야 한다.

즉, $f'(x) = 0$ 의 판별식 $D \leq 0$ 이어야 한다.

삼차함수 $f(x)$ 의 역함수가 존재할 필요충분조건은 이차방정식

$f'(x) = x^2 - 2ax + 3a = 0$

이 서로 다른 두 실근을 갖지 않는 것이다.

따라서, 판별식을 D 라 하면

$\dfrac{D}{4} = a^2 - 3a = a(a - 3) \leq 0$

이므로 $0 \leq a \leq 3$ 이다.

따라서, 상수 a 의 최댓값은 3이다.

정답 : ①

010

곡선 $y = -x^3 + 4x$ 위의 점 $(1, 3)$에서의 접선의 방정식이 $y = ax + b$ 이다. $10a + b$ 의 값을 구하시오. (단, a, b 는 상수이다.)

HINT ▶▶

접점이 (x_1, y_1)으로 주어진 경우 접선의 식은 $y - y_1 = f'(x)(x - x_1)$이 된다.

$f(x) = -x^3 + 4x$로 놓으면
$f'(x) = -3x^2 + 4$이다.
$f'(1) = -3 + 4 = 1$
따라서, 곡선 $y = f(x)$ 위의 점 $(1, 3)$에서의 접선의 방정식은
$y = f'(1)(x - 1) + 3$
  $= 1 \cdot (x - 1) + 3$
  $= x + 2$
$\therefore a = 1, \ b = 2$
$\therefore 10a + b = 12$

정답 : 12

011

이차함수 $f(x)$ 는 $f(0) = -1$ 이고,
$$\int_{-1}^{1} f(x)\,dx = \int_{0}^{1} f(x)\,dx = \int_{-1}^{0} f(x)\,dx$$
를 만족시킨다. $f(2)$ 의 값은?

① 11 ② 10 ③ 9 ④ 8 ⑤ 7

HINT ▶▶

$$\int_{a}^{b} f(x)\,dx = \int_{a}^{c} f(x)\,dx + \int_{c}^{b} f(x)\,dx$$

$\int_{-1}^{1} f(x)\,dx = \int_{-1}^{0} f(x)\,dx + \int_{0}^{1} f(x)\,dx$ 이므로

$\int_{-1}^{1} f(x)\,dx = \int_{0}^{1} f(x)\,dx = \int_{-1}^{0} f(x)\,dx$ 이면

$\int_{-1}^{1} f(x)\,dx = \int_{0}^{1} f(x)\,dx = \int_{-1}^{0} f(x)\,dx = 0$

따라서, $f(x) = ax^2 - 1$로 놓으면
$(\because f(0) = -1)$

$$\int_{0}^{1} f(x)\,dx = \int_{0}^{1} (ax^2 - 1)\,dx = \left[\frac{a}{3}x^3 - x \right]_{0}^{1}$$
$$= \frac{a}{3} - 1 = 0 \quad \therefore \ a = 3$$

$\therefore \ f(x) = 3x^2 - 1, \ f(2) = 12 - 1 = 11$

정답 : ①

012

최고차항의 계수가 1 인 삼차함수 $f(x)$ 가 모든 실수 x 에 대하여 $f(-x) = -f(x)$ 를 만족시킨다. 방정식 $|f(x)| = 2$ 의 서로 다른 실근의 개수가 4 일 때, $f(3)$ 의 값은?

① 12　　② 14　　③ 16　　④ 18　　⑤ 20

최고차항의 계수가 1이고 모든 실수 x에 대해 $f(-x) = -f(x)$를 만족시키는 삼차함수 $f(x)$의 그래프는 다음 두 가지 유형이 가능하다.

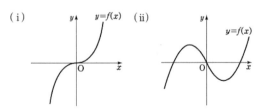

두 가지 유형 중 $|f(x)| = 2$의 서로 다른 실근이 4개가 가능한 것은 (ii)의 유형이다. (그림 참조)

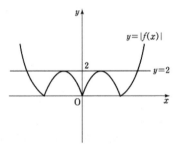

따라서, $f(x)$의 극솟값은 -2, 극댓값은 2이다.
$f(x) = x^3 - bx$로 놓으면
($\because f(0) = 0$이므로 상수항$= 0$, $f(x)$가 기함수이므로 짝수차항인 x^2의 계수$= 0$)
$f'(x) = 3x^2 - b = 0$에서 $x = \pm\sqrt{\dfrac{b}{3}}$

$f\left(\sqrt{\dfrac{b}{3}}\right) = -2$이므로

$\left(\sqrt{\dfrac{b}{3}}\right)^3 - b \times \sqrt{\dfrac{b}{3}} = -2$

정리하여 계산하면, $b = 3 \Rightarrow f(x) = x^3 - 3x$
$\therefore f(3) = 3^3 - 3 \times 3 = 18$

정답 : ④

HINT▶▶

우함수는 좌우대칭 함수이며 $f(x) = f(-x)$이고 기함수는 원점대칭이며 $f(x) = -f(-x)$이다.

11.9A
013

모든 다항함수 $f(x)$ 에 대하여 옳은 것만을 〈보기〉에서 있는 대로 고른 것은?

─────── 〈보 기〉 ───────

ㄱ. $\displaystyle\int_0^3 f(x)\,dx = 3\int_0^1 f(x)\,dx$

ㄴ. $\displaystyle\int_0^1 f(x)\,dx = \int_0^2 f(x)\,dx + \int_2^1 f(x)\,dx$

ㄷ. $\displaystyle\int_0^1 \{f(x)\}^2\,dx = \left\{\int_0^1 f(x)\,dx\right\}^2$

① ㄴ   ② ㄷ   ③ ㄱ, ㄴ

④ ㄱ, ㄷ   ⑤ ㄴ, ㄷ

HINT ▶▶

$$\int_a^b f(x)\,dx = -\int_b^a f(x)\,dx$$

$$\int_a^b f(x)\,dx = \int_a^c f(x)\,dx + \int_c^b f(x)\,dx$$

ㄱ. 〈거짓〉

$f(x) = x$ 라고 하면

$$\int_0^3 x\,dx = \left[\frac{1}{2}x^2\right]_0^3 = \frac{9}{2}$$

$$3\int_0^1 x\,dx = 3\left[\frac{1}{2}x^2\right]_0^1 = \frac{3}{2}$$

따라서, $\displaystyle\int_0^3 x\,dx \neq 3\int_0^1 x\,dx$

ㄴ. 〈참〉

정적분의 성질에 의하여 참이다.

ㄷ. 〈거짓〉

$f(x) = x$ 라고 하면

$$\int_0^1 x^2\,dx = \left[\frac{1}{3}x^3\right]_0^1 = \frac{1}{3}$$

$$\left\{\int_0^1 x\,dx\right\}^2 = \left(\left[\frac{1}{2}x^2\right]_0^1\right)^2 = \frac{1}{4}$$

따라서, $\displaystyle\int_0^1 x^2\,dx \neq \left\{\int_0^1 x\,dx\right\}^2$

따라서, 보기 중 옳은 것은 ㄴ이다.

정답 : ①

11.9A

014

같은 높이의 지면에서 동시에 출발하여 지면과 수직인 방향으로 올라가는 두 물체 A, B가 있다. 그림은 시각 t $(0 \leq t \leq c)$ 에서 물체 A의 속도 $f(t)$와 물체 B의 속도 $g(t)$를 나타낸 것이다.

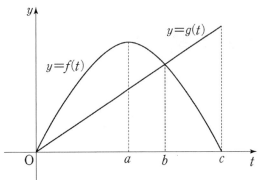

$\int_0^c f(t)dt = \int_0^c g(t)dt$ 이고 $0 \leq t \leq c$ 일 때, 옳은 것만을 〈보기〉에서 있는 대로 고른 것?

〈보 기〉

ㄱ. $t = a$ 일 때, 물체 A는 물체 B보다 높은 위치에 있다.
ㄴ. $t = b$ 일 때, 물체 A와 물체 B의 높이의 차가 최대이다.
ㄷ. $t = c$ 일 때, 물체 A와 물체 B는 같은 높이에 있다.

① ㄴ   ② ㄷ   ③ ㄱ, ㄴ
④ ㄱ, ㄷ   ⑤ ㄱ, ㄴ, ㄷ

HINT▶▶

$$\text{가속도} \underset{\text{미분}}{\overset{\text{적분}}{\underset{\longleftarrow}{\longrightarrow}}} \text{속도} \underset{\text{미분}}{\overset{\text{적분}}{\underset{\longleftarrow}{\longrightarrow}}} \text{위치}$$

$\int_a^b f(x)dx$는 구간 $a \leq x \leq b$에서 $f(x)$함수와 x축과의 사이의 면적이 된다.

ㄱ. 〈참〉

$t = a$일 때, 물체 A의 높이는 $\int_0^a f(t)dt$이고, 물체 B의 높이는 $\int_0^a g(t)dt$이다.

이때, 주어진 그림에서

$$\int_0^a f(t)dt > \int_0^a g(t)dt$$

이므로 A가 B보다 높은 위치에 있다.

ㄴ. 〈참〉

$0 \leq t \leq b$일 때 $f(t) - g(t) \geq 0$이므로 시각 t에서의 두 물체 A, B의 높이의 차는 점점 커진다.

또, $b < t \leq c$일 때 $f(t) - g(t) < 0$이므로 시각 t에서의 두 물체 A, B의 높이의 차는 점점 줄어든다.

따라서, $t = b$일 때, 물체 A와 물체 B의 높이의 차가 최대이다.

ㄷ. 〈참〉

$\int_0^c f(t)dt = \int_0^c g(t)dt$이므로 $t = c$일 때, 물체 A와 물체 B는 같은 높이에 있다.

이상에서 옳은 것은 ㄱ, ㄴ, ㄷ이다.

정답 : ⑤

11.수능A
015

구간 $[0, 1]$ 에서 정의된 연속확률변수 X 의 확률밀도함수가 $f(x)$ 이다. X 의 평균이 $\frac{1}{4}$ 이고, $\int_0^1 (ax+5)f(x)dx = 10$ 일 때, 상수 a 의 값을 구하시오.

모든 확률 밀도함수의 총 구간의 적분값은 1이다. ($\because$ 확률의 합$=1$)

평균 $m = \int_a^b xf(x)dx$ (단 $a \leq x \leq b$일 때)

$\int_0^1 f(x)dx = 1$ ······ ㉠

$\int_0^1 xf(x)dx = \frac{1}{4}$ ······ ㉡

$10 = \int_0^1 (ax+5)f(x)dx$

$= \int_0^1 axf(x)dx + \int_0^1 5f(x)dx$

$= a\int_0^1 xf(x)dx + 5\int_0^1 f(x)dx$

$= \frac{1}{4}a + 5$ ($\because$ ㉠, ㉡에서)

$\therefore \frac{1}{4}a = 5$

$\therefore a = 20$

크로스 수학
기출문제 유형탐구

5. 확률과 통계

총 56문항

세상을 바꾸는 공부법

100선

073
어떤 부분의 경우 기본개념인데도 정말 어렵게 느껴지는 점이 있을 수 있다. 한 번에 이해하려고 하지 마라. 한 번에 이해하려고 하면 그 과욕으로 인해 우리는 좌절하고 실망하고 심지어는 분노하게 되는 것이다.

074
어려운 개념이 있을 때는 그 부분에 줄을 치던지 혹은 체크 표시를 하고 잠시만 기다려 보아라. '몇 번 더 보지' 생각하면서 편하게 넘어가되, 바로 넘어가지 말고 아주 약간은 더 쳐다보아라. 왼손을 대고 마음속으로 2번, 3번 더 본 후에 넘어가자.

075
단순한 암기를 할 때는 나누어서 외운다는 것에 다들 익숙하지 않은가? 새로 전화번호를 바꾼 친구들은 자신의 휴대폰 번호를 외우려고 목숨을 걸진 않는다. 몇 번 확인하고 남에게 가르쳐주다 보면 얼마 지나지 않아 저절로 외워진다! 수학 공식을 이해하는 데도 이와 같은 자세를 가지면 얼마 지나지 않아 외우게 된다는 것이 그리도 의심할 만한 것일까? '믿어라. 편하게 믿어보아라.'

076
많은 학생들이 정독의 도그마에 쩔어서 해답지는 반드시 아주아주 나중에 보아야 한다고 생각한다. 해답지를 펼쳐놓고 풀어라. 항상 해답을 확인하여라. 한 번 풀고 말 거면 모르지만 어차피 여러 번 풀 예정이다.

07.6A
001

1부터 9까지의

서로 다른 자연수 a, b, c, d, e 에 대하여

$a \cdot 10^4 + b \cdot 10^3 + c \cdot 10^2 + d \cdot 10 + e$ 로 나타내어지는 다섯 자리의 자연수 a, b, c, d, e 중에서 5의 배수이고 $a > b > c$, $c < d < e$ 를 만족시키는 모든 자연수의 개수는?

① 53　　② 62　　③ 71　　④ 80　　⑤ 89

HINT ▶▶

제일 작은 수이고 두 조건에 다 있는 c를 기준으로 가짓수를 나눠보자.

순서가 정해져 있는 때는 순서가 없는 것과 같다.

a, b, c, d, e 가 5의 배수이므로 $e = 5$

따라서, 구하는 자연수의 개수는 c의 값에 따라 다음과 같이 구한다.

(i) $c = 1$일 때, $1 < d < 5$, $a > b > 1$을 만족시키는 자연수의 개수는

$3 \times {}_6C_2 = 45$ (개) ($\because d$는 2, 3, 4중 하나)

(ii) $c = 2$일 때, $2 < d < 5$, $a > b > 2$를 만족시키는 자연수의 개수는

$2 \times {}_5C_2 = 20$ (개)

(iii) $c = 3$일 때, $3 < d < 5$, $a > b > 3$을 만족시키는 자연수의 개수는

$1 \times {}_4C_2 = 6$ (개)

(iv) $c \geq 4$일 때, 조건을 만족하는 자연수는 존재하지 않는다.

이상에서 구하는 경우의 수는

$45 + 20 + 6 = 71$(개)

정답 : ③

07.6A
002

할머니, 할아버지, 어머니, 아버지, 영희, 철수 모두 6명의 가족이 자동차를 타고 여행을 가려고 한다. 이 자동차에는 앉을 수 있는 좌석이 그림과 같이 앞줄에 2개, 가운데 줄에 3개, 뒷줄에 1개가 있다. 운전석에는 아버지나 어머니만 앉을 수 있고, 영희와 철수는 가운데 줄에만 앉을 수 있을 때, 가족 6명이 모두 자동차의 좌석에 앉는 경우의 수를 구하시오.

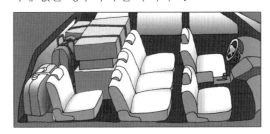

HINT ▶▶

운전석 좌석 조건부터 이용해보자.

$$nPr = \frac{n!}{(n-r)!} = n \times (n-1) \times ... \times (n-r+1)!$$

운전석에 앉는 경우의 수는 2가지이고

가운데 줄에 영희와 철수가 앉는 경우의 수는 ${}_3P_2$ ($\because$ 세 좌석 중 2자리를 연희, 철수가 사용하고 나머지는 다른 사람을 위한 예비용이라 생각해보자.)

나머지 사람들이 세 자리에 앉는 경우의 수는 $3!$ 이므로 구하는 모든 경우의 수는

$2 \times {}_3P_2 \times 3! = 2 \times (3 \times 2) \times (3 \times 2 \times 1) = 72$

정답 : 72

07.9A

003

그림과 같은 모양의 도로망이 있다. 지점A에서 지점B까지 도로를 따라 최단 거리로 가는 경우의 수는? (단, 가로 방향 도로와 세로 방향 도로는 각각 서로 평행하다.)

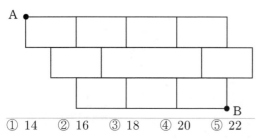

① 14 ② 16 ③ 18 ④ 20 ⑤ 22

HINT ▶▶

두 번째 풀이방식처럼 그림을 다시 그려보는 것이 간편하다.

A에서 B로 가는 최단거리 가짓수는

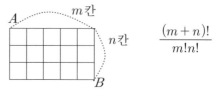

$$\frac{(m+n)!}{m!n!}$$

(풀이 1) 각 갈림길까지 최단경로로 가는 경우의 수를 적으면 다음과 같다.

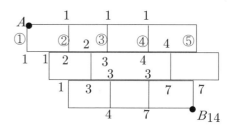

(풀이 2) 구하는 최단경로의 수는 다음 그림에서 A에서 B로 가는 최단경로의 수와 같다.

($A{\to}B$로 가는 모든 경우의 수)$-$($A{\to}C{\to}B$로 가는 경우의 수)

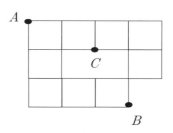

$$\therefore \ \frac{6!}{3!\times 3!}-\frac{3!}{2!}\times 2!$$
$$=20-6=14$$

정답 : ①

07.수능A

004

서로 다른 5종류의 체험 프로그램을 운영하는 어느 수련원이 있다. 이 수련원의 프로그램에 참가한 A와 B가 각각 5종류의 체험 프로그램 중에서 2종류를 선택하려고 한다. A와 B가 선택하는 2종류의 체험 프로그램 중에서 한 종류만 같은 경우의 수를 구하시오.

HINT▶▶

동일한 프로그램의 가짓수는 5

나머지 4개 중에 2개를 나눠서 선택하는 가짓수 : $_4P_2$

체험 프로그램을 1, 2, 3, 4, 5라 하자.

A, B가 함께 1을 선택하는 경우

2, 3, 4, 5중 각각 1개씩을 선택하는 경우의 수는 $_4P_2 = 12$ (가지)

A, B가 함께 2, 3, 4, 5를 선택하는 경우도 마찬가지이므로 구하는 경우의 수는

$5 \times _4P_2 = 60$ (가지)

정답 : 60

08.6A

005

그림과 같은 모양의 종이에 서로 다른 3가지 색을 사용하여 색칠하려고 한다. 이웃한 사다리꼴에는 서로 다른 색을 칠하고, 맨 위의 사다리꼴과 맨 아래의 사다리꼴에 서로 다른 색을 칠한다. 5개의 사다리꼴에 색을 칠하는 방법의 수를 구하시오.

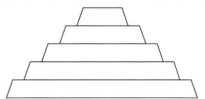

HINT▶▶

맨위와 맨아래의 색깔이 틀려야 하므로 이 가짓수부터 따져보자.

조건의 정리가 쉽지 않을 때는 수형도를 사용하자.

서로 다른 3가지 색을 A, B, C 라고 하면 맨위와 맨 아래의 사다리꼴에 서로 다른 색을 칠하는 방법의 수는 $_3C_1 \times _2C_1 = 6$ 이다.

이 때 맨 위와 맨 아래의 사다리꼴에 A, B 두 색을 칠한 경우 중간의 사다리꼴에 색을 칠하는 경우의 수는

$A - B - A - C - B$
$A - B - C - A - B$
$A - C - A - C - B$
$A - C - B - A - B$
$A - C - B - C - B$

로 5가지이므로 구하는 경우의 수는

$6 \times 5 = 30$

정답 : 30

08.6A

006

$\dfrac{4}{4}$박자는 4분음을 한 박으로 하여 한 마디가 네 박으로 구성된다. 예를 들어 $\dfrac{4}{4}$박자 한 마디는 4분 음표(♩) 또는 8분 음표(♪)만을 사용하여 ♩♩♩♩ 또는 ♪♩♪♩♩와 같이 구성할 수 있다. 4분 음표 또는 8분 음표만 사용하여 $\dfrac{4}{4}$박자의 한 마디를 구성하는 경우의 수를 구하시오.

HINT▶▶

4분 음표와 8분 음표 중 그 숫자가 작은 4분음표의 개수를 0 ~ 4의 기준으로 놓고 정리해보자.

같은 것을 포함하는 순열의 계산 : 전체 n개 중 r개, p개가 서로 같을 경우 $\dfrac{n!}{r!p!}$

4분 음표(♩) 4개로 구성하는 방법의 수는 1가지

4분 음표(♩) 3개, 8분 음표(♪) 2개로 구성하는 방법의 수는

$\dfrac{5!}{3!2!} = 10$ (가지)

4분 음표(♩) 2개, 8분 음표(♪) 4개로 구성하는 방법의 수는

$\dfrac{6!}{2!4!} = 15$ (가지)

4분 음표(♩) 1개, 8분 음표(♪) 6개로 구성하는 방법의 수는

$\dfrac{7!}{6!} = 7$ (가지)

8분 음표(♪) 8개로 구성하는 방법의 수는 1가지

따라서, 구하고자 하는 경우의 수는

$1 + 10 + 15 + 7 + 1 = 34$ (가지)

정답 : 34

08.9A

007

그림과 같이 이웃한 두 교차로 사이의 거리가 모두 1인 바둑판 모양의 도로망이 있다. 로봇이 한 번 움직일 때마다 길을 따라 거리 1만큼씩 이동한다. 로봇은 길을 따라 어느 방향으로도 움직일 수 있지만, 한 번 통과한 지점을 다시 지나지는 않는다. 이 로봇이 지점 O에서 출발하여 4번 움직일 때, 가능한 모든 경로의 수는?

(단, 출발점과 도착점은 일치하지 않는다.)

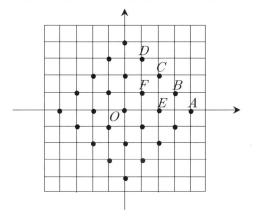

① 88 ② 96 ③ 100 ④ 104 ⑤ 112

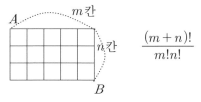

HINT ▶▶

도로망의 경우 $A \to B$의 최단거리 가짓수

$$\frac{(m+n)!}{m!n!}$$

그림과 같이 점 O를 원점으로 하는 좌표평면 위에 길을 옮겨 놓는다.

그림에서 A, B, C, D, E, F를 도착점으로 하는 경우의 수를 구한 후에 대칭성을 이용한다.

$O \to A$: 1(가지)

$O \to B$: $\dfrac{4!}{3!} = 4$ (가지)

$O \to C$: $\dfrac{4!}{2!2!} = 6$ (가지)

$O \to D$: $\dfrac{4!}{3!} = 4$ (가지)

$O \to E$: 그림 1과 같이

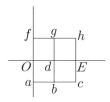

[그림1]

$OabcE, OdbcE, OabdE,$
$OfghE, OdghE, OfgdE$ 의 6(가지)

$O \to F$: 그림 2와 같이 4(가지)

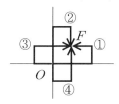

[그림2]

따라서, 총 4사분면이므로 구하는 경우의 수는
$4(1+4+6+4+6+4)$
$= 100$ (가지)

정답 : ③

4점 완성 유형탐구 | **349**

08.9A

008

할아버지, 할머니, 아버지, 어머니, 아들, 딸로 구성된 가족이 있다. 이 가족 6명이 그림과 같은 6개의 좌석에 모두 앉을 때, 할아버지, 할머니가 같은 열에 이웃하여 앉고, 아버지, 어머니도 같은 열에 이웃하여 앉는 경우의 수를 구하시오.

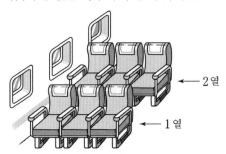

2열

1열

할아버지, 할머니가 앉는 열과 아버지, 어머니가 앉는 열을 정하는 경우의 수는

$$2(가지)$$

그 각각에 대하여 아들과 딸이 앉는 열을 정하는 경우의 수는

$$2(가지)$$

1열에서 세 사람이 앉을 때, 특정한 2명이 이웃하도록 앉는 경우의 수는

$$2! \times 2! = 4 \,(가지)$$

2열에서 세 사람이 앉을 때, 특정한 2명이 이웃하도록 앉는 경우의 수는

$$2! \times 2! = 4 \,(가지)$$

따라서, 구하는 경우의 수는

$$2 \times 2 \times 4 \times 4 = 64 \,(가지)$$

정답 : 64

08.수능A

009

어떤 사회봉사센터에서는 다음과 같은 4가지 봉사활동 프로그램을 매일 운영하고 있다.

프로그램	A	B
봉사활동 시간	1시간	2시간
프로그램	C	D
봉사활동 시간	3시간	4시간

철수는 이 사회봉사센터에서 5일간 매일 하나씩의 프로그램에 참여하여 다섯 번의 봉사활동 시간 합계가 8시간이 되도록 아래와 같은 봉사활동 계획서를 작성하려고 한다. 작성할 수 있는 봉사활동 계획서의 가짓수는?

봉사활동 계획서

성명 :

참여일	참여 프로그램	봉사활동 시간
2009.1.5		
2009.1.6		
2009.1.7		
2009.1.8		
2009.1.9		
봉사활동 시간 합계		8시간

① 47　② 44　③ 41　④ 38　⑤ 35

HINT▶▶

총 n개중 같은 것의 개수가 각각 r개, p개 있으면, $\dfrac{n!}{r!p!}$

5번 횟수동안 총 시간이 8시간이 되도록 하는 가짓수부터 따져보자.

(A, B, C, D)를 순서쌍으로 나타내면
$(4, 0, 0, 1)$, $(3, 1, 1, 0)$, $(2, 3, 0, 0)$ 이렇게 세 가지가 있다. $(4, 0, 0, 1)$의 경우에 작성할 수 있는 봉사활동 계획서의 가짓수는 A 4개와 D 1개를 일렬로 나열하는 경우의 수와 같다.
즉 $\dfrac{5!}{4!1!} = 5$이다.

같은 방식으로 $(3, 1, 1, 0)$은 $\dfrac{5!}{3!1!1!} = 20$

$(2, 3, 0, 0)$은 $\dfrac{5!}{2!3!} = 10$이므로

$5 + 20 + 10 = 35$ ∴ 총 35가지이다.

정답 : ⑤

010

직사각형 모양의 잔디밭에 산책로가 만들어져 있다. 이 산책로는 그림과 같이 반지름의 길이가 같은 원 8개가 서로 외접하고 있는 형태이다.

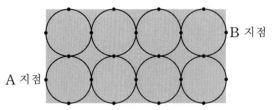

A 지점에서 출발하여 산책로를 따라 최단 거리로 B 지점에 도착하는 경우의 수를 구하시오.
(단, 원 위에 표시된 점은 원과 직사각형 또는 원과 원의 접점을 나타낸다.)

HINT ▶▶

원을 마름모로 단순화시켜 생각할 수 있다.

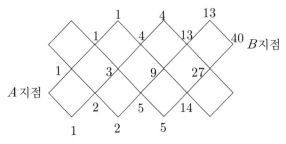

위 그림에서 교차로마다 선택이 가능한 가짓수를 쓰고 그 위 아래값을 합쳐서 오른쪽에 쓰는 방식으로 꼼꼼하게 따져보면 B지점에서의 총 가지수는 40이된다.

정답 : 40

011

$\left(x + \dfrac{1}{x^3}\right)^4$ 의 전개식에서 $\dfrac{1}{x^4}$ 의 계수는?

① 4　　② 6　　③ 8　　④ 10　　⑤ 12

HINT ▶▶

$a^{-m} = \dfrac{1}{a^m}$

$(a^m)^n = a^{mn}$

$(a+b)^n$ 의 일반항은 $_nC_r a^r b^{n-r}$ 이 된다.

일반항이 $_4C_r x^r (x^{-3})^{4-r} = {_4C_r} x^{4r-12}$ 이고
이때 x의 차수가 -4가 되어야 하므로
$4r - 12 = -4$
$4r = 8$
$r = 2$ 이고 그때 계수는 $_4C_2 = 6$ 이 된다.

정답 : ②

09.6A

012

좌표평면 위의 점들의 집합
$S = \{(x, y) \mid x$ 와 y 는 정수$\}$ 가
있다. 집합 S에 속하는 한 점에서 S에 속하는
다른 점으로 이동하는 '점프'는 다음 규칙을 만족
시킨다.

> 점 P에서 한 번의 '점프'로 점 Q로 이동
> 할 때, 선분 PQ의 길이는 1 또는 $\sqrt{2}$
> 이다.

점 $A(-2, 0)$에서 점 $B(2, 0)$까지 4번만
'점프'하여 이동하는 경우의 수를 구하시오.
(단, 이동하는 과정에서 지나는 점이 다르면 다
른 경우이다.)

HINT ▶▶

점프방법 3가지($\rightarrow, \nearrow, \searrow$)를 a, b, c로 놓고
또 $b = c$라는 사실을 이용하자.
같은 것을 포함하는 순열 : 총 n개중에 같은
것이 r개, p개 있다면 $\dfrac{n!}{r!p!}$

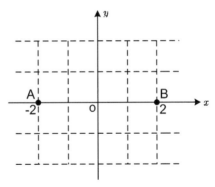

점프방법은 $\rightarrow, \nearrow, \searrow$의 세가지 경우가 있다.
$\rightarrow : a, \nearrow : b, \searrow : c$로 나타내면 4번을 점프하
여 A에서 B로 이동하는 경우는
$aaaa, aabc, bbcc$를 배열하는 경우의 수로 나
타낼 수 있다.

  i) $aaaa$: 1가지

  ii) $aabc$: $\dfrac{4!}{2!} = 12$가지

  iii) $bbcc$: $\dfrac{4!}{2!2!} = 6$가지

  $\therefore \; 1 + 12 + 6 = 19$가지

정답 : 19

013

다음은 n이 2이상의 자연수일 때 $\sum_{k=1}^{n} k({}_n C_k)^2$ 의 값을 구하는 과정이다.

〈증명〉

두 다항식의 곱

$(a_0 + a_1 x + \cdots + a_{n-1} x^{n-1})$
$(b_0 + b_1 x + \cdots + b_n x^n)$

에서 x^{n-1}의 계수는

$a_0 b_{n-1} + a_1 b_{n-2} + \cdots + a_{n-1} b_0$

$\cdots\cdots$ (*) 이다.

등식

$(1+x)^{2n-1} = (1+x)^{n-1}(1+x)^n$의 좌변에서 x^{n-1}의 계수는 (가) 이고,

(*)을 이용하여 우변에서 x^{n-1}의 계수를 구하면 $\sum_{k=1}^{n} ({}_{n-1}C_{k-1} \times$ (나) $)$이다.

따라서,

(가) $= \sum_{k=1}^{n} ({}_{n-1}C_{k-1} \times$ (나) $)$ 이다.

한편 $1 \le k \le n$일 때,

$k \times {}_n C_k = n \times {}_{n-1}C_{k-1}$이므로

$\sum_{k=1}^{n} k({}_n C_k)^2$

$= \sum_{k=1}^{n} (n \times {}_{n-1}C_{k-1} \times$ (나) $)$

$= n \times \sum_{k=1}^{n} ({}_{n-1}C_{k-1} \times$ (나) $)$

$=$ (다) 이다.

위의 과정에서 (가), (나), (다)에 알맞은 것은?

	(가)	(나)	(다)
①	${}_{2n}C_n$	${}_n C_{n-k+1}$	$\dfrac{n}{2} \times {}_{2n}C_{n+1}$
②	${}_{2n-1}C_{n-1}$	${}_n C_{n-k+1}$	$\dfrac{n}{2} \times {}_{2n}C_n$
③	${}_{2n-1}C_{n-1}$	${}_n C_{n-k}$	$\dfrac{n}{2} \times {}_{2n}C_n$
④	${}_{2n}C_n$	${}_n C_{n-k+1}$	$n \times {}_{2n}C_{n+1}$
⑤	${}_{2n-1}C_{n-1}$	${}_n C_{n-k}$	$n \times {}_{2n}C_n$

HINT ▶▶

$${}_n C_r = {}_n C_{n-r}, \qquad \frac{n!}{r!(n-r)!}$$

$(1+x)^{2n-1}$에서 x^{n-1}의 계수는

(가) ${}_{2n-1}C_{n-1}$ 이고

$(1+x)^{n-1}(1+x)^n$을 이용하여 x^{n-1}의 계수를 구하면

$\sum_{k=1}^{n} ({}_{n-1}C_{k-1} \times$(나) ${}_n C_{n-k}$ $)$이다.

따라서,

${}_{2n-1}C_{n-1} = \sum_{k=1}^{n} ({}_{n-1}C_{k-1} \times {}_n C_{n-k})$이다.

$(\because x^{k-1} \times x^{n-k} = x^{n-1})$

한편, $1 \le k \le n$일 때,

$\left(k \times \dfrac{n!}{(n-k)!k!} = n \times \dfrac{(n-1)!}{(n-k)!(k-1)!} \right)$

이므로 $k \times {}_n C_k = n \times {}_{n-1}C_{n-k}$

$\sum_{k=1}^{n} k({}_n C_k)^2 = \sum_{k=1}^{n} (n \times {}_{n-1}C_{k-1} \times {}_n C_{n-k})$

$(\because {}_n C_k = {}_n C_{n-k})$

$$= n \times \sum_{k=1}^{n} \left({}_{n-1}C_{k-1} \times {}_{n}C_{n-k} \right)$$

$$= n \times {}_{2n-1}C_{n-1}$$

$$= \text{(다)} \boxed{\frac{n}{2} \times {}_{2n}C_{n}}$$

$$\left(\because {}_{2n-1}C_{n-1} = \frac{(2n-1)!}{(n-1)!\,n!} \right.$$

$$= \frac{(2n-1)!}{(n-1)!\,n!} \times \frac{2n}{n} \times \frac{1}{2}$$

$$\left. = \frac{1}{2} \times \frac{(2n)!}{n!\,n!} = \frac{1}{2} \times {}_{2n}C_{n} \right)$$

[참고]

${}_{2n-1}C_{n-1} = \dfrac{1}{2} \times {}_{2n}C_{n}$ 은 다음과 같이 설명할 수 있다.

집합 $\{1,\ 2,\ 3,\ \cdots,\ 2n\}$ 에서 n개의 수를 뽑는 경우의 수는 ${}_{2n}C_{n}$ 이다.

이것을 다음과 같이 나누어 구할 수 있다.

① 1을 반드시 포함하는 경우의 수는 1을 미리 뽑았으므로 나머지 $(2n-1)$개의 수에서 $(n-1)$개의 수를 더 뽑으면 되기 때문에 ${}_{2n-1}C_{n-1}$

② 2를 포함해서 n개의 수를 뽑는 경우의 수는 ${}_{2n-1}C_{n-1}$

③ $2n$을 포함해서 n개씩 수를 뽑는 경우의 수는 ${}_{2n-1}C_{n-1}$

그런데 각각의 수는 모두 n가지 경우에 중복되게 계산되었으므로

위 경우의 수의 합은 ${}_{2n-1}C_{n-1} \times 2n \times \dfrac{1}{n}$

이것이 ${}_{2n}C_{n}$ 과 같아야 하므로

$$_{2n-1}C_{n-1} \times 2 = {}_{2n}C_{n}$$

$$\therefore {}_{2n-1}C_{n-1} = \frac{1}{2} \times {}_{2n}C_{n}$$

정답 : ③

09.6A

014

50 이하의 자연수 n 중에서 $\displaystyle\sum_{k=1}^{n} {}_{n}C_{k}$ 의 값이 3의 배수가 되도록 하는 n의 개수를 구하시오.

HINT ▶▶

$(1+x)^n = {}_{n}C_{1}x^0 + {}_{n}C_{1}x^1 + \ldots + {}_{n}C_{n}x^n$ 에서 양변에 $x=1$을 대입하면

$$(2)^n = {}_{n}C_{0} + {}_{n}C_{1} + \ldots + {}_{n}C_{n} = \sum_{k=0}^{n} {}_{n}C_{k}$$

$$\sum_{k=1}^{n} {}_{n}C_{k} = {}_{n}C_{1} + {}_{n}C_{2} + \cdots + {}_{n}C_{n}$$

$$= \sum_{k=0}^{n} {}_{n}C_{k} - {}_{n}C_{0} = 2^n - 1$$

$\left(\because 2^n = {}_{n}C_{0} + {}_{n}C_{1} + {}_{n}C_{2} + \cdots + {}_{n}C_{n} \right)$

$2^n - 1$이 3의 배수이므로

$n = 2,\ 4,\ 6,\ 8,\ \cdots\cdots,\ 50$일 때이다.

$\therefore n$의 개수는 25개다.

정답 : 25

015

그림과 같이 중심이 같고 반지름의 길이가 각각 1, 2, 3, 4, 5인 다섯 개의 원이 있다. 이 다섯 개의 원을 경계로 하여 안에서부터 다섯 개의 영역 A, B, C, D, E로 나누고, 서로 다른 3가지 색의 물감을 칠하여 색칠된 문양을 만들려고 한다.

각 영역은 1가지 색으로만 칠하고, 이웃한 영역은 서로 다른 색을 칠한다. 3가지 색의 물감은 각각 10통 이하만 사용할 수 있고 물감 1통으로는 영역 A의 넓이만큼만 칠할 수 있을 때, 만들 수 있는 서로 다르게 색칠된 문양의 개수는?

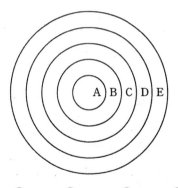

① 9　　② 12　　③ 15　　④ 18　　⑤ 21

원의 넓이는 각각
π, $4\pi - \pi$, $9\pi - 4\pi$, $16\pi - 9\pi$, $25\pi - 16\pi$이다.

영역 A, B, C, D, E의 넓이가
각각 π, 3π, 5π, 7π, 9π이고,
3가지 색의 물감은 각각 10π이하로 사용해야
하므로, 물감을 각각 a, b, c라 하고 수형도를
그려보면

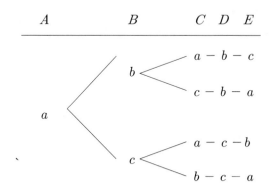

| A | B | C | D | E |

$\therefore$ 4가지
b와 c를 A영역에 칠하는 경우도
각각 4가지씩 나오므로
$4 \times 3 = 12$

정답 : ②

09.9A

016

다음 그림의 빈칸에 6장의 사진 A, B, C, D, E, F를 하나씩 배치하여 사진첩의 한 면을 완성할 때, A와 B가 이웃하는 경우의 수는? (단, 옆으로 이웃하는 경우만 이웃하는 것으로 한다.)

① 128　　② 132　　③ 136　　④ 140
⑤ 144

09.9A

017

다음 표와 같이 3개 과목에 각각 2개의 수준으로 구성된 6개의 과제가 있다. 각 과목의 과제는 수준 Ⅰ의 과제를 제출한 후에만 수준 Ⅱ의 과제를 제출할 수 있다.

예를 들어 '국어 A → 수학 A → 국어 B → 영어 A → 영어 B → 수학 B' 순서로 과제를 제출할 수 있다.

과목\수준	국어	수학	영어
Ⅰ	국어 A	수학 A	영어 A
Ⅱ	국어 B	수학 B	영어 B

6개의 과제를 모두 제출할 때, 제출 순서를 정하는 경우의 수를 구하시오.

HINT ▶▶

A, B가 이웃하는 방법은 제일 윗열 1가지, 제일 아랫열 2가지 이고, AB의 순서가 2가지 이므로 $3 \times 2 = 6$이 된다.

우선 A, B를 이웃하도록 배열하는 방법은 6가지이고 나머지 4개를 배열하는 경우의 수는 4! 이므로
$\therefore 6 \times 4! = 144$

HINT ▶▶

순서가 정해져 있을 때는 같은 문자로 취급한다.

같은 것을 포함하는 경우의 수 $\dfrac{n!}{r!p!}$

국어 A, B는 배열순서가 정해져 있으므로 같은 문자로 취급한다. 수학 영어도 마찬가지로 생각하면 $aabbcc$와 같은 문자를 배열하는 방법의 수와 같다.
$\therefore \dfrac{6!}{2!2!2!} = 90$ 가지

정답 : ⑤

정답 : 90

018

어느 김밥 가게에서는 기본재료만 포함된 김밥의 가격을 1000원으로 하고, 기본재료 외에 선택재료가 추가될 경우 다음 표에 따라 가격을 정한다. 예를 들어 맛살과 참치가 추가된 김밥의 가격은 1500원이다.

선택재료	가격(원)
햄	200
맛살	200
김치	200
불고기	300
치즈	300
참치	300

선택재료를 추가하였을 때, 가격이 1500원 또는 2000원이 되는 김밥의 종류는 모두 몇 가지인가? (단, 선택재료의 양은 가격에 영향을 주지 않는다.)

① 12　　② 14　　③ 16　　④ 18　　⑤ 20

HINT▶▶

1,500원일 때와 2,000원일 때를 각각 구해서 더한다.

기본재료만 포함된 김밥의 가격이 1000원이므로 차액만큼의 선택재료가 추가되면 된다.
i) 가격이 1500원일 때,
200원 짜리와 300원 짜리 재료를 각각 하나씩 선택하면 되므로 $_3C_1 \times _3C_1 = 9$
i) 가격이 2000원일 때,
200원 짜리와 300원 짜리 재료를 각각 두 개씩 선택하면 되므로 $_3C_2 \times _3C_2 = 9$
따라서, $9 + 9 = 18$이다.

정답 : ④

019

A, B 두 사람이 서로 다른 4개의 동아리 중에서 2개씩 가입하려고 한다. A와 B가 공통으로 가입하는 동아리가 1개 이하가 되도록 하는 경우의 수를 구하시오. (단, 가입 순서는 고려하지 않는다.)

HINT▶▶

공통가입 동아리가 1개일 때와 없을 때로 나누어 계산한다.

(i) A, B가 공통으로 가입한 동아리가 1개인 경우 : 공통으로 가입하는 동아리 1개를 선택하고 이를 제외한 3개의 동아리 중에서 A, B가 각각 하나씩 택하면 되므로 구하는 경우의 수는
　$_4C_1 \times 3 \times 2 = 24$(가지)
(ii) A, B가 공통으로 가입한 동아리가 없는 경우 : A가 2개의 동아리를 선택한 후 B가 나머지 중에 2개의 동아리를 선택하면 되므로 구하는 경우의 수는
　$_4C_2 \times _2C_2 = 6$(가지)

따라서, (i), (ii)에서 구하는 경우의 수는
　$24 + 6 = 30$(가지)

정답 : 30

020

1 부터 9 까지 자연수가 하나씩 적혀 있는 9 장의 카드가 있다. 다음은 이 카드 중에서 동시에 3장을 선택할 때, 카드에 적힌 어느 두 수도 연속하지 않는 경우의 수를 구하는 과정이다.

두 자연수 $m, n \, (2 \leq m \leq n)$에 대하여 1 부터 n 까지 자연수가 하나씩 적혀 있는 n 장의 카드에서 동시에 m 장을 선택할 때, 카드에 적힌 어느 두 수도 연속하지 않는 경우의 수를 $N(n, m)$ 이라 하자.

9 장의 카드에서 3장의 카드를 선택할 때, 9가 적힌 카드가 선택되는 경우와 선택되지 않는 경우로 나누면 $N(9, 3)$ 에대하여 다음 관계식을 얻을 수 있다.

$$N(9, 3) = N(\boxed{(가)}, 2) + N(8, 3)$$

$N(8, 3)$에 8이 적힌 카드가 선택되는 경우와 선택하지 않는 경우로 나누어 적용하면

$$N(9, 3) = N(\boxed{(가)}, 2) + N(6, 2) + N(7, 3)$$

이다. 이와 같은 방법을 계속 적용하면

$$N(9, 3) = \sum_{k=1}^{7} N(k, 2)$$

이다. 여기서

$$N(k, 2) = \boxed{(나)} - (k-1) \text{이므로}$$

$$N(9, 3) = \boxed{(다)} \text{이다.}$$

위의 과정에서 (가), (나), (다)에 알맞은 것은?

	(가)	(나)	(다)
①	7	$_kC_2$	35
②	8	$_{k+1}C_2$	48
③	7	$_kC_2$	48
④	8	$_kC_2$	48
⑤	7	$_{k+1}C_2$	35

HINT ▶▶

총 k개의 수중 연속하는 수를 순서없이 뽑은 가짓수 : $k-1$

$$\sum_{k=1}^{n} k = \frac{1}{2}n(n+1),$$

$$\sum_{k=1}^{n} k^2 = \frac{1}{6}n(n+1)(2n+1)$$

(가)는 $N(9,3)$중 9를 선택하였을 때의 경우의 수이므로 8이 포함되면 안된다.

$$\therefore (가) = \boxed{7}$$

또한, $N(9,3) = N(7,2) + N(8,3)$

마찬가지로, $N(8,3) = N(6,2) + N(7,3)$

$$N(7,3) = N(5,2) + N(6,3)$$

$$\vdots$$

이므로, 이와 같은 방법을 계속 적용하면

$$N(9,3) = \sum_{k=3}^{7} N(k,2) \text{이다.}$$

그런데, $N(k,2)$는 $1 \sim k$ 의 자연수 중 2장을 뽑았을 때, 연속하지 않는 경우의 수이므로

$$N(k,2) = {}_kC_2 - (k-1)$$

$$\therefore (나) = \boxed{{}_kC_2}$$

$$N(9,3) = \sum_{k=3}^{7} \{ {}_kC_2 - (k-1) \}$$

$$= \sum_{k=3}^{7} \left\{ \frac{k(k-1)}{2} - (k-1) \right\}$$

$$= \sum_{k=3}^{7} \frac{1}{2}(k-1)(k-2)$$

(k대신 $k+2$를 대입)

$$= \frac{1}{2} \sum_{k=1}^{5} k(k+1) = \frac{1}{2} \cdot \frac{5 \cdot 6 \cdot 7}{3} = 35$$

$$\therefore (다) = \boxed{35}$$

09.수능A

021

두 인형 A, B에게 색이 정해지지 않은 셔츠와 바지를 모두 입힌 후, 입힌 옷의 색을 정하는 컴퓨터 게임이 있다. 서로 다른 모양의 셔츠와 바지가 각각 3개씩 있고, 각 옷의 색은 빨강과 초록 중 하나를 정한다. 한 인형에게 입힌 셔츠와 바지는 다른 인형에게 입히지 않는다. A 인형의 셔츠와 바지의 색은 서로 다르게 정하고, B 인형의 셔츠와 바지의 색도 서로 다르게 정한다. 이 게임에서 두 인형 A, B에게 셔츠와 바지를 입히고 색을 정할 때, 그 결과로 나타날 수 있는 경우의 수는?

① 252
② 216
③ 180
④ 144
⑤ 108

HINT ▶▶

A, B 각각의 경우를 따로 구해서 그 값을 곱해준다.

A 인형의 셔츠의 모양을 정하는 경우의 수는 3가지

B 인형의 셔츠의 모양은 A 인형의 셔츠의 모양과 다르므로 B 인형의 셔츠의 모양을 정하는 경우의 수는 2가지

마찬가지로 A 인형과 B 인형의 바지의 모양을 정하는 경우의 수는 각각 3가지와 2가지

한편, A 인형의 셔츠와 바지의 색이 서로 다르므로 셔츠와 바지의 색은

(빨강, 초록), (초록, 빨강)의 2가지

마찬가지로 B 인형의 셔츠와 바지의 색을 정하는 경우의 수는 2가지

따라서, A 인형에게 셔츠와 바지를 입히고 색을 정하는 경우의 수는 $(3 \times 3) \times 2 = 18$(가지)

B 인형에게 셔츠와 바지를 입히고 색을 정하는 경우의 수는 $(2 \times 2) \times 2 = 8$(가지)

따라서, 구하는 경우의 수는 $18 \times 8 = 144$(가지)

정답 : ④

10.6A

022

좌표평면 위에

9개의 점 $(i, j)(i = 0, 4, 8, j = 0, 4, 8)$이 있다. 이 9개의 점 중 네 점을 꼭짓점으로 하는 사각형 중에서 내부에 세 점 $(1, 1), (3, 1), (1, 3)$을 꼭짓점으로 하는 삼각형을 포함하는 사각형의 개수는?

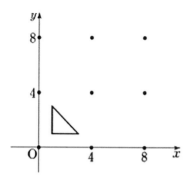

① 13　　② 15　　③ 17　　④ 19　　⑤ 21

HINT ▶▶

사각형에는 직사각형이나 정사각형이외에 다른 모양도 있다.

주어진 삼각형을 포함하는 사각형을 만들려면 점 $O(0, 0)$을 반드시 꼭짓점으로 해야 한다.
점 O와 연결된 변의 꼭짓점은
$(4, 0), (8, 0)$ 중에서 한 개,
$(0, 4), (0, 8)$ 중에서 한 개 선택하며,
점 O와 변으로 연결되지 않은 한 꼭짓점은
$(4, 4), (4, 8), (8, 4), (8, 8)$ 중에서 한 개를 선택해야 한다.
따라서, 꼭짓점을 선택하는 방법의 수는
$_2C_1 \times _2C_1 \times _4C_1 = 16$ (개)
이 중에서 $(0, 0), (8, 0), (4, 4), (0, 8)$을 꼭짓점으로 선택하면 사각형을 만들 수 없다.
따라서, 구하는 사각형의 개수는
$16 - 1 = 15$ (개)

정답 : ②

023

1개의 본사와 5개의 지사로 이루어진 어느 회사의 본사로부터 각 지사까지의 거리가 표와 같다.

지사	가	나	다	라	마
거리(km)	50	50	100	150	200

본사에서 각 지사에 A, B, C, D, E를 지사장으로 각각 발령할 때, A보다 B가 본사로부터 거리가 먼 지사의 지사장이 되도록 5명을 발령하는 경우의 수는?

① 50 ② 52 ③ 54 ④ 56 ⑤ 58

① $\dfrac{1}{10}$ ② $\dfrac{3}{10}$ ③ $\dfrac{1}{2}$ ④ $\dfrac{7}{10}$ ⑤ $\dfrac{9}{10}$

A, B를 같은 문자로 보고, 전체를 계산한 후 가, 나에 배치되는 경우의 수를 빼도 된다.

즉, $\dfrac{5!}{2!} - 3! = 54$

A보다 B가 본사로부터 거리가 먼 지사에 발령이 나야하므로 다음과 같이 경우를 나누어 생각한다.

(i) A가 '가'지사에 발령 나는 경우
'나'지사에 나머지 사람을 발령하는 경우의 수는 B를 제외한 3가지이므로 각 지사에 발령하는 경우의 수는

$\quad 3 \times 3 \times 2 \times 1 = 18$

(ii) A가 '나'지사에 발령 나는 경우
'가'지사에 나머지 사람을 발령하는 경우의 수는 B를 제외한 3가지이므로 각 지사에 발령하는 경우의 수는

$\quad 3 \times 3 \times 2 \times 1 = 18$

(iii) A가 '가', '나'지사 이외의 곳에 발령 나는 경우 '가', '나'지사에 나머지 사람을 발령하는 경우의 수는 $_3P_2$ 이고 나머지의 곳에 A, B를 포함하여 세 명을 발령하는 경우의 수는 3가지뿐이므로 구하는 경우의 수는

$\quad _3P_2 \times \dfrac{3!}{2!} = 18$

따라서, (i), (ii), (iii)에서 구하는 모든 경우의 수는 $18 + 18 + 18 = 54$ (가지)이다.

정답 : ③

10.6A

024

0을 한 개 이하 사용하여 만든 세 자리 자연수 중에서 각 자리의 수의 합이 3인 자연수는 111, 120, 210, 102, 201이나. 0을 한 개 이하 사용하여 만든 다섯 자리 자연수 중에서 각 자리의 수의 합이 5인 자연수의 개수를 구하시오.

HINT▶▶

0을 한 개 사용한 경우와 사용하지 않는 경우로 나누어 계산하여 더한다.

같은 것을 포함하는 경우의 수 $\dfrac{n!}{r!p!}$

각 자리의 숫자의 합이 5인 다섯 자리자연수 중에서 0을 한 개도 사용하지 않고
만든 숫자는 11111 한 가지 뿐이다. 0을 한 개 사용하여 만든 숫자는

0, 1, 1, 1, 2 로 이루어져 있으므로

(i) 맨 앞자리에 1이 오는 경우

나머지 숫자 0, 1, 1, 1를 배열하는 방법의 수는

$\dfrac{4!}{2!} = 12$(가지)

(ii) 맨 앞자리에 2가 오는 경우

나머지 숫자 0, 1, 1, 2을 배열하는 방법의 수는

$\dfrac{4!}{3!} = 4$(가지)

따라서, 구하는 모든 자연수의 개수는

$1 + 12 + 4 = 17$가지이다.

11.9

025

다항식 $(x+a)^5$ 의 전개식에서 x^3 의 계수와 x^4 의 계수가 같을 때, $60a$ 의 값을 구하시오. (단, a 는 양수이다.)

HINT▶▶

$(a+b)^n$ 의 일반항은 $_nC_r a^r b^{n-r}$ 이다.

$$\therefore (x+a)^5 = \sum_{k=0}^{5} {}_5C_k x^k a^{5-k}$$

x^3 의 계수는 $_5C_3 \times a^2 = 10a^2$ 이고,

x^4 의 계수는 $_5C_4 \times a = 5a$ 이다.

따라서, $10a^2 = 5a$ 에서

$a = \dfrac{1}{2}$ ($\because a > 0$)

$\therefore 60a = 30$

026

여학생 100명과 남학생 200명을 대상으로 영화 A와 영화 B의 관람 여부를 조사하였다. 그 결과 모든 학생은 적어도 한 편의 영화를 관람하였고, 영화 A를 관람한 학생 150명 중 여학생이 45명이었으며, 영화 B를 관람한 학생 180명 중 여학생이 72명이었다. 두 영화 A, B를 모두 관람한 학생들 중에서 한 명을 임의로 뽑을 때, 이 학생이 여학생일 확률은?

① $\dfrac{31}{60}$ ② $\dfrac{8}{15}$ ③ $\dfrac{11}{20}$ ④ $\dfrac{17}{30}$ ⑤ $\dfrac{7}{12}$

HINT ▶▶

조건부확률: $P(A|B) = \dfrac{P(A \cap B)}{P(B)}$

모두 반드시 관람하여야 하므로 둘 다 본 여학생의 수는 $45 + 72 - 100 = 17$

주어진 조건을 표로 나타내면 다음과 같다.

	A	B	$A \cap B$	$A \cup B$
여학생	45	72	17	100
남학생	105	108	13	200
계	150	180	30	300

따라서, 구하는 확률은

$$P(여|A \cap B) = \frac{17}{30}$$

정답 : ④

027

어느 스포츠 용품 가게에서는 별(★) 모양이 그려져 있는 야구공 한 개를 포함하여 모두 20개의 야구공을 한 상자에 넣어 상자 단위로 판매한다. 한 상자에서 5개의 야구공을 임의추출하여 별(★) 모양이 그려져 있는 야구공이 있으면 축구공 한 개를 경품으로 준다. 어느 고객이 이 가게에서 야구공 3상자를 구입하여 경품 당첨 여부를 모두 확인할 때, 축구공 2개를 경품으로 받을 확률은 $\dfrac{q}{p}$ 이다. $p+q$ 의 값을 구하시오. (단, p, q 는 서로소인 자연수이다.)

HINT ▶▶

20개중에 5개를 뽑는 방식은 $_{20}C_5$ 이고 경품 한 개를 포함해서 뽑는 방식은 $_1C_1 \times {_{19}C_4}$ 가 된다.

20개의 야구공 중에서 5개를 임의추출 할 때 그 중에 별모양이 그려진 야구공이 포함되어 있으면 경품을 받을 수 있으므로 경품을 받을 확률은

$$\frac{_{19}C_4}{_{20}C_5} = \frac{1}{4}$$

경품을 받지 못할 확률은 $\dfrac{3}{4}$ 이다.

따라서, 3상자를 구입하여 경품을 2개 받을 확률은 $_3C_2 \left(\dfrac{1}{4}\right)^2 \dfrac{3}{4} = \dfrac{9}{64}$

$$\therefore p + q = 64 + 9 = 73$$

정답 : 73

07.수능A

028

6명의 학생 A, B, C, D, E, F를 임의로 2명씩 짝을 지어 3개의 조로 편성하려고 한다. A와 B는 같은 조에 편성되고, C와 D는 서로 다른 조에 편성될 확률은?

① $\dfrac{1}{15}$　② $\dfrac{1}{10}$　③ $\dfrac{2}{15}$　④ $\dfrac{1}{6}$　⑤ $\dfrac{1}{5}$

HINT ▶▶

세조의 구성인원이 같고 이름이 정해져 있지 않으므로 세조 구성가짓수를 3!로 나누어 준다.

6명을 2명, 2명, 2명으로 조를 편성하는 방법의 수는

$$_6C_2 \times _4C_2 \times _2C_2 \times \dfrac{1}{3!} = 15 \times 6 \times 1 \times \dfrac{1}{6}$$
$$= 15 \, (가지)$$

A, B가 같은 조에 편성되고 C, D가 서로 다른 조에 편성하려면 E, F를 각각 C, D와 짝을 이루도록 해야하므로 그 방법의 수는

$\quad 2! = 2 \, (가지)$

따라서, 구하는 확률은

$\quad \dfrac{2}{15}$

정답 : ③

08.수능A

029

주사위를 두 번 던질 때, 나오는 눈의 수를 차례로 m, n이라 하자. $i^m \cdot (-i)^n$의 값이 1이 될 확률이 $\dfrac{q}{p}$일 때, $p+q$의 값을 구하시오. (단, $i = \sqrt{-1}$이고 p, q는 서로소인 자연수이다.)

HINT ▶▶

$i^{4k} = 1$, $i^{4k+2} = -1$를 이용하여 표를 그려 풀어보자.

직접 표를 그려 세어보면 (m, n)이 다음 10가지
$(1, 1)$, $(2, 2)$, $(3, 3)$, $(4, 4)$, $(5, 1)$, $(5, 5)$, $(1, 5)$, $(6, 1)$, $(6, 6)$, $(1, 6)$ 일 때 주어진 값이 1이 된다.

그러므로 확률은 $\dfrac{10}{36} = \dfrac{5}{18}$이다.

$\therefore p+q = 18 + 5 = 23$

정답 : 23

주머니 A와 B에는 1, 2, 3, 4, 5의 숫자가 하나씩 적혀 있는 다섯 개의 구슬이 각각 들어 있다. 철수는 주머니 A에서, 영희는 주머니 B에서 각자 구슬을 임의로 한 개씩 꺼내어 두 구슬에 적혀 있는 숫자를 확인한 후 다시 넣지 않는다. 이와 같은 시행을 반복할 때, 첫 번째 꺼낸 두 구슬에 적혀 있는 숫자가 서로 다르고, 두 번째 꺼낸 두 구슬에 적혀 있는 숫자가 같을 확률은?

〈 A 〉　　　　〈 B 〉

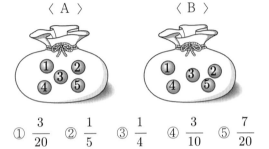

① $\dfrac{3}{20}$　② $\dfrac{1}{5}$　③ $\dfrac{1}{4}$　④ $\dfrac{3}{10}$　⑤ $\dfrac{7}{20}$

HINT▶▶

처음 A→B순으로 다른것 뽑을 확률 : $\dfrac{4}{5}$

나머지 네 개 중 같은 것 뽑을 확률 : $\dfrac{3}{4} \times \dfrac{1}{4}$

우선 처음 A에서는 아무거나 뽑아도 관계없으므로 확률은 1이다. 그 다음 B에서는 A와 다른 숫자의 구슬을 뽑아야하기 때문에 확률은 $\dfrac{4}{5}$이다. 그 다음 A에서 뽑을 때는 앞서 뽑은 두 숫자를 제외한 수 중에서 뽑아야 B에서도 같은 숫자의 구슬을 뽑을 수 있다. 즉 확률은 나머지 4개중 B에서 뽑혔던 공까지 제외해서 $\dfrac{3}{4}$이고 마지막으로 B에서 뽑아야 할 구슬은 A에서 뽑힌 것과 같은 숫자의 구슬이어야 하므로 확률은 $\dfrac{1}{4}$이다. 이를 다 곱하면 확률은 $\dfrac{4}{5} \times \dfrac{3}{4} \times \dfrac{1}{4} = \dfrac{3}{20}$이다.

정답 : ①

031

정보이론에서는 사건 E가 발생했을 때, 사건 E의 정보량 $I(E)$가 다음과 같이 정의된다고 한다.

$$I(E) = -\log_2 \mathrm{P}(\mathrm{E})$$

〈보기〉에서 옳은 것만을 있는 대로 고른 것은? (단, 사건 E가 일어날 확률 $\mathrm{P}(\mathrm{E})$는 양수이고, 정보량의 단위는 비트이다.)

─── 〈보 기〉 ───

ㄱ. 한 개의 주사위를 던져 홀수의 눈이 나오는 사건을 E라 하면 $I(E) = 1$이다.

ㄴ. 두 사건 A, B가 서로 독립이고 $\mathrm{P}(A \cap B) > 0$이면 $I(A \cap B) = I(A) + I(B)$이다.

ㄷ. $\mathrm{P}(A) > 0$, $\mathrm{P}(B) > 0$인 두 사건 A, B에 대하여 $2I(A \cup B) \leqq I(A) + I(B)$이다.

① ㄱ   ② ㄱ, ㄴ   ③ ㄱ, ㄷ

④ ㄴ, ㄷ   ⑤ ㄱ, ㄴ, ㄷ

HINT ▶▶

$\log a + \log b = \log ab$

$n \log a = \log a^n$

$a > 1$이면 $y = \log_a x$는 증가함수이다.

두 조건이 서로 독립일 경우
$P(A \cap B) = P(A) \cdot P(B)$

ㄱ. 〈참〉
한 개의 주사위를 던져 홀수의 눈이 나올 확률은 $\dfrac{1}{2}$이므로 $P(E) = \dfrac{1}{2}$을 대입하여 계산하면 $I(E) = 1$이다.

ㄴ. 〈참〉
두 사건 A, B가 서로 독립이므로
$P(A \cap B) = P(A) \cdot P(B)$이다.

$\begin{aligned} I(E) &= -\log_2 P(A \cap B) \\ &= -\log_2 P(A)P(B) \\ &= -\log_2 P(A) - \log_2 P(B) \\ &= I(A) + I(B) \end{aligned}$

ㄷ. 〈참〉
$\begin{aligned} 2I(A \cup B) &= -2\log_2 P(A \cup B) \\ &= -\log_2 \{P(A \cup B)\}^2 \end{aligned}$

$I(A) + I(B) = -\log_2 P(A)P(B)$

$P(A \cup B) \geqq P(A) > 0$
$P(A \cup B) \geqq P(B) > 0$이므로
$\{P(A \cup B)\}^2 \geqq P(A)P(B)$

그런데 $y = -\log_2 x$는 감소함수이므로
$2I(A \cup B) \leqq I(A) + I(B)$이다.

정답 : ⑤

032

한 개의 동전을 한 번 던지는 시행을 5 번 반복한다. 각 시행에서 나온 결과에 대하여 다음 규칙에 따라 표를 작성한다.

> (가) 첫 번째 시행에서 앞면이 나오면 △,
> 뒷면이 나오면 ○를 표시한다.
> (나) 두 번째 시행부터
> (1) 뒷면이 나오면 ○를 표시하고,
> (2) 앞면이 나왔을 때, 바로 이전 시행
>   의 결과가 앞면이면 ○, 뒷면이면
>   △를 표시한다.

예를 들어 동전을 5번 던져 '앞면, 뒷면, 앞면, 앞면, 뒷면'이 나오면 다음과 같이 표가 작성된다.

시행	1	2	3	4	5
표시	△	○	△	○	○

한 개의 동전을 5번 던질 때 작성되는 표에 표시된 △의 개수를 확률변수 x 라 하자.
$P(X = 2)$ 의 값은?

① $\dfrac{13}{32}$ ② $\dfrac{15}{32}$ ③ $\dfrac{17}{31}$ ④ $\dfrac{19}{32}$

⑤ $\dfrac{21}{32}$

HINT▶▶

총 가짓수는 $2^5 = 32$가 된다.
그리고 △는 제일 앞에 앞면이 나오거나 뒷면 그 뒤에 앞면이 나올 때 생긴다.

동전의 앞면이 나오는 사건을 H, 뒷면이 나오는 사건을 T라고 하자.
이 때, H가 올 수 있는 자리를 ●라고 하자.
(ㄱ). H가 2번, T가 3번인 경우
  H 2개가 이웃하지 않으므로
  ●T●T●T●가 되어 $_4C_2 = 6$가지이다.
(ㄴ). H가 3번, T가 2번인 경우
  H 2개는 이웃하고 나머지 H 1개는 이웃하지 않으므로
  ●T●T●이므로 $_3P_2 = 6$가지이다.
(ㄷ). H가 4번, T가 1번 인 경우
  H가 2개씩 이웃할 때 : (즉 $HHTHH$)
  ●T●에서 $_2C_2 = 1$
  H가 3개씩 이웃하고 나머지 하나는 이웃하지 않을 때
  ●T●에서 $_2P_2 = 2$
∴ $P(X = 2) = \dfrac{6+6+1+2}{2^5} = \dfrac{15}{32}$

정답 : ②

09.수능A

033

각 면에 1, 1, 1, 2, 2, 3 의 숫자가 하나씩 적혀있는 정육면체 모양의 상자를 던져 윗면에 적힌 수를 읽기로 한다. 이 상자를 3 번 던질 때, 첫 번째와 두 번째 나온 수의 합이 4 이고 세 번째 나온 수가 홀수일 확률은?

① $\dfrac{5}{27}$ ② $\dfrac{11}{54}$ ③ $\dfrac{2}{9}$ ④ $\dfrac{13}{54}$ ⑤ $\dfrac{7}{27}$

HINT ▶▶

첫 번째와 두 번째 나온 수의 합이 4이려면
$4 = 2 + 2$ 또는 $4 = 1 + 3$ 또는 $4 = 3 + 1$
또, 세 번째 나온 수가 홀수이려면
1 또는 3의 수가 나와야 한다.

따라서, 다음의 세 가지 경우가 가능하다.
(i) (2, 2, 1또는 3)인 경우
$\dfrac{2}{6} \times \dfrac{2}{6} \times \dfrac{4}{6} = \dfrac{16}{216}$
(ii) (1, 3, 1또는 3)인 경우
$\dfrac{3}{6} \times \dfrac{1}{6} \times \dfrac{4}{6} = \dfrac{12}{216}$
(iii) (3, 1, 1또는 3)인 경우
(ii)의 경우와 마찬가지로 $\dfrac{12}{216}$
(i)~(iii)에서 구하는 확률은
$\dfrac{16}{216} + \dfrac{12}{216} + \dfrac{12}{216} = \dfrac{40}{216} = \dfrac{5}{27}$

정답 : ①

10.9A

034

어느 여객선의 좌석이 A구역에 2개, B구역에 1개, C구역에 1개 남아 있다. 남아 있는 좌석을 남자 승객 2명과 여자 승객 2명에게 임의로 배정할 때, 남자 승객 2명이 모두 A구역에 배정될 확률을 p라 하자. $120p$의 값을 구하시오.

HINT ▶▶

총 가짓수 4!
해당 가짓수 2!×2!

4개의 좌석에 4명의 승객이 앉는 방법의 수는 4!(가지)
남자 승객 2명이 모두 A구역에 배정되어 앉는 방법의 수는 2!(가지)
나머지 여자 승객 2명이 B, C구역에 배정되어 앉는 방법의 수는 2!(가지)
∴ $p = \dfrac{2! \times 2!}{4!} = \dfrac{1}{6}$
∴ $120p = 20$

정답 : 20

035

어느 지역에서 발생한 식중독과 음식 A의 연관성을 알아보기 위해 300명을 조사하여 다음 결과를 얻었다.

	식중독에 걸린 사람	식중독에 걸리지 않은 사람	합계
A를 먹은 사람	22	28	50
A를 먹지 않은 사람	24	226	250
합계	46	254	300

조사 대상 300명중에서 임의로 선택된 사람이 A를 먹은 사람일 때 이 사람이 식중독에 걸렸을 확률을 p_1, A를 먹지 않은 사람일 때 이 사람이 식중독에 걸렸을 확률을 p_2라고 하자. $\dfrac{p_1}{p_2}$ 의 값은?

① $\dfrac{11}{3}$ ② $\dfrac{25}{6}$ ③ $\dfrac{55}{12}$ ④ $\dfrac{21}{4}$ ⑤ $\dfrac{35}{6}$

HINT ▶▶

조건부 확률 $P(A|B) = \dfrac{P(A \cap B)}{P(B)}$

A를 먹은 사람일 사건을 A, 식중독에 걸린 사람일 사건을 B라 하면

$p_1 = \mathrm{P}(B|A) = \dfrac{22}{50}$

$p_2 = \mathrm{P}(B|A^C) = \dfrac{24}{250}$

$\therefore \dfrac{p_1}{p_2} = \dfrac{\dfrac{22}{50}}{\dfrac{24}{250}} = \dfrac{55}{12}$

정답 : ③

10.9A

036

주머니 안에 스티커가 1개, 2개, 3개 붙어 있는 카드가 각각 1장씩 들어 있다. 주머니에서 임의로 카드 1장을 꺼내어 스티커 1개를 더 붙인 후 다시 주머니에 넣는 시행을 반복한다. 주머니안의 각 카드에 붙어 있는 스티커의 개수를 3으로 나눈 나머지가 모두 같아지는 사건을 A라 하자. 시행을 6번 하였을 때, 1회부터 5회까지는 사건 A가 일어나지 않고 , 6회에서 사건 A가 일어날 확률을 $\frac{q}{p}$라 하자. $p+q$의 값을 구하시오.(단, p와 q는 서로소인 자연수이다.)

HINT▶▶

여사건의 성질을 이용하자.

$$P(A^c) = 1 - P(A) \Leftrightarrow P(A) = 1 - P(A^c)$$

카드에 붙어 있는 스티커의 개수를 3으로 나눈 나머지를 각각 α, β, γ라 하자.

$(\alpha, \beta, \gamma) = (0, 1, 2)$이므로 두 번의 시행으로

$(0, 0, 0)$ 또는 $(1, 1, 1)$ 또는 $(2, 2, 2)$를 만들 수 없다. 세 번의 시행으로 나올 수 있는 모든 경우의 수는

$3 \times 3 \times 3 = 27$(가지)

이고, 세 번의 시행에서 $(0, 0, 0)$이 되는 경우는

$(0, 1, 2) \rightarrow (0, 2, 2) \rightarrow (0, 2, 3) \rightarrow (0, 3, 3)$

$(0, 1, 2) \rightarrow (0, 2, 2) \rightarrow (0, 3, 2) \rightarrow (0, 3, 3)$

$(0, 1, 2) \rightarrow (0, 1, 3) \rightarrow (0, 2, 3) \rightarrow (0, 3, 3)$

의 3가지이고 $(1, 1, 1)$ 또는 $(2, 2, 2)$가 될 수 있는 경우도 각각 3가지씩이다.

따라서, 3번째 시행에서 사건 A가 일어나지 않을 확률은

$$P(A^c) = 1 - \frac{3+3+3}{27} = \frac{2}{3}$$

($\because$ 총 가짓수 $3^3 = 27$)

또한, 3번의 시행 후에는 모든 카드에 붙어 있는 스티커의 수를 3으로 나눈 나머지가 $(0, 1, 2)$ 또는 $(0, 0, 0)$ 또는 $(1, 1, 1)$ 또는 $(2, 2, 2)$이므로 4번째, 5번째 시행에서는 사건 A가 일어나지 않고 6번째 시행에서 사건 A가 같은 확률로 일어난다.

따라서, 구하는 확률은

$$1 \times 1 \times \frac{2}{3} \times 1 \times 1 \times \frac{1}{3} = \frac{2}{9} = \frac{q}{p}$$

$$\therefore p+q = 11$$

정답 : 11

037

한국, 중국, 일본 학생이 2명씩 있다. 이 6명이 그림과 같이 좌석 번호가 지정된 6개의 좌석 중 임의로 1개씩 선택하여 앉을 때, 같은 나라의 두 학생끼리는 좌석 번호의 차가 1 또는 10이 되도록 앉게 될 확률은?

| 11 | 12 | 13 |
| 21 | 22 | 23 |

① $\dfrac{1}{20}$ ② $\dfrac{1}{10}$ ③ $\dfrac{3}{20}$ ④ $\dfrac{1}{5}$ ⑤ $\dfrac{1}{4}$

HINT ▶▶

2^3 은 일단 정해진 국가별 자리에 해당국 학생들이 앉는 가짓수다.

(i) 세 나라의 학생이 모두 앞 뒤로 앉는 경우의 수는

$3! \times (2 \times 2 \times 2) = 48$

(ii) 한 나라의 학생만 앞 뒤로 앉고 두 나라의 학생은 옆으로 나란히 앉는 경우는

$_3C_1 \times 2 \times 2 \times (2 \times 2 \times 2) = 96$

(∵ 앞뒤로 앉는 경우가 가운데일 수는 없다.)

(i), (ii)에서 구하는 경우의 수는

$48 + 96 = 144$

따라서, 모든 경우의 수는 $6! = 720$ 이므로 구하는 확률은

$\dfrac{144}{720} = \dfrac{1}{5}$

정답 : ④

038

어느 회사에서는 두 종류의 막대 모양 과자 A, B를 생산하고 있다. 과자 A의 길이의 분포는 평균 m, 표준편차 σ_1 인 정규분포이고, 과자 B의 길이의 분포는 평균 $m + 25$, 표준편차 σ_2 인 정규분포이다. 과자 A의 길이가 $m + 10$ 이상일 확률과 과자 B의 길이가 $m + 10$ 이하일 확률이 같을 때, $\dfrac{\sigma_2}{\sigma_1}$ 의 값은?

① $\dfrac{3}{2}$ ② 2 ③ $\dfrac{5}{2}$ ④ 3 ⑤ $\dfrac{7}{2}$

HINT ▶▶

평균까지의 차이가 각각 10, 15이므로 두 표준분포의 비율도 이와 같다.

즉, $10 : 15 = 2 : 3$

과자 A 의 길이 X 가 $m + 10$ 이상일 확률은

$$P(X \geq m + 10) = P\left(Z \geq \dfrac{10}{\sigma_1}\right)$$

과자 B 의 길이 Y 가 $m + 10$ 이하일 확률은

$$P(Y \leq m + 10) = P\left(Z \leq \dfrac{-15}{\sigma_2}\right)$$

이 때, $P\left(Z \geq \dfrac{10}{\sigma_1}\right) = P\left(Z \leq \dfrac{-15}{\sigma_2}\right)$ 이므로

$\dfrac{10}{\sigma_1} = \dfrac{15}{\sigma_2}$ (∵ 표준정규분포는 좌우대칭)

∴ $\dfrac{\sigma_2}{\sigma_1} = \dfrac{15}{10} = \dfrac{3}{2}$

정답 : ①

07.9A

039

연속확률변수 X 가 갖는 값의 범위는 $0 \leq X \leq 2$ 이고 확률밀도함수의 그래프는 다음과 같다.

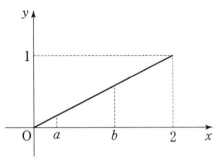

두 양수 a, b 에 대하여
$p_1 = P(0 \leq X \leq a)$,
$p_2 = P(a < X \leq b)$,
$p_3 = P(b < X \leq 2)$
이다. 세 확률 p_1, p_2, p_3 이 이 순서로 등차수열을 이루고 $a + b = \dfrac{4}{3}$ 일 때, b 의 값은? (단, $a < b$ 이다.)

① $\dfrac{11}{12}$ ② 1 ③ $\dfrac{13}{12}$ ④ $\dfrac{7}{6}$ ⑤ $\dfrac{5}{4}$

HINT ▶▶

등차중앙 a, b, c 가 등차수열을 이룰때
: $2b = a + c$
사다리꼴의 넓이
: $\dfrac{1}{2} \times (밑변 + 윗변) \times 높이$
밑변의 넓이 즉, 확률의 합은 1이므로
$f(x) = \dfrac{1}{2}x$ 가 된다.

p_1, p_2, p_3 가 이 순서로 등차수열을 이루므로
$2p_2 = p_1 + p_3$
이 때, $p_1 + p_2 + p_3 = 1$ 이므로
$2p_2 = 1 - p_2$
$\therefore \ p_2 = \dfrac{1}{3}$
한편, $p_2 = \dfrac{1}{2} \times \left(\dfrac{1}{2}a + \dfrac{1}{2}b\right) \times (b - a)$
$= \dfrac{1}{4} \times (a + b) \times (b - a) = \dfrac{1}{3}$
이 때, $a + b = \dfrac{4}{3}$ … ㉠ (문제의 조건)
이므로 $b - a = 1$ … ㉡
㉠, ㉡에서
$a = \dfrac{1}{6}$, $b = \dfrac{7}{6}$

정답 : ④

040

한 개의 주사위를 20번 던질 때 1의 눈이 나오는 횟수를 확률변수 X라 하고, 한 개의 동전을 n번 던질 때 앞면이 나오는 횟수를 확률변수 Y라 하자. Y의 분산이 X의 분산보다 크게 되도록 하는 n의 최솟값을 구하시오.

HINT ▶▶

이항분포 $B(n, p)$의 평균 $m = np$,
분산은 $\sigma^2 = npq$이다.

한 개의 주사위를 한 번 던질 때 1의 눈이 나올 확률은 $\dfrac{1}{6}$이므로 확률변수 X는 이항분포 $B\left(20, \dfrac{1}{6}\right)$을 따른다.

$\therefore \ V(X) = 20 \times \dfrac{1}{6} \times \dfrac{5}{6} = \dfrac{25}{9}$

한 개의 동전을 던질 때 앞면이 나올 확률은 $\dfrac{1}{2}$이므로 확률변수 Y는 이항분포 $B\left(n, \dfrac{1}{2}\right)$을 따른다.

$\therefore \ V(Y) = n \times \dfrac{1}{2} \times \dfrac{1}{2} = \dfrac{n}{4}$

$V(Y) > V(X)$이므로

$\dfrac{n}{4} > \dfrac{25}{9}$에서

$n > \dfrac{100}{9} = 11.1 \times \times \times$

따라서, 자연수 n의 최솟값은 12이다.

정답 : 12

041

한 개의 주사위를 던져 나온 눈의 수 a에 대하여 직선 $y = ax$와 곡선 $y = x^2 - 2x + 4$가 서로 다른 두 점에서 만나는 사건을 A라 하자. 한 개의 주사위를 300회 던지는 독립시행에서 사건 A가 일어나는 횟수를 확률변수 X라 할 때, X의 평균 $E(X)$는?

① 100 ② 150 ③ 180 ④ 200 ⑤ 240

HINT ▶▶

이차함수 $ax^2 + bx + c = 0$의 판별식
 : $D = b^2 - 4ac$
이행분포 $B(n, p) \rightarrow N(np, npq)$

직선 $y = ax$와 곡선 $y = x^2 - 2x + 4$가 서로 다른 두 점에서 만나려면 이차방정식
$x^2 - 2x + 4 = ax$
즉, $x^2 - (a+2)x + 4 = 0$
의 판별식 D가 0보다 커야 한다.
 $D = (a+2)^2 - 16 = a^2 + 4a - 12$
  $= (a+6)(a-2) > 0$
 $\therefore \ a > 2 \ (\because \ a+6 > 0)$
 $\therefore \ a = 3, 4, 5, 6$

따라서, 사건 A가 일어날 확률은 $\dfrac{4}{6} = \dfrac{2}{3}$

이므로 확률변수 X는 이항분포 $B\left(300, \dfrac{2}{3}\right)$을 따른다.

$\therefore \ E(X) = 300 \times \dfrac{2}{3} = 200$

정답 : ④

07.수능A

042

어느 회사의 전체 신입 사원 1000명을 대상으로 신체검사를 한 결과, 키는 평균 m, 표준편차 10인 정규분포를 따른다고 한다. 전체 신입 사원 중에서 키가 177이상인 사원이 242명이었다. 전체 신입 사원 중에서 임의로 선택한 한 명의 키가 180이상일 확률을 다음 표준정규분포표를 이용하여 구한 것은? (단, 키의 단위는 cm이다.)

z	$P(0 \leq Z \leq z)$
0.7	0.2580
0.8	0.2881
0.9	0.3159
1.0	0.3413

① 0.1587   ② 0.1841   ③ 0.2119

④ 0.2267   ⑤ 0.2420

HINT ▶▶

정규분포 $N(m, \sigma^2)$에서 표준정규분포로 고치려면 $Z = \dfrac{X-m}{\sigma}$의 공식을 쓴다.

신입사원의 키를 확률변수 X라고 하면 X는 정규분포 $N(m, 10^2)$을 따른다.

$$P(X \geq 177) = P\left(Z \geq \frac{177-m}{10}\right)$$
$$= 0.242$$
$$P\left(0 \leq Z \leq \frac{177-m}{10}\right) = 0.5 - 0.242$$
$$= 0.258$$

이므로 $\dfrac{177-m}{10} = 0.7$에서 $m = 170$

$$\therefore P(X \geq 180) = P\left(Z \geq \frac{180-170}{10}\right)$$
$$= P(Z \geq 1)$$
$$= 0.5 - P(0 \leq Z \leq 1)$$
$$= 0.5 - 0.3413$$
$$= 0.1587$$

정답 : ①

043

모평균 75, 모표준편차 5인 정규분포를 따르는 모집단에서 임의추출한 크기 25인 표본의 표본평균을 $\overline{X}$ 라 하자. 표준정규분포를 따르는 확률변수 Z 에 대하여
양의 상수 c 가 $P(|Z| > c) = 0.06$ 을 만족시킬 때, 〈보기〉에서 옳은 것을 모두 고른 것은?

───── 〈보 기〉 ─────

ㄱ. $P(Z > a) = 0.05$인 상수 a 에 대하여
  $c > a$ 이다.

ㄴ. $P(\overline{X} \leq c + 75) = 0.97$

ㄷ. $P(\overline{X} > b) = 0.01$인 상수 b 에 대하여
  $c < b - 75$ 이다.

① ㄱ ② ㄷ ③ ㄱ, ㄴ
④ ㄴ, ㄷ ⑤ ㄱ, ㄴ, ㄷ

HINT ▶▶

표본평균 $\overline{X}$ 라하면 표준정규분포 이용시
$Z = \dfrac{X - m}{\dfrac{\sigma}{\sqrt{n}}}$ 이 된다.

ㄱ. 〈참〉
$P(|Z| \leq c) = 1 - 0.06 = 0.94$ 이므로
$P(0 \leq Z \leq c) = \dfrac{1}{2} P(|Z| \leq c) = 0.47$
$P(Z > a) = 0.05$ 이면
$P(0 \leq Z \leq a) = 0.45$
따라서,
$P(0 \leq Z \leq a) < P(0 \leq Z \leq c)$ 이므로 $a < c$

ㄴ. 〈참〉
모평균 $m = 75$, 모표준편차 $\sigma = 5$,
표본의 크기 $n = 25$ 이므로
$E(\overline{X}) = m = 75$
$V(\overline{X}) = \dfrac{\sigma^2}{n} = \dfrac{25}{25} = 1$
따라서, 확률변수 $\overline{X}$ 는 정규분포 $N(75, 1)$ 을 따르므로
$$P(\overline{X} \leq c + 75) = P(Z \leq c)$$
$$= 0.5 + P(0 \leq Z \leq c)$$
$$= 0.5 + 0.47 = 0.97$$

ㄷ. 〈참〉
$P(\overline{X} > b) = P(Z > b - 75) = 0.01$ 이므로
$P(0 \leq Z \leq b - 75) = 0.49$
$P(0 \leq Z \leq c) < P(0 \leq Z \leq b - 75)$ 이므로
$c < b - 75$

따라서, 보기 중 옳은 것은 ㄱ, ㄴ, ㄷ이다.

정답 : ⑤

08.9A

044

연속확률변수 X의 확률밀도함수 $f(x)$가 다음과 같다.

$$f(x) = \frac{1}{2}x \quad (0 \leq x \leq 2)$$

매회의 시행에서 사건 A가 일어날 확률이 $P(0 \leq X \leq 1)$로 일정할 때, 3회의 독립시행에서 사건 A가 2회 이상 일어날 확률을 $\dfrac{q}{p}$라 하자. $p+q$의 값을 구하시오. (단, p와 q는 서로소인 자연수이다.)

HINT▶▶

이항분포에서 총 n회중 r회 해당사건이 일어나는 경우 $_nC_r p^r q^{n-r}$ (단 $q = 1-p$)

$$P(0 \leq X \leq 1) = \frac{1}{2} \times 1 \times \frac{1}{2} = \frac{1}{4}$$

$$_3C_2\left(\frac{1}{4}\right)^2\left(\frac{3}{4}\right) + {_3C_3}\left(\frac{1}{4}\right)^3$$

$$= 3 \times \frac{3}{64} + \frac{1}{64} = \frac{5}{32}$$

$$\therefore \ p+q = 37$$

정답 : 37

08.수능A

045

다음은 어떤 모집단의 확률분포표이다.

X	10	20	30	계
$P(X=x)$	$\dfrac{1}{2}$	a	$\dfrac{1}{2}-a$	1

이 모집단에서 크기가 2인 표본을 복원추출하여 구한 표본평균을 $\overline{X}$라 하자. $\overline{X}$의 평균이 18일 때, $P(\overline{X}=20)$의 값은?

① $\dfrac{2}{5}$ ② $\dfrac{19}{50}$ ③ $\dfrac{9}{25}$ ④ $\dfrac{17}{50}$ ⑤ $\dfrac{8}{25}$

HINT▶▶

이산확률분포에서의 평균 $E(X) = \displaystyle\sum_{k=1}^{n} x_i p_i$

모집단의 평균과 표본집단의 평균은 같으므로 $10 \times \dfrac{1}{2} + 20 \times a + 30 \times \left(\dfrac{1}{2}-a\right) = 18$이라고 식을 세워 풀면 $a = \dfrac{1}{5}$이다.

평균이 20인 표본집단 중 크기가 2인 집단은 $(10, 30)$, $(20, 20)$, $(30, 10)$의 세 가지 경우이다. 각각의 확률을 구해보면,

$(10, 30) : \dfrac{1}{2} \times \dfrac{3}{10} = \dfrac{3}{20}$

$(20, 20) : \dfrac{1}{5} \times \dfrac{1}{5} = \dfrac{1}{25}$

$(30, 10) : \dfrac{3}{10} \times \dfrac{1}{2} = \dfrac{3}{20}$

이고 총합은 $\dfrac{17}{50}$이다.

정답 : ④

046

어떤 모집단의 분포가 정규분포 $N(m, 10^2)$을 따르고, 이 정규분포의 확률밀도함수 $f(x)$의 그래프와 구간별 확률은 아래와 같다.

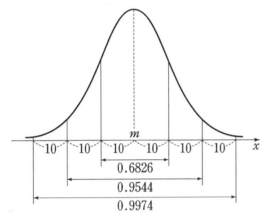

확률밀도함수 $f(x)$는 모든 실수 x에 대하여 $f(x) = f(100-x)$를 만족한다. 이 모집단에서 크기 25인 표본을 임의추출할 때의 표본평균을 $\overline{X}$라 하자.

$P(44 \leq \overline{X} \leq 48)$의 값은?

① 0.1359   ② 0.1574

③ 0.1965   ④ 0.2350

⑤ 0.2718

HINT ▶▶

표준평균의 표준화공식 $Z = \dfrac{\overline{X} - m}{\dfrac{\sigma}{\sqrt{n}}}$

확률밀도함수 $f(x)$가 $f(x) = f(100-x)$이므로 $f(x)$는 $x = 50$에 대하여 대칭이다. 따라서, 평균 $m = 50$이고 표본평균 $\overline{X}$는 평균이 50이고 표준편차가

$\dfrac{10}{\sqrt{25}} = 2$인 정규분포를 따른다.

$\therefore\ P(44 \leq \overline{X} \leq 48)$

$= P\left(\dfrac{44-50}{2} \leq Z \leq \dfrac{48-50}{2} \right)$

$= P(-3 \leq Z \leq -1)$

한편 주어진 그래프에서 구간별 확률은

$P(-1 \leq Z \leq 1) = 0.6826$

$P(-3 \leq Z \leq 3) = 0.9974$

이므로

$P(-3 \leq Z \leq -1)$

$= P(0 \leq Z \leq 3) - P(0 \leq Z \leq 1)$

$= \dfrac{0.9974}{2} - \dfrac{0.6826}{2} = 0.1574$

정답 : ②

08.수능A

047

두 주사위 A, B를 동시에 던질 때, 나오는 각각의 눈의 수 m, n에 대하여 $m^2 + n^2 \leq 25$가 되는 사건을 E라 하자. 두 주사위 A, B를 동시에 던지는 12회의 독립시행에서 사건 E가 일어나는 횟수를 확률변수 X라 할 때, X의 분산 $\mathrm{V}(X)$는 $\dfrac{q}{p}$이다. $p+q$의 값을 구하시오. (단, p, q는 서로소인 자연수이다.)

HINT▶▶

이항분포 $B(n, p)$에서
$E(x) = np$, $V(x) = npq$이다. (단 $q = 1-p$)

주어진 조건을 만족하는 (m, n)의 순서쌍은 $(1, 1)$, $(1, 2)$, $(1, 3)$, $(1, 4)$, $(2, 1)$, $(2, 2)$, $(2, 3)$, $(2, 4)$, $(3, 1)$, $(3, 2)$, $(3, 3)$, $(3, 4)$, $(4, 1)$, $(4, 2)$, $(4, 3)$의 15가지 경우이다.

그러므로 사건 E의 확률 $P(B) = \dfrac{15}{36} = \dfrac{5}{12}$이고 독립시행은 이항분포로 나타낼 수 있으므로 $X = B\left(12, \dfrac{5}{12}\right)$이다.

분산은 $npq = 12 \times \dfrac{5}{12} \times \dfrac{7}{12} = \dfrac{35}{12}$이다.

$p + q = 47$

정답 : 47

09.수능A

048

연속확률변수 X가 갖는 값의 범위는 $0 \leq X \leq 4$이고 X의 확률밀도함수의 그래프는 다음과 같다. $100\mathrm{P}(0 \leq X \leq 2)$의 값을 구하시오.

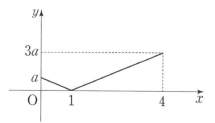

HINT▶▶

확률함수에서는 그래프의 면적의 합이 항상 1이 된다.

확률밀도함수의 그래프와 x축으로 둘러싸인 부분의 넓이가 1이어야 하므로

$\dfrac{1}{2} \cdot 1 \cdot a + \dfrac{1}{2} \cdot 3 \cdot 3a = 1$

$5a = 1$ ∴ $a = \dfrac{1}{5}$

∴ $\mathrm{P}(0 \leq X \leq 2) = 2\mathrm{P}(0 \leq X \leq 1)$
  (∵ 두 삼각형은 닮은 꼴)
  $= 2\left(\dfrac{1}{2} \cdot 1 \cdot \dfrac{1}{5}\right) = \dfrac{1}{5}$

∴ $100\mathrm{P}(0 \leq X \leq 2) = 100 \cdot \dfrac{1}{5} = 20$

정답 : 20

049

어느 회사에서는 생산되는 제품을 1000개씩 상자에 넣어 판매한다. 이 때, 상자에서 임의로 추출한 16개 제품의 무게의 표본평균이 12.7이상이면 그 상자를 정상 판매하고, 12.7미만이면 할인 판매한다.

A상자에 들어 있는 제품의 무게는 평균 16, 표준편차 6인 정규분포를 따르고, B상자에 있는 제품의 무게는 평균 10, 표준편차 6인 정규분포를 따른다고 할 때, A상자가 할인 판매될 확률이 p, B상자가 정상 판매될 확률이 q이다. $p+q$의 값을 오른쪽 표준정규분포표를 이용하여 구한 것은 ? (단, 무게의 단위는 g이다.)

z	$P(0 \leq Z \leq z)$
1.6	0.4452
1.8	0.4641
2.0	0.4772
2.2	0.4861

① 0.0367 ② 0.0498
③ 0.0587 ④ 0.0687
⑤ 0.0776

HINT ▶▶

표준평균의 표준화 공식 $Z = \dfrac{\overline{X} - m}{\dfrac{\sigma}{\sqrt{n}}}$

A상자는 정규분포 $N(16, 6^2)$을 따르고 표본의 크기 16인 표본평균의 분포는

$N\left(16, \left(\dfrac{3}{2}\right)^2\right)$이므로 A상자가 할인이 되려면

$$P(\overline{X} < 12.7) = P\left(\dfrac{\overline{X} - 16}{\dfrac{3}{2}} < \dfrac{12.7 - 16}{\dfrac{3}{2}}\right)$$

$$P(\overline{Z} > 2.2) = 0.5 - P(0 \leq Z \leq 2.2)$$
$$= 0.5 - 0.4861 = 0.0139$$

같은 방법으로 B상자에서 표본의 크기가 16인 표본평균의 분포는 $N\left(10, \left(\dfrac{3}{2}\right)^2\right)$을 따르므로

$$P(\overline{X} \geq 12.7) = P\left(\dfrac{\overline{X} - 10}{\dfrac{3}{2}} \geq \dfrac{12.7 - 10}{\dfrac{3}{2}}\right)$$

$$= P(\overline{Z} \geq 1.8)$$
$$= 0.5 - P(0 \leq Z \leq 1.8)$$
$$= 0.0359$$

$\therefore p + q = 0.0139 + 0.0359 = 0.0498$

정답 : ②

09.9A

050

양의 실수 전체의 집합을 정의역으로 하는 함수 $H(t)$는 평균 20, 표준편차 t인 정규분포를 따르는 확률변수 X에 대하여
$H(t) = P(X \leq 15)$ 이다. 옳은 것만을 〈보기〉에서 있는 대로 고른 것은 ?
(단, 표준정규분포를 따르는 확률변수 Z에 대하여 $P(0 \leq Z \leq 1) = 0.3413$,
$P(0 \leq Z \leq 2) = 0.4772$이다.)

─── 〈보 기〉 ───
ㄱ. $H(2.5) = P(Z \geq 2)$
ㄴ. $H(2) < H(2.5)$
ㄷ. $H(5) < 5H(2)$

① ㄱ 　② ㄷ 　③ ㄱ, ㄴ
④ ㄴ, ㄷ 　⑤ ㄱ, ㄴ, ㄷ

HINT ▶▶

t는 표준편차 σ이다.

표준화공식에 σ 대신 t를 쓰면 $Z = \dfrac{X - m}{t}$

$$H(t) = P\left(\dfrac{X - 20}{t} \leq \dfrac{15 - 20}{t}\right)$$
$$= P\left(Z \leq \dfrac{-5}{t}\right)$$

ㄱ. 〈참〉
$$H(2.5) = P\left(Z \leq \dfrac{-5}{2.5}\right)$$
$$= P(Z \leq -2) = P(Z \geq 2)$$
이므로 참이다.

ㄴ. 〈참〉
$$H(2) = P\left(Z \leq \dfrac{-5}{2}\right) = P(Z \leq -2.5) \text{ 이므로}$$
$$\therefore H(2) < H(2.5)$$

ㄷ. 〈거짓〉
$$H(5) = P(Z \leq -1)$$
$$\left(\because \dfrac{15 - 20}{t} = \dfrac{-5}{5} = -1\right)$$
$$= 0.5 - P(0 \leq Z \leq 1) = 0.1587$$
$$5H(2) < 5H(2.5) = 5 \times P(Z \leq -2)$$
$$= 5 \times (0.5 - P(0 \leq Z \leq 2))$$
$$= 5 \times 0.0228 = 0.1140$$
$$\therefore H(5) > 5H(2)$$

정답 : ③

09.수능A

051

어느 공장에서 생산되는 병의 내압강도는 정규분포 $N(m, \sigma^2)$ 을 따르고, 내압강도가 40 보다 작은 병은 불량품으로 분류한다. 이 공장의 공정능력을 평가하는 공정능력지수 G 는

〈표준정규분포표〉

z	$P(0 \leq Z \leq z)$
2.2	0.4861
2.3	0.4893
2.4	0.4918
2.5	0.4938

$G = \dfrac{m-40}{3\sigma}$ 으로 계산한다. $G = 0.8$일 때, 임의 추출한 한 개의 병이 불량품일 확률을 오른쪽 표준정규분포표를 이용하여 구한 것은?

① 0.0139 ② 0.0107 ③ 0.0082
④ 0.0062 ⑤ 0.0038

HINT▶▶

주어진 조건 $\dfrac{m-40}{3\sigma}$ 을 표준화공식 $\dfrac{X-m}{\sigma}$ 형태로 변형해보자.

$\dfrac{m-40}{3\sigma} = 0.8$에서 $\dfrac{m-40}{\sigma} = 2.4$ ······ ㉠

공장에서 생산하는 병의 내압강도를 확률변수 X라 하면 임의로 추출한 한 개의 병이 불량품일 확률은

$$P(X < 40) = P\left(Z < \dfrac{40-m}{\sigma}\right)$$
$$= P(Z < -2.4) \ (\because ㉠)$$
$$= 0.5 - P(0 \leq Z \leq 2.4)$$
$$= 0.5 - 0.4918 = 0.0082$$

정답 : ③

10.9A

052

다음은 어느 모집단의 확률분포표이다.

X	-2	0	1	계
$P(X=x)$	$\dfrac{1}{4}$	a	$\dfrac{1}{2}$	1

이 모집단에서 크기가 16인 표본을 임의추출할 때, 표본평균 $\overline{X}$의 표준편차는? (단, a는 상수이다.)

① $\dfrac{\sqrt{6}}{8}$ ② $\dfrac{\sqrt{6}}{6}$ ③ $\dfrac{\sqrt{6}}{4}$
④ $\dfrac{\sqrt{6}}{2}$ ⑤ $\sqrt{6}$

HINT▶▶

이산확률분포에서

기댓값은 $E(X) = \displaystyle\sum_{i=1}^{n} x_i p_i$

분산은 $V(X) = \displaystyle\sum_{i=1}^{n} x_i^2 p_i - E(X)^2$

확률분포의 정의에 의하여

$\dfrac{1}{4} + a + \dfrac{1}{2} = 1$이므로 $a = \dfrac{1}{4}$이다.

$E(X) = (-2) \times \dfrac{1}{4} + 0 + 1 \times \dfrac{1}{2} = 0$

$E(X^2) = (-2)^2 \times \dfrac{1}{4} + 0 + 1 \times \dfrac{1}{2} = \dfrac{3}{2}$

이므로 $V(X) = \dfrac{3}{2} - 0^2 = \dfrac{3}{2}$

$\therefore V(\overline{X}) = \dfrac{V(X)}{16} = \dfrac{3}{32}$

$\therefore \sigma(\overline{X}) = \sqrt{\dfrac{3}{32}} = \dfrac{\sqrt{3}}{4\sqrt{2}} = \dfrac{\sqrt{6}}{8}$

정답 : ①

053

두 사람 A와 B가 각각 주사위를 한 개씩 동시에 던지는 시행을 한다. 이 시행에서 나온 두 주사위의 눈의 수의 차가 3보다 작으면 A가 1점을 얻고, 그렇지 않으면 B가 1점을 얻는다. 이와 같은 시행을 15회 반복할 때, A가 얻는 점수의 합의 기댓값과 B가 얻는 점수의 합의 기댓값의 차는?

① 1　　② 3　　③ 5　　④ 7　　⑤ 9

HINT ▶▶

이항분포 $B(n, p)$의 기댓값은 $E(X) = np$

A와 B가 각각 주사위를 한 개씩 동시에 던지는 시행을 통하여 얻은 주사위의 눈의 수를 각각 a, b라 할 때,

$|a-b| < 3$인 경우의 수는

$a = 1$일 때 $b = 1, 2, 3$

$a = 2$일 때 $b = 1, 2, 3, 4$

$a = 3$일 때 $b = 1, 2, 3, 4, 5$

$a = 4$일 때 $b = 2, 3, 4, 5, 6$

$a = 5$일 때 $b = 3, 4, 5, 6$

$a = 6$일 때 $b = 4, 5, 6$

의 24(가지)이다.

그러므로 한 번의 시행에서 A가 1점을 얻을 확률은 $\dfrac{24}{36} = \dfrac{2}{3}$

B가 1점을 얻을 확률은 $\dfrac{1}{3}$

15번의 시행에서 A가 얻는 점수를 확률변수 X, B가 얻는 점수를 확률변수 Y라 하면

X는 이항분포 $B\left(15, \dfrac{2}{3}\right)$,

Y는 이항분포 $B\left(15, \dfrac{1}{3}\right)$을 따른다.

$\therefore E(X) = 15 \times \dfrac{2}{3} = 10$

$\quad E(Y) = 15 \times \dfrac{1}{3} = 5$

$\therefore |E(X) - E(Y)| = 5$

정답 : ③

054

어느 공장에서 생산되는 제품 A 의 무게는 정규분포 $N(m, 1)$ 을 따르고, 제품 B 의 무게는 정규분포 $N(2m, 4)$ 를 따른다. 이 공장에서 생산된 제품 A 와 제품 B 에서 임의로 제품을 1개씩 선택할 때, 선택된 제품 A 의 무게가 k 이상일 확률과 선택된 제품 B 의 무게가 k 이하일 확률이 같다. $\dfrac{k}{m}$ 의 값은?

① $\dfrac{11}{9}$ ② $\dfrac{5}{4}$ ③ $\dfrac{23}{18}$ ④ $\dfrac{47}{36}$ ⑤ $\dfrac{4}{3}$

HINT ▶▶

정규분포는 좌우대칭이므로 해당확률이 같은데 방향이 다를 수 있다.

제품 A의 무게를 X라 하면 확률변수 X는 정규분포 $N(m,1)$을 따르고, 제품 B의 무게를 Y라 하면 확률변수 Y는 정규분포 $N(2m,2^2)$을 따른다.
이때,

$$P(X \geq k) = P\left(\frac{X-m}{1} \geq \frac{k-m}{1}\right)$$
$$= P(Z \geq k-m) \text{ 이고,}$$
$$P(Y \leq k) = P\left(\frac{Y-2m}{2} \leq \frac{k-2m}{2}\right)$$
$$= P\left(Z \leq \frac{k-2m}{2}\right)$$
$$= P\left(Z \geq -\frac{k-2m}{2}\right)(\because \text{좌우대칭})$$

이므로 두 확률이 같으려면

$$k - m = -\frac{k-2m}{2} \text{ 이 성립해야 한다.}$$

이때, $2k - 2m = -k + 2m$

즉, $3k = 4m$이므로 $\dfrac{k}{m} = \dfrac{4}{3}$이다.

정답 : ⑤

055

어느 공장에서 생산되는 제품의 길이 X 는 평균이 m 이고, 표준편차가 4 인 정규분포를 따른다고 한다. $P(m \le X \le a) = 0.3413$ 일 때, 이 공장에서 생산된 제품 중에서 임의추출한 제품 16 개의 길이의 표본평균이 $a - 2$ 이상일 확률을 표준정규분포표를 이용하여 구한 것은? (단, a 는 상수이고, 길이의 단위는 cm 이다.)

z	$P(0 \le Z \le z)$
1.0	0.3413
1.5	0.4332
2.0	0.4772

① 0.0228   ② 0.0668   ③ 0.0919

④ 0.1359   ⑤ 0.1587

HINT ▶▶

표본평균의 표준화 공식 $Z = \dfrac{\overline{X} - m}{\dfrac{\sigma}{\sqrt{n}}}$ 을 이용.

X 는 정규분포 $N(m, 4^2)$ 을 따른다.

$P(m \le X \le a) = P\left(0 \le Z \le \dfrac{a - m}{4}\right) = 0.3413$

에서 표준정규분포표를 이용하면

$\dfrac{a - m}{4} = 1$

$\therefore \ a = m + 4 \ \cdots\cdots \ \bigcirc$

크기가 16인 표본평균 $\overline{X}$ 는 정규분포

$N(m, 1^2)$ 을 따르므로

$P(\overline{X} \ge a - 2)$

$= P\left(Z \ge \dfrac{a - 2 - m}{1}\right)$

$= P(Z \ge 2) \ (\because \ \bigcirc\text{에서})$

$= 0.5 - 0.4772$

$= 0.0228$

정답 : ①

056

어느 학교 학생들의 통학 시간은 평균이 50 분, 표준편차가 σ 분인 정규분포를 따른다. 이 학교 학생들을 대상으로 16 명을 임의추출하여 조사한 통학 시간의 표본평균을 $\overline{X}$ 라 하자. $P\left(50 \leq \overline{X} \leq 56\right) = 0.4332$ 일 때, σ 의 값을 표준정규분포표를 이용하여 구하시오.

z	$P(0 \leq Z \leq z)$
1.0	0.3413
1.5	0.4332
2.0	0.4772

HINT ▶▶

표본평균의 표준화 공식 $Z = \dfrac{\overline{X} - m}{\dfrac{\sigma}{\sqrt{n}}}$ 을 이용.

확률변수 $\overline{X}$ 는

정규분포 $N\left(50, \dfrac{\sigma^2}{16}\right)$ 을 따르므로

$P(50 \leq \overline{X} \leq 56)$

$= P\left(\dfrac{50 - 50}{\dfrac{\sigma}{4}} \leq \dfrac{\overline{X} - 50}{\dfrac{\sigma}{4}} \leq \dfrac{56 - 50}{\dfrac{\sigma}{4}}\right)$

$= P\left(0 \leq Z \leq \dfrac{24}{\sigma}\right) = P\left(0 \leq Z \leq 1.5\right)$

따라서, $\dfrac{24}{\sigma} = 1.5$ 이므로

$\sigma = \dfrac{24}{1.5} = 24 \times \dfrac{2}{3} = 16$

정답 : 16

세상을 바꾸는 공부법

100선

077
해답지에도 줄을 치고 체크를 해 놓아라. 어려운 문제일수록 또 해답의 길이가 길면 길수록 이런 체크가 중요하다. 복습을 할 경우에는 내가 모르는 부분이 대략 어디쯤 있는지 필요한 부분을 신속하게 찾는데 큰 효과가 있다.

078
써클1, 2, 3 라고 이름 붙인 것은 복습하는 단위를 기준으로 삼아서 그 순서대로 번호를 매긴 것에 불과하다. 이러한 구별을 언제 쓰느냐고? 복습위주로 하고 싶으면 써클1을, 예습위주로 공부하고 싶으면 써클3를 이용하라.

079
자신의 스케줄과 상태를 따져보아서 복습을 많이 했으면 써클 뒤쪽 번호의 공부를, 반대로 예습을 많이 했으면 써클 앞쪽 번호를 복습하라. 그럼 예·복습의 균형이 맞추어 지면서 차분하지만 적당한 호기심으로 가득 찬 자신의 상태에 만족하게 될 것이다.

080
너무 눈에 뜨이면 오히려 외워지지도 않는다. 왜냐고? 어디에 무엇이 있더라 하는 정도의 호기심이라도 들어야 하는데 그 기초적인 호기심조차 무시할 만큼 눈에 띄어서 그렇다. 따라서 줄칠 때는 샤프를 사용하라.

081
우리의 지식체계는 끊임없이 변한다. 한 번 줄 치면 그만인 색연필이나 형광펜으로는 변덕스러운 우리의 지식체계의 변화를 표현할 길이 없다는 것이다.

세상을 바꾸는 공부법

100선

082 직관적으로 그 문제의 풀이를 이해하는데 큰 도움이 될 수 있는 그래프 등을 샤프로 그려 넣어라. 당연한 이야기지만 그림은 실수해서 다시 그려야 할 경우가 많고 따라서 볼펜이나 형광펜은 이런 점에서 낙제다.

083 중간 과정이 생략된 해설부분을 보면서 울분을 삼킨 경험은 누구에게나 있다. 이럴 경우 그 부족한 부분을 보충해서 집어넣도록 하라. '샤프를 이용해서'.

084 어려운 문제들을 푸는 것이 시간상 어렵다고 생각하는가? 문제집을 좋은 것으로 잘 골라서 1-2권만 풀 생각을 한다면 또 단순계산은 눈으로 푼다고 생각하면 충분히 시간상 어려운 문제들을 건드릴 수 있다.

085 수학은 체계의 학문이라서 어려운 문제만 푼다고 쉬운 문제를 못 풀 가능성이 매우 낮은 법이다. 따라서 어려운 문제들에 도전하라. 단 '나누어 이해하기'를 익히는 것은 필수조건이다.

086 어려운 문제들을 골라서 일정한 단위로 만드는 것도 잊지 말자. 무조건 한 단원 이런 식으로 하지 말고, 난이도와 개수를 기준으로 신중하게 선택하여 단위로 묶는 것은 정말 중요하다.

087 어려운 부분들로 구성된 단위가 바로 써클3다. 어려운 문제로 이루어진 만큼 10번 이상의 복습을 상정하고 출발하자. 보통 열번 이상 정도까지는 복습을 해야 '완벽함'이라는 느낌이 들 것이다.

세상을 바꾸는 공부법 100선

088

써클3를 열번 이상 복습하게 되면 자연스레 이런 생각을 하게 될 것이다. '이 문제는 나밖에 못 풀텐데', 혹은 '제발 이 어려운 문제가 나와야 하는데'. 당신은 시험을 보기도 전에 그 단위에 있어서만큼은 최고의 수준에 올라선 것이다. 우리는 이런 단계에 도달하기 위해 공부하는 것이다. 이것이 바로 '완벽함'을 추구하는 다독방식의 장점이 아니겠는가?

089

빠른 속도로 복습하다 보면 어떤 진실, 어떤 단어, 어떤 공식, 어떤 유형들이 머릿속에 빠른 속도로 들어가고 또 당연히 필요한 순간 빠른 속도로 튀어나오기 마련이다. 따라서 빠른 복습은 응용력향상의 필수조건이다.

090

빠른 속도로 써클 1,2,3를 무한 반복한다면 대부분의 학생들은 자신이 사실 놀랄만큼 '응용력이 있다'는 사실에 경악하게 될 것이다. 따라서 불쌍한 부모님의 유전자를 탓하지 말고 공부방식을 바꾸도록 하라.

091

그래프나 그림으로 풀 수도 있는 문제라면 일단은 그래프나 그림으로 풀도록 하라. 그림이나 그래프는 당연히 수식이나 공식들 보다 훨씬 직관적이다. 직관적인 것은 그렇지 못한 것에 비해서 빠른 속도를 수반하는 경우가 많다. 빠른 속도가 얼마나 중요한 지는 두말할 필요도 없다.

092

그림이나 그래프로 풀 수 있다면, 중간과정에 그림이나 그래프가 있어서 조금이라도 더 편하다면, 반드시 그래프 혹은 그림을 그려 넣도록 하라.

세상을 바꾸는 공부법
100선

093
쓰면서 푸는 것을 자제하라. 10번 복습하면 한두 번만 쓰면서 풀어도 충분하다. 차라리 그 시간에 중요부분을 위주로 계속 복습하라.

094
수학이 엄청나게 풀리지 않을 경우가 있다. 흐름이 계속 끊긴다. 몇 문제 못 풀었는데 심지어는 단 한 문제인데 풀릴 듯하다가 풀리지 않는다. 과연 무엇이 문제일까? 수학은 모든 학문 중에서 가장 불규칙한 리듬을 사용한다. 아주 빠른 리듬부터 약간 느린 리듬까지 리듬의 변화가 가장 다이내믹하게 펼쳐진다.

095
수학을 잘 하려면 일단 수면 량을 체크해보자. 두뇌가 피곤할 때는 풀리지 않는다. 그 다음으로는 운동량이다. 적당한 운동량이 있어야 더욱 머리가 오래 장시간동안 제 기능을 발휘한다. 셋째로는 예복습의 균형이 맞았는지 점검해 보자.

096
수면이 부족할 경우에는 잠시 낮잠이라도 자고 운동이 부족할 경우에는 가벼운 운동을 해 보자. 예복습의 균형이 맞지 않을 경우에는 복습과 예습의 정도를 살펴서 부족한 부분위주로 공부해보자.

097
수학 문제풀이의 속도를 올리기 위해서는 중요 부분위주로 초점을 맞춰야 한다. 수학의 풀이과정은 중요하거나 어려운 부분과 단순계산 부분으로 나뉘기 마련이다. 단순계산 부분을 무시하라. 아예 없는 것으로 여기도록 하라. 문제 풀이의 흐름, 즉 맥을 이해하는 것이 더 중요하다.

세상을 바꾸는 공부법

100선

098

혹시라도 계산실수로 틀릴까봐 두려운가? 수학의 어렵고 중요한 부분을 이해하고나면 단순 계산의 영역은 별볼일없는 부분일 뿐이다. 단순계산 부분을 '쓰레기' 라고 여기도록 하라.

099

수학은 요령이고, 요령은 핵심의 암기와 반복이다. 중요한 부분을 체크하고 그 부분을 최소한으로 줄인 후 이를 수도 없이 반복하라.

100

수능이 가까운 수험생의 경우 수학공부 만큼은 단원별로 공부하는 것보다 난이도(점수)별로 공부하는 것을 추천한다. 자신의 현재 수준을 감안하여 난이도별 단원별 목표를 설정하고 그 부분에 집중하자.